执业兽医资格考试指导用书

# 执业兽医资格考试

## （兽医全科类）

# 预防科目

## 高效复习考点与精练

陈颖 主编

中国农业出版社

北 京

# 编 写 人 员

**主 编** 陈 颖（贵州农业职业学院）

**副主编** 罗致茜（贵州农业职业学院）

伍雪梅（贵州农业职业学院）

**参 编**（以姓氏笔画为序）

朱 瑜（贵州农业职业学院）

陈 茜（贵州农业职业学院）

罗明星（贵州农业职业学院）

黎芷欣（贵州农业职业学院）

# 前言

　　"执业兽医资格考试指导用书"由四本分册组成：科目一，基础科目；科目二，预防科目；科目三，临床科目；科目四，综合应用科目。学生可以根据自己报考的内容选择相应的科目。本套丛书紧扣全国执业兽医资格考试大纲，精心设计，匠心编写。

　　《执业兽医资格考试（兽医全科类）预防科目高效复习考点与精练》包括动物微生物与免疫学、动物传染病、动物寄生虫病和兽医公共卫生学四门课程。每门课程分别介绍了各学科特点、学习方法、历年分值分布、考试大纲、各单元重要知识点、例题及解析、考点速记、高频题练习、模拟题练习等内容，可供考生备考使用。

　　本套丛书属 2021 年度中华农业科教基金资助课程教材建设项目，于 2022 年 11 月获"中华农业科教基金会"批准，由贵州农业职业学院兽医教研室执业兽医师培训教学团队教师编写，其中动物微生物与免疫学由罗致茜、罗明星执笔，动物传染病由陈颖、黎芷欣执笔，动物寄生虫病由伍雪梅、朱瑜执笔，兽医公共卫生学由陈茜执笔。全书内容简洁，科学合理，重点突出，高度凝练，以期为考生带来事半功倍的备考效果。

　　由于作者水平所限，书中难免有不妥和错误之处，敬请读者谅解。

编　者

2024 年 6 月

# 目录

# 第一篇

# 兽医微生物学与免疫学

## ■ 备考指南

### ≣| 学科特点

1. 兽医微生物学与免疫学是预防科目中重要的基础课程，是结合临床科目和综合科目的重要课程。
2. 病原学部分涉及的病原菌种类多且不易进行区分，免疫学基础部分的知识点较抽象。

### ≣| 学习方法

学会总结归纳，容易混淆的知识点需反复进行记忆，形成自己的记忆模式。

### ≣| 历年分值分布

| 年份 | 单元 | | | | | | | | | | | | | | | 合计 |
|---|---|---|---|---|---|---|---|---|---|---|---|---|---|---|---|---|
| | 细菌的结构与生理 | 细菌的感染 | 细菌感染的诊断 | 消毒与灭菌 | 主要的动物病原菌 | 病毒基本特性 | 病毒的检测 | 主要的动物病毒 | 抗原与抗体 | 免疫系统 | 免疫应答 | 变态反应 | 抗感染免疫 | 免疫防治 | 免疫学技术 | |
| 2018 | 7 | 0 | 1 | 1 | 13 | 1 | 4 | 9 | 2 | 0 | 1 | 3 | 1 | 3 | 6 | 52 |
| 2019 | 5 | 2 | 1 | 0 | 6 | 1 | 2 | 10 | 2 | 4 | 3 | 1 | 0 | 4 | 4 | 45 |
| 2020 | 4 | 0 | 2 | 2 | 15 | 1 | 5 | 10 | 2 | 2 | 2 | 1 | 0 | 3 | 5 | 54 |
| 2021 | 2 | 2 | 1 | 3 | 10 | 0 | 1 | 8 | 4 | 2 | 2 | 1 | 1 | 1 | 5 | 43 |
| 2022 | 2 | 0 | 0 | 1 | 8 | 0 | 3 | 5 | 6 | 2 | 0 | 1 | 1 | 2 | 2 | 33 |
| 合计 | 20 | 4 | 5 | 7 | 52 | 3 | 15 | 42 | 16 | 10 | 8 | 7 | 3 | 13 | 22 | 227 |

<<<　　**第一单元　细菌的结构与生理**　　>>>

## 一、考试大纲

| 单元 | 细目 | 要点 |
|---|---|---|
| 细菌的结构与生理 | 1. 细菌的形态 | （1）细菌的个体形态　（2）细菌的群体形态 |
| | 2. 细菌的基本结构 | （1）细胞壁　（2）细胞膜　（3）细胞质　（4）核体 |
| | 3. 细菌的特殊结构 | （1）荚膜　（2）鞭毛　（3）菌毛　（4）芽孢 |
| | 4. 细菌的染色方法 | （1）革兰氏染色法　（2）瑞氏染色法　（3）特殊染色法 |
| | 5. 细菌的生长繁殖 | （1）细菌生长繁殖的基本条件　（2）细菌个体的生长繁殖　（3）细菌群体的生长繁殖 |
| | 6. 细菌的代谢 | （1）细菌的基本代谢过程　（2）细菌的合成代谢产物及其作用（3）细菌的分解代谢 |
| | 7. 细菌的人工培养 | （1）培养基的概念及种类　（2）细菌在培养基中的生长现象　（3）人工培养细菌的意义 |

## 二、重要知识点

### （一）细菌的形态

**1. 细菌概念**　细菌是一类具有细胞壁和核质的单细胞原核细胞型微生物，个体微小，大小介于动物细胞与病毒之间。以微米（$\mu m$）为测量单位，染色后光学显微镜下可见。

**2. 细菌的个体形态**　细菌的个体形态基本可分为球状、杆状和螺形三种，分别称为球菌、杆菌和螺形菌。

**3. 细菌的群体形态**　细菌在人工培养基中以菌落形式出现。在适宜的固体培养基中，适宜条件下经过一定时间培养（一般18～24h），细菌在培养基表面或内部分裂增殖形成大量菌体细胞，形成肉眼可见且有一定形态的独立群体，称为菌落。许多细菌菌体接种在固体培养基上，经培养后长成密集且不规则的片（块）状的细胞群体，则称为菌苔。

### （二）细菌的基本结构

**1. 细胞壁**　是细菌最外层结构，紧贴于细胞膜之外，坚韧而有弹性。革兰氏染色法可将细菌分为革兰氏阳性菌和革兰氏阴性菌两大类。

（1）革兰氏阳性菌细胞壁　细胞壁较厚由肽聚糖和穿插于其内的磷壁酸组成。肽聚糖为原核生物细胞所特有，又称黏肽，是构成细菌细胞壁的成分。肽聚糖由聚糖骨架、四肽侧链和五肽交联桥三部分组成。磷壁酸是革兰氏阳性菌细胞壁的特有成分，依据其结合部位的不同可分为壁磷壁酸和膜磷壁酸。

（2）革兰氏阴性菌细胞壁　细胞壁较薄，结构较革兰氏阳性菌更为复杂，除含有肽聚糖层外，还有外膜和周质间隙。革兰氏阴性菌细胞壁所含肽聚糖较少，无五肽交联桥结构，属于疏松薄弱的二维结构。外膜由外膜蛋白、脂质双层和脂多糖三部分组成。由于革兰氏阴性菌与革兰氏阳性菌细胞壁结构显著不同，因而它们在染色特性、抗原性、致病性及对药物的敏感性方面差异很大，前者革兰氏染色为红色，而后者为紫色。

（3）细胞壁的主要功能　①维持菌体的固有形态，保护细菌抵抗低渗环境；②与细胞内外物质交换有关，阻挡有害物质进入菌体，维持离子平衡；③细胞壁为表面结构，携带多种决定细菌抗原性的抗原决定簇。

（4）细菌的细胞壁缺陷型（细菌 L 型）　当细菌受到某些理化因素或药物作用时，其细胞壁可被直接破坏或合成受到抑制，这种细胞壁缺陷型的细菌仍能够生长、繁殖和分裂，称为 L 型细菌。

**2. 细胞膜**　位于细胞壁内侧，紧密包绕着细胞质，是一层富有弹性及半渗透性的生物膜，其结构为脂质双层并镶嵌有特殊功能的载体蛋白和酶类，但不含胆固醇。

细胞膜的主要功能：①具有选择通透性，与细胞壁共同完成菌体内外的物质交换；②分泌胞外酶，解除环境中不利因素的毒性；③有多种呼吸酶类，如细胞色素酶和脱氢酶；④有多种合成酶类，是细菌细胞生物合成的场所。

**3. 细胞质**　指细胞膜所包围的除核体以外的所有物质，是一种无色透明、均质的黏稠胶体。其基本成分是水、蛋白质、脂类、核酸及少量的无机盐等。

（1）核糖体　是游离于细胞质中的微小颗粒，由 RNA 和蛋白质组成，其数目随生长阶段而异，生长旺盛时最多数量可达数万个。核糖体是细菌合成蛋白质的场所，游离存在于蛋白质中。

（2）质粒　是细菌染色体外的遗传物质，为闭合环状双股 DNA 分子，编码细菌生命活动非必需的基因赋予其某些特定的遗传性状。

（3）异染颗粒　某些细菌细胞内的一种酸性小颗粒，为多聚偏磷酸盐，用美蓝染色时，颗粒为红色，菌体是蓝色。主要作用是贮存磷元素和能量，降低渗透压。

（4）细胞质的主要功能　细胞质中含有丰富的酶系，是细菌营养物质合成、转化、代谢的主要场所。

**4. 核体（拟核）**　是细菌的染色体，由裸露的双链 DNA 堆积而成，因无核膜和核仁，也无组蛋白包绕，故又称拟核。核体在细胞质中心或边缘区，呈球形、哑铃状或带状等形态。核体具有细胞核的功能，是细菌遗传变异的物质基础，仅在复制的短时间内为双倍体。

## （三）细菌的特殊结构

**1. 荚膜**　是某些细菌在细胞壁外包绕的一层边界清楚且较厚的黏液样物质。荚膜的化学成分随种而异，大多数细菌的荚膜为多糖，少数细菌的荚膜为多肽。

荚膜的主要功能：①保护细菌抵御吞噬细胞的吞噬，增加细菌的侵袭力，是构成细菌致病性的重要因素；②贮藏养料，是细胞外碳源和能源的储备物质；③具有特异的抗原性（K抗原）；④是有些病原菌的毒力因子和黏附因子；⑤可作为细菌鉴别及细菌分型的依据。

**2. 鞭毛**　是某些细菌表面附着的细长呈波浪状弯曲的丝状物。鞭毛需用电子显微镜观察，或经特殊染色法使鞭毛增粗后才能在普通显微镜下可见。

鞭毛的主要功能：①菌体运动；②鞭毛具有特异的抗原性；③有些细菌的鞭毛与细菌的黏附有关。

**3. 菌毛**　遍布大多数革兰氏阴性菌和少数革兰氏阳性菌的菌体表面，比鞭毛细而短的丝状物，只有在电子显微镜下才能观察到。菌毛按其形态、分布和功能可分为普通菌毛和性菌毛两种。

（1）普通菌毛　是一种黏附结构，细菌借此黏附于呼吸道、消化道和泌尿生殖道的黏膜上皮细胞上，进而侵入细胞，因此与细菌的致病性有关。

（2）性菌毛　由质粒携带的致育因子（F因子）编码，故又称F菌毛。性菌毛比普通菌毛长而粗，每个菌体仅有1～4根，为中空管状，与细菌的接合和F质粒的转移有关。

**4. 芽孢（内生孢子）**　是某些细菌在一定条件下细胞质脱水浓缩形成的具有多层膜包裹、通透性低的圆形或椭圆形小体，因芽孢的形成都是在细胞内，故又称内生孢子。芽孢的形成不是细菌的繁殖方式，而是细菌的休眠状态，是细菌抵抗不良环境的特殊存活形式。

## （四）细菌的染色方法

**1. 革兰氏染色法**

（1）方法　将标本固定后先用草酸铵结晶紫染色1min，水洗后加碘液染1min，然后用95％乙醇脱色30s，最后用稀释的石炭酸复红或沙黄复染1min后水洗。干后镜检，被染成紫色的为革兰氏阳性菌，被乙醇脱色后复染成红色的为革兰氏阴性菌。

（2）原理　革兰氏染色法与细菌细胞壁结构密切相关，经结晶紫初染和碘液媒染后，所有细菌都染上不溶于水的结晶紫与碘的复合物而呈现深紫色。但革兰氏阴性菌肽聚糖少，交联疏松，乙醇脱色不能使其结构收缩，因其含脂量高，易被乙醇溶解，缝隙加大，结晶紫-碘复合物溶出细胞壁，使胞壁通透性增高，酒精将细胞脱色，细胞无色，沙黄复染后呈红色；革兰氏阳性菌肽聚糖含量高，交联度大，当乙醇脱色时，肽聚糖因脱水而孔径缩小，故结晶紫-碘复合物被阻留在细胞内，不能被酒精脱色，仍呈紫色。

革兰氏染色法的意义：①鉴别细菌，革兰氏染色可将细菌分为革兰氏阳性菌和革兰氏阴性菌两大类；②与致病性有关，大多数革兰氏阳性菌以外毒素为主要致病物质，而革兰氏阴性菌主要以内毒素致病；③选择抗菌药物。

**2. 瑞氏染色法**　瑞氏染料是碱性美蓝与酸性伊红钠盐混合而成的染料，当溶于甲醇后即发生分离，分解成酸性和碱性两种染料。由于细菌带负电荷，故与带正电荷的碱性染料结合而成蓝色，组织细胞的细胞核含有大量的核糖核酸镁盐，也与碱性染料结合成蓝色，背景和细胞质一般为中性，易与酸性染料结合染成红色。

**3. 特殊染色方法**　主要是针对细菌的特殊结构（如鞭毛、荚膜、芽孢等）和某些特殊细菌的染色技术。

（1）抗酸染色法　细胞壁含有丰富蜡质的抗酸杆菌类细菌（如结核分枝杆菌）一般不易着色，需用浓染液加温或延长时间才能着色，抗酸性细菌呈红色，非抗酸性细菌呈蓝色。

（2）芽孢、荚膜和鞭毛的染色法

①芽孢染色法：根据细菌的菌体和芽孢对染料亲和力不同的原理，用不同染料进行染色，使芽孢和菌体呈不同颜色而便于区别。

②荚膜染色法：通常采用负染色法，即将菌体染色后，再使背景着色（常用美蓝），而

把荚膜衬托出来。有荚膜的细菌菌体蓝色，荚膜不着色（菌体周围呈现一透明圈），背景蓝紫色，无荚膜的细菌菌体蓝色，背景蓝紫色。

③鞭毛染色法：在染色的同时将染料堆积在鞭毛上使其加粗的方法。

### （五）细菌的生长繁殖

**1. 细菌生长繁殖的基本条件**

（1）营养物质　①水分；②碳源；③氮源；④无机盐；⑤生长因子。

（2）酸碱度（pH）　大多数细菌最适 pH 为 7.2～7.6。

（3）温度　①嗜冷菌，生长范围 -5～30℃；②嗜温菌，生长范围 10～45℃；③嗜热菌，最适生长温度为 50～60℃，大多数病原菌的最适生长温度为 37℃。

（4）气体　①专性需氧菌；②微需氧菌；③专性厌氧菌；④兼性厌氧菌。

（5）渗透压　一般培养基的渗透压和盐浓度对大多数细菌是安全的，少数细菌和嗜盐菌需要在较高浓度（3％）的 NaCl 环境中生长良好。

**2. 细菌个体的生长繁殖**　细菌多以二分裂方式进行无性繁殖。当细菌生长到一定时间，即在细胞中间逐渐形成横隔，将一个细胞分裂成两个等大的子细胞。

**3. 细菌群体的生长繁殖**　如将一定数量的细菌接种于适宜的液体培养基后，连续定时取样检查活菌数，以培养时间为横坐标，培养物中活菌数的对数为纵坐标，可绘制出一条反映细菌增殖规律的曲线，称为生长曲线。生长曲线分为四个时期。

（1）迟缓期　细菌进入新环境的适应阶段，合成和积累生长繁殖所需的各种酶系统。此期菌体增大，合成代谢活跃，但分裂迟缓，细菌数并不显著增加，对外界不良环境条件敏感。

（2）对数期　又称指数期，细菌经过迟缓期的适应后，以恒定的速度分裂增殖，活菌数目呈对数直线上升。此期细菌的大小、形态、染色性、生物活性等都较典型，对外界环境因素（如抗生素等）的作用也较敏感。

（3）稳定期　由于细菌经过对数期生长后培养基中营养物质的消耗、毒性代谢产物的蓄积以及 pH 下降等，使细菌繁殖速度渐趋减慢，死亡菌数逐渐增加、新繁殖的活菌数与死菌数大致平衡。此期细菌的形态、染色和生理特性常有改变，如革兰氏阳性菌可能被染成阴性菌。一些细菌的芽孢、外毒素和抗生素等代谢产物大多在此期产生。

（4）衰亡期　生长条件的进一步恶化，使细胞内的分解代谢远超过合成代谢，细菌的繁殖速度减慢或停止，死菌数超过活菌数，生理代谢活动也趋于停滞。此期菌体形态改变显著，出现多形态的衰退型，甚至菌体自溶。

### （六）细菌的代谢

**1. 细菌的基本代谢过程**　细菌的代谢过程可分为物质摄取与排出、生物合成、聚合作用及组装四个步骤。细菌的代谢有两个突出的特点：①代谢活跃；②代谢类型多样化。

（1）物质摄取与排出　物质主要通过单纯扩散、促进扩散、主动运输及基团转位等方式进出细菌细胞。①单纯扩散（被动扩散）：细胞膜两侧的物质靠浓度差（浓度梯度）进行分子扩散，不需要能量。②促进扩散：与细胞膜的特异性载体蛋白相结合，而后将其转运至细胞内外。具有特异性和选择性，不需要能量。③主动运输：是细菌吸收营养物质的一种主要方式，需要特异性载体蛋白，能将特异性溶质逆浓度梯度泵入或泵出细胞，需要能量。④基团转位：物质在运输的同时受到化学修饰，需要特异性载体蛋白参与，需要能量。

（2）生物合成　各种前体代谢物通过代谢途径，合成多种氨基酸、核苷酸、糖、脂肪酸及其他合成大分子所需物质，不同种类细菌对营养的需求不同，有不同的合成途径。

（3）聚合作用　细菌转录翻译。

（4）组装　①自我组装：鞭毛及核糖体。②指导组装：细菌表面膜结构。

**2. 细菌的合成代谢产物及其作用**

（1）热原质（又称致热源）　大多数革兰氏阴性菌和少数革兰氏阳性菌合成的脂多糖，微量注入动物体内即可引起发热反应的物质。

（2）毒素　病原菌在代谢过程中合成的对机体有毒害作用的物质，包括外毒素和内毒素。

（3）侵袭性酶类　有些细菌能合成一些胞外酶，如透明质酸酶、卵磷脂酶、链激酶等，促使细菌扩散，增强病原菌的侵袭力。

（4）色素　某些细菌在代谢过程中能产生不同颜色的色素，对细菌的鉴别有一定意义。

（5）细菌素　是由某些细菌产生的仅对近缘菌株有抗菌作用的蛋白质或蛋白质与脂多糖的复合物。其种类繁多，常以产生的菌种命名，如葡萄球菌素、绿脓菌素、弧菌素等。

（6）抗生素　是某些微生物在代谢过程中产生的一种能抑制和杀灭其他微生物或肿瘤细胞的物质。多由放线菌和真菌产生，少数由细菌产生。

（7）维生素　某些细菌能合成自身所需的维生素，并能分泌至菌体外，供动物体吸收利用。如大肠杆菌在肠道内能合成 B 族维生素和维生素 K。

**3. 细菌的分解代谢**　细菌分解代谢主要有糖分解和蛋白质分解。各种细菌所具有的酶不完全相同，对营养物质的分解能力不一致，因而其代谢产物也不相同。据此特点，利用生物化学方法可以鉴别不同种细菌，即为生化反应试验。

（1）氧化发酵试验　不同细菌分解糖类的能力及代谢产物不同，有氧条件下的分解称为氧化，无氧条件下的分解称为发酵。

（2）氧化酶试验　氧化酶又名细胞色素氧化酶，该酶在细胞色素 C 存在时可氧化对二苯二胺，出现紫色反应。

（3）过氧化氢酶试验　具有过氧化氢酶的细菌能催化过氧化氢生成水和新生态氧，继而形成分子氧出现气泡。

（4）VP 试验　大肠杆菌和产气杆菌均能分解葡萄糖，产酸产气。但产气杆菌可使丙酮酸脱羧，氧化产生二乙酰与含胍基化合物反应生成红色化合物，为 VP 试验阳性。

（5）甲基红试验　产气杆菌分解葡萄糖产生丙酮酸，经脱羧后产生中性的乙酰甲基甲醇，加入甲基红指示剂后呈橘黄色，为甲基红试验阴性。大肠杆菌分解葡萄糖产生的丙酮酸不进一步转化为乙酰甲基甲醇，甲基红指示剂呈红色，则为甲基红试验阳性。

（6）枸橼酸盐利用试验　某些细菌（如产气肠杆菌）利用铵盐及枸橼酸盐作为唯一氮源和碳源时，可在枸橼酸盐培养基上生长，分解铵盐及枸橼酸盐。培养基变为碱性，使指示剂溴麝香草酚蓝由淡绿转为深蓝，此为枸橼酸盐利用试验阳性。

（7）吲哚试验　某些细菌（如大肠杆菌、变形杆菌等）含有色氨酸酶，能分解培养基中的色氨酸生成吲哚，当培养基中滴加靛基质试剂（对二甲基氨基苯甲醛）时，可在接触界面上生成玫瑰吲哚而呈红色，为吲哚试验阳性。吲哚（I）、甲基红（M）、VP（V）、枸橼酸盐利用（C）四种试验，常用于鉴定肠道杆菌，统称为 IMViC 试验。

（8）硫化氢试验　某些细菌（如变形杆菌等）能分解培养基中含硫氨基酸（如胱氨酸、蛋氨酸等）生成硫化氢，硫化氢遇铅或铁离子产生黑色的硫化物，为硫化氢试验阳性。

（9）尿素酶试验　变形杆菌有尿素酶能分解培养基中的尿素产生氨，使培养基变为碱性，以酚红指示剂检测时为红色，为尿素酶试验阳性。

### （七）细菌的人工培养

**1. 培养基的概念及种类**　培养基是人工配制、适合细菌生长繁殖的营养基质。培养基按其理化性状可分为液体、半固体和固体三大类。根据营养组成和用途，培养基有下几类。

（1）基础培养基　含有细菌生长繁殖所需要的基本营养成分，可供大多数细菌培养用。最常用的是普通肉汤培养基，含蛋白胨、牛肉浸膏、氯化钠、水等，常用于糖发酵试验。

（2）营养培养基　在基础培养基中加入葡萄糖、血液、血清、酵母浸膏等。

（3）选择培养基　根据特定目的，在培养基中加入某种化学物质以抑制某些细菌生长促进另一类细菌的生长繁殖，以便从混杂多种细菌的样本中分离出所需细菌。

（4）鉴别培养基　在培养基中加入特定作用底物及产生显色反应指示剂，用肉眼可以初步鉴别细菌。

（5）厌氧培养基　专供厌氧菌的培养而设计。常用的有庖肉培养基，也可将细菌接种在固体琼脂培养基上，然后在厌氧袋、厌氧箱、厌氧罐中培养。

**2. 细菌在培养基中的生长现象**

（1）液体培养基中的生长现象　①混浊生长：多数细菌呈此现象，多属兼性厌氧菌。②沉淀生长：少数呈链状生长的细菌或较粗的杆菌在液体培养基底部形成沉淀，培养液较清。③菌膜生长：专性需氧菌可浮在液体表面生长形成菌膜。

（2）半固体培养基中的生长现象　用接种针将细菌穿刺接种于半固体中，如菌无动力（无鞭毛），则沿此穿刺线生长，而周围培养基清澈透明。如细菌有鞭毛能运动，可由穿刺线向四周扩散呈放射状或云雾状生长。

（3）固体培养基中的生长现象　固体培养基分平板与斜面，细菌在平板上经划线分离培养后，平板表面形成的肉眼可见菌落，可观察菌落的大小、形状、颜色、边缘、表面光滑度、湿润度、透明度及在血平板上的溶血情况等，是鉴别细菌的重要依据之一。

**3. 人工培养细菌的意义**

（1）细菌的鉴定　研究细菌的形态、生理、抗原性、致病性、遗传与变异等生物学性状，均需人工培养细菌才能实现，而且分离培养细菌也是人们发现未知新病原的先决条件。

（2）传染性疾病的诊断　从患畜（禽）标本中分离培养出病原菌是诊断传染性疾病最可靠的依据，并可对分离出的病原菌进行药物敏感试验。帮助临诊上选择有效药物进行治疗。

（3）分子流行病学调查　对细菌特异基因的分子检测、序列测定、基因组 DNA 指纹分析等分子流行病学研究也需要细菌的纯培养。

（4）生物制品的制备　经人工培养获得的细菌可用于制备菌苗、类毒素、诊断用菌液等生物制品。

（5）饲料或畜产品卫生学指标的检测　可通过定性或定量方法对饲料、畜产品等中的微生物污染状况进行检测。

## 三、例题及解析

1. 细菌在固体培养基上生长，肉眼观察到的是（    ）。

    A. 菌体形态　　　　　　　B. 菌体大小　　　　　　　C. 菌体排列

    D. 细菌群体　　　　　　　E. 菌体结构

【解析】D。细菌的个体形态染色后可通过显微镜观察，细菌的群体形态包括菌落和菌苔，在适宜的固体培养基上培养得到菌落，菌落连成一片为菌苔。

2. 细菌的繁殖方式是（    ）。

    A. 芽殖　　　　　　　　　B. 复制　　　　　　　　　C. 分生孢子

    D. 二等分分裂　　　　　　E. 产生芽孢

【解析】D。细菌的分裂方式为无性繁殖（多为二分裂）。

3. 可在细菌间传递遗传物质的结构是（    ）。

    A. 鞭毛　　　　　　　　　B. 普通菌毛　　　　　　　C. 性菌毛

    D. 荚膜　　　　　　　　　E. 芽孢

【解析】C。性菌毛又称F菌毛，由质粒携带的致育因子（F因子）编码。带有性菌毛的细菌具有致育能力，称为雄性菌。

4. 细菌经瑞氏染色后的菌体颜色是（    ）。

    A. 红色　　　　　　　　　B. 蓝色　　　　　　　　　C. 紫色

    D. 绿色　　　　　　　　　E. 黄色

【解析】B。经瑞氏染色后，细菌的菌体颜色呈蓝色，组织细胞的细胞质呈红色，细胞核呈蓝色。

5. 与内毒素相比，细菌外毒素具有的特点是（    ）。

    A. 化学成分是脂多糖　　　B. 毒性弱　　　　　　　　C. 耐热

    D. 免疫原性弱　　　　　　E. 免疫原性强

【解析】E。外毒素的免疫原性较内毒素强，刺激机体可产生中和抗体（抗毒素）。

6. 革兰氏阴性菌和革兰氏阳性菌共同的化学组成成分是（    ）。

    A. 肽聚糖　　　　　　　　B. 核心多糖　　　　　　　C. 脂多糖

    D. 组蛋白　　　　　　　　E. 壁磷酸

【解析】A。革兰氏阳性菌细胞壁由肽聚糖和磷壁酸组成，革兰氏阴性菌细胞壁由肽聚糖层、外膜和周质间隙组成，因此共同的化学组成成分是肽聚糖。

<<<　　　第二单元　细菌的感染　　　>>>

## 一、考试大纲

| 单元 | 细目 | 要点 |
|---|---|---|
| 细菌的感染 | 1. 正常菌群 | （1）正常菌群的概念　（2）动物体内正常菌群的分布　（3）正常菌群的生理作用 |
| | 2. 细菌的致病性 | （1）细菌致病性的确定　（2）细菌毒力的测定　（3）细菌的毒力因子　（4）细菌的侵入数量、途径与感染　（5）感染的类型 |
| | 3. 细菌的耐药性 | （1）细菌耐药性的概念　（2）细菌耐药性的检测方法 |

## 二、重要知识点

### （一）正常菌群

**1. 正常菌群的概念**　通常把在动物体各部位正常寄居而对动物无害的细菌称为正常菌群。这些细菌之间、细菌与动物体间及细菌与环境之间形成了一种生态关系，这种微生态环境处于一个相对平衡状态。

**2. 动物体内正常菌群的分布**　①消化道：口腔温度适宜，含有食物残渣，是微生物生长的良好条件。胃内因胃酸的杀菌作用细菌极少。小肠中由于多种消化液的作用，细菌较少。②呼吸道：鼻腔和咽部常存在葡萄球菌等。③泌尿生殖道：正常情况下，仅在泌尿道外部和阴道内有细菌存在，其中阴道内主要是乳杆菌，其次是葡萄球菌、链球菌、大肠杆菌等。

**3. 正常菌群的生理作用**　正常菌群对动物体内局部的微生态平衡起着重要作用，包括生物拮抗作用、营养作用和免疫作用。正常菌群的免疫作用：作为与宿主终生相伴的抗原库，可刺激宿主产生免疫应答；促进宿主免疫器官发育。

### （二）细菌的致病性

**1. 细菌致病性的确定**　柯赫法则是确定某种细菌是否具有致病性的主要依据，其要点是：①特定的病原菌应在同一疾病中可见，在健康动物中不存在；②此病原菌能被分离培养而得到纯种；③此纯培养物接种易感动物能导致同样病症；④自试验感染的动物体内能重新获得该病原菌的纯培养物。

**2. 细菌毒力的测定**

（1）半数致死量（$LD_{50}$）　指能使接种的实验动物在感染后一定时限内死亡一半所需的微生物量或毒素量。

（2）半数感染量（$ID_{50}$）　指能使实验动物在接种后一定时限内感染一半所需的微生物

或毒素的量。

**3. 细菌的毒力因子**  细菌毒力的菌体成分或分泌产物称为毒力因子，主要包括与细菌侵袭力相关的毒力因子和毒素。

（1）与侵袭力相关的毒力因子  病原菌突破动物体的防御系统，在体内定居、繁殖和扩散的能力称为侵袭力。主要包括黏附或定植因子、侵袭性酶、Ⅲ型分泌系统和干扰宿主的防御机制。

（2）毒素  是细菌在其生命活动中产生的一种毒性物质，细菌毒素按其来源、性质和作用可分为外毒素和内毒素两类。①外毒素：某些细菌在生长繁殖过程中产生并分泌到菌体外的毒性物质，产生菌主要是革兰氏阳性菌及少数革兰氏阴性菌。外毒素的化学成分是蛋白质，性质不稳定，不耐热，易被热、酸、蛋白酶分解破坏。外毒素毒性极强，极少量即可使易感动物死亡。外毒素免疫原性也强，经过0.3%~0.4%甲醛处理后脱去毒性而成为类毒素，但仍保留抗原性，类毒素能刺激机体产生抗毒素，抗毒素具有中和游离外毒素的作用，故类毒素可用于预防接种，而抗毒素常用于治疗和紧急预防。②内毒素：革兰氏阴性菌细胞壁中的脂多糖成分，只有当细菌死亡裂解后才能游离出来。内毒素的化学成分是脂多糖，位于细胞壁的最外层，由O特异性多糖侧链、非特异性核心多糖、脂质A三部分组成，脂质A是内毒素的主要毒性成分。内毒素耐热，加热100℃ 1h不被破坏，经160℃ 2~4h或用强碱、强酸、强氧化剂加温煮沸30min才被灭活。内毒素不能用甲醛处理脱毒成为类毒素。内毒素刺激机体可产生特异性抗体，但抗体中和作用较弱，不能中和内毒素的毒性作用。

**4. 细菌的侵入数量、途径与感染**  有了一定毒力和足够数量的病原菌，若侵入易感机体的部位不适宜，仍不能引起感染。各种病原菌都有其特定的侵入途径和部位，这与病原菌生长繁殖需要特定的微环境有关。细菌侵入的数量与细菌的毒力成反比例，毒力越强，引起感染所需的菌量越小，毒力越弱，引起感染所需的菌量越大。

**5. 感染的类型**

（1）隐性感染  当机体抗感染的免疫力较强，或侵入的病原菌数量较少、毒力较弱，感染后病原菌对机体损害较轻，不出现或仅出现轻微的临诊症状者称为隐性感染或亚临诊感染。

（2）显性感染  当机体抗感染的免疫力较弱或侵入的病原菌数量较多、毒力较强，以致机体组织细胞受到严重损害、生理功能发生改变，出现一系列的临诊症状和体征者称为显性感染。根据感染的病程可分为急性感染和慢性感染，根据感染的范围可分为局部感染和全身感染。全身感染有以下几种情况。①菌血症：即病原菌由原发部位一时性或间断性侵入血流，但并不在血液中生长繁殖。②毒血症：即病原菌侵入机体后，仅在局部生长繁殖而不入血，但其产生的外毒素入血，到达易感组织和细胞，引起特殊的毒性症状。③败血症：即病原菌侵入血流并在其中大量繁殖，产生毒性代谢产物。引起严重的全身中毒症状，如高热、皮肤黏膜瘀斑、肝脾肿大等。④脓毒血症：即化脓性细菌由病灶局部侵入血流，在其中大量繁殖，并随血流扩散至全身组织和器官，产生新的化脓性病灶。

（3）带菌状态  机体在显性感染或隐性感染后，病原菌在体内继续留存一段时间，与机体免疫力处于相对平衡状态，称为带菌状态。

## （三）细菌的耐药性

**1. 细菌耐药性的概念**  耐药性是指微生物多次与药物接触发生敏感性降低的现象，其程度以该药物对某种微生物最小抑菌浓度（MIC）来衡量。

**2. 细菌耐药性的检测方法**

（1）表型检测法　用药物敏感试验，即在体外测定抗菌药物对细菌有无抑制或杀灭作用。①稀释法：将抗菌药物作一系列稀释后分别加入适宜的液体培养基中，再接种一定量的待测细菌，经适宜温度和一定培养时间后观察其最小抑菌浓度（MIC）。②纸片扩散法：将含有一定量抗菌药物的纸片贴在涂有被测菌株的琼脂培养基上，经适宜温度和一定培养时间后观察有无抑菌圈及其大小。

（2）耐药基因检测法　细菌耐药性由耐药基因编码耐药基因表达受其调节基因及细菌生存的外界因素等影响。因此检测耐药基因较表型检测准确，而且特异又敏感，也较快速。

## 三、例题及解析

1. 细菌在组织内扩散，与其相关的毒力因子是（　　）。

    A. 菌毛　　　　　　　　　B. 荚膜　　　　　　　　　C. 外毒素

    D. 内毒素　　　　　　　　E. 透明质酸酶

【解析】E。与侵袭力相关的毒力因子中侵袭性酶多为胞外酶类。

2. 有助于病原菌在动物组织中扩散的细菌产物是（　　）。

    A. 内毒素　　　　　　　　B. 肠毒素　　　　　　　　C. 细菌素

    D. 卵磷脂酶　　　　　　　E. 色素

【解析】D。细菌合成的一些胞外酶，如透明质酸酶、卵磷脂酶、链激酶等，可促使细菌扩散，增强病原菌的侵袭力。

3. 构成革兰氏阴性菌内毒素的物质是（　　）。

    A. 肽聚糖　　　　　　　　B. 磷壁酸　　　　　　　　C. 脂多糖

    D. 外膜蛋白　　　　　　　E. 核心多糖

【解析】C。内毒素由革兰氏阴性菌产生，主要毒性成分是脂多糖。

4. 由革兰氏阴性菌菌体裂解产生的物质是（　　）。

    A. 内毒素　　　　　　　　B. 外毒素　　　　　　　　C. 抗毒素

    D. 类毒素　　　　　　　　E. 黏附素

【解析】A。内毒素是革兰氏阴性菌细胞壁中的脂多糖，菌体死亡或裂解后才能释放出来，内毒素的主要毒性成分是脂多糖。

## <<<　　第三单元　细菌感染的诊断　　>>>

## 一、考试大纲

| 单元 | 细目 | 要点 |
| --- | --- | --- |
| 细菌感染的诊断 | 1. 样本的采集原则 | |
| | 2. 细菌的分离鉴定 | （1）常规细菌学检测　　（2）血清学检测　　（3）基因检测 |

## 二、重要知识点

### （一）样本的采集原则

①严格无菌操作，尽量避免标本被杂菌污染；②根据不同疾病或同一疾病不同时期采集不同的标本；③应在使用抗菌药物前采集样本，采集局部不得使用消毒剂，必要时用无菌生理盐水冲洗，拭干后再取材；④样本必须新鲜，尽快送检；⑤根据病原菌特点，多数病原菌可冷藏运输，粪便样本常加入甘油缓冲盐水保存液；⑥对疑似烈性传染病或人畜共患病标本，严格按相关的生物安全规定包装、冷藏、专人递送；⑦样本应做好标记，并在相应检验单中详细填写检验目的、样本种类、临诊诊断初步结果等。

### （二）细菌的分离鉴定

**1. 常规细菌学检测**

（1）细菌形态与结构检查　凡在形态和染色性上具有特征的致病菌，样本直接涂片染色后显微镜观察可以进行初步诊断。

（2）细菌分离培养　应选择适宜的培养基、培养时间和温度等，以提供特定细菌生长所需的必要条件，分离培养后，根据菌落的大小、形态、颜色、表面性状、透明度和溶血性等对细菌做出初步识别，同时取单个菌落再次进行革兰氏染色镜检观察，再进行生化试验。

（3）生化试验　利用各种细菌生化反应，可对分离到的细菌进行鉴定。

（4）药物敏感性试验　在已确定患畜（禽）所感染的病原菌后，临诊上按常规用药又无明显疗效时，有必要做抗菌药物敏感性试验。

**2. 血清学检测**

（1）抗原检测　常用的免疫检测技术有玻片凝集试验、协同凝集试验、乳胶凝集试验、间接血凝试验和免疫标记抗体技术等。

（2）抗体检测　常用于细菌性感染的血清学诊断技术有直接凝集试验、乳胶凝集试验、沉淀试验和免疫标记抗体技术等。

**3. 基因检测**　不同种类细菌的基因序列不同，可通过检测细菌的特异性基因而对细菌感染进行诊断，称基因诊断。常用的方法主要有聚合酶链式反应和核酸杂交技术。

（1）聚合酶链式反应（PCR）　是一种特异的 DNA 体外扩增技术。

（2）核酸杂交技术　将病原菌特异的基因序列标记后作为探针，与待检样本中的细菌核酸进行杂交，从而可实现对细菌的鉴定和检测。

## 三、例题及解析

1. 一病死仔猪，剖检见下颌淋巴结和腹股沟淋巴结明显肿胀，呈灰白色，质地柔软，肺、肝和肾等表面均见有大小不一的灰白色隆起，切开病灶见灰黄色混浊的凝乳状物流出。确诊该病需进一步检查的项目是（　　）。

　　A. 细菌分离鉴定　　　　B. 病毒分离鉴定　　　　C. 寄生虫观察鉴定
　　D. 饲料毒物分析　　　　E. 肿瘤鉴定

【解析】A。该病死猪病灶内有灰黄色混浊的凝乳状物，考虑为化脓性炎。化脓性炎多由葡萄球菌、链球菌、肺炎双球菌等化脓菌引起，故为确诊需进一步进行细菌分离鉴定。

2. 用于分离细菌的粪便样本在运输中常加入的保存液是(　　)。

A. 70%乙醇　　　　　　B. 无菌蒸馏水　　　　　C. 0.1%新洁尔灭

D. 0.1%高锰酸钾　　　　E. 无菌甘油缓冲盐水

【解析】E。微生物在甘油中生长和代谢受到抑制从而达到保藏目的。

3. 某15日龄鸡群发病，呼吸困难，下痢，粪便呈黄绿色，提起时流出腥臭的液体，部分病鸡出现神经症状，剖检见腺胃乳头出血，腺胃与食管交汇处呈带状出血。确诊该病最可靠的方法是(　　)。

A. 细菌分离鉴定　　　　B. 病毒分离鉴定　　　　C. ELISA抗体检测

D. 病理组织学检查　　　E. 血凝实验

【解析】B。病毒分离鉴定是诊断新城疫最可靠的方法。常用鸡胚接种、血凝试验和血凝抑制试验、中和试验及荧光抗体试验等。

4. 某25日龄鸭群，精神沉郁，严重下痢，眼、鼻分泌物增多，呼吸困难，濒死期神经症状明显，角弓反张，病程1~3d，发病率40%，病死率70%。剖检见心包、肝和气囊表面有大量纤维素性渗出物，其他脏器无眼观病变。确诊该病应首先进行的是(　　)。

A. 鸡胚接种　　　　　　B. 细菌分离培养　　　　C. 试管凝集试验

D. ELISA　　　　　　　E. 血凝试验和血凝抑制试验

【解析】B。确诊鸭浆膜炎首选细菌学检查，取病料进行病原的分离培养，观察其培养特性，选择纯培养物鉴定其主要生化特性。

## <<< 第四单元　消毒与灭菌　>>>

## 一、考试大纲

| 单元 | 细目 | 要点 |
|---|---|---|
| 消毒与灭菌 | 1. 基本概念 | (1) 消毒　(2) 灭菌　(3) 无菌　(4) 防腐 |
| | 2. 物理消毒灭菌法 | (1) 热力灭菌法　(2) 辐射灭菌法　(3) 滤过除菌法 |
| | 3. 化学消毒灭菌法 | (1) 常用消毒剂的种类及应用　(2) 影响消毒剂作用的因素 |

## 二、重要知识点

### (一) 基本概念

1. **消毒**　指杀灭物体上病原微生物的方法，并不一定能杀死含芽孢的细菌。

2. **灭菌**　指杀灭物体上所有病原微生物和非病原微生物及其芽孢的方法。

3. **无菌**　指物体上、容器内或特定的操作空间内没有活微生物的状态。

**4. 防腐** 指阻止或抑制物品上微生物生长繁殖的方法，微生物不一定死亡。用于防腐的化学药物称防腐剂。

### (二) 物理消毒灭菌法

**1. 热力灭菌法**

（1）湿热灭菌法

①高压蒸汽灭菌法：使用密闭的高压蒸汽灭菌器，当压力在 103.4kPa 时，容器内温度可达 121.3℃，在此温度下维持 15~30min 可杀死包括芽孢在内的所有微生物。此法适用于耐高温和不怕潮湿物品的灭菌，如培养基、生理盐水、玻璃器皿、塑料移液枪头、手术器械、敷料、注射器、使用过的微生物培养物、小型实验动物（如小鼠）尸体等。

②煮沸法：100℃煮沸 5min 可杀死细菌的繁殖体。常用于消毒食具、刀剪、注射器等。

③流通蒸汽法：利用蒸笼或蒸汽灭菌器产生 100℃的蒸汽，30min 可杀死细菌繁殖体，但不能杀死其芽孢。常用于不耐高温的营养物品，如含糖或含血清培养基的灭菌。

④巴氏消毒法：主要适用于牛奶的一种灭菌法，是一种利用较低的温度既可杀死病菌又能保持物品中营养物质风味不变的消毒法。

（2）干热灭菌法

①火焰灭菌法：以火焰直接烧来杀死物体中全部微生物的方法，分为灼烧和焚烧两种。灼烧主要用于耐烧物品，直接在火焰上烧灼，如接种针（环）、金属器具、试管口等的灭菌。焚烧常用于烧毁的物品，直接点燃或在焚烧炉内焚烧，如传染病畜禽及试验感染动物的尸体、病畜禽的垫料以及其他污染的废弃物等无害化处理。

②热空气灭菌法：利用干烤箱灭菌，以干热空气进行灭菌的方法。加热至 160~170℃，维持 2h 才能杀死包括芽孢在内的一切微生物。适用于高温下不变质、不损坏、不蒸发的物品，如玻璃器皿、瓷器或需干燥的注射器等。

**2. 辐射灭菌法**

（1）可见光 指在红外线和紫外线之间，肉眼可见的光线，波长 400~800nm。可见光线只有微弱的杀菌作用。

（2）阳光 直射日光有强烈杀菌作用，是天然杀菌因素，紫外线是日光杀菌作用的主要因素。许多微生物在直射日光下，半小时到数小时即可死亡。

（3）紫外线 以 265~266nm 波长的紫外线杀菌能力最强，能干扰细菌 DNA 复制与转录时的正常碱基配对，导致细菌死亡或变异。此外，紫外线还可使空气中的分子氧变为臭氧，臭氧放出氧化能力强的原子氧，也具有杀菌作用。紫外线穿透力弱，常用于微生物实验室、无菌室、养殖场入口的消毒室、手术室、传染病房、种蛋室等的空气消毒。

（4）电离辐射 X 射线（波长 0.06~13.6nm）、γ 射线（波长 0.001~0.4nm）等可将被照射物质原子核周围的电子击出，引起电离，故称电离辐射。可在常温下对不耐热的物品进行灭菌，故又称"冷灭菌"，其机制在于产生游离基，破坏 DNA 使细菌死亡或发生突变。常用于大量一次性医用塑料制品的消毒，也可用于食品的消毒而不破坏其中的营养成分。

**3. 滤过除菌法** 利用物理阻留的方法，通过含有微细小孔的滤器将液体或空气中的细菌除去，以达到无菌的目的。

（1）液体培养基和药物除菌 培养液、血清、毒素、抗毒素、抗生素、维生素、氨基酸等不能加热灭菌的液体常用过滤器过滤除菌（孔径 $0.22\sim0.45\mu m$）。

（2）病毒液分离除菌　用于分离病毒。

（3）空气净化除菌　用于超净工作台、无菌隔离器、无菌操作室、实验动物室以及疫苗、药品、食品等生产中洁净厂房的空气过滤除菌。

### （三）化学消毒灭菌法

**1. 常用消毒剂的种类及应用**　消毒剂的种类很多，其杀菌作用也不相同，总体上可概括为三种作用机制：①使菌体蛋白质变性或凝固；②干扰或破坏细菌的酶系统和代谢；③改变细菌细胞壁或细胞膜的通透性。常用化学消毒剂有如下主要类型：

（1）含氯消毒剂　常用于环境、物品表面、饮用水、污水、排泄物、垃圾等的消毒。

（2）过氧化物类　需现用现配，使用不方便，且因其氧化能力强，高浓度时可刺激、损害皮肤黏膜，腐蚀物品。

（3）酚类　常用的有煤酚皂（又名来苏儿），其主要成分为甲基苯酚，主要用于畜舍、笼具、场地、车辆的消毒。

（4）碱类　常用的有氢氧化钠（烧碱）和生石灰。烧碱能破坏病原体的酶系统和菌体结构，从而起到消毒作用。一般配成20%的石灰乳涂刷厩舍墙壁、畜栏及地面消毒等。

（5）醛类　主要是甲醛，对细菌繁殖体、芽孢、真菌和病毒均有效。

（6）醇类　最常用的是乙醇，可凝固蛋白质，导致微生物死亡，对芽孢无效，常用浓度为75%。

（7）含碘消毒剂　包括碘酊和碘伏能使细菌蛋白质氧化变性破坏细菌胞膜的通透性屏障，使菌体蛋白质漏出而失活，主要用于皮肤消毒（碘酊浓度为 2%，碘伏浓度为 $0.3\%\sim0.5\%$）。

（8）季铵盐类　属于阳离子表面活性剂能吸附带负电荷的细菌，破坏其细胞膜，导致菌体自溶死亡，使用浓度为 $0.1\%\sim0.2\%$，一般用于非关键物品的清洁消毒，也可用于手消毒。

**2. 影响消毒剂作用的因素**

（1）消毒剂的性质　浓度和作用时间一般而言，消毒剂浓度越高，作用时间越长，杀菌效果就越好。

（2）温度和酸碱度　升高温度可提高消毒剂的杀菌效果，温度每增高10℃，石炭酸的杀菌作用增加5～8倍。

（3）细菌的种类　数量与状态不同种类的细菌对消毒剂的敏感性不同。

（4）有机物　环境中有机物能够影响消毒剂的效果，病原菌常随同排泄物、分泌物一起存在，这些物质可阻碍消毒剂与病原菌的接触，对细菌有保护作用，并与消毒剂发生化学反应，从而降低消毒剂的作用效果。

## 三、例题及解析

1. 动物手术室空气消毒常用的方法是（　　）。
　　A. 电离辐射　　　　　　B. 紫外线　　　　　　C. 滤过除菌

D. 甲醛熏蒸 　　　　　　E. 消毒药水喷洒

【解析】B。紫外线杀菌灯消毒物体表面，常用于微生物实验室、无菌室、养殖场入口的消毒室、手术室、传染病房、种蛋室等的空气消毒，或用于不能用高温或化学药品消毒物品的表面消毒，有效距离不超过 3m。

2. 高压蒸汽灭菌法灭芽孢常用的有效温度是(　　　)。

A. 100℃ 　　　　　　B. 121℃ 　　　　　　C. 128℃

D. 132℃ 　　　　　　E. 160℃

【解析】B。高压蒸汽灭菌法是应用最广、灭菌效果最好的方法。使用密闭的高压蒸汽灭菌器，当压力在 103.4kPa 时，容器内温度可达 121.3℃，在此温度下维持 15～30min 可杀死包括芽孢在内的所有微生物。

## <<< 第五单元 主要的动物病原菌 >>>

## 一、考试大纲

| 单元 | 细目 | 要点 |
|---|---|---|
| 主要的动物病原菌 | 1. 球菌 | (1) 链球菌属 　(2) 葡萄球菌属 　(3) 蜜蜂球菌属 |
| | 2. 肠杆菌科 | (1) 埃希菌属 　(2) 沙门菌属 |
| | 3. 巴氏杆菌科及相关属 | (1) 巴氏杆菌属 　(2) 里氏杆菌属 　(3) 嗜血杆菌属 (4) 放线杆菌属 |
| | 4. 革兰氏阴性需氧杆菌 | (1) 布鲁菌属 　(2) 伯氏菌属 　(3) 波氏杆菌属 |
| | 5. 革兰氏阳性无芽孢杆菌 | (1) 李氏杆菌属 　(2) 丹毒丝菌属 |
| | 6. 革兰氏阳性产芽孢杆菌 | (1) 芽孢杆菌属 　(2) 梭菌属 |
| | 7. 分枝杆菌 | (1) 牛分枝杆菌 　(2) 副结核分枝杆菌 |
| | 8. 螺旋体 | 猪痢疾短螺旋体 |
| | 9. 支原体 | (1) 鸡毒支原体 　(2) 猪肺炎支原体 　(3) 牛支原体 (4) 丝状支原体山羊亚种 　(5) 嗜血支原体 |
| | 10. 真菌 | (1) 白僵菌 　(2) 蜜蜂球囊菌变种 |
| | 11. 类菌质体 | 蜜蜂螺旋菌质体 |

## 二、重要知识点

### (一) 球菌

**1. 链球菌属** 链球菌有 30 多种，20 个血清群，根据链球菌在血琼脂平板上的溶血现象将其分为 α、β、γ 三大类。

## 猪Ⅱ型链球菌

根据荚膜抗原的差异，猪链球菌分为 35 个血清型，其中Ⅱ型最为常见，它可感染人而致死。

**【形态及染色】**圆形或卵圆形，呈短链、长链或成对排列，无芽孢，无鞭毛，革兰染色阳性。陈旧培养物革兰氏染色往往呈阴性，单个或双个卵圆形。在液体培养中呈短链状。

**【培养及生化特性】**多为兼性厌氧菌，生长要求较高。血液琼脂平板上长呈灰白色，表面光滑边缘整齐的小菌落。猪链球菌Ⅱ型在绵羊血平板呈 α 溶血，马血平板则为 β 溶血。能发酵葡萄糖、蔗糖、麦芽糖。

**【致病性及毒力因子】**

①致病性：猪链球菌可感染人，引起脑膜炎、败血症和心内膜炎。可致猪脑膜炎、关节炎、肺炎、心内膜炎、流产和局部脓肿，在易感猪群可暴发败血症而突然死亡。

②毒力因子：至少包括两大类，一类与黏附有关，另一类为毒素。

**【微生物学诊断】**

①病料染色镜检。

②细菌分离培养：接种于血液琼脂培养基。

③血清型分型诊断：比较困难，一般可用专门实验室提供的分型诊断血清进行乳胶或玻片凝集试验。也可用鉴定荚膜等毒力相关基因的多重 PCR 直接检测分离的菌落，进行快速诊断。

**2. 葡萄球菌属**　葡萄球菌分布广泛，多数为非致病菌，少数可导致疾病，最常见的化脓性球菌。致病性葡萄球菌常引起各种化脓性疾患、败血症或脓毒败血症，当污染食品时，可引起食物中毒。常见的致病菌多为金黄色葡萄球。

## 金黄色葡萄球菌

**【形态及染色】**圆形或卵圆形，直径 $0.5\sim1.5\mu m$，常呈葡萄状排列，无荚膜，无鞭毛，不产生芽孢，革兰氏染色阳性。

**【培养及生化特性】**需氧或兼性厌氧。最适温度为 37℃，最适 pH 为 7.4。在肉汤培养基中 24h 后呈均匀混浊生长。在普通琼脂平板形成圆形凸起，边缘整齐，表面光滑、湿润、不透明的菌落，菌落颜色依菌株而异，初呈灰白色，继而为金黄色；在血液琼脂平板形成的菌落较大，产溶血素的菌株多为病原菌，在菌落周围呈现明显的完全透明溶血环（β 溶血）。触酶试验（血浆凝固酶试验）阳性，氧化酶阴性。

**【致病性及毒力因子】**

①致病性：金色葡萄球菌可产生多种毒素和酶，常引起化脓性疾病（创伤感染、脓肿、乳腺炎、败血症、脓毒败血症等）及毒素性疾病（被葡萄球菌污染的食物或饲料可引起人或动物的食物中毒性疾病）。

②毒力因子：溶血素、肠毒素、血浆凝固酶和扩散因子。

**【微生物学诊断】**

①涂片染色镜检：取脓汁、渗出液、乳汁、血液，中毒症取剩余食物等，将病料涂片染色镜检。

②细菌分离培养鉴定：将病料划线接种于 5％绵羊或兔血液琼脂平板，37℃培养 18～24h，菌落金黄色，周围呈溶血圈者多为致病菌株。

### 3. 蜜蜂球菌属

## 蜂 房 球 菌

蜂房球菌为欧洲幼虫腐臭病的病原，欧洲幼虫腐臭病又称"黑幼虫病""纽约蜜蜂病"，是蜜蜂幼虫的一种细菌性传染病。

【形态及染色】披针形，长 0.7～1.5μm，不活动，也不能形成芽孢，菌体单生或呈链状，也有成对排列的，并有梅花络状排列的特点。革兰氏染色阳性。

【培养特性】厌氧，在马铃薯琼脂培养基上形成边缘整齐，表面光滑，乳白色或淡黄色的菌落，菌落中等大小，直径 1～1.5mm。

【致病性】欧洲蜂幼虫腐臭病已遍及世界各地，其中东方蜜蜂发病较重，常常是 2～4 日龄的小幼虫发病死亡，蜂群患病后不能正常繁殖和采蜜。死亡幼虫初呈浅黄色，以后逐渐变成褐色，虫体上可见明显的白色的背线，有酸臭气味。

【微生物学诊断】涂片染色镜检、细菌分离培养、PCR 检测。

### (二)肠杆菌科

**1. 埃希菌属**　埃希菌属有 5 个种，其中最重要的是大肠杆菌。大肠杆菌抗原可用 O：K：H 排列表示其血清型。

## 大肠埃希菌（大肠杆菌）

【形态及染色特性】两端钝圆、散在、无芽孢的杆菌，大小为（0.4～0.7）μm×（2～3）μm，周生鞭毛可运动，多有菌毛。革兰氏染色阴性。

【培养及生化特性】需氧或兼性厌氧菌，在普通培养基上生长良好。在营养琼脂平板上长成圆形、隆起、光滑、湿润、灰白色、中等大小的菌落；在麦康凯琼脂培养基上形成红色菌落；在伊红美蓝琼脂（EMB）培养基上产生黑色带金属闪光的菌落。在肉汤中生长，均匀混浊，可在管底形成黏性沉淀。大多可以发酵乳糖产酸产气，IMViC 试验结果为"＋＋－－"。

【致病性及毒力因子】

①致病性：人和动物肠道中的常居菌，一般不致病，在一定条件下可引起肠道外感染。某些血清型菌株的致病性强，可侵入血流引起各种动物疾病，如仔猪黄痢、仔猪白痢、仔猪水肿病、禽急性败血症、气囊炎、关节滑膜炎、眼球炎、脐炎、输卵管炎和腹膜炎、犊牛白痢、奶牛乳腺炎、羔羊败血症等。与动物疾病有关的致病性大肠杆菌可分为 5 类：产肠毒素大肠杆菌（ETEC）、产类志贺毒素大肠杆菌（SLTEC）、肠致病性大肠杆菌（EPEC）、败血性大肠杆菌（SEPEC）及尿道致病性大肠杆菌（UPEC）。

②毒力因子：大肠杆菌致病有关的毒力因子包括定居因子和肠毒素。

【微生物学诊断】

①病料的分离培养：败血症病例采集内脏组织（肝、脾、肾等），腹泻及猪水肿病病例

应取其各段小肠内容物或黏膜刮取物以及相应肠段的肠系膜淋巴结，分别在麦康凯平板和血平板上划线分离培养。

②可疑菌落的生化鉴定：挑取麦康凯平板上的红色菌落几个，分别转种三糖铁（TSI）培养基和普通琼脂斜面做初步生化鉴定。

③纯培养物的抗原鉴定。

④检测毒力因子：确定其属于何类致病性大肠杆菌。

**2. 沙门菌属**

# 沙 门 菌

沙门菌具有复杂的抗原结构，一般可分为菌体（O）抗原、鞭毛（H）抗原和表面（Vi）抗原3种构成沙门菌血清型。绝大多数沙门菌能引起人和动物的多种不同临床表现的沙门菌病，并为人类食物中毒的主要病原之一，在医学、兽医和公共卫生上均十分重要。

【形态染色特性】本菌为两端钝圆、中等大小的杆菌，$(0.7～1.5)$ μm×$(2.0～5.0)$ μm，无芽孢，一般无荚膜，除鸡白痢沙门菌和鸡伤寒沙门菌外，其余都有周身鞭毛，能运动，大多数具有菌毛。革兰氏染色阴性。

【培养及生化特性】需氧或兼性厌氧菌，在普通肉汤中生长呈均匀混浊，有些菌株可形成菌膜或沉淀。在麦康凯琼脂培养基或远藤培养基上生长成无色透明、圆形、光滑、扁平的小菌落，在SS琼脂上菌落中心呈黑色。能发酵葡萄糖、甘露醇、麦芽糖，大多产酸产气，不分解尿素，不发酵乳糖和蔗糖，IMViC试验结果为"一 十 一 十"。

【致病性及毒力因子】

①致病性：沙门菌主要传染途径是消化道，最常侵害幼年、青年动物，发生败血症、胃肠炎及其他组织局部炎症，可引起鸡白痢、鸡伤寒、猪伤寒、仔猪副伤寒。

②毒力因子：主要有菌毛、内毒素及肠毒素。

【微生物学诊断】

①分离培养：未污染病料直接接种普通琼脂、麦康凯培养基或SS琼脂分离细菌；污染材料如饮水、粪便、饲料、肠内容物等，常需要增菌培养基增菌后再行分离。

②生化鉴定：挑可疑菌落涂片、染色、镜检，并分别接种三糖铁（TST）琼脂和尿素琼脂等培养基，疑为沙门菌时，做生化反应。

③血清型分型：用直接凝集、免疫荧光、ELISA、PCR等方法鉴定。

## （三）巴氏杆菌科及相关属

**1. 巴氏杆菌属**

# 多杀性巴氏杆菌

多杀性巴氏杆菌是最重要的畜禽致病菌。本菌主要以其菌体抗原和荚膜抗原区分血清型，前者有6个型，后者分为16个型。我国分离的禽多杀性巴氏杆菌以5：A为多，其次为8：A。

【形态与染色】呈细小球杆状，两端钝圆，单个存在，大小为$(0.25～0.4)$ μm×$(0.5～2.5)$ μm，有时成双排列。无鞭毛，不形成芽孢，新分离的细菌有微荚膜。革兰氏染色阴性，病料经瑞氏染色或美蓝染色呈明显的两极着色。

【培养及生化特性】需氧或兼性厌氧菌，营养要求较高。在普通培养基中生长差，在麦康凯培养基上不生长，在血清琼脂平板上培养 24h 可长成淡灰白色、闪光的露珠状小菌落，在血琼脂平板上长成露滴样小菌落，不溶血。在血清肉汤中培养开始轻微混浊，4～6d 后液体变清液面形成菌环，管底出现黏稠沉淀。培养 4h 可分解葡萄糖、果糖、甘糖和半乳糖，产酸不产气，大多数菌株可发酵甘露醇、山梨醇和木糖。甲基红（MR）试验和 VP 试验均为阴性。

【致病性及毒力因子】

①致病性：对鸡、鸭、鹅、野禽、猪、牛、羊、马、兔等都可致病，如牛出血性败血症、猪肺疫、禽霍乱、兔巴氏杆菌病等，急性型呈出血性败血症，亚急性型呈出血性炎症，见于黏膜关节等部位。

②毒力因子：具有荚膜的菌株有较强的抗性，荚膜成分为透明质酸，有抗吞噬作用。

【微生物学诊断】

①显微镜检查：采取渗出液、心、血、肝、脾、淋巴结、骨髓等新鲜病料涂片或触片，以碱性美蓝液或瑞氏染色液染色，显微镜检查发现典型的两极着色的短杆菌。

②分离培养：用血琼脂平板和麦康凯琼脂同时进行分离培养。

③动物试验：用病料悬液或分离培养菌，皮下注射小鼠、家兔或鸽，动物多在 24～48h 死亡，参照患畜的生前临诊症状和剖检变化，结合分离菌株的毒力试验做出诊断。

④血清型学鉴定：鉴定荚膜抗原和菌体抗原型要用抗血清或单克隆抗体进行血清学试验。

**2. 里氏杆菌属**

# 鸭疫里氏杆菌

原名鸭疫巴氏杆菌，是雏鸭传染性浆膜炎的病原菌。有 21 个血清型，以阿拉伯数字表示，我国多数属 1 型。

【形态与染色】菌体呈杆状或椭圆形，大小为（0.3～0.5）μm×（0.7～6.5）μm，偶见个别长丝状，长 11～24μm。多为单个，少数成双或短链排列。可形成荚膜，无芽孢，无鞭毛。瑞氏染色可见两极着色，革兰氏染色阴性。

【培养及生化特性】营养要求较高，初次分离培养需要供给 5%～10% 的 $CO_2$。普通培养基和麦康凯培养基上不生长，在巧克力或胰蛋白胨大豆琼脂（TSA）平板上，$CO_2$ 培养箱中 37℃ 培养 24～48h，生长的菌落无色素，呈圆形、微突起、表面光滑、奶油状小菌落，直径 1～2mm；在含血清或胰蛋白胨酵母的肉汤中，37℃ 培养 48h，呈上下一致轻微混浊，管底有少量沉淀。不发酵葡萄糖和蔗糖，可与多杀性巴氏杆菌相区别，氧化酶、触酶试验为阳性，多不溶血。

【致病性及毒力因子】①致病性：鸭疫里氏杆菌病又称鸭传染性浆膜炎，是一种接触性、急性或慢性、败血性传染病。可引起 1～8 周龄尤其是 2～3 周龄雏鸭大批发病、死亡，主要特征为纤维素性心包炎、纤维素性肝周炎、纤维素性气囊炎、干酪性输卵管炎、关节炎及麻痹。②毒力因子：荚膜成分为透明质酸，有抗吞噬作用。

【微生物学诊断】取发病初期病鸭的脑及心血，用巧克力培养基分离本菌，分离的细菌应进行葡萄糖和蔗糖发酵试验，与多杀性巴氏杆菌相区别。PCR 方法可用于快速诊断。

**3. 嗜血杆菌属**

## 副猪嗜血杆菌

副猪嗜血杆菌（HPS）有 15 个以上血清型，其中血清 4 型、5 型是目前全球流行最广泛的菌株。

【形态与染色】多为短杆状，也有呈球状、杆状或长丝状等多形性，大小为 $1.5\mu m \times$ $(0.3\sim0.4)$ $\mu m$，多单个存在，也有短链排列。新分离的致病菌株有荚膜，美蓝染色呈两极浓染，革兰氏染色阴性。

【培养及生化特性】需氧或兼性厌氧，最适生长温度 37℃，最适 pH 为 7.6～7.8，初次分离培养时供给 5%～10% $CO_2$ 可促进生长。生长需要 V 因子（NAD、NADP），不需要 X 因子（血红蛋白或其他卟啉类物质）。在血液培养基和巧克力培养基上，经 37℃培养 24～48h，生长的菌落小，呈圆形、表面光滑、边缘整齐、灰白色、半透明状，无溶血现象。副猪嗜血杆菌生长所需的 V 因子可由葡萄球菌提供，在血琼脂平板上划一条金黄色葡萄球菌线，37℃培养 24h 后，副猪嗜血杆菌可在金黄色葡萄球菌线两侧形成针尖大小、圆形、边缘整齐的菌落，且距金黄色葡萄球菌越近菌落较大，越远则菌落较小，这一现象被称为"卫星现象"。发酵葡萄糖产酸不产气，触酶试验阴性、尿素酶试验阴性，不产生靛基质。

【致病性及毒力因子】

①致病性：副猪嗜血杆菌病又称多发性浆膜炎与关节炎、革拉瑟病、格拉泽氏病，临床上以体温升高、关节肿胀、呼吸困难、多发性浆膜炎、关节炎和高死亡率为特征的传染病。猪繁殖与呼吸综合征病毒、猪圆环病毒 2 型感染造成的免疫抑制可加剧其感染，成为常见的继发病。

②毒力因子：与黏附侵入有关的膜蛋白分子有寡聚糖（LOS）、荚膜多糖、外膜蛋白 P2（Omp P2）、外膜蛋白 P5（Omp P5）。

【微生物学诊断】

①显微镜检查：病料（病死猪的肺部、胸腔积液，气管渗出物）涂片染色镜检，见革兰氏阴性短小杆菌，可作初步诊断。

②分离培养：用血液培养基和巧克力培养基进行分离培养，需要 V 因子。

③PCR 鉴定：可采用 PCR 方法直接检测病料中的细菌。

④血清学鉴定：平板凝集试验、协同凝集试验。

**4. 放线杆菌属**

## 猪胸膜肺炎放线杆菌

猪胸膜肺炎放线杆菌曾被命名为胸膜肺炎嗜血杆菌，已发现 15 个血清型，其中有的不具致病性，有的则会导致严重疾病。

【形态与染色】小球杆菌，具多形性，无芽孢，有荚膜和鞭毛，具运动性。革兰氏染色阴性，新鲜病料呈两极染色。

【培养及生化特性】兼性厌氧，置 10% $CO_2$ 中可长出黏液性菌落。最适生长温度 37℃。在普通营养基中不生长，需添加 V 因子（NAD、NADP），常用巧克力培养基培养，形成不透明淡灰色的菌落，直径 1~2mm。在绵羊血平板上，可产生稳定的 β 溶血，金黄色葡萄球菌可增强其溶血圈（cAMP 试验阳性）。能发酵葡萄糖、麦芽糖、蔗糖和甘露糖，不产生硫化氢和靛基质。

**【致病性及毒力因子】**

①致病性：猪是本菌高度专一性的宿主，可引起猪的一种高度接触传染性呼吸道疾病，又称猪传染性胸膜肺炎，以急性出血性纤维素性胸膜肺炎和慢性纤维素性坏死性胸膜肺炎为特征，慢性感染猪或康复猪成为带菌者。主要病理变化存在于肺和呼吸道内，肺炎多是双侧性的，并多在肺的心叶、尖叶和隔叶出现病灶，其与正常组织界线分明，随着病程的发展，纤维素性胸膜炎蔓延至整个肺，使肺和胸膜粘连。

②毒力因子：本菌的毒力因子有荚膜、脂多糖、外膜蛋白、黏附素、Apx 毒素。

**【微生物学诊断】**

①显微镜检查：取病死猪肺坏死组织、胸腔积液、鼻及气管渗出物做涂片，镜检是否有革兰氏阴性两极染色的球杆菌。

②分离培养与鉴定：取上述病料接种巧克力琼脂或绵羊血琼脂，置 5% $CO_2$ 中 37℃ 过夜培养。如有溶血小菌落生长，应进一步做 cAMP 试验。

③基因检测：采用 PCR 方法检测荚膜基因，可用于快速诊断和定型。

## （四）革兰氏阴性需氧杆菌

### 1. 布鲁菌属

# 布 鲁 菌

布鲁菌是多种动物和人布鲁菌病的病原。在我国该病的主要传染源为牛、羊、猪，其中以羊型布鲁菌对人体的传播性最强。

**【形态与染色】** 菌体多呈球杆状，大小为（0.5~0.7）$\mu m$×（0.6~1.5）$\mu m$，无鞭毛，不形成芽孢，毒力菌株有菲薄的微荚膜，经传代培养渐呈杆状。革兰氏染色阴性，经柯氏染色法染成红色。

**【培养及生化特性】** 严格需氧菌。布鲁菌在初次分离时，需在 5%~10% $CO_2$ 环境中才能生长，最适温度 37℃，最适的 pH6.6~7.1。对营养要求较高，在含 5%~10% 马血清的培养基中生长良好，呈现湿润、闪光、圆形、隆起、边缘整齐的针尖大小的菌落。触酶试验阳性，吲哚、甲基红和 VP 试验阴性。

**【致病性及毒力因子】**

①致病性：引起人和多种动物的布鲁菌病，是一种重要的人畜共患病。以牛、羊、猪最易感，主要侵害生殖系统，引起妊娠母畜流产、子宫炎、公畜睾丸炎。人类主要通过接触病畜及其分泌物或接触被污染的畜类产品，经皮肤、眼结膜、消化道、呼吸道等不同途径感染布鲁菌，表现为不定期发热（称为"波浪热"）、关节炎、睾丸炎等病症。

②毒力因子：内毒素、荚膜和透明质酸酶等，布鲁菌侵袭力强，可通过完整皮肤、黏膜进入宿主体内，被吞噬细胞吞噬成为胞内寄生菌，并有很强的繁殖与扩散能力，这与荚膜的抗吞噬作用和透明质酸酶的扩散作用有关。

**【微生物学诊断】** 布鲁菌感染常表现为慢性或隐性，其诊断和检疫主要依靠血清学检查及变态反应检查。

①细菌学检查：病料最好用流产胎儿的胃内容物、肺、肝和脾以及流产胎盘和羊水等，病料直接涂片做革兰和柯兹洛夫斯基染色镜检，若发现革兰氏染色为红色的球状杆菌或短小杆菌，即可做出初步的疑似诊断。

②分离培养鉴定：无污染病料可直接划线接种于马血清的培养基。

③血清学检查：动物在感染布鲁菌7～15d可出现抗体，检测血清中的抗体是布鲁菌病诊断和检疫的主要手段，国内常用平板凝集试验（虎红平板凝集试验）、乳汁环状试验（Ascoli 试验）进行现场或牧区大群检疫，以试管凝集试验和补体结合试验进行实验室最后确诊。

④变态反应检查：皮肤变态反应一般在感染后的 20～25d 出现，因此不宜进行早期诊断，适用于动物的大群检疫，主要用于绵羊和山羊，其次为猪。检测时，将布鲁菌水解素 0.2mL 注射于羊尾根部或猪耳根部皮内，24h 及 48h 后各观察反应一次，若注射部发生红肿，即判为阳性反应。

**2. 伯氏菌属**

## 鼻疽伯氏菌

鼻疽伯氏菌，旧名鼻疽假单胞菌，惯称鼻疽杆菌，为马、骡、驴等单蹄动物鼻疽的病原，也能感染人、其他家畜和多种野生动物，是一种人畜共患病的重要病原。

【形态与染色】两端钝圆、中等大小杆菌，幼龄培养物大半是形态一致呈交叉状排列的杆菌，老龄菌有棒状、分枝状和长丝状等多形态，无芽孢、无荚膜、无鞭毛，大小为（2～5）$\mu m \times$（0.3～0.8）$\mu m$。革兰氏染色阴性。

【培养及生化特性】需氧和兼性厌氧菌，发育最适宜温度为 37～38℃，最适 pH6.4～7.0。在甘油肉汤培养时，肉汤呈轻度混浊，在管底可形成黏稠的灰白色沉淀，摇动试管时沉淀呈螺旋状上升，不易破碎，老龄培养物可形成菌环和菌膜。在含 2％血液或 0.1％裂解红细胞培养基内发育更好，在鲜血琼脂平板上不溶血。生化反应极弱，部分菌株可分解葡萄糖，产酸不产气。

【致病性及毒力因子】

①致病性：主要感染马属动物。表现为鼻疽，病变特征为皮肤、鼻腔黏膜、肺及其他实质器官形成典型的鼻疽结节和溃疡。绵羊、山羊及骆驼偶尔感染，猪及牛则不易感。

②毒力因子：用马属动物作为动物模型的研究显示，荚膜多糖为重要毒力因子。

【微生物学诊断】

①变态反应检查：是鼻疽诊断和检疫最常用的方法，所用反应原为鼻疽菌素。

②血清学检查：补体结合试验特异性很高，有 90％～95％呈阳性反应的马匹，剖检时有鼻疽病变，但是敏感性不高，凡呈现阳性的马匹多为活动性鼻疽。慢性病例只能检出 10％～25％，因此该方法只能作为对鼻疽菌素点眼试验阳性动物的附加诊断方法。

**3. 波氏杆菌属**

## 支气管败血波氏杆菌

支气管败血波氏杆菌曾称为犬支气管杆菌，因最初从患呼吸道的病犬中发现。

【形态与染色】球杆菌，大小为（0.2～0.5）$\mu m \times$（0.5～2.0）$\mu m$，有周鞭毛，不产生芽孢。革兰氏染色阴性。

【培养及生化特性】需氧或兼性厌氧。肉汤培养液有腐霉味。培养基中加入血液可助其生长，在葡萄糖中性红琼脂平板上，菌落中等大小，呈透明烟灰色；在牛血平板35℃培养48h，菌落直径0.5～1mm，圆形、光滑、边缘整齐；在麦康凯平板菌落显蓝灰色，周边有狭窄的红色环。能利用柠檬酸盐和分解尿素，触酶阳性，不发酵糖类。

【致病性及毒力因子】

①致病性：可感染多种哺乳动物，包括猪、犬、猫、马、牛、绵羊和山羊等家畜，引起呼吸道的隐性感染及急、慢性炎症，统称为波氏杆菌病。最有代表性的是犬传染性气管支气管炎（幼犬窝咳）和兔传染性鼻炎。本菌是猪传染性萎缩性鼻炎的病原之一。

②毒力因子：包括黏附素及毒素。

【微生物学诊断】

①细菌学检查：可采鼻腔后部分泌物、气管分泌物或病变组织（如筛板、气管、支气管和肺等）接种麦康凯琼脂或血琼脂平板等，浓厚涂抹后37℃需氧培养40～48h，挑选可疑菌落进行革兰染色镜检，进一步做生化试验进行鉴定。

②血清学检查：常规应用试管凝集试验。

## （五）革兰氏阳性无芽孢杆菌

### 1. 李氏杆菌属

## 产单核细胞李氏杆菌

产单核细胞李氏杆菌主要以食物为传染媒介，是最致命的食源性病原体之一。严重的可引起血液和脑组织感染，是一种人畜共患病的病原菌。根据菌体（O）抗原和鞭毛（H）抗原，将李氏杆菌分成13个血清型。

【形态与染色】短杆菌，直或稍弯，两端钝圆，大小为（0.4～0.5）$\mu m \times$（0.5～2.0）$\mu m$，常呈V形排列或成对排列。无芽孢，一般不形成荚膜，但在营养丰富的环境中可形成荚膜，在20～25℃培养可产生周鞭毛，具有运动性。革兰氏染色阳性，幼龄培养物为革兰氏染色阳性，陈旧培养物可转为革兰氏染色阴性，呈两极着色。

【培养及生化特性】需氧或兼性厌氧，普通培养基中均能生长，在葡萄糖血液或血清培养基上长成光滑、透明、淡蓝色的圆形小菌落，呈β溶血，在45°斜射光线下观察，菌落可见淡蓝绿色荧光，这有助于与猪丹毒杆菌的菌落相鉴别；在李氏杆菌选择性培养基（MMA）上生长时，45°斜射光为灰蓝色小菌落。可分解葡萄糖和水杨苷产酸，MR和VP反应阳性。

【致病性及毒力因子】

①致病性：可致人畜的李氏杆菌病，引起败血症、神经症状、母畜流产等。引起多种畜禽出现神经症状和血液中单核细胞增多。

②毒力因子：细菌性过氧化物歧化酶和溶血素。

【微生物学诊断】

①增菌培养：样品应在4℃下处理、存放和运送。如果是冷冻样品，则在检验前要保持

冷冻状态。样品要在 TSB-YE 增菌肉汤中培养 20h。

②分离培养：增菌培养后，取增菌培养物分别在葡萄糖血液或血清培养基上划线培养。

③动物试验。

④血清学鉴定：将肉汤培养物接种到营养琼脂斜面的菌苔制成菌悬液，进行玻片凝集试验。

**2. 丹毒丝菌属**

## 猪丹毒杆菌

【形态及染色】直或稍弯曲的小杆菌，两端钝圆，大小（0.2～0.4）$\mu m \times$（0.8～2.5）$\mu m$，无鞭毛，不运动，无荚膜，不产生芽孢，在病料内的细菌单在、成对或成丛排列，在陈旧的肉汤培养物及慢性病猪的心内膜疣状物中，多呈长丝状。革兰氏染色阳性。

【培养及生化特性】本菌为需氧菌或兼性厌氧菌，最适温度 30～37℃，最适 pH 为 7.2～7.6。在血琼脂平板上可形成湿润、光滑、透明、灰白色、露珠样的小菌落，在血液琼脂平板形成狭窄的绿色溶血环（α溶血），在麦康凯培养基上不生长。吲哚、MR、VP 试验阴性，能产生 $H_2S$，能还原硝酸盐。

【致病性及毒力因子】

①致病性：猪感染引起猪丹毒（俗称"打火印"），急性型呈败血症症状，亚急性型在皮肤上出现紫红色疹块，慢性型为非化脓性关节炎和疣状心内膜炎。病理变化为典型的肾淤血肿大（大紫肾），房室瓣（主二尖瓣和三尖瓣）见数量不等的灰白色菜花样疣状物。

②毒力因子：神经氨酸酶。

【微生物学诊断】

①涂片染色镜检：病料（高热期病猪耳静脉血，死后取心血、肝、脾等）涂片染色镜检，见革兰氏阳性小杆菌，可作初步诊断。

②分离培养：无菌马血清半固体培养基分离培养，观察菌落等特征。

③血清学试验：免疫荧光试验、凝集试验。

## （六）革兰氏阳性产芽孢杆菌

**1. 芽孢杆菌属**

## 炭疽芽孢杆菌

【形态与染色】是菌体最大的细菌。菌体直，两端平切，大小为（1.0～1.2）$\mu m \times$（3～5）$\mu m$。无鞭毛，不运动，芽孢椭圆形，位于菌体中央，芽孢囊不大于菌体，在人工培养基中常呈竹节状长链排列，在机体内或含有血清的培养基中形成荚膜，在人工培养基或外界环境中易形成芽孢，在生物机体或未经剖检的尸体内不易形成芽孢。革兰氏染色阳性。

【培养及生化特性】本菌为需氧菌，最适温度 30～37℃，最适 pH 为 7.2～7.6。炭疽芽孢杆菌对营养要求不高，普通琼脂平板上培养 24h，长出灰白色、干燥、表面无光泽、不透明、边缘不整齐的粗糙型菌落。在肉汤中呈絮状、卷绕成团的沉淀状体生长，表面稍混浊，无菌膜。在含青霉素的培养基中细胞壁肽聚糖合成抑制，形成原生质体串，称为"串珠反应"。发酵葡萄糖产酸不产气，VP 试验阳性，不产生 $H_2S$，能还原硝酸盐。

**【致病性及毒力因子】**

①致病性：可引致各种家畜、野生动物和人类的炭疽，牛、绵羊、鹿等易感性最强，急性型病例天然孔出血，血液凝固不良呈煤焦油样；经消化道、呼吸道或皮肤创伤感染而发生肠炭疽、肺炭疽或皮肤炭疽。

②毒力因子：主要与荚膜和炭疽毒素（水肿毒素、致死毒素）有关。

**【微生物学诊断】**疑似炭疽的病畜尸体严禁剖检，只能自耳根部采取血液，皮肤炭疽可采取病灶水肿液或渗出物，肠炭疽可采取粪便。

①细菌学检查：病料涂片以碱性美兰、瑞氏染色法或吉姆萨染色法染色镜检，如发现竹节状大杆菌，即可做出初步诊断。细菌分离可用普通琼脂或血琼脂平板培养，根据菌落特点，进行青霉素串珠试验及动物试验等进行鉴定。

②血清学检查：多以已知抗体来检查被检的抗原。Ascoli 沉淀反应适用于各种病料、皮张、严重腐败污染尸体材料，方法简便，反应清晰，应用广泛。

**2. 梭菌属**

## 产气荚膜梭菌

产气荚膜梭菌曾称魏氏梭菌，广泛分布于自然界及人和动物肠道中。

**【形态与染色】**菌体直杆状，两端钝圆，大小为（0.6~2.4）$\mu m \times$（1.3~19.0）$\mu m$，单在，无鞭毛，不运动，芽孢大而钝圆，位于菌体中央或近端使菌体膨胀，但在一般条件下极少形成芽孢。多数菌株可在动物创伤组织中形成荚膜。革兰氏染色阳性。

**【培养及生化特性】**对厌氧的要求不严格，对营养条件不苛刻，在牛乳培养基中汹涌发酵是本菌的特征之一。在绵羊血琼脂上直径为 2~5mm，圆形、光滑、隆起、淡灰色、边缘整齐，表面有辐射状条纹的大菌落似"勋章"。在血平板上形成双层溶血环，内环完全溶血，外环不完全溶血。能分解葡萄糖、果糖、麦芽糖、乳糖等，产酸、产气。

**【致病性及毒力因子】**

①致病性：A 型菌主要引起人气性坏疽和食物中毒，也引起动物气性坏疽，还可引起牛、羔羊、仔猪等的肠毒血症；B 型菌主要引起羔羊痢疾，还可引起驹、犊牛、羔羊、绵羊和山羊的肠毒血症或坏死性肠炎；C 型菌主要是绵羊猝疽的病原，也能引起羔羊、犊牛、仔猪、绵羊的肠毒血症和坏死性肠炎以及人的坏死性肠炎；D 型菌可引起羔羊、绵羊、山羊、牛的肠毒血症；E 型菌可致犊牛、羔羊肠毒血症。

②毒力因子：多种外毒素和侵袭性酶。

**【微生物学诊断】**

①细菌学检查：鉴定本菌的要点是厌氧生长、菌落整齐、生长快、革兰氏阳性粗杆菌、不运动，接种至血琼脂平板有双层溶血环，引起牛奶汹涌发酵等现象。

②毒素检查：取回肠内容物，加适量生理盐水，离心取上清液。分两份，一份不加热，一份加热（60℃ 30min）分别静脉注射家兔（1~3mL）或小鼠（0.1~0.3mL）。如有毒素存在，不加热组动物常于数分钟至数小时内死亡，而加热组动物不死亡。

## 破伤风梭菌

破伤风梭菌又名破伤风杆菌，是人兽共患破伤风的病原菌，本病以骨骼肌产生强直性痉挛的症状为特征，故又称为强直症，此菌也称为强直梭菌。

**【形态与染色】**两端钝圆、细长、正直杆菌，大小为（0.5～1.7）$\mu$m×（2.1～18.1）$\mu$m，多单在，有时成双，偶有短链，多具周鞭毛，无荚膜。在动物体内外均能形成圆形芽孢，位于菌体一端，横径显著大于菌体，而使芽孢体呈鼓槌状。革兰氏染色阳性。

**【培养及生化特性】**严格厌氧，接触氧后很快死亡。最适生长温度 37℃，最适 pH 7.0～7.5。营养要求不高，在普通培养基中即能生长，菌落透明；在血琼脂平板上生长，可形成直径 4～6mm 的菌落，菌落扁平、半透明、灰色，表面粗糙无光泽，边缘不规则，常伴有狭窄的 β 溶血。一般不发酵糖类，不分解尿素，产生 $H_2S$，形成靛基质，甲基红试验（MR）、VP 试验阴性。

**【致病性及毒力因子】**

①致病性：本菌通过土壤、污染物经适宜的皮肤黏膜伤口侵入机体时，在其中发育繁殖，产生强烈的毒素，引发破伤风。

②毒力因子：产生两种毒素，破伤风痉挛毒素和破伤风溶血素。

**【微生物学诊断】**采取创伤部位的分泌物或坏死组织进行细菌学检查。

## 拟幼虫芽孢杆菌

拟幼虫芽孢杆菌是美洲幼虫腐臭病的病原，美洲幼虫腐臭病又称"烂子病"，是蜜蜂幼虫的一种恶性传染病。

**【形态与染色】**菌体大小为（2～5）$\mu$m×（0.5～0.7）$\mu$m，若用苯胺黑染色液染色或墨汁负染时，能观察到成簇的鞭毛。革兰氏染色阳性。

**【培养特性】**在一般培养基上不能生长，一定要有丰富的 B 族维生素。拟幼虫芽孢杆菌另一重要的培养特征是"巨鞭"，在细菌培养物中可见到螺旋形的巨大的鞭毛，这些鞭毛从着生的细胞上脱落，而后凝集、盘绕在一起。生化特性能发酵葡萄糖、果糖半乳糖、产酸。

**【致病性】**拟幼虫芽孢杆菌主要是通过蜜蜂的消化道侵入蜂体内。美洲幼虫腐臭病只危害西方蜜蜂，中华蜜蜂等东方蜜蜂不会感染，典型特征是幼虫或蛹大量死亡，疑患病蜂群可抽取封盖子脾仔细观察，子脾表面呈现潮湿、油光并有穿孔，可从穿孔蜂房中挑出幼虫尸体观察，幼虫尸体呈浅褐色或咖啡色，组织腐烂变成黏稠、深褐色能拉丝的物质。

**【微生物学诊断】**进行细菌分离培养。

（七）分枝杆菌属

## 牛分枝杆菌

**【形态与染色】**菌体较短而粗，大小为（0.2～0.5）$\mu$m×（1.5～4.0）$\mu$m，无鞭毛、无荚膜、无芽孢。在陈旧的培养基或干酪性病灶内的菌体可见分枝现象。分枝杆菌抗酸染色为红色，而非分枝杆菌抗酸染色为蓝色。

**【培养及生化特性】**专性需氧菌，最适生长温度 37～37.5℃，最适 pH 6.4～7.0。对营养要求严格，在罗杰二氏培养基上生长缓慢，一般需 10～30d 才能看到菌落，菌落粗糙隆起、不透明、边缘不整齐，呈颗粒、结节或花菜状，乳白色或米黄色。在液体培养基中，因菌体含类脂而具疏水性，形成浮于液面且有皱褶的菌膜。本菌不发酵糖类，可合成烟酸，还原硝酸盐，触酶试验阳性。

**【致病性及毒力因子】**

①致病性：主要引起牛结核病，其他家畜、野生反刍动物、人、灵长目动物等均可感染。本菌主要通过呼吸道侵入机体肺泡，被巨噬细胞吞噬，但不被消化降解，相反在其内繁殖，形成病灶，产生干酪样坏死，坏死灶被吞噬细胞、T细胞与B细胞等包围，形成结核结节。

②毒力因子：蛋白、肽聚糖、分枝菌酸、细胞代谢相关因子和转录调节因子等。

**【微生物学诊断】**

①显微镜检查：取病变器官的结核结节及病变与非病变交界处组织直接涂片，抗酸染色后镜检，如发现红色成丛杆菌时，可做出初步诊断。

②分离培养：在罗杰二氏培养基上生长。

③动物接种：牛分枝杆菌对兔有致病性，将上述经处理的供分离培养用的病料接种于兔，皮下或腹腔注射0.5mL，接种后3周至3个月死亡。

④变态反应：临诊上应用最广泛的是迟发性变态反应试验，即结核菌素（PPD）试验。

⑤血清学检查：酶联免疫吸附试验（ELISA）是目前检测抗体的较好方法。

## 副结核分枝杆菌

**【形态与染色】**短杆菌，大小为（0.2～0.5）$\mu m \times$（0.5～1.5）$\mu m$，无鞭毛，不形成荚膜和芽孢，在病料和培养基上成丛排列，革兰氏染色阳性，抗酸染色阳性。

**【培养特性】**需氧菌，粪便分离率较低，而病变肠段及肠淋巴结分离率较高。病料需先用4％ $H_2SO_4$或2％ NaOH处理，再接种选择培养基，最适温度37.5℃，最适pH6.8～7.2。属于慢生长型、初代分离极为困难，需在培养基中添加草分枝杆菌素抽提物，一般需6～8周，长者可达6个月，才能发现小菌落。

**【致病性】**反刍动物（如牛、绵羊、山羊、骆驼和鹿）对本菌易感，其中奶牛和黄牛最易感，感染牛呈间歇性腹泻，回肠和空肠呈明显的增生性肠炎，黏膜呈脑回状，肠黏膜增厚并形成皱襞。

**【微生物学诊断】**

①显微镜检查：对患持续性下痢和进行性消瘦的病牛，可多次采其粪便或直肠刮取物，涂片抗酸染色，如发现红色成丛的两端钝圆的中小杆菌，即可初步诊断。

②分离培养：生前可采取粪便或直肠刮取物，死后可采取病变肠段或肠淋巴结，用酸或碱处理并中和，接种选择培养基，37℃培养5～7周，发现有菌落生长时进行抗酸染色、镜检，必要时可用PCR法确诊。

③变态反应：采取提纯的副结核菌素或禽结核菌素进行皮内注射，剂量为0.1mL，72h后观察注射部位炎症反应并测定皮厚差，此法能检出大部分隐性病畜。

④抗体检测：可采用补体结合反应或酶联免疫吸附试验。

## （八）螺旋体

## 猪痢疾短螺旋体

猪痢疾短螺旋体曾命名为猪痢疾密螺旋体、猪痢疾蛇形螺旋体。

【形态与染色】猪痢疾短螺旋体的菌体多为 4～6 个弯曲，两端尖锐，呈缓慢旋转的螺丝线状。革兰氏染色阴性，吉姆萨染色和镀银法均能使其较好着色。

【培养特性】严格厌氧，对培养基要求苛刻，通常使用含 10% 胎牛（或犊牛或兔）血清或血液的 TSB 或 BHIB 培养基。在 TSB 血液琼脂上，38℃ 48～96min 可形成扁平、半透明、针尖状、强 β 溶血性菌落。

【致病性】猪痢疾短螺旋体所致疾病称为猪痢疾，又名血痢、黑痢、出血性痢疾、黏膜出血性痢疾等，最常发生于 8～14 周龄幼猪。主要症状是严重的黏膜出血性下痢和迅速减重。特征病变为大肠黏膜发生渗出性（卡他性）、出血性和坏死性炎症。

【微生物学诊断】

①直接镜检：一是染色镜检，以病猪的新鲜粪便黏液或病变结肠黏膜刮取物制成薄涂片，吉姆萨或镀银染色镜检；二是暗视野显微镜活体检查，待检样品与适量生理盐水混合后制成压滴标本片，暗视野显微镜下镜检，若每个高倍视野中见有 2～3 个或更多个蛇样运动的较大螺旋体即可确诊。

②分离培养：将样品做 5～10 倍稀释，轻度离心，上清用 0.8μm 和 0.45μm 滤膜依次过滤。取滤液直接涂布接种于鲜血琼脂平板上，37～38℃厌氧培养 3～6d，当观察到平板上出现 β 溶血现象时，即可挑取可疑菌落，做成悬滴或压滴标本，用暗视野显微镜检查。

## （九）支原体

支原体又称霉形体，是一类无细胞壁的能独立繁殖的原核细胞生物。

## 鸡毒支原体

【形态与染色】菌体通常为球形或卵圆形，细胞的一端或两端具有"小泡"极体，该结构与菌体的吸附性有关。以吉姆萨或瑞氏染料着色良好，革兰氏染色为弱阴性。

【培养特性】需氧和兼性厌氧。在含马血清或灭活鸡、猪血清的培养基中生长良好，一般常用牛心浸出液培养基。在固体培养基上经 3～10d，呈典型的"煎荷包蛋状"。

【致病性】鸡毒支原体（MG）主要感染鸡和火鸡，引起鸡和火鸡等多种禽类慢性呼吸道病（CRD）、气囊炎、窦炎或火鸡传染性窦炎。病原体存在于病鸡和带菌鸡的呼吸道、卵巢、输卵管和公鸡精液中，带菌鸡胚可垂直传递给后代。

【微生物学诊断】

①病原分离：采样可取气管、气囊、肺、眶下窦渗出液，活体可从后胸气囊处打一个小孔，以棉拭子擦拭，用牛心浸出液培养基培养。

②血清学诊断：一般常用平板凝集试验、试管凝集试验、血细胞凝集抑制试验等。

## 猪肺炎支原体

【形态及染色】形态多样，大小不等。可通过 0.3μm 孔径滤膜，革兰氏染色阴性，吉姆萨或瑞氏染色良好。

【培养特性】兼性厌氧，对营养要求更高，37℃培养 2～10d 可长成直径 25～100mm 的菌落，但不呈"煎荷包蛋状"。

【致病性】猪肺炎支原体仅感染猪，引起猪地方流行性肺炎（猪气喘病）。幼猪最为易感，不良的环境因素和继发感染，常使病情加剧。主要病变是肺部肺尖叶和心叶出现对称性"肉样变"，且病灶与非病变区有明显的界限。感染后若无继发感染，肺部病变组织会逐渐自我康复，但仍会留下永久性的组织伤痕。

【微生物学诊断】一般根据临诊症状、病理剖检，结合流行病学即可确诊。X线检查对隐形型具有重要诊断价值，必要时可进行微生物学诊断。

## 牛 支 原 体

【形态与染色】菌体细小，多形，但常见球形，可形成有分支的丝状体，按菌落大小，丝状支原体丝状亚种分为两个型，即小菌落型和大菌落型。革兰氏染色阴性。

【培养特性】在固体培养基上生长的菌落呈"煎荷包蛋状"。

【致病性】引起牛传染性胸膜肺炎，又称牛肺疫、烂肺疫，支原体主要通过呼吸道感染，也可经消化道或生殖道感染，主要侵害肺和胸膜，其病理特征为纤维素性肺炎和浆液纤维素性肺炎。病理变化是肺和胸膜轻度粘连，有少量积液，心包积水，液体黄色澄清。初期以小叶性肺炎为特征，中期呈浆液性纤维素性胸膜肺炎，后期肺部病变区坏死组织液化，形成脓肿或空洞。

【微生物学诊断】细菌学诊断，在高倍镜下见多形性菌体即可确诊。

（十）真菌

## 白 僵 菌

白僵菌是一种子囊菌类的虫生真菌，主要种类包括球孢白僵菌和布氏白僵菌等，常通过无性繁殖生成分生孢子。主要引起蚕白僵病，侵入途径是通过蚕的表皮接触感染。特征是初死蚕体伸展，头胸部突出，体色灰白柔软有弹性，体壁出现油渍状病斑，血液混浊，尸体逐渐变硬，被覆白色分生孢子粉被。

【生长发育周期及形态特征】白僵菌的生长发育周期有分生孢子、营养菌丝、气生菌丝三个主要阶段。分生孢子发芽后形成发芽管，侵入寄主而成为营养菌丝，在营养菌丝增殖过程中又能产生大量的芽生孢子和节孢子。寄主死亡后在尸体表面形成气生菌丝，由气生菌丝分化成为分生孢子梗和小梗最后形成新的分生孢子，完成一个生长发育周期。

【代谢产物】白僵菌在孢子发芽和菌丝生长过程中，能分泌蛋白质分解酶、几丁质酶、脂肪分解酶、纤维素酶和淀粉酶等，以利于孢子的发芽和菌丝的生长。

【分生孢子的生存力与抵抗性】白僵菌分生孢子的自然生存力，常温下在室外无直射阳光处或稍湿润的泥土中能生存5～12个月，在虫体上可存活6～12个月，在培养基上可存活1～2年。

## 蜜蜂球囊菌变种

蜜蜂球囊菌是蜜蜂白病（白垩病）的病原，该菌有两个变种：蜜蜂球囊菌蜜蜂变种与蜜蜂球囊菌大孢子变种。西方蜜蜂与东方蜜蜂均发病，我国西方蜜蜂发病严重，春末初夏多发，症状是幼虫在封盖后的头两天死亡，死亡的幼虫残体为白色粉笔样物或黑色干尸。

【形态特征】该菌形态上为异宗配合的，具分隔的菌丝体。雄性菌丝形成受精突，雌性菌丝形成产囊体，里面包括产囊丝、受精丝、营养细胞和茎状基部。

【培养特性】在含有酵母膏（1 000mL培养液加5g）的马铃薯葡萄糖琼脂和麦芽琼脂培

养基上生长良好。

## （十一）类菌质体

### 蜜蜂螺旋菌质体

蜜蜂螺旋菌质体又称蜜蜂螺旋丝状体、蜜蜂螺原体。

【形态特征】无细胞壁，菌体直径约 $0.17\mu m$，长度随生长期有很大变化。一般初期为单条螺旋丝状，做螺旋式运动，后期则较长，出现分枝并聚团。

【培养特性】菌体培养需用特殊培养基，菌落成"煎鸡蛋"形，直径 $75\sim210\mu m$。

【致病性】引起蜜蜂螺原体病，病蜂腹胀，行动迟缓，垂翅不飞翔，后肠膨大，积累大量黄色粪便，常在蜂箱周围地面爬行致死。

## 三、例题及解析

1. 剖检病死猪，见心脏三尖瓣上附着淡黄色、干燥、坚实、表面粗糙的灰白色菜花状赘生物。引起此病变的主要病原是（　　）。

    A. 毒力较弱的病毒　　　　B. 毒力较强的病毒　　　　C. 毒力较弱的细菌

    D. 毒力较强的细菌　　　　E. 寄生虫

【解析】C。根据该猪临床表现，诊断该猪患有猪丹毒，是由红斑丹毒丝菌引起猪的一种急性、热性传染病。慢性型在心脏可见到疣状心内膜炎的病变，心脏瓣膜上可见灰白色菜花状增生物。

2. 蜜蜂白垩病的病原是（　　）。

    A. 真菌　　　　　　　　　B. 病毒　　　　　　　　　C. 支原体

    D. 衣原体　　　　　　　　E. 螺旋体

【解析】A。蜜蜂白垩病为蜜蜂幼虫真菌性病害，主要发生于 7 日龄后的幼虫或前蛹。西方蜜蜂与东方蜜蜂均发病，西方蜜蜂发病较东方蜜蜂严重。

3. 断奶仔猪腹泻，取病料接种 SS 琼脂，生长出无色菌落，涂片染色，镜检为革兰氏阴性中等大小球杆菌，该病最可能病原菌是（　　）。

    A. 大肠杆菌　　　　　　　B. 沙门菌　　　　　　　　C. 布鲁菌

    D. 产气荚膜梭菌　　　　　E. 猪丹毒杆菌

【解析】A。沙门菌为两端钝圆、中等大小的革兰氏阴性菌，可通过菌落涂片、染色、镜检进行生化鉴定。SS 琼脂可用于沙门菌的分离。

4. 断奶仔猪腹泻、头面水肿、共济失调，取病料接种麦康凯培养基，生长出红色菌落，菌落涂片染色，镜检为革兰氏阴性中等大小球杆菌，该病可能的病原是（　　）。

    A. 大肠杆菌　　　　　　　B. 沙门菌　　　　　　　　C. 布鲁菌

    D. 产气荚膜梭菌　　　　　E. 猪丹毒杆菌

【解析】A。大肠杆菌为革兰氏阴性无芽孢的杆菌。微生物学诊断。幼畜腹泻及猪水肿病病例取其各段小肠内容物或黏膜刮取物以及相应肠段的肠系膜淋巴结，分别在麦康凯平板上生长出红色菌落。

5.3 日龄仔猪排血样稀粪，取病料接种血琼脂，长出的菌落周围出现双层溶血环，菌落涂片，革兰氏染色镜检见蓝紫色杆菌，该病最可能是(    )。

A. 大肠杆菌                    B. 沙门菌                    C. 布鲁菌

D. 产气荚膜梭菌                E. 猪丹毒杆菌

【解析】D。产气荚膜梭菌，革兰染色阳性。其为革兰氏阳性粗杆菌，不运动，接种至血琼脂平板有双层溶血环，引起牛奶汹涌发酵等现象。

6. 某群成年羊运动失调，或圆圈运动，或低头挠墙不动，或角弓反张，昏迷倒地采病羊脑脊液涂片，革兰氏染色镜检见 V 形排列的革兰氏阳性小杆菌，血液检查可见(    )。

A. 单核细胞升高                B. 嗜酸性粒细胞降低          C. 嗜酸性粒细胞升高

D. 嗜碱性粒细胞降低            E. 嗜碱性粒细胞升高

【解析】A。根据该羊的临床表现，诊断该羊患有李氏杆菌病脑膜炎。镜检脑组织见有以单核细胞浸润为主的血管套和微细的化脓灶等病变，病原检查呈 V 形排列或并列的革兰氏阳性细小杆菌即可初步确诊。

## <<< 第六单元  病毒基本特性 >>>

## 一、考试大纲

| 单元 | 细目 | 要点 |
|---|---|---|
| 病毒基本特性 | 1. 病毒的结构 | (1) 病毒的基本结构    (2) 病毒的化学组成    (3) 病毒的分类 |
| | 2. 病毒的增殖 | (1) 病毒的培养方法及其特点    (2) 病毒的细胞培养    (3) 病毒感染后产生的细胞病变、包涵体及空斑 |
| | 3. 病毒的感染 | (1) 急性感染    (2) 持续性感染 |

## 二、重要知识点

### (一) 病毒的结构

**1. 病毒的基本结构**

(1) 核衣壳  完整的病毒颗粒主要由核酸和蛋白质组成。核酸构成病毒的基因组，为病毒的复制、遗传和变异等功能提供遗传信息，由核酸组成的芯髓被衣壳包裹，衣壳与芯髓在一起组成核衣壳。衣壳由一定数量的壳粒组成。壳粒的排列方式呈对称性，不同种类的病毒，衣壳所含的壳粒数目和对称方式不同，是病毒鉴别和分类的依据之一。

(2) 囊膜  是病毒在成熟过程中从宿主细胞获得的，含有宿主细胞膜或核膜的化学成分。有的囊膜表面有突起，称为纤突或膜粒。囊膜与纤突构成病毒颗粒的表面抗原，与宿主细胞嗜性、致病性和免疫原性有密切关系。囊膜具有病毒种、型特异性，是病毒鉴定、分型的依据之一。有囊膜的病毒称为囊膜病毒，无囊膜的病毒称裸露病毒。

**2. 病毒的化学组成** 病毒的化学组成包括核酸、蛋白质及脂类与糖。

（1）核酸 病毒的核酸分两大类，DNA 和 RNA，二者不同时存在。病毒的核酸可分单股或双股、线状或环状、分节段或不分节段。

（2）蛋白质 是病毒的主要组成成分，约占病毒体总重量的 70%。病毒蛋白可分为结构蛋白和非结构蛋白。

①结构蛋白：组成病毒结构的蛋白。病毒结构蛋白是构成全部衣壳成分和囊膜的主要成分，具有保护病毒核酸的功能。

②非结构蛋白：由病毒基因组编码的，不参与病毒体构成的蛋白，它可存在于感染细胞中，在一些病毒的感染过程中，非结构蛋白且有免疫原性，可诱导产生相应的特异性抗体。

（3）脂质与糖 均来自宿主细胞。脂质主要存在于囊膜，主要是磷脂（50%～60%）；其次是胆固醇（20%～30%）。囊膜中所含的脂类能加固病毒体的结构。来自宿主细胞膜的病毒体囊膜的脂类与细胞脂类成分同源，因此囊膜起到辅助病毒感染的作用。用脂溶剂可去除囊膜中的脂质，使病毒失活，常用乙醚或氯仿处理病毒，再检测其感染活性，以确定该病毒是否具有囊膜结构。糖类一般以糖蛋白的形式存在，是某些病毒纤突的成分，如流感病毒的血凝素（HA）、神经氨酸酶（NA）等，与病毒吸附细胞受体有关。

**3. 病毒的分类** 国际病毒分类委员会（ICTV）是国际公认的病毒分类与命名的权威机构。病毒的名称由 ICTV 认定，其命名与细菌不同，不采用拉丁文双名法，而是采用英文或英语化的拉丁文，只用单名。目、科、亚科、属分别用拉丁文后缀"*-virales*""*-viridae*""*-virinae*""*-virus*"。

## （二）病毒的增殖

**1. 病毒的培养方法及其特点**

（1）实验动物培养法 选用敏感、适龄、体重合格的实验动物，而且尽量采用无特定病原（SPF）动物或无菌动物。病毒感染增殖可引起实验动物发病或死亡，产生相应的病理变化。实验动物难于管理、成本高、个体差异大，因此，许多病毒的培养已由细胞培养法或鸡胚培养法代替。

（2）鸡胚培养法 对鸡胚的要求是健康、不含有接种病毒的特异抗体，最好是 SPF 鸡胚。不同种类病毒接种鸡胚部位不同，有绒毛尿囊膜、羊膜腔、尿囊或卵黄囊等。卵黄囊接种常用 5 日龄鸡胚，羊膜腔和尿囊接种用 10 日龄鸡胚，绒毛尿囊膜接种用 9～11 日龄鸡胚。病毒接种后经一定时间培养，常可引起鸡胚病变或鸡胚死亡，鸡胚培养法可用于病毒分离鉴定，也可用于病毒增殖、制备抗原或疫苗生产。

（3）细胞培养法 细胞培养法的优点很多，每个细胞生理特性基本一致，对病毒的易感性也相等，没有实验动物的个体差异，不涉及动物保护问题。而且可用于试验的数量远远超过动物或鸡胚，并且可在无菌条件下进行标准化的试验，重复性好。

**2. 病毒的细胞培养**

（1）细胞培养的类型 培养病毒所用的细胞有原代细胞、二倍体细胞株及传代细胞系。

①原代细胞：动物组织经胰蛋白酶等消化分散，获得单个细胞，再生长于培养器皿中。大多数组织均可制备原代细胞。

②二倍体细胞株：将长成的原代细胞消化分散成单个细胞，继续培养传代，其细胞染色

体数与原代细胞一样，仍为二倍体。

③传代细胞系：即在体外可无限制分裂的细胞。有的来源于肿瘤组织或转化的细胞，染色体数目不正常，为异倍体，传代及培养方便是其优点，缺点是有的对分离野毒不敏感，由于担心致肿瘤的潜在危险，传代细胞系一般不能用于制备活疫苗。

（2）细胞培养的方法　最常用的方法为静置培养及旋转培养，为满足某些特定的需要，还可采用悬浮培养或微载体培养技术等。

**3. 病毒感染后产生的细胞病变、包涵体及空斑**

（1）细胞病变　某些病毒接种单层细胞后，第一轮感染产生的子代病毒将蔓延感染邻近的细胞，最终感染所有细胞。病毒感染导致的细胞损伤称为细胞病变（CPE），CPE有多种形式，如细胞圆缩、肿大、形成合胞体或空泡等。

（2）包涵体　指某些病毒感染细胞后，在细胞质或细胞核内形成的形态变化，可通过固定染色后在光学显微镜下检测。检测包涵体可作为组织学上诊断某些病毒性传染病的依据。

（3）空斑　是细胞病变的一种特殊表现形式，定量单位称为空斑形成单位（PFU）。

## （三）病毒的感染

**1. 急性感染**　病毒侵入机体后，在细胞内增殖，经数日乃至数周的潜伏期后发病。在潜伏期内病毒增殖到一定水平，导致靶细胞损伤和死亡而造成组织器官损伤和功能障碍，出现临诊症状。

**2. 持续性感染**　指病毒在机体持续存在数月至数年，甚至数十年。可出现症状，也可不出现症状而长期带毒，成为重要的传染源。病毒持续性感染可分为4种类型。

（1）潜伏感染　某些病毒在显性或隐性感染后，病毒基因存在于细胞内，有的病毒潜伏于某些组织器官内而不复制。但在一定条件下，病毒被激活又开始复制，使疾病复发。在显性感染时，可查到病毒的存在，而在潜伏期查不出病毒。

（2）慢性感染　病毒在显性或隐性感染后未完全清除，血中可持续检测出病毒，患病动物可表现轻微或无临诊症状，但常反复发作而不愈。

（3）慢发病毒感染　是慢性发展的进行性加重的病毒感染，后果严重。病毒感染后有很长的潜伏期，可达数月、数年甚至数十年。在症状出现后呈进行性加重，最终死亡。

（4）迟发性临诊症状的急性感染　此类病毒的持续性复制与疾病的进程无关。

# 三、例题及解析

1. 不适于培养病毒的是（　　　）。
  A. 鸡胚　　　　　　　B. 易感动物　　　　　　　C. 传代细胞
  D. 二倍体细胞　　　　E. 肉汤培养基

【解析】E。病毒是专性寄生物，不能进行独立的物质代谢，必须在活的宿主细胞内才能复制和增殖。动物、鸡胚、细胞可用于病毒培养。

2. 仔猪，3日龄，突发呕吐，继而水样腹泻，粪便呈黄色或灰白色，并有未消化的乳凝块。病猪脱水、死亡，无菌采取病死猪肝脏组织，进行细菌培养，无菌落生长。电镜下的病原体形态是（　　　）。

A. 杆状　　　　　　　　B. 星状　　　　　　　　C. 细丝状

D. 子弹状　　　　　　　E. 冠状

【解析】E。冠状病毒引发消化道症状。

3. 在病毒学上，CPE指的是（　　）。

A. 细胞病变　　　　　　B. 细胞坏死　　　　　　C. 细胞凋亡

D. 细胞自噬　　　　　　E. 细胞死亡

【解析】A。细胞病变（CPE）：病毒感染导致的细胞损伤，其表现为圆缩、肿大、形成合胞体或空泡等。

4. 感染动物症状消失后，仍长期或终身携带病毒并不定期排毒的感染类型是（　　）。

A. 隐性感染　　　　　　B. 局部感染　　　　　　C. 继发感染

D. 内源性感染　　　　　E. 持续性感染

【解析】E。持续性感染是指动物长期持续的感染状态。由于入侵的病毒不能杀死宿主细胞而使两者之间形成共生平衡，感染动物可长期或终生携带有病原体，并经常不定期地向体外排出病原体。

5. 与病毒囊膜特性或功能无关的是（　　）。

A. 保护病毒核酸　　　　B. 介导病毒吸附易感细胞

C. 对脂溶剂敏感　　　　D. 抗原性

E. 为病毒复制提供遗传信息

【解析】E。病毒的基因组是核酸，其携带病毒全部的遗传信息，与病毒囊膜无关。

6. 动物出现某病特有症状的感染称为（　　）。

A. 外源性感染　　　　　B. 内源性感染　　　　　C. 显性感染

D. 隐性感染　　　　　　E. 继发感染

【解析】C。显性感染是感染后出现该病所特有的明显临诊症状的感染。

# <<< 第七单元　病毒的检测 >>>

## 一、考试大纲

| 单元 | 细目 | 要点 |
|---|---|---|
| 病毒的检测 | 1. 病料的采集与准备 | 样本的采集与病毒分离前的处理 |
| | 2. 病毒的分离和鉴定 | （1）病毒的分离与培养　（2）病毒的鉴定 |
| | 3. 病毒感染单位的测定 | （1）空斑试验　（2）终点稀释法 |
| | 4. 病毒感染的血清学诊断方法 | （1）病毒中和试验　（2）血凝抑制试验　（3）免疫组化技术　（4）免疫转印技术　（5）酶联免疫吸附试验（ELISA） |
| | 5. 病毒感染的分子诊断 | （1）聚合酶链式反应（PCR）及序列分析　（2）核酸杂交　（3）DNA芯片 |

## 二、重要知识点

### (一) 病料的采集与准备

一般可采集发病或死亡动物的组织病料、分泌物或粪便等。样本的采集与病毒分离前的处理要从病畜体内存在病毒最多的器官或组织采取病料。注意采集病料的时间，以症状刚出现时为佳。检查抗体时，则采取一个病畜的初期和恢复期的血清，以了解抗体滴度的变化。由于病毒对外界因素特别是很敏感，因此必须放在保护液中，并在低温下保存或寄送。收集病料必须无菌操作，如有污染，可通过滤器、加抗生素或高速离心法除去细菌。

### (二) 病毒的分离和鉴定

**1. 病毒的分离与培养** 细胞、鸡胚和实验动物可用于病毒的分离与培养，其中细胞培养是用于病毒分离与培养最常用的方法。

(1) 动物接种 常用小鼠、田鼠、豚鼠、家兔及猴等。接种途径根据各病毒对组织的亲嗜性而定，可接种鼻内、皮内、脑内、皮下、腹腔或静脉。

(2) 禽胚培养 不同的病毒，禽胚接种的部位不同。最常用的禽胚接种部位有尿囊腔接种、羊膜腔接种、绒尿膜接种、卵黄囊接种等。

(3) 细胞培养 常用细胞有 Hela (人子宫癌细胞)、Vero (非洲绿猴肾细胞)、BHK21 (乳仓鼠肾细胞)、PK15 (猪肾细胞) 等。

**2. 病毒的鉴定**

(1) 病毒形态学鉴定 可通过电子显微镜观察病毒的形态和大小。

(2) 病毒的血清学鉴定 病毒分离后，可用已知的抗病毒血清或单克隆抗体，对分离毒株进行血清学鉴定，以确定病毒的种类、血清型及其亚型。常用的血清学试验有血清中和试验、血凝抑制试验、免疫荧光抗体技术等。

(3) 分子生物学鉴定 可采用PCR技术扩增病毒的特定基因，进一步可对扩增产物进行克隆和序列分析，以及对病毒进行全基因组序列测定分析，可获得分离毒株的基因组信息。

(4) 病毒特性的测定 病毒的特性是病毒鉴定的重要依据，一般应进行病毒核酸型鉴定、血凝性试验、耐酸性试验、脂溶剂敏感性试验、耐热性试验、胰蛋白酶敏感试验等。

### (三) 病毒感染单位的测定

**1. 空斑试验** 空斑试验是一种可靠的病毒滴度 (病毒毒力或毒价) 测定方法。根据样本的稀释度和空斑数，计算每毫升含有的空斑形成单位 (PFU)，即可确定病毒的滴度。

**2. 终点稀释法** 终点稀释法用于测定几乎所有种类的病毒滴度，包括某些不能形成空斑的病毒，并可用以确定病毒对动物的毒力或毒价。

### (四) 病毒感染的血清学诊断方法

**1. 病毒中和试验** 具有很强的特异性，是检测病毒和新分离病毒毒株鉴定的最经典方法，也可用于检测病毒感染动物血清中的抗体。

**2. 血凝抑制试验**　原理是具有血凝活性病毒的抗体可阻断病毒与红细胞的结合。利用血凝抑制试验（HI）可以检测和鉴定具有血凝特性的病毒，如流感病毒。方法是将特异性抗体与病毒作用，然后观察血凝抑制现象。

**3. 免疫组化技术**　可采用免疫荧光抗体技术和免疫酶染色技术，是用标记的特异性抗体（或抗原）对组织内抗原（或抗体）的分布进行组织和细胞原位检测技术。

**4. 免疫转印技术**　原理是基于抗体与固定在滤膜上的病毒蛋白质的相互作用。病毒蛋白质经聚丙烯酰胺凝胶电泳，然后转印到对蛋白质有很强亲和性的滤膜（加硝酸纤维素滤膜）上，经免疫染色（如免疫酶染色）检测结合在膜上的蛋白质。

**5. 酶联免疫吸附试验（ELISA）**　先将特异性抗体包被（吸附）到塑料微培板孔中以捕捉标本中相应抗原，然后加入酶标特异性抗体，相应抗原被夹在抗体之间，当加入酶的底物后显色，显色程度直接反映了标本中病毒抗原的量。

## （五）病毒感染的分子诊断

**1. 聚合酶链式反应（PCR）及序列分析**　PCR 是一种用于放大扩增特定的 DNA 片段的分子生物学技术，用于 DNA 病毒的检测，如果是 RNA 病毒，则需在扩增之前进行反转录，称为 RT－PCR。扩增后可以对基因序列进行测定，进一步深入了解基因结构。

**2. 核酸杂交**　包括 DNA 杂交和 RNA 杂交。DNA 杂交（Southern 杂交）用于检测病毒 DNA，RNA 杂交（Northern 杂交）用于病毒 RNA 的检测。

**3. DNA 芯片**　是一类新型的分子生物学技术，该技术是将病毒 DNA 片段有序地固化于支持物（如玻片、硅片）的表面，组成密集二维分子排列，然后与已知标记的待测样本中靶分子杂交，通过特定的仪器对杂交信号的强度进行快速、并行、高效地检测分析，从而检测样品中靶分子的数量。可用于大批量样本的检测和不同病毒病的鉴别诊断。

# 三、例题及解析

1. 分离新城疫病毒所用 SPF 鸡胚的日龄通常为（　　）。
    A. 2～4 日龄　　　　　　　B. 5～7 日龄　　　　　　　C. 9～11 日龄
    D. 13～15 日龄　　　　　　E. 16～18 日龄

【解析】C。分离新城疫病毒：取病鸡脑、肺、脾含毒量高的组织器官，经除菌处理后，通过尿囊腔接种 9～11 日龄 SPF 鸡胚，取 24h 后死亡鸡胚的尿囊液进行血凝试验（HA）和血凝抑制试验（HI），进行病毒鉴定。

2. 常用于实验室分离高致病性禽流感病毒的是（　　）。
    A. 鸡胚　　　　　　　　　B. 小鼠　　　　　　　　　C. 大鼠
    D. 豚鼠　　　　　　　　　E. 乳兔

【解析】A。高致病性禽流感病毒的分离，取禽类的泄殖腔或口腔拭子，以及发病动物的肝、脾、肾、胰腺、脑、肺等脏器，经常规方法除菌后，接种于鸡胚尿囊腔或羊膜腔内，35℃孵育 2～4d，取鸡胚尿囊液作血凝试验。

3. 鉴定病毒基因型的方法是（　　）。
    A. 耐酸性试验　　　　　　B. 耐热性试验　　　　　　C. 血凝试验

D. 核苷酸序列分析　　　　　E. 脂溶剂敏感试验

【解析】D。其余选项都属于病毒特性的测定。

4. SPF 鸡胚分离新城疫病毒最适宜的接种部位是(　　)。

A. 羊膜　　　　　　　　B. 羊膜腔　　　　　　　C. 尿囊膜

D. 尿囊　　　　　　　　E. 卵黄囊

【解析】D。新城疫病毒的诊断可取脾、脑或肺匀浆，接种 10 日龄鸡胚尿囊腔分离病毒，病毒能凝集鸡、人及小鼠等红细胞，再做 HI 试验进行鉴别。

5. PCR 鉴定的病毒成分是(　　)。

A. 磷脂　　　　　　　　B. 核酸　　　　　　　　C. 固醇

D. 蛋白质　　　　　　　E. 多糖

【解析】B。PCR 用于 DNA 病毒核酸的检测。

6. 难以培养的细菌，可采用的病原检测方法是(　　)。

A. 动物实验　　　　　　B. PCR　　　　　　　　C. 生化试验

D. 血凝试验　　　　　　E. 培养特性检查

【解析】B。PCR 用于病原核酸的检测。

# <<<　第八单元　主要的动物病毒　>>>

## 一、考试大纲

| 单元 | 细目 | 要点 |
|---|---|---|
| 主要的动物病毒 | 1. 痘病毒科 | (1) 绵羊痘病毒与山羊痘病毒　(2) 黏液瘤病毒　(3) 口疮病毒 |
| | 2. 非洲猪瘟病毒科 | 非洲猪瘟病毒 |
| | 3. 疱疹病毒科 | (1) 伪狂犬病毒　(2) 牛传染性鼻气管炎病毒　(3) 马立克病病毒　(4) 禽传染性喉气管炎病毒　(5) 鸭瘟病毒 |
| | 4. 腺病毒科 | (1) 犬传染性肝炎病毒　(2) 产蛋下降综合征病毒 |
| | 5. 细小病毒科 | (1) 猪细小病毒　(2) 犬细小病毒　(3) 鹅细小病毒　(4) 猫泛白细胞减少症病毒　(5) 貂肠炎病毒　(6) 貂阿留申病毒 |
| | 6. 圆环病毒科 | 猪圆环病毒 |
| | 7. 反转录病毒科 | (1) 禽白血病病毒　(2) 小羊关节炎/脑脊髓炎病毒　(3) 马传染性贫血病毒 |
| | 8. 呼肠孤病毒科 | (1) 禽正呼肠孤病毒　(2) 蓝舌病毒　(3) 轮状病毒　(4) 质型多角体病毒 |
| | 9. 双 RNA 病毒科 | 传染性法氏囊病病毒 |
| | 10. 副黏病毒科 | (1) 新城疫病毒　(2) 小反刍兽疫病毒　(3) 犬瘟热病毒 |
| | 11. 弹状病毒科 | (1) 狂犬病病毒　(2) 牛暂时热病毒 |

（续）

| 单元 | 细目 | 要点 |
|---|---|---|
| 主要的动物病毒 | 12. 正黏病毒科 | 禽流感病毒 |
| | 13. 冠状病毒科 | （1）禽传染性支气管炎病毒 （2）猪传染性胃肠炎病毒 （3）猪流行性腹泻病毒 （4）猫冠状病毒 （5）犬冠状病毒 |
| | 14. 动脉炎病毒科 | 猪繁殖与呼吸综合征病毒 |
| | 15. 微 RNA 病毒科 | （1）口蹄疫病毒 （2）猪水疱病病毒 （3）鸭肝炎病毒 （4）囊状幼虫病毒 （5）蜜蜂慢性麻痹病毒 （6）家蚕软化病病毒 |
| | 16. 嵌杯病毒科 | 兔出血症病毒 |
| | 17. 黄病毒科 | （1）猪瘟病毒 （2）牛病毒性腹泻病毒 （3）日本脑炎病毒 （4）鸭坦布苏病毒 |
| | 18. 朊病毒 | 朊病毒的特性及其所致疾病 |

## 二、重要知识点

### （一）痘病毒科

#### 绵羊痘病毒与山羊痘病毒

【形态】绵羊痘病毒与山羊痘病毒形态均呈卵圆形。病毒粒子结构复杂，衣壳为复合对称，外面有蛋白质和脂类形成的囊状层，囊状层外还有一层可溶性蛋白，最外层是囊膜。

【分子特性】核酸由双股 DNA 组成。基因组约有 150kb。

【抗原特性】绵羊痘病毒与山羊痘病毒存在共同抗原，呈交叉反应，但在自然条件下不会发生交叉感染。

【致病特性】在自然条件下绵羊痘病毒仅感染绵羊，山羊痘病毒仅感染山羊。绵羊痘病毒可致全身性疱疹，肺常出现特征性干酪样结节。传播途径为皮肤的伤口，在流行时，病毒可能通过呼吸道传染，也可因吸血昆虫叮咬而感染。山羊痘与绵羊痘类似，表现为发热，有黏液性、脓性鼻漏及全身性皮肤丘疹。

【诊断】根据临诊症状一般不难诊断，必要时可取病变组织制作切片，检查感染细胞中的胞质包涵体，或电镜观察病毒颗粒。也可应用琼脂扩散试验，以抗绵羊痘高免血清检查皮肤结节和结痂中的抗原。

#### 黏液瘤病毒

【形态】病毒粒子呈砖形。负染时，表面呈串粒状，由线状或管状物质组成。

【分子特性】双股 DNA 病毒，基因组全长约为 1 636kb。

【致病特性】黏液瘤病毒为兔痘病毒属成员，野兔、家兔均易感。病毒可通过呼吸道传播，但蚊、蚤、蜱、螨等吸血昆虫的机械传递更为重要。兔感染后48h出现临诊症状，首先是眼结膜炎，接着头部广泛肿胀，呈特征性的"狮子头"，严重者体温升高到42℃，多在48h后死亡。

【诊断】可取病料制成悬液，处理后接种鸡胚绒毛尿囊膜，3d后产生圆形痘疱，可用中和试验等进行鉴定。常用兔肾、心和皮肤等细胞分离病毒。兔肾细胞培养，感染细胞核发生空泡化，并出现酸性胞质内包涵体，在接种后3～6d，细胞单层上出现空斑。

## 口 疮 病 毒

【形态】病毒粒子长250～280nm，宽170～200nm，呈椭圆形的线团样，病毒粒子表面呈特征性的绳索样结构相互交叉排列，围绕病毒粒子的长轴作"8"字缠绕，常有囊膜包裹。

【分子特性】线性双股DNA病毒，基因组约为135Kbp。

【致病特性】引起羊传染性脓疱病（又称羊口疮），其临床特征是病羊口腔和唇部形成水泡，随后转为脓疱和溃疡，在眼、鼻、肛门和乳房皮肤也可出现病变。

【诊断】显微镜观察和PCR方法。

（二）非洲猪瘟病毒科

## 非洲猪瘟病毒

非洲猪瘟病毒（ASFV）是非洲猪瘟病毒科下仅有的种，ASFV在非洲、南欧、巴西、古巴等地流行，引起的非洲猪瘟与古典猪瘟相似，以急性高热为特征，全身出血，病程短，死亡率高。

【形态】病毒颗粒有囊膜，直径175～215nm，核衣壳二十面体对称。

【分子特性】基因组由单分子线状双股DNA组成。

【抗原特性】非洲猪瘟病毒在交叉免疫试验中与猪瘟病毒完全不同。ASFV感染猪能对非致死病毒株产生保护性免疫反应，但产生的抗体仅能降低病毒感染性，并不中和病毒。

【致病特性】ASFV是唯一已知核酸为DNA的虫媒病毒，由软蜱传递。自然条件下仅家猪易感，以全身出血、呼吸障碍和神经症状为特征。

【诊断】非洲猪瘟被WOAH列为报告疾病，诊断只能由少数官方认可的机构进行。诊断方法应参照WOAH的规定，做血细胞吸附或猪接种试验，也可做PCR检测。

（三）疱疹病毒科

## 伪狂犬病病毒 （PRV）

【形态】病毒粒子呈球形，有囊膜，囊膜表面有呈放射状排列的纤突。

【分子特性】基因组为线状双股DNA。已测定功能的病毒蛋白质包括11种糖蛋白，其中gC、gE、gG、gI和gM是病毒复制的非必需糖蛋白。

【抗原特性】伪狂犬病病毒只有一种血清型，但不同的分离株毒力有一定差异。

【致病特性】成年猪多为隐性感染，妊娠母猪50%可发生流产、死胎或木乃伊胎。仔猪表现为发热及神经症状，无母源抗体的新生仔猪死亡率可达100%。病毒最初定位于扁桃体，在感染的最初24h之内可从头部神经节、脊髓及脑桥中分离到病毒。康复猪可通过鼻腔分泌物及唾液持续排毒。用核酸探针或PCR可从康复猪的神经节中检出病毒。其他动物感染有很高致死率，最特征症状为体躯注射部位奇痒。

【诊断】可用标准化的 ELISA 试剂盒检测抗体，用于区分基因缺失疫苗免疫猪和野毒感染猪。组织病料可做荧光抗体检查和 PCR 检测等。

## 牛传染性鼻气管炎病毒（IBRV）

学名为牛疱疹病毒Ⅰ型，属疱疹病毒甲亚科，可引起牛的多系统感染。病毒的潜伏感染给防治带来很大困难。

【形态】病毒颗粒呈球状，直径约 200nm，壳体为二十面体对称，有囊膜和纤突。

【分子特性】基因组为线状双链 DNA。病毒在犊牛肺、睾丸或肾细胞培养生长良好，1～2d 可产生明显的细胞病变，并有嗜酸性核内包涵体。

【抗原特性】只有一个血清型。

【致病特性】牛传染性鼻气管炎主要有呼吸道及生殖道两种表现型。呼吸道型极少发生，生殖道型可因自然交配或人工授精引起。两种类型其本质均导致局部上皮细胞坏死，坏死周边细胞核内可见包涵体。

【诊断】可取病变组织做涂片或切片，进行荧光抗体染色或 PCR 检测，必要时可接种牛胚肺细胞等做病毒分离。ELISA 法可检测血清及奶中的抗体。

## 马立克病病毒（MDV）

学名禽疱疹病毒 2 型，是鸡的重要的传染病病原，具有致肿瘤特性。其主要特征是外周神经发生淋巴样细胞浸润和肿大，引起一肢或两肢麻痹，各种脏器、性腺、虹膜、肌肉和皮肤也发生同样病变并形成淋巴细胞性肿瘤病灶。

【形态】马立克病病毒感染的细胞培养物进行超薄切片，可见六角形裸露的病毒颗粒或核衣壳，核衣壳二十面体对称，也可看到有囊膜的病毒颗粒，羽毛囊上皮细胞的超薄切片见有大量的有囊膜的病毒粒子，表现为不定型结构。

【分子特性】基因组为线状双股 DNA，基因组全长约 180kb。MDV 在细胞培养上呈严格的细胞结合性，不易得到大量纯化的病毒粒子，使 MDV 的分子生物学研究相对缓慢。

【抗原特性】MDV 可分为 3 个血清型：一般所说马立克病病毒系指致肿瘤性的血清 1型；2 型为非致瘤毒株；3 型为火鸡疱疹病毒（HVT），对火鸡可致产蛋下降，对鸡无致病性。由于 HVT 与 MDV 基因组 DNA 95% 同源，故常用作疫苗进行预防接种。

【致病特性】马立克病按患鸡形成肿瘤的部位和临诊症状可分为 4 种病型，即内脏型、神经型、皮肤型和眼型。可终生带毒并排毒，其羽囊角化层的上皮细胞含有病毒，是污染源，易感鸡通过吸入此种毛屑感染，不经卵传递。

【诊断】用免疫荧光试验等血清学方法可检测病毒。病毒分离可用全血白细胞层接种细胞，或接种 4 日龄鸡胚卵黄囊或绒毛尿囊膜，再进行荧光抗体染色或电镜检查做出诊断。

## 禽传染性喉气管炎病毒（LTV）

学名禽疱疹病毒 1 型，引致鸡传染性喉气管炎。

【形态】病毒颗粒呈球形，有囊膜。囊膜和核衣壳之间有一层球状蛋白形成的皮层。

【分子特性】病毒基因组为线状双股 DNA，目前全基因组测序已完成。该病毒具有高度的宿主特异性，只能在鸡胚及鸡胚的细胞培养物内良好增殖。

【抗原特性】世界各地分离的毒株具有广泛的抗原相似性，但也存在微小的抗原差异。不同毒株，尤其是野毒与疫苗毒株不易区分。

【致病特性】所有日龄的鸡均易感，但多发于4～18日龄鸡，仅以成年鸡症状最典型。表现为咳嗽和气喘、流涕等，严重的呼吸困难，并咳出血样黏液以及出现白喉样病变。发病率可达100%，死亡率为50%～70%，因毒株的毒力而异。

【诊断】可取病变组织制作涂片或冰冻切片，用荧光抗体染色检出病毒。接种9～12日龄鸡胚绒毛尿囊膜，在鸡胚绒毛尿囊膜上可形成痘疱。用PCR法可检出潜伏感染的病毒。

## 鸭瘟病毒（DPV）

学名鸭疱疹病毒I型，又名鸭病毒性肠炎病毒。

【形态】二十面体核衣壳，由162个中空的壳粒组成，包括150个六邻体及12个五邻体。

【分子特性】病毒粒子呈球形，直径为120～180nm，有囊膜，病毒核酸型为DNA。

【致病特性】以体温升高、黏膜出血、下痢和部分鸭头颈部肿胀为特征的鸭瘟，俗称"大头瘟"。剖检见皮肤黏膜和浆膜出血，头颈皮下胶样浸润，食管黏膜纵行固膜条斑和小出血点，肠黏膜出血、充血，以十二指肠和直肠最为严重。

【诊断】通常采取处于发病期或死亡后的病鸭血液、肝、脾等制成无菌悬液，绒毛尿囊膜接种9～14日龄鸭胚进行病毒分离。鸭胚在接种后4～10d死亡，胚胎出现广泛性出血，肝常有特征性坏死灶，部分尿囊膜出现充血、出血、水肿等病变。

（四）腺病毒科

## 犬传染性肝炎病毒（ICHV）

学名犬腺病毒（CAV），分1型和2型两种，CAV-2引致幼犬传染性气管支气管炎，CAV-1引致犬的传染性肝炎。

【形态】CAV-1具有腺病毒典型的形态结构特征。无囊膜，呈二十面体立体对称，衣壳由252个壳粒组成，12个五邻体上有突出的纤丝。

【分子特性】为哺乳动物腺病毒属成员，基因组为单分子的线状双链DNA。

【抗原特性】CAV-1与CAV-2抗原性高度交叉，因此，可用2型弱毒疫苗接种，既可对传染性肝炎免疫，又不会发生角膜水肿。

【致病特性】病毒经鼻咽、口及黏膜途径进入体内，最初感染扁桃体及肠系膜集合淋巴结，而后产生病毒血症，感染内皮及实质细胞，导致出血及坏死，肝、肾、脾、肺尤为严重。在自然感染的康复期或接种病毒弱毒疫苗后8～12d，因产生抗原抗体复合物而致角膜水肿及肾小球肾炎，前者导致"蓝眼"。

【诊断】可用ELISA、HA-HI、中和试验以及PCR检测病毒。必要时可做病毒分离，用MDCK或其他犬源细胞，24～48h出现CPE，再用荧光抗体鉴定。

## 产蛋下降综合征病毒（EDSV/EDS-76）

【形态】病毒粒子直径75～80nm，无囊膜，呈典型的二十面体对称，壳粒清晰可见。

【分子特性】基因组由线状双股 DNA 组成。

【抗原特性】只有 1 个血清型。

【致病特性】该病可通过受精卵垂直传播，也可发生水平传播。各种年龄的鸡均可感染，但幼龄鸡不表现临床症状。该病主要发生在 24～30 周龄产蛋高峰期鸡群。感染鸡无明显症状，主要表现为突然性群体产蛋下降，比正常下降 20%～50%。病初蛋壳的色泽变淡，紧接着产畸形蛋、粗壳蛋、薄壳蛋、软壳蛋，约占 15% 以上。

【诊断】根据症状诊断并不困难，确诊可做病毒分离、HA-HI 或中和试验检测抗体。

（五）细小病毒科

## 猪细小病毒（PPV）

【形态】外观呈六角形或圆形，无囊膜，直径为 18～26nm，核衣壳呈二十面体等轴立体对称。

【分子特性】单分子线状单股 DNA，编码 3 种结构蛋白（VP1、VP2 和 VP3），VP2 是细小病毒的主要免疫原性蛋白，具有血凝特性的血凝部位分布在 VP2 蛋白上。

【抗原特性】只发现一个血清型。

【致病特性】猪细小病毒病主要特征是初产母猪发生流产、死产，胚胎死亡、胎儿木乃伊化和病毒血症，而母猪本身并不表现临诊症状，其他猪感染后也无明显临诊症状。与其他细小病毒相比，猪细小病毒更易引致慢性排毒的持续性感染。

【诊断】快速诊断可用标准化的荧光抗体检测胎儿冰冻切片，也可用豚鼠红细胞做 HA-HI 检测胎儿组织悬液中的病毒，PCR 法适用于持续感染的诊断。

## 犬细小病毒（CPV）

【形态】病毒粒子较小，直径 20～22nm，呈二十面体对称，无囊膜。

【分子特性】单分子线状单股 DNA，编码 3 种结构蛋白 VP1、VP2 和 VP3，其中 VP2 是其保护性抗原，编码两种非结构蛋白 NS1 和 NS2。

【抗原特性】犬细小病毒与猫细小病毒、貂细小病毒有密切关系，能够产生交叉免疫和血清学的交叉反应。

【致病特性】所有犬科动物均易感，并有很高的发病率与死亡率。常致幼犬急性发病，表现为出血性肠炎、非化脓性心肌炎，临诊上以呕吐、腹泻、血液白细胞显著减少、出血性肠炎和严重脱水为特征。

【诊断】最简便的方法是做 HA-HI 试验，用猪或恒河猴红细胞于 pH6.5、4℃进行血凝试验。还可用 ELISA、PCR 等方法检出病毒。检测 IgM 抗体可作为早期感染的诊断。

## 鹅细小病毒（GPV）

又名小鹅瘟病毒，主要侵害 3～20 日龄小鹅，以传染快、高发病率、高死亡率、严重下痢以及渗出性肠炎为特征。

【形态】病毒粒子呈球形或六角形，直径 20～22nm，无囊膜，二十面体对称。电镜下，可见完整病毒粒子和病毒空壳。

【分子特性】核酸为线状单股 DNA，结构蛋白有三种，VP1、VP2、VP3，其中 VP3 为主要结构蛋白。病毒无血凝活性。

【抗原特性】只有一个血清型，与番鸭细小病毒存在部分共同抗原。可在 12～14 日龄的鹅胚或番鸭胚或它们的细胞培养中增殖。

【致病特性】小鹅瘟表现为局灶性或弥散性肝炎，心肌、平滑肌及横纹肌急性变性。小鹅瘟发病及死亡率的高低与母鹅免疫状况有关。病愈的雏鹅、隐性感染的成年鹅均可获得坚强的免疫力，成年鹅通过卵黄将抗体传给后代，使雏鹅获得被动免疫。

【诊断快速】诊断可用标准化的荧光抗体检测病变的实质脏器，还可用病毒中和试验、ELISA、PCR 检测病毒。如做病毒分离，可采用鹅胚或番鸭胚接种，于 5～8d 死亡，并收获尿囊液做进一步鉴定。

## 猫泛白细胞减少症病毒

又名猫瘟热病毒（FPV），为细小病毒属成员。猫泛白细胞减少症又称猫瘟热、猫传染性肠炎，二类传染病，是猫的一种急性高度接触性传染病。

【形态】病毒粒子呈球形，直径 18～22nm，无囊膜，呈十二面体对称。

【分子特性】单股 DNA 病毒。

【抗原特性】只有一个血清型。

【致病特性】临床表现多以突然发高热、顽固性呕吐、腹泻、脱水、循环障碍及白细胞减少为特征。母源抗体可提供被动免疫保护。

【诊断】可用 HA-HI 试验、分离病毒、ELISA、免疫荧光技术、PCR 等。

## 貂肠炎病毒

又名貂细小病毒（MEV），为细小病毒属成员，其形态、理化特征和生物学特点与猫泛白细胞减少症病毒相似。

【形态】毒粒子呈球形，无囊膜，呈十二面体对称。

【分子特性】单股 DNA 病毒。

【抗原特性】与 CPV、MEV 之间有共同抗原，能发生交叉血清学反应。

【致病特性】引起水貂病毒性肠炎，主要特征是胃肠黏膜炎症、出血、坏死和急剧下痢，白细胞高度减少。

【诊断】常用的诊断方法是 HA-HI 试验。

## 貂阿留申病病毒

【形态】病毒呈二十面体对称，无囊膜。

【分子特性】基因组为单股 DNA，分子大小约为 4 800bp。

【致病特性】该病毒可引起水貂慢性消耗性、超敏感性和自身免疫性疾病，表现为浆细胞增多、高 γ 球蛋白血症、持续性病毒血症等。病貂进行性消瘦，濒死前抽搐，排煤焦样便，多死于尿毒症，剖检以肾脏病变最明显，肾肿大，呈现灰色或淡黄色，表面有坏死。

【诊断】目前，检测方法主要有凝集试验、荧光抗体技术、补体结合试验、对流免疫电泳、ELISA 等。

## （六）圆环病毒科

## 猪圆环病毒（PCV）

PCV 是在猪肾细胞系 PK15 中发现的第一个与动物有关的圆环病毒，命名为 PCV-1。1997 年在法国首次分离到 PCV-2 与 PCV-1 抗原性有差异，引起断奶猪多系统衰竭综合征。PCV-2 感染还可致繁殖障碍、皮炎与肾病综合征、呼吸道疾病等。

【形态】病毒颗粒呈球形，无囊膜，直径 17nm，是目前发现的最小的动物病毒。

【分子特性】圆环病毒属成员，基因组为共价闭合环状的双股单链 DNA。

【抗原特性】具有 PCV-1 和 PCV-2 两种血清型，两血清型间有一定的抗原交叉性。

【致病特性】PCV-1 无致病性，而 PCV-2 感染可引起断奶仔猪多系统衰竭综合征（PMWS）、猪皮炎肾病综合征（PDNS）等圆环病毒病。猪细小病毒、猪繁殖与呼吸综合征病毒、猪多杀巴氏杆菌、猪肺炎支原体等与 PCV-2 有协同致病作用。免疫刺激、环境因素以及其他应激因素也是发病诱因。PCV-2 感染还可使猪的免疫功能受到抑制。

【诊断】依据流行特点、临床表现结合剖检病变，可对 PCV-2 所致的 PMWS 做出初步诊断。确诊需分离病毒，可取肺、淋巴结、肾、血清，用 PK15 细胞培养，结合免疫荧光、PCR 等方法进行鉴定。也可直接从组织中检测 PCV-2，可用 ELISA 检测抗体。

## （七）反转录病毒科

## 禽白血病病毒（ALV）

又称肉瘤病毒，可引起各种禽类传染性肿瘤。

【形态】病毒粒子近似球形，有囊膜，囊膜处有放射状突起。

【分子特性】甲型反转录病毒属成员，病毒基因组为二倍体，由两个线状的正股单链 RNA 组成。

【抗原特性】根据病毒中和试验、宿主范围及分子特性，ALV 已分类至 10 个亚群。分别命名为 A～J，其中 A～D 亚群为外源性，宿主为鸡，F、G 亚群的宿主为雉，H 亚群为斑鸠，I 亚型为鹌鹑，J 亚群为外源性，宿主为鸡，引起髓细胞瘤。

【致病特性】雏鸡先天性感染外源性非缺陷型白血病病毒时，可发生肿瘤，并产生病毒血症。缺陷型的白血病病毒与外源性非缺陷型的白血病病毒共同感染鸡时，可复制并致病，引致成红细胞增多症、成髓细胞增多症以及髓样细胞瘤，所致肿瘤的不同是由于病毒癌基因不同。病毒可经水平或垂直传播，水平传播需要长时期密切接触，垂直传播更为重要。

【诊断】根据病史、症状及剖检发现通常可对肿瘤做出诊断，但应与马立克病相鉴别。可用 ELISA 等检测病毒抗原。必要时可做病毒分离鉴定，取血浆、血清或肿瘤组织，接种 1～7 日龄易感雏鸡，可在 30～35d 发生肿瘤；绒尿膜或卵黄囊接种鸡胚，可在绒尿膜产生痘斑；接种鸡胚成纤维细胞（CEF），一般不引起 CPE。

## 小羊关节炎/脑脊髓炎病毒（CAEV）

【形态】病毒呈球形，直径 70～100nm，有囊膜。

【分子特性】基因组为单股 RNA。

【抗原特性】与维士纳/梅迪病毒抗原存在强烈的交叉反应。

【致病特性】CAEV 所致疾病有两种表现形式，2～4 月龄的羔羊发生脑脊髓炎，1 岁左右的山羊发生多发性关节炎，后者更为常见。

【诊断】采用琼脂凝胶免疫扩散试验检测抗体，可用于羊群的免疫监测。

## 马传染性贫血病毒（EIAV）

【形态】病毒粒子呈球形，有囊膜。

【分子特性】基因组为二倍体单股正链 RNA。

【抗原特性】至少有 8 个血清型。

【致病特性】马最易感，骡、驴次之，在世界各地的马均有发现。在持续感染期间，随着病马连续发热，表现为急性、亚急性、慢性及亚临诊 4 种类型。急性型症状最为典型，出现发热、严重贫血、黄疸等，80％患马死亡，所有感染马终身出现细胞结合的病毒血症。

【诊断】采用补体结合反应和琼脂扩散试验。

（八）呼肠孤病毒科

## 禽正呼肠孤病毒（ARV）

【形态】病毒粒子直径约为 75nm，无囊膜，呈二十面体对称，衣壳有双层结构。

【分子特性】基因组为分节段的双股 RNA。

【抗原特性】ARV 病毒具有共同的群特异抗原，目前分为 8 个血清型，其中鸡有 4 个型，番鸭 2 个，鹅和火鸡各 1 个。

【致病特性】病毒的感染在鸡群中普遍存在，常无症状，也可表现为禽病毒性关节炎综合征，主要发生于肉用仔鸡，以关节炎和腱滑膜炎为特征，偶可致腱断裂。对于小于 40 日龄的番鸭有致病性，表现为步行障碍及腹泻，肝、脾、肾有白色坏死灶，俗称"肝白点病"。

【诊断】分离病毒可取病变组织的上清接种 5～7 日龄鸡胚，经卵黄囊或绒毛尿囊膜接种，一般在接种后 3～5d 鸡胚死亡，胚体因皮下出血而呈淡紫色。绒毛尿囊膜接种，通常在 7d 后鸡胚死亡，绒毛膜上有隆起的、分散的痘疮样病灶，未死胚胎生长滞缓，肝淡绿色，脾肿大，心脏有病损。

## 蓝舌病病毒（BTV）

【形态】病毒颗粒无囊膜，近似球形，直径约 80nm。具有外、中、内三层衣壳，每层均为二十面体对称。

【分子特性】环状病毒属成员，基因组为 10 个节段双股 RNA。

【抗原特性】用中和试验可将 BTV 分为 25 个血清型。

【致病特性】BTV 通过吸血昆虫主要是库蠓传播。疾病特征表现为高热、口鼻黏膜高度充血、唇部水肿，继而发生坏疽性鼻炎、口腔黏膜溃疡、蹄部炎症及骨骼肌变形。病羊舌部可能发绀，因此称为蓝舌病。

【诊断】蓝舌病必须结合临诊症状与病毒分离才能确认，抗体阳性只表明发生感染。国际通用的方法为补体结合、荧光抗体或琼脂扩散等试验，用以检测群特异抗体。

# 轮 状 病 毒

【形态】病毒粒子呈球形，二十面体，直径 60～70nm，有双层衣壳，呈轮缘状，围绕内层。内层衣壳呈放射状排列，形似车轮辐条，故称为轮状病毒。

【分子特性】基因组为分 11 个节段的双股线状 RNA，可凝集豚鼠、绵羊、马等红细胞。

【抗原特性】各种动物的轮状病毒内衣壳可发生交叉反应，但外壳抗原有型的特异性。

【致病特性】普通轮状病毒脊椎动物和人都可感染，引起病毒性胃肠炎。病毒经口进入到动物消化道中，侵入小肠绒毛上皮细胞，柱状绒毛上皮细胞受到破坏，引起吸收不良、消化障碍。电解质随细胞外液转移到肠腔，引起腹泻和小肠出血。病理变化为大小肠黏膜条状或弥漫性出血，肠黏膜易脱落，肠壁变薄。

【诊断】用病变组织或粪便经负染色后，在电镜检查下观察病毒颗粒。

# 质型多角体病毒（BmCPV）

【形态】BmCPV 粒子呈球形，直径为 60～70nm，为六角形的正二十面体。引起蚕质型多角体病，也称"中肠型脓病"，蚕病之一。

【分子特性】基因组为分段双链 RNA。

【多角体】常见为六角形二十面体，次为四角形，偶有三角形。

【致病性】质型多角体病毒通过蚕的摄食进入蚕体，在蚕的中肠圆筒形细胞质中寄生和繁殖，并形成大量多角体而致病，病蚕中肠后部或整个中肠呈乳白色的典型病变。

## （九）双 RNA 病毒科

# 传染性法氏囊病病毒（IBDV）

传染性法氏囊病最早在美国特拉华州甘保罗镇的肉鸡群中暴发，因此又称为甘保罗病。

【形态】病毒粒子为球形，无囊膜，单层核衣壳，二十面体对称，直径为 55～65nm。除完整的病毒粒子外，还常见空衣壳。在感染细胞内，病毒常呈晶格状排列。

【分子特性】IBDV 基因组为双链双节段 RNA，A 节段编码 VP2～VP5 蛋白，B 节段编码 VP1 蛋白。VP1 是一种 RNA 多聚酶，VP2 位于衣壳外表面，是主要的保护性抗原。

【抗原特性】病毒有两个血清型：一者有较低的交叉保护 1 型为鸡源毒株，只对鸡有致病性，火鸡和鸭为亚临诊感染；2 型为火鸡源性，无致病性。

【致病特性】IBD 是幼龄鸡的一种急性、高度接触性传染病，发病率高，病程短，主要侵害鸡的中枢免疫器官法氏囊，引起法氏囊充血、出血、坏死，导致免疫抑制，并引起腿部肌肉出血及肾尿酸盐沉积。3～6 周龄鸡的法氏囊发育最完全，最易感。

【诊断】可取囊组织的触片用免疫荧光抗体检测，或用囊组织的悬液做琼脂扩散试验，检出病毒抗原。用鸡胚分离病毒较为敏感，可取 9～11 日龄鸡胚，接种绒毛尿囊膜，通常在 3～5d 内死亡，胚体皮下及肾出血，肝微绿并有坏死灶。检测抗体可用中和试验或

ELISA。

## （十）副黏病毒科

## 新城疫病毒（NDV）

旧称禽副黏病毒1型。新城疫又称亚洲鸡瘟或伪鸡瘟，是 WOAH 规定的通报疫病。主要侵害鸡、火鸡、野禽及观赏鸟类，是一种高度接触传染性、致死性疾病。

【形态】病毒粒子具多形性，一般近似球形，直径 100～300nm，有时也可呈长丝状。病毒粒子的外部是双层脂质囊膜，表面带有两种类型的纤突。

【分子特性】NDV 纤突具有两种糖蛋白：血凝素神经氨酸酶（HN）及融合蛋白（F）。NDV 的毒力主要取决于其 HN 及 F 的裂解及活化。根据毒力的差异可将 NDV 分成 3 个类型：强毒型、中毒型和弱毒型。

【抗原特性】NDV 只有一个血清型，抗体产生迅速。HI 抗体在感染后 4～6d 即可检出，可持续至少 2 年。HI 抗体水平是衡量免疫力的指标。

【致病特性】发病后主要特征是呼吸困难、下痢，伴有神经症状，鸡严重产蛋下降，黏膜和浆膜出血。

【诊断】必须做病毒分离及血清学试验或 RT-PCR。可取脾、脑或肺匀浆，接种 10 日龄鸡胚尿囊腔分离病毒，病毒能凝集鸡、人及小鼠等红细胞，再做血凝抑制（HI）试验鉴别。抗体检测只适用于对未进行免疫接种鸡群的诊断，可用 HI 试验。在慢性新城疫流行的地区，可用 HI 试验作为监测手段。

## 小反刍兽疫病毒（PPRV）

【形态】病毒粒子多为圆形或椭圆形，外被囊膜，纤突含血凝素而无神经氨酸酶，核衣壳呈螺旋对称。

【分子特性】PPRV 为麻疹病毒属成员。基因组为单股负链不分节段 RNA，长 15 948bp，是麻疹病毒属中最长的病毒。

【抗原特性】目前发现该病毒仅有 1 个血清型，与牛瘟病毒在抗原性上存在高度的交叉保护反应。

【致病特性】PPRV 主要感染山羊、绵羊、长角羚等小反刍动物，引起小反刍兽疫（又称小反刍兽伪牛瘟）。PPR 的症状与牛瘟相似，发病时体温骤升至 40～41℃，唾液分泌增多，出现脓性鼻液和结膜炎，最常见的变化是口腔溃疡、坏死，后期伴有支气管肺炎。孕畜流产和血性腹泻，常在发病后 5～10d 死亡。病理变化主要表现为消化道的糜烂性损伤，回肠、盲肠、盲—结肠交界处和直肠严重出血。病毒能抑制淋巴细胞增殖，从而引起免疫抑制，造成继发感染，可能是导致 PPR 死亡的主要原因。

【诊断】采集眼结膜、鼻腔分泌物或口腔、回肠、直肠黏膜及血液等，接种合适的细胞如绵羊或山羊胎肾、BHK21、Vero 细胞等。CPE 一般在接种后 6～15d 出现，其特点是出现多核细胞。血清学试验用病毒中和试验、竞争 ELISA 或间接 ELISA 检测抗体，用琼脂扩散试验、夹心 ELISA 或间接免疫荧光试验检测抗原。也可采用 RT-PCR 技术检测病毒 RNA。

## 犬瘟热病毒（CDV）

【形态】病毒粒子具有多形性，一般呈近似球形，直径 100～300nm。

【分子特性】单负股 RNA，不分节段。血凝素蛋白（H）和融合蛋白（F）构成囊膜上的两种纤突，H 纤突只有血凝素活性，而无神经氨酸酶活性。

【抗原特性】CDV 只有一个血清型，与麻疹病毒和牛瘟病毒具有共同抗原，能够产生交叉免疫。犬和雪貂接种麻疹病毒后对犬瘟热有一定的免疫力。

【致病特性】病毒的宿主范围包括犬科的所有动物，具有高度传染性。最常见的急性型有两个阶段，一是体温升高（双相热），二是体温升高时伴有严重的白细胞减少症，并有呼吸道症状，主要表现为流泪、水样鼻液，时有咳嗽，神经系统症状多发生于中后期，主要是嘴唇、眼睑抽动，流涎，空嚼等。当肌群（咬肌）反复、有节律地颤动时，对于诊断犬瘟热有重要的意义。凡是产生中和抗体的动物即具有免疫力，免疫力可持续终生。

【诊断】病毒分离可以取病畜的淋巴细胞与健康犬淋巴细胞共同培养。经传代后，可在 MDCK、Vero 或犬原代肺细胞生长。盲传数代可见典型的 CPE，特点为出现放射状细胞及形成合胞体。也可取临死前的动物外周血淋巴细胞或剖检动物的肺、胃、肠及膀胱组织制作压片或提取 RNA，用免疫组化技术检测抗原或 RT-PCR 检测病毒 RNA。

（十一）弹状病毒科

## 狂犬病病毒（RV）

【形态】成熟的病毒粒子是典型的子弹状，表面有许多钉状纤突。直径为 75～80nm，长度为 180～200nm。病毒颗粒由中央密集的柱状体和外层囊膜构成。

【分子特性】狂犬病病毒属成员，基因组为单分子负链单股 RNA。病毒含有类脂和糖，前者来自宿主细胞膜，后者构成糖蛋白的侧链。

【抗原特性】有 4 个血清型。

【致病特性】RV 可感染所有温血动物，可引起人畜共患的中枢神经系统急性传染病，称为狂犬病，又称恐水症。狂犬病表现神经症状，有兴奋型及麻痹型两种，多出现兴奋型，主要传播途径为被带毒动物咬伤，是否发病取决于咬伤的部位与程度以及带毒动物的种类。在出现兴奋狂暴症状乱咬时，唾液具有高度感染性。在病毒从咬伤部位向中枢系统扩散的过程中。病毒通过实验动物（主要是家兔）脑内传代培养，潜伏期缩短，脑组织不产生狂犬病病毒特异内基小体（Negri body），丧失了一定程度的沿神经纤维转移的能力。

【诊断】大多数国家仅限于获得认可的实验室及人员才能进行狂犬病的实验室诊断。通常要确定咬人的动物是否患狂犬病，需做脑组织切片，检测内基小体，或取其脑组织如小脑或海马或唾液腺做荧光抗体染色检测，观察胞质内是否有着染颗粒。可采用 RT-PCR 技术检测组织中的病毒 RNA，比标准化的荧光抗体法敏感 100～1 000 倍，尤其适用于已掩埋的动物样本。活体诊断可取皮肤或唾液样本。或做角膜压片进行检测，但敏感性较差。

## 牛暂时热病毒

又名牛流行热病毒或三日热病毒。

【形态】病毒粒子呈子弹形或圆锥形，有囊膜，囊膜表面有纤突。

【分子特性】基因组为单股负链 RNA。

【致病特性】病毒以库蠓、疟蚊等节肢动物为传播媒介，可引起奶牛、黄牛和水牛急性热性传染病。病的特征是发病急，发热，但 3～5d 即痊愈，所以又称三日热或暂时热。

【诊断】分离病毒可接种伊蚊的细胞或脑内接种吮乳小鼠，盲传数代可得结果。一般用 ELISA 法检测抗体。

## （十二）正黏病毒科

## 禽流感病毒（AIV）

AIV 毒力有很大差异，其高致病力毒株对鸡有致病性，禽流感旧称"真性鸡瘟"，现名高致病性禽流感（HPAI），是 WOAH 规定的通报疫病。

【形态】AIV 具有多种形态，一般为球形，但有的呈丝状，有的呈杆状。

【分子特性】AIV 为甲型流感病毒属，单负股 RNA，分 8 个节段。有囊膜，表面有两种纤突，血凝素（HA）和神经氨酸酶（NA）。

【抗原特性】AIV 有两类重要的抗原，它们分别为表面抗原和型特异性抗原。表面抗原主要指 HA 和 NA，它们是病毒亚型的基本因素。

【致病特性】哺乳动物的流感病毒仅在呼吸道与肠道增殖，但禽流感病毒的大多数强毒株感染鸡或火鸡可出现病毒血症，导致胰腺炎、心肌炎、肌炎及脑炎等。

【诊断】分离病毒对鉴定病原及其毒力是必不可少的步骤，但鉴于高致病性毒株的潜在危险，一般实验室只作血清学或 RT‐PCR 检测。高致病力毒株的分离及进一步鉴定需送国家级的参考实验室完成。一般从泄殖腔采样，接种 8～10 日龄鸡胚尿囊腔，取尿囊液用鸡红细胞作 HA‐HI、ELISA 或 RT‐PCR。

## （十三）冠状病毒科

## 禽传染性支气管炎病毒（IBV）

【形态】病毒颗粒为多形性，多数为圆形或球形，直径为 90～200nm。有囊膜，囊膜表面有松散、均匀排列的花瓣样纤突，使整个病毒粒子呈皇冠状。

【分子特性】基因组为单分子线状正链单股 RNA，有 4 种主要结构蛋白，包括核衣壳蛋白（N）、主要纤突蛋白（S）、主要嵌膜蛋白（M）以及次要嵌膜蛋白（E）。

【抗原特性】AIBV 的基因组核酸在复制过程中易发生突变和高频重组，因此，血清型众多，新的血清型和变异株在不断出现，各型之间仅有部分或完全没有交叉保护性。

【致病特性】病毒主要感染鸡，此外，还对雉、鸽、珍珠鸡有致病性，临诊表现取决感染鸡的日龄、感染的途径、鸡的免疫状况以及病毒的毒株，可急性暴发，1～4 周龄雏鸡最易感，表现为气喘、咳嗽及呼吸抑制，可突然死亡，产蛋量下降或者停止，或产异常蛋。

【诊断】早期诊断可取器官组织切片做直接免疫荧光染色。分离病毒可取病料匀浆上清接种鸡胚尿囊腔，绒毛尿囊膜血管肿胀，鸡胚蜷缩并矮小化。病毒的进一步鉴定通常可用免疫荧光、琼脂扩散或免疫电镜。

## 猪传染性胃肠炎病毒（TGEV）

【形态】病毒粒子呈圆形，直径 90～160nm，有囊膜，囊膜上有花瓣状纤突，纤突长18～24nm，其末端呈球状。

【分子特性】基因组为单分子线状正链单股 RNA，病毒的结构蛋白有 VP1、VP2、VP3、VP4 四种主要多肽。

【抗原特性】TGEV 只有 1 个血清型，与猪呼吸道冠状病毒、猫传染性腹膜炎病毒和犬冠状病毒有一定的抗原相关性。

【致病特性】TGEV 在世界各地均有发现，病毒通过消化道感染，潜伏期 18～72h。所有的猪均有易感性，但 10 日龄以内的仔猪发病最严重，而断奶猪、育肥猪和成年猪的症状较轻，大多能自然康复。主要导致仔猪腹泻，伴有呕吐，3 周龄以下的仔猪有较高死亡率，母猪表现为厌食、发热、腹泻及无乳等。病变仅限于胃肠道，包括胃肿胀及小肠肿胀，内含未吸收的乳，由于绒毛损坏，肠壁变薄，如将肠道浸于等渗的缓冲液中，清晰可见。

【诊断】取疾病早期阶段的仔猪肠黏膜制作涂片或冰冻切片，通过荧光抗体或 ELISA 可快速检出病毒。病毒分离可用猪甲状腺原代细胞、猪甲状腺细胞系 PD5 或睾丸细胞，再进一步用免疫学方法或 RT-PCR 进行鉴定。采集发病期及康复期双份血清样品做中和试验或 ELISA 检测抗体，具有流行病学价值。

## 猪流行性腹泻病毒（PEDV）

【形态】病毒粒子具有多形性，并倾向于球形，直径 95～190nm（包括纤突在内）。大多数病毒粒子有一个电子不透明的中央区，顶端膨大的纤突长 18～23nm，从核衣壳向外呈放射状排列。

【分子特性】基因组为单股正链 RNA。

【致病特性】引起猪流行性腹泻（PED），是一种接触性肠道传染病，病毒经口和鼻感染后，直接进入小肠，并在小肠和结肠绒毛上皮细胞质中进行复制。其特征为腹泻、脱水。

## 猫冠状病毒（FCoV）

【形态】呈球形或椭圆形，直径 80～120nm，有囊膜，囊膜上存在棘突。

【分子特性】基因组为线性单股正链 RNA。

【致病特性】可引起猫传染性腹膜炎（FIP），常使断乳仔猫发病，仔猫体温升高、食欲下降，发生呕吐，肠蠕动加快，出现中等程度腹泻，肛门肿胀。

## 犬冠状病毒（CCV）

【形态】病毒粒子直径为 60～200nm，呈球形，有囊膜。核衣壳呈细丝状，螺旋对称，像其他囊膜病毒一样。

【分子特性】单股正链 RNA 病毒，有 6～7 种多肽，其中 4 种是糖肽，不含 RNA 聚合酶及神经氨酸酶。

【致病特性】CCV 可感染所有品种和各种年龄的犬（以幼犬受害严重），使犬产生轻重不一的胃肠炎症状，临床上出现频繁呕吐、腹泻、沉郁、厌食，临床症状消失后 14～21d 仍可复发，是目前危害养犬业的一大传染病。

### （十四）动脉炎病毒科

## 猪繁殖与呼吸综合征病毒（PRRSV）

**【形态】**PRRSV 在电镜下呈球形，直径为 48～83nm，有囊膜，内含一个呈立体对称的、具有电子致密性的二十面体核衣壳。病毒粒子表面有明显的突起。

**【分子特性】**基因组为单链、不分节段的正链 RNA，大小约 15kb。不同基因型的病毒有重组现象。

**【抗原特性】**北美洲型和欧洲型毒株之间的差异很大，只有很少的交叉反应性。

**【致病特性】**可引起猪繁殖与呼吸综合征，俗称蓝耳病，引起母猪繁殖障碍和不同生长阶段猪的呼吸道疾病。感染猪表现为厌食、发热、耳发绀、流涕等，母猪则可见流产、早产、死产、木乃伊胎、产弱仔，仔猪呼吸困难，在出生一周内半数死亡。高致病性毒株感染可造成不同阶段猪的高发病率和高死亡率。

**【诊断】**在流产猪恙中的病毒很快失活，应尽可能迅速采样。分离病毒可采肺、脾、淋巴结等，病毒培养较困难，仅在猪肺泡巨噬细胞、非洲绿猴肾细胞系 MA-104、MARC-145细胞中生长。可用免疫荧光抗体技术、ELISA 等检测抗体，RT-PCR 可用于检测样本中的病毒核酸。

### （十五）微 RNA 病毒科

## 口蹄疫病毒（FMDV）

口蹄疫是 WOAH 规定的通报疫病。

**【形态】**病毒颗粒呈球形，无囊膜，直径 28～30nm。病毒颗粒的表面相对平滑，无沟槽结构，电镜下可见病毒中心是紧密团集的 RNA，外裹一层薄的（约 5nm）衣壳。

**【分子特性】**为口蹄疫病毒属成员，单分子正股 RNA，病毒衣壳由 4 种结构蛋白 VP1～VP4 装配而成。非结构蛋白有前导蛋白酶，2A、2B、2C、3A、3B、3C 蛋白酶，3D 聚合酶（VIA）及两种以上蛋白的复合体。

**【抗原特性】**口蹄疫病毒有 7 个血清型，分别命名为 O、A、C、SAT1、SAT2、SAT3及亚洲 1 型，每个型又可进一步划分亚型。各血清型之间无交叉免疫，同一血清型的亚型之间交叉免疫力也较弱，给免疫预防工作带来很大困难。

**【致病特性】**口蹄疫传播迅速，常在牛群及猪群大范围流行。易感动物为偶蹄兽，易感性最强的是牛，其次为猪，再次为绵羊、山羊和骆驼，马不感染。病毒通过呼吸道、消化道（被污染的饲料、饮水）、创伤、皮肤、黏膜感染。病畜口、鼻、蹄、乳房等部位出现水疱为主要症状。

**【诊断】**口蹄疫的诊断需在指定的实验室进行。送检样品包括水疱液、剥落的水疱皮、抗凝血或血清等。死亡动物还可采淋巴结、扁桃体及心。有多种检测方法，WOAH 推荐使用商品化及标准化的 ELISA 试剂盒用于诊断，如果水疱液或组织含有足够量的抗原，数小时之内就可获得结果。可采用 RT-PCR 检测样本中的病毒。如果样品中病毒的滴度较低，可用 BHK-21 细胞培养分离病毒。通过检测 3ABC 抗体可区分野毒感染与疫苗接种，免疫动物 3ABC 抗体阴性，感染动物则为阳性。

## 猪水疱病病毒（SVDV）

导致猪急性接触性传染病，临诊症状与口蹄疫相似。

【形态】病毒粒子呈球形，无囊膜，直径 30～32nm。

【分子特性】肠病毒属成员，基因组为单分子正股 RNA。

【抗原特性】只有一个血清型，与口蹄疫病毒、水疱性口炎病毒无抗原关系，但与人肠道病毒 C 和 E 型有共同抗原。

【致病特性】病毒通过皮肤的伤口感染，也可经消化道感染。表现为发热、蹄冠部水疱，10％病猪的嘴、唇、舌出现水疱，偶有脑脊髓炎。家畜中仅猪感染发病，人偶可感染。

【诊断】与口蹄疫等要注意鉴别诊断。ELISA 用于检测水疱液或水疱皮中的病毒抗原，4～24h 可获结果。也可用 PCR 法做快速鉴别诊断。病毒在猪肾细胞生长良好，早则 6h 就可产生 CPE。也可用乳鼠脑内接种分离病毒，乳鼠感染后麻痹并死亡。

## 鸭肝炎病毒（DHV）

一般所说的鸭肝炎病毒主要指 1 型。

【形态】病毒粒子呈球形或类球形，直径 20～40nm，无囊膜。

【分子特性】基因组为单分子线状正股 RNA，大小约 7.5Kb，含有 VP1、VP2、VP3 三种结构蛋白。

【抗原特性】DHV 有 3 个血清型，其中 1 型及 3 型均为微 RNA 病毒科肠病毒属，2 型为星状病毒。3 个血清型之间无抗原相关性，没有交叉保护和交叉中和作用。

【致病特性】引致鸭病毒性肝炎，主要感染 5 周龄以内的小鸭，病鸭常在出现角弓反张症状后迅速死亡。鸭肝炎病毒 1 型分布遍及全世界，引致雏鸭发生急性肝炎，死亡率可高达 100％。组织学检查可见严重的肝坏死、炎性细胞渗出以及胆管上皮细胞增生，还有脑炎的病变。主要通过接触传播，不由鸭胚垂直传递。

【诊断】取病鸭肝、胆等组织冰冻切片做荧光抗体染色，可快速诊断。分离病毒可接种 10 日龄鸡胚尿囊腔，鸡胚多在 4d 内死亡，胚液发绿。也可用鸭胚细胞等分离病毒。

## 囊状幼虫病病毒（SBV）

【形态】病毒粒子呈球形，直径 30nm，空间构型为二十四面体，无囊膜。

【分子特性】基因组为单股正链 RNA。

【致病特性】囊状幼虫病毒可引起中蜂囊状幼虫病（别名蜜蜂囊雏病），是蜜蜂的急性传染病，别称中囊病、烂子病、尖头病等，主要危害大龄幼虫，其中约 30％的幼虫死于封盖前，约 70％的幼虫死于封盖后，死亡幼虫直卧在巢房下方且头部翘起，体色先变成黄白色再变成棕黄色，内部组织液化且液体中多呈现颗粒物，病死幼虫房盖下陷并多被工蜂咬开或穿孔。

## 蜜蜂慢性麻痹病毒（CPV）

【形态】病毒粒子呈不等轴形，直径约 60nm。

【分子特性】基因组为单链 RNA。

【致病特性】蜜蜂慢性麻痹病又称"黑蜂病"或"瘫痪病",是长期危害成年蜂的主要传染病之一。蜜蜂慢性麻痹病可表现出两种独特的症状。一种为"大肚型",病蜂双翅及躯体反常震颤,不能飞翔,腹部膨大,解剖观察病蜂蜜囊膨大且充满液体,蜜蜂倦怠,常在蜂箱周围的地面或草茎上爬行。另一种为"黑蜂型",刚被感染时还能飞翔,但体表绒毛脱落,蜂体瘦小,后期病蜂呈现出黑色相对膨大的腹部,腹部表面呈油腻状,反应迟缓,翅残损,不久便衰竭死亡。

## 家蚕软化病病毒 (BmFV)

【形态】病毒粒子为球形,直径约 30nm,呈正二十面体,无囊膜。

【分子特性】基因组为单链 RNA,由 4 个结构蛋白组成。

【致病特性】家蚕软化病病毒是一种没有包涵体的昆虫病毒,主要的病征有起缩和空头两种,还有起缩、下痢和吐液等症状,死后尸体扁瘪。本病中肠不呈乳白色,有别于质型多角体病。消化管内腔空虚,充满黄绿色半透明的液体,粪便无乳白色而呈黑褐色污液。

(十六)嵌杯病毒科

## 兔出血症病毒 (RHDV)

【形态】病毒粒子呈球形,直径 25～35nm。有核衣壳,无囊膜。

【分子特性】RHDV 基因组为单股正链 RNA。RHDV 至今未找到合适稳定的传代细胞,所以现仍然采用兔来增殖病毒制备疫苗。病毒能凝集人红细胞。

【抗原特性】只有一个血清型。RHDV 免疫原性很强,无论是自然感染耐过兔,还是接种疫苗的免疫兔,均可产生较强的免疫力。

【致病特性】引致兔出血性败血症,俗称"兔瘟",是严重威胁养兔业的病毒性疫病。病死兔全身出现严重出血,肺及肝病变最为严重。急性或亚急性病例可见流鼻液,并可表现各种神经症状,发病率 100％,死亡率 90％。剖检见凝血块充满全身组织的血管,血管内凝血可能引发了肝坏死。

【诊断】从感染组织主要是肝可获得高滴度的病毒,用人红细胞做血凝试验,再以抗体做血凝抑制试验即可确诊。也可用其他方法如电镜观察或 ELISA 等进行诊断。

(十七)黄病毒科

## 猪瘟病毒 (CSFV)

【形态】病毒粒子略呈圆形,直径 34～50nm,病毒粒子外面有囊膜,内部有二十面体对称的核衣壳。

【分子特性】基因组为单股正链 RNA。结构蛋白有衣壳蛋白(C)和 3 种囊膜糖蛋白(E0、E1、E2)。

【抗原特性】只有一个血清型,但存在血清学变种。

【致病特性】引起猪瘟,是 WOAH 规定的通报疫病。典型的猪瘟为急性感染,伴有高热、厌食、委顿及结膜炎；亚急性型及慢性型的潜伏期及病程均延长，感染妊娠母猪导致死胎、流产、木乃伊胎，所产仔猪不死则产生免疫耐性，表现为颤抖、矮小并终身排毒，多在数月内死亡。病毒最主要的入侵途径是通过采食，扁桃体是最先定居的器官。组织器官的出血病灶和脾梗死是特征性病变。

【诊断】应在国家认可的实验室进行。病料可取胰、淋巴结、扁桃体、脾及血液。用荧光抗体法、免疫组化法或抗原捕捉 ELISA 可快速检出组织中的病毒抗原，也可用 RT-PCR 检测样本中的猪瘟病毒核酸。用细胞培养可分离病毒，但由于不产生 CPE，故需用免疫学方法进一步鉴定。

## 牛病毒性腹泻病毒（BVDV）

【形态】病毒粒子呈球状，直径 50～80nm，二十面体对称，有囊膜。

【分子特性】基因组为单股正链 RNA。

【抗原特性】根据致病性、抗原性及基因序列的差异，提出将 BVDV 分为两个种：BVDV1 和 BVDV2。二者均可引致牛病毒性腹泻和黏膜病，但 BVDV2 毒力更强，还可引致成年牛急性发病，导致严重的血小板减少及出血综合征，与猪瘟病毒有相似的致病特点。

【致病特性】引起的急性疾病称为牛病毒性腹泻，慢性持续性感染称为黏膜病。主要以发热、黏膜糜烂溃疡、白细胞减少、腹泻、咳嗽及妊娠母牛流产或出畸形胎儿为主要特征。

【诊断】在根据临诊症状做出初步诊断的基础上，可用细胞分离病毒，或用免疫学方法及 RT-PCR 检测病毒。分离病毒应取鼻分泌物、全血或流产的胎儿。

## 日本脑炎病毒

又名乙型脑炎病毒（JEV），人和多种动物均可感染，在公共卫生上具有重要意义。

【形态】病毒颗粒呈球形，有囊膜及纤突。能凝集鸽、鹅、雏鸡和绵羊红细胞，经过长期传代的毒株会丧失其血凝活性。

【分子特性】基因组为单股正链 RNA。

【抗原特性】自然界分离毒株血凝滴度不同，但无抗原性差异。

【致病特性】JEV 主要通过蚊虫叮咬传播，引起流行性乙型脑炎。多种动物包括猪、马、犬、鸡、鸭及爬行类均可自然感染，通常无症状，猪是乙型脑炎主要的储存宿主和扩散宿主，可造成孕猪流产或死产。

【诊断】血清学诊断技术包括补体结合试验、血凝抑制试验、乳胶凝集试验、中和试验及 ELISA，其中猪乙型脑炎乳胶凝集试验试剂盒已商品化。

## 鸭坦布苏病毒（DTMUVD）

【形态】病毒粒子直径 40～50nm，有脂质囊膜。

【分子特性】病毒基因组为不分节段的单股正链 RNA

【致病特性】引起鸭坦布苏病毒病，又名鸭产蛋下降综合征、鸭传染性卵巢炎、鸭黄病毒病等。雏鸭以病毒性脑炎为特征，病鸭瘫痪，站立不稳，行走时双脚向外叉开，呈"八"字脚，头部震颤，走路时容易翻滚，腹部朝上，两脚呈游泳状挣扎；排绿色、褐色稀便，脱水、蹼干燥；产蛋鸭以产蛋量下降为特征。

【诊断】鸡胚病原分离、RT-PCR检测。

## (十八) 朊病毒

朊病毒(Prion)是动物与人传染性海绵状脑病的病原,本质上不是传统意义的病毒,它没有核酸,是有传染性的蛋白质颗粒。早在15世纪发现的绵羊的痒病就是由朊病毒所致,1986年在英国发现的疯牛病,病原也是朊病毒。

朊病毒的致病性在于正常的朊病毒蛋白(PrP)转变为致病性朊蛋白(PrPs),PrP是发病的直接原因。PrP在大多数哺乳动物的基因组中均有编码,并在许多组织尤其是神经元及淋巴内皮细胞中表达。PrP在脑组织内聚集形成神经元空斑,引致海绵状损害及丧失神经元功能。按照感染宿主不同,朊病毒引起的疾病分为动物的朊病毒病和人类的朊病毒病。前者主要包括羊瘙痒病、牛海绵状脑病、猫海绵状脑病、传染性貂脑病等;后者则主要有克雅氏病、新型克雅氏病、库鲁病等。

# 三、例题及解析

1. 鸭瘟病毒在分类上属于(    )。
    A. 痘病毒科            B. 疱疹病毒科           C. 腺病毒科
    D. 细小病毒科          E. 副黏病毒科

【解析】B。鸭瘟病毒,学名鸭疱疹病毒1型,属于疱疹病毒科。

2. 产蛋下降综合征病毒在分类上属于(    )。
    A. 腺病毒科            B. 副黏病毒科          C. 正黏病毒科
    D. 疱疹病毒科         E. 冠状病毒科

【解析】A。腺病毒科的成员较多,人类、哺乳动物及禽类的许多腺病毒具有高度的宿主特异性,包括犬传染性肝炎病毒、产蛋下降综合征病毒。

3. 猪繁殖与呼吸道综合征的病原为(    )。
    A. 真菌               B. 病毒              C. 支原体
    D. 衣原体          E. 螺旋体

【解析】B。猪繁殖与呼吸综合征是由猪繁殖与呼吸综合征病毒引起的一种猪的高度接触性传染病,又称猪蓝耳病。

4. 蛋鸡群产蛋量突然下降,畸形蛋、软壳蛋增多,无其他临床症状,从泄殖腔采样接种鸡胚,分离到的病毒具有凝血性,对脂溶剂不敏感,该病最可能是(    )。
    A. 产蛋下降综合征病毒    B. 禽正呼肠孤病毒    C. 传染性法氏囊病毒
    D. 禽流感病毒           E. 传染性支气管炎病毒

【解析】A。根据该鸡的临床表现,诊断该鸡感染产蛋下降综合征病毒。感染该病毒的禽产褐色蛋、软壳蛋或无壳蛋。

5. 3月龄犬体温升高,双相热,眼鼻流脓性分泌物并伴有癫痫症状,取病料接种MDCK细胞,盲传3代后细胞出现合胞体病变,该病最可能的病原是(    )。
    A. 犬瘟热病毒         B. 犬副流感病毒       C. 犬细小病毒
    D. 犬传染性肝炎病      E. 犬冠状病毒

【解析】A。根据该患犬的临床表现，诊断其感染犬瘟热病毒。该病毒引起犬瘟热，临诊特征为双相热、急性鼻（支气管、肺、胃肠）卡他性炎和神经症状。病毒分离可以取病畜的淋巴细胞，在 MDCK、Vero 或犬原代肺细胞生长，盲传数代可见典型的 CPE，特点为出现放射状细胞及形成合胞体。

<<< 第九单元　抗原与抗体 >>>

## 一、考试大纲

| 单元 | 细目 | 要点 |
|---|---|---|
| 抗原与抗体 | 1. 抗原 | （1）抗原与免疫原的概念　（2）影响抗原免疫原性的因素　（3）抗原表位　（4）抗原的交叉性　（5）抗原的分类　（6）重要的抗原　（7）佐剂与免疫调节剂 |
| | 2. 抗体 | （1）免疫球蛋白与抗体的概念　（2）免疫球蛋白的基本结构（3）免疫球蛋白的种类与抗原决定簇　（4）各类抗体的特点及生物学功能　（5）主要畜禽免疫球蛋白的特点　（6）多克隆抗体　（7）单克隆抗体　（8）基因工程抗体 |

## 二、重要知识点

### （一）抗原

**1. 抗原与免疫原的概念**

（1）抗原　凡是能刺激机体产生抗体和效应性淋巴细胞，并能与之结合引起特异性免疫反应的物质称为抗原，又可称为免疫原。抗原性包括免疫原性与反应原性。免疫原性是指抗原能刺激机体产生抗体和效应淋巴细胞的特性。反应原性是指抗原与相应的抗体或效应淋巴细胞发生特异性结合的特性。

（2）免疫原　在具有免疫应答能力的机体中，能够使机体产生免疫应答的物质称为免疫原。因此，既具有免疫原性同时又具有反应原性的抗原物质可以称为免疫原。

**2. 影响抗原免疫原性的因素**

（1）抗原分子的特性　抗原分子本身的特性是影响免疫原性的关键因素。

①异源性：必须是异源性即非自身的物质才能成为其抗原。

②分子大小：抗原物质应具有一定的分子大小才具有免疫原性，分子质量越大，免疫原性越强。

③化学组成与结构：抗原的化学组成与结构越复杂，免疫原性越强。

④物理状态：不同物理状态的抗原物质其免疫原性也有差异。

⑤对抗原加工和呈递的易感性。

（2）宿主生物系统　动物中不同种类对同一种抗原的应答有很大差别，同一种动物不同品系，甚至不同个体对相同抗原的应答也有所不同。

（3）免疫剂量与免疫途径 抗原的免疫剂量、接种途径、接种次数及免疫佐剂的选择等都显著影响机体对抗原的应答。

**3. 抗原表位** 抗原表位又称为抗原决定簇（AD），是存在于抗原分子的表面、决定抗原特异性的特殊化学基团，是抗原分子中与淋巴细胞特异性受体和抗体结合、具有特殊立体构型的免疫活性区域。

**4. 抗原的交叉性** 自然界中不同抗原物质之间、不同种属的微生物之间、微生物与其他抗原物质之间有共同的抗原表位，这种现象称为抗原的交叉性或类属性，这些共有的抗原组成或表位称为共同抗原或交叉反应抗原。种属相关的生物之间的共同抗原又称为类属抗原。

**5. 抗原的分类** 自然界抗原物质种类繁多，从不同的角度可以将抗原分成许多类型。

（1）依据抗原的性质 分为完全抗原和不完全抗原（半抗原）。具有免疫原性又有反应原性的物质为完全抗原，如细菌、病毒、血清、大多数蛋白质；只具有反应原性而缺乏免疫原性的物质为半抗原，大多数多糖、类脂、药物分子等属于半抗原。半抗原与载体结合后可成为完全抗原。

（2）根据对胸腺（T细胞）的依赖性 分为胸腺依赖性抗原（TD-Ag）和非胸腺依赖性抗原（TI-Ag），TD-Ag在刺激B细胞分化和产生抗体的过程中需要抗原呈递细胞和辅助性T细胞（Th）的协助，绝大多数抗原属于这一类。TI-Ag可直接刺激B细胞产生抗体，不需要T细胞的协助，仅少数抗原属于这一类，如脂多糖、荚膜多糖、聚合鞭毛素。

（3）根据与抗原加工和呈递的关系 分为外源性抗原与内源性抗原，前者是指存在于细胞间，白细胞外被巨噬细胞、树突状细胞等抗原呈递细胞摄取后而进入细胞内的抗原，后者是指自身细胞内合成的抗原，如胞内菌和病毒感染细胞所合成的细菌抗原和病毒抗原，肿瘤细胞合成的肿瘤抗原等。

（4）根据抗原来源 分为异种抗原、同种异型抗原、自身抗原、异嗜性抗原。

①异种抗原：与免疫动物不同种属的抗原物质称为异种抗原。

②同种异型抗原：与免疫动物同种而基因型不同的个体的抗原物质称为同种异型抗原，如血型抗原。

③自身抗原：能引起自身免疫应答的自身组织成分称为自身抗原。

④异嗜性抗原：与种属特异性无关，存在于人、动物、植物及微生物之间的共同抗原称为异嗜性抗原。

（5）根据化学性质 可分为蛋白质、脂蛋白、糖蛋白、脂质、多糖、脂多糖和核酸抗原。

**6. 重要的抗原**

（1）微生物抗原 各类细菌、真菌、病毒等都具有较强的抗原性，一般都能刺激机体产生抗体。分为细菌抗原（菌体抗原、鞭毛抗原、荚膜抗原和菌毛抗原）、病毒抗原（V抗原和VC抗原）、毒素抗原、保护性抗原。

（2）非微生物抗原 这类抗原物质主要有ABO血型抗原、动物血清与组织浸液、酶类物质和激素。

（3）人工抗原 人工抗原包括合成抗原与结合抗原。前者是依据蛋白质的氨基酸序列，用以工方法合成蛋白质肽链或短肽，并与大分子蛋白质载体连接，使让具有免疫原性，后者是将天然的半抗原与大分子蛋白质载体连接而成，用于免疫动物制备针对半抗原的特异性抗体。目前，可应用基因工程技术表达和制备各种蛋白质抗原。

**7. 佐剂与免疫调节剂**

（1）概念　一种物质先于抗原或与抗原混合同时注入动物体内，能非特异性地改变或增强机体对该抗原的特异性免疫应答，发挥辅佐作用，这类物质称为佐剂或免疫佐剂。

（2）佐剂的种类　佐剂除可增强弱抗原性物质的抗原性外，还可通过加入佐剂减少抗原用量和接种次数，增强抗原所激发的抗体应答。常用的佐剂有以下几类。

①铝盐类佐剂：通常使用的主要有氢氧化铝胶、明矾。

②油乳佐剂：油包水型乳剂、水包油包水型双乳化佐剂等。

③微生物及其代谢产物佐剂：革兰氏阴性菌脂多糖（LPS）、革兰氏阳性菌的脂磷壁酸（LTA）等。

④核酸及其类似物佐剂。

⑤细胞因子佐剂：白细胞介素-1、白细胞介素-2、干扰素-γ。

⑥免疫刺激复合物：是一种较高免疫活性的脂质小体。

⑦蜂胶佐剂。

⑧脂质体。

⑨人工合成佐剂。

# （二）抗体

**1. 免疫球蛋白与抗体的概念**

（1）免疫球蛋白（Ig）　指存在于动物血液（血清）、组织液及其他外分泌液中的一类具有相似结构的球蛋白。

（2）抗体（Ab）　是动物机体受到抗原物质刺激后，由B淋巴细胞转化为浆细胞产生的，能与相应抗原发生特异性结合反应的免疫球蛋白。

（3）免疫球蛋白与抗体的关系　免疫球蛋白是结构和化学本质上的概念，并不都具有抗体活性；抗体是免疫学和功能上的概念，具有针对性，其本质就是免疫球蛋白。即抗体一定是免疫球蛋白，而免疫球蛋白不一定是抗体。

**2. 免疫球蛋白的基本结构**

（1）重链（H链）　重链从氨基端（N端）开始最初的110个氨基酸的排列顺序以及结构随抗体分子的特异性不同而有所变化，这一区域称为重链的可变区（$V_H$），其余的氨基酸比较稳定，称为恒定区（$C_H$）。

（2）轻链（L链）　轻链从氨基端开始最初的109个氨基酸（约占轻链的1/2）的排列顺序及结构随抗体分子的特异性变化而有差异，称为轻链的可变区（$V_L$），与重链的可变区相对应，构成抗体分子的抗原结合部位，其余的氨基酸比较稳定，称为恒定区（$C_L$）。此外，个别免疫球蛋白还具有特殊分子结构，包括以下几种。

①连接链（J链）：为IgM和分泌型IgA所具有，是连接单体的一条多肽链。

②分泌成分（SC）：是分泌型IgA所特有的。

③糖类：免疫球蛋白是含糖量相当高的蛋白质，糖类是以共价键结合在H链的氨基

酸上。

（3）抗体的功能区　免疫球蛋白的 $V_H$、$V_L$ 为抗体分子结合抗原的所在部位，$C_H1$-$C_L$ 为遗传标志所在，$C_H2$ 为抗体分子的补体结合位点，与补体的活化有关，$C_H3/C_H4$ 与抗体的亲细胞性有关，$C_H3$ 是 IgG 与一些免疫细胞的 Fc 受体的结合部位，$C_H4$ 是 IgE 与肥大细胞和嗜碱性粒细胞的 Fc 受体的结合部位。

（4）铰链区　位于 $C_H1$ 与 $C_H2$ 之间大约 30 个氨基酸残基的区域，由 2～5 个链间二硫键 $C_H1$ 尾部和 $C_H2$ 头部的小段肽链构成。

**3. 免疫球蛋白的种类与抗原决定簇**

（1）免疫球蛋白的种类　根据 H 链的相对分子质量、等电点等不同将其分为 γ、μ、α、ε、δ 五类，由它们组成的抗体分别称为 IgG、IgM、IgA、IgE 和 IgD 五大类，IgG、IgD 和 IgE 为单体结构，IgA 为二聚体结构，IgM 为五聚体结构。

（2）免疫球蛋白的抗原决定簇

①同种型决定簇：在同一种属动物所有个体共同具有的免疫球蛋白抗原决定簇。

②同种异型决定簇：虽然一种动物的所有个体的免疫球蛋白具有相同的同种型决定簇。

③独特型决定簇：又称为个体基因型，由抗体分子重链和轻链可变区的构型可产生独特型决定。

**4. 各类抗体的特点及生物学功能**

（1）IgG　以单体形式存在。为动物血清中含量最高的免疫球蛋白，是介导体液免疫的主要抗体，多以单体存在。由脾和淋巴结中浆细胞产生，是动物机体抗感染免疫的主力，同时也是血清学诊断和疫苗免疫后监测的主要抗体，唯一能通过人和兔胎盘的抗体。在动物体内 IgG 不仅含量高，而且持续时间长，可发挥抗菌、中和病毒和毒素等免疫学活性。

（2）IgM　以五聚体形式存在。是动物机体初次体液免疫反应最早产生的免疫球蛋白，主要分布于血液中，但持续时间短，不是机体抗感染免疫的主力，但在抗感染免疫的早期起着十分重要的作用。主要是由脾和淋巴结中 B 细胞产生，具有抗菌、抗病毒、抗毒素、抗肿瘤等免疫学活性，活性比 IgG 高 500～1 000 倍，可通过检测 IgM 抗体进行疫病的血清学早期诊断。

（3）IgA　以单体和二聚体两种形式存在。单体存在于血清中，称为血清型 IgA，具有抗菌、抗病毒、抗毒素等免疫学活性；二聚体主要存在于呼吸道、消化道外分泌液中，也在初乳、唾液、泪液和脑脊液、羊水、腹水和胸膜液中，称为分泌型 IgA，分泌型 IgA 对机体呼吸道、消化道等局部黏膜免疫起着相当重要的作用，特别是对于一些经黏膜途径感染的病原微生物，因此分泌型 IgA 是机体黏膜免疫的一道"屏障"。在传染病的预防接种中，经滴鼻、点眼、饮水及喷雾途径接种疫苗，均可产生分泌型 IgA 而建立相应的黏膜免疫力。

（4）IgE　以单体形式存在。在血清中含量极微，由呼吸道和消化道黏膜固有层中的浆细胞产生，是一种亲细胞性抗体。易与皮肤组织细胞、肥大细胞、嗜碱性粒细胞和血管内皮细胞结合，再结合抗原后，能引起这些细胞脱粒，释放活性介质，导致变态反应。

（5）IgD　以单体形式存在。在血清中含量极微，且极不稳定，容易降解，相对分子质量小，是 B 细胞膜表面免疫球蛋白，与免疫记忆有关。

**5. 主要畜禽免疫球蛋白的特点**　禽类主要免疫球蛋白有 IgG、IgM、IgA，其中 IgG 能以胎盘传递的方式移动到卵黄中，又称 IgY。家畜初乳中免疫球蛋白主要为 IgA，其次为 IgG。

**6. 多克隆抗体** 采用传统的免疫方法，将抗原物质经不同途径注入动物体内，经数次免疫后采取动物血液，分离出血清，由此获得的抗血清即为多克隆抗体（PcAb）。

**7. 单克隆抗体** 单克隆抗体是指由一个 B 细胞分化增殖的子代细胞（浆细胞）产生的针对单一抗原决定簇的抗体。单克隆抗体的制备是采用体外淋巴细胞杂交瘤技术，用人工的方法将产生特异性抗体的 B 细胞与骨髓瘤细胞融合，形成 B 细胞杂交瘤，这种杂交瘤细胞既具有骨髓瘤细胞无限繁殖的特性，又具有 B 细胞分泌特异性抗体的能力，由克隆化的 B 细胞杂交瘤所产生的抗体即为单克隆抗体（McAb）。

**8. 基因工程抗体** 指按照人类设计要求，可增加或增加天然抗体的特异性和主要生物学活性、去除或减少无关结构所重新组装的新型抗体分子。

## 三、例题及解析

1. 属于完全抗原的物质是(  )。
   A. 寡核苷酸　　　　　　B. 青霉素　　　　　　C. 血清蛋白
   D. 磺胺　　　　　　　　E. 肺炎链球菌荚膜多糖

【解析】C。既具有免疫原性又有反应原性的物质为完全抗原。只具有反应原性而缺乏免疫原性的物质为半抗原，大多数多糖、类脂、药物分子等属于半抗原。

2. 动物再次免疫后，血液内含量最高的抗体是(  )。
   A. IgD　　　　　　　　B. IgE　　　　　　　　C. IgA
   D. IgG　　　　　　　　E. IgM

【解析】D。IgG 以单体形式存在，在血清中含量极微，且极不稳定，容易降解，是 B 细胞膜表面免疫球蛋白，与免疫记忆有关，再次免疫后，可激活大量的 IgG 抗体。

3. 极低浓度即激活多克隆 T 细胞免疫效应的物质，该抗原的类型是(  )。
   A. 异种抗原　　　　　　B. 同种异型抗原　　　　C. 自身抗原
   D. 异嗜性抗原　　　　　E. 超抗原

【解析】E。某些细菌或病毒的产物具有强大的刺激 T 细胞活化的能力，只需极低浓度即可诱发最大的免疫效应，这类抗原被称为超抗原。

<<< **第十单元　免疫系统** >>>

## 一、考试大纲

| 单元 | 细目 | 要点 |
|---|---|---|
| 免疫系统 | 1. 免疫器官 | (1) 中枢免疫器官　(2) 外周免疫器官 |
| | 2. 免疫细胞 | (1) T 细胞和 B 细胞　(2) K 细胞和 NK 细胞　(3) 抗原呈递细胞　(4) 其他免疫细胞 |

（续）

| 单元 | 细目 | 要点 |
|------|------|------|
| 免疫系统 | 3. 细胞因子 | （1）细胞因子的概念　（2）细胞因子的种类和来源　（3）细胞因子的特性　（4）细胞因子的主要生物学作用　（5）细胞因子的应用　（6）动物的主要细胞因子 |
| | 4. 补体系统 | （1）补体系统的概念、组成和性质　（2）补体系统的激活途径　（3）补体激活后的生物学效应 |
| | 5. 黏膜免疫系统 | （1）黏膜免疫系统的组成　（2）黏膜免疫系统的功能 |

## 二、重要知识点

### （一）免疫器官

免疫器官是淋巴细胞和其他免疫细胞发生、分化、成熟、定居和增殖以及产生免疫应答的场所。根据其功能不同分为中枢免疫器官和外周免疫器官。

**1. 中枢免疫器官**　又称初级免疫器官，是淋巴细胞等免疫细胞发生、分化和成熟的场所，包括骨髓、胸腺、法氏囊。中枢免疫器官共同的特点：在胚胎发育的早期出现，动物出生之后，它们中有的在青春期后就逐步退化为淋巴上皮组织（如胸腺和法氏囊），具有诱导淋巴细胞增殖分化为免疫活性细胞的功能，如果在新生期切除动物的这类器官，可造成淋巴细胞因不能正常发育分化而缺乏功能，出现免疫缺陷、免疫功能低下甚至丧失。

（1）骨髓　是动物体最重要的造血器官和免疫器官。出生后所有血细胞均来源于骨髓，同时骨髓也是各种免疫细胞发生和分化的场所。骨髓产生抗体的免疫球蛋白类别主要是 IgG，其次为 IgA。由此可见，骨髓也是再次免疫应答发生的主要场所。

（2）胸腺　是 T 细胞分化成熟的中枢免疫器官。胸腺还有内分泌腺的功能，胸腺上皮细胞可产生多种小分子，它们对诱导 T 细胞成熟有重要作用。

（3）法氏囊　又称腔上囊，为禽类所特有的淋巴器官，位于泄殖腔背侧，并有短管与之相连。法氏囊是诱导 B 细胞分化和成熟的场所。

**2. 外周免疫器官**　又称次级免疫器官，是成熟的 T 细胞和 B 细胞栖居、增殖和对抗原刺激产生免疫应答的场所，它们主要是脾、淋巴结和存在于消化道、呼吸道和泌尿生殖道的淋巴小结等。切除部分二级免疫器官对动物的免疫功能的影响一般不明显。

（1）淋巴结　呈圆形或豆状，遍布于淋巴循环系统的各个部位，具有捕获体外进入血液、淋巴液的抗原的功能。淋巴结的免疫功能表现：过滤和清除侵入机体的致病菌、毒素或其他有害异物；免疫应答的场所。

（2）脾　是动物体内造血、贮血、滤血和淋巴细胞分布及进行免疫应答的器官，也是体内最大的淋巴器官。免疫功能主要表现：滤过血液作用；滞留淋巴细胞的作用；免疫应答的重要场所；产生吞噬细胞增强素。

（3）哈德氏腺　是存在于禽类眼窝内的腺体之一，又称瞬膜腺。它除了具有分泌泪液润滑瞬膜，对眼睛有机械性保护作用外，还能在抗原刺激下，产生免疫应答，分泌特异性抗体。

（4）其他淋巴组织　抗体主要是由外周淋巴器官和相关组织产生的，它们不仅包括脾和淋巴结，也包括骨髓、扁桃体和散布全身的淋巴组织，特别是黏膜部位的淋巴组织（又称淋巴小结）。

## （二）免疫细胞

凡参与免疫应答的细胞或与免疫应答有关的细胞统称为免疫细胞。

**1. T 细胞和 B 细胞** 均来源于骨髓的多能造血干细胞，造血干细胞中的淋巴干细胞分化为前体 T 细胞和前体 B 细胞，又称为免疫活性细胞（ICC）。

（1）T 细胞 前体 T 细胞进入胸腺发育为成熟的 T 细胞，称胸腺依赖性淋巴细胞，又称 T 淋巴细胞，简称 T 细胞。成熟的 T 细胞经血液循环分布到外周免疫器官的胸腺依赖区定居和增殖，或再经血液或淋巴循环进入组织，经血液和淋巴再循环，巡游机体全身各部位，参与细胞免疫反应。

（2）B 细胞 前体 B 细胞在哺乳类动物的骨髓或鸟类的腔上囊分化发育为成熟的 B 细胞，称骨髓依赖性淋巴细胞或囊依赖性淋巴细胞，简称 B 细胞，参与体液免疫反应。

**2. K 细胞和 NK 细胞**

（1）杀伤细胞 简称 K 细胞，其主要特点是细胞表面具有 IgG 的 Fc 受体。当靶细胞与相应的 IgG 抗体结合，K 细胞可与结合在靶细胞上的 IgG 的 Fc 片段结合，从而被活化，释放溶细胞因子，裂解靶细胞，这种作用称为抗体依赖性介导的细胞毒作用（ADCC）。K 细胞杀伤的靶细胞包括病毒感染的宿主细胞、恶性肿瘤细胞、移植物中的异体细胞及某些较大的病原体（如寄生虫）等。

（2）自然杀伤性细胞 简称 NK 细胞，是一群既不依赖抗体，也不需要抗原刺激和致敏就能杀伤靶细胞的淋巴细胞，因而称为自然杀伤性细胞。NK 细胞也具有 ADCC 作用，主要生物功能为非特异性地杀伤肿瘤细胞、抵抗多种微生物感染及排斥骨髓细胞的移植。

**3. 抗原呈递细胞（APC）** 是一类在免疫应答中将抗原呈递给抗原特异性淋巴细胞的免疫细胞，故又称免疫辅佐细胞。

（1）单核吞噬细胞 包括血液中的单核细胞和组织中的巨噬细胞，单核细胞在骨髓分化成熟进入血液，在血液中停留数小时至数月后，经血液循环分布到全身多种组织器官中，分化成熟为巨噬细胞。单核巨噬细胞的免疫功能主要表现：吞噬和杀伤作用；抗原加工和呈递；合成和分泌各种活性因子。

（2）树突状细胞（DC） 简称 D 细胞，来源于骨髓和脾的红髓，主要分布在脾和淋巴结，结缔组织中也广泛存在，无吞噬能力。DC 提呈抗原能力是巨噬细胞的 10～100 倍。

（3）郎格罕细胞 主要存在于表皮层的颗粒层或扁平上皮层中，具有较强的抗原呈递能力，特别在针对从皮肤进入的抗原所形成的免疫应答中起重要作用。

**4. 其他免疫细胞**

（1）肥大细胞 碱性细胞在结缔组织和黏膜上皮内时，称肥大细胞，其结构和功能与嗜碱性细胞相似。存在于血液中的这种颗粒，含有肝素、组织胺、5-羟色胺，由细胞崩解释放出颗粒以及颗粒中的物质，可在组织内引起速发型过敏反应（炎症）。

（2）粒细胞 胞质中含有颗粒的白细胞统称粒细胞，分为中性粒细胞、嗜酸性粒细胞和嗜碱性粒细胞。它们来源于骨髓，寿命较短，为在外周血中维持恒定的数目，须由骨髓不断地供应。

### （三）细胞因子

**1. 细胞因子的概念** 细胞因子（CK）是指由免疫细胞（如单核/巨噬细胞、T细胞、B细胞、NK细胞等）和某些非免疫细胞（如血管内皮细胞、表皮细胞、成纤维细胞等）合成和分泌的一类高活性多功能蛋白质多肽分子。

**2. 细胞因子的种类和来源** 细胞因子种类多，功能复杂，根据细胞因子主要的功能不同分类，主要有白细胞介素、干扰素、肿瘤坏死因子等。

（1）白细胞介素（IL） 由单核吞噬细胞和淋巴细胞分泌，能诱导造血干细胞生长分化、淋巴细胞分化增殖及分泌的细胞因子。

（2）干扰素（IFN） 是最早发现的细胞因子，由干扰素诱生剂诱导动物细胞后产生的一类具有多种生物活性的可溶性糖蛋白。IFN具有抗病毒、抗肿瘤和免疫调节作用。

（3）肿瘤坏死因子（TNF） 是从免疫动物血清中发现的分子。TNF的最主要功能是参与机体防御反应，除具有杀伤肿瘤细胞外，也是重要的促炎症因子和免疫调节分子。

（4）集落刺激因子（CSF） 是一组促进造血细胞，尤其是造血干细胞增殖、分化和成熟的因子。不同CSF不仅可刺激不同发育阶段的造血干细胞和祖细胞增殖的分化，还可促进成熟细胞的功能。

（5）趋化因子 是一类由细胞分泌的小细胞因子或信号蛋白，由于它们具有诱导附近反应细胞定向趋化的能力，因而命名为趋化细胞因子。主要作用是诱导细胞定向迁移，被趋化因子吸引的细胞沿着趋化因子浓度增加的信号向趋化因子源处迁徙。

（6）生长因子（GF） 是一类通过与特异的、高亲和的细胞膜受体结合，调节细胞生长与其他细胞功能等多效应的多肽类物质。由多种细胞分泌，作用于特定的靶细胞，调节细胞分裂、基质合成与组织分化的细胞因子。在分泌特点上，生长因子主要属于自分泌和旁分泌。

**3. 细胞因子的特性**

（1）理化特性 细胞因子均为低分子质量的分泌型蛋白，绝大多数为糖蛋白，多数以单体形式存在。

（2）分泌特性

①多细胞来源：一种细胞因子可由不同类型细胞产生，而一种细胞也可产生多种细胞。

②短暂的自限性分泌：当细胞因子产生细胞受刺激后，启动细胞因子基因转录，这一过程通常十分短暂。

③自分泌与旁分泌：多数细胞因子以自分泌、旁分泌形式发挥效应，即主要作用于产生细胞本身和（或）邻近细胞，即在局部发挥效应。

（3）生物学作用特性 具有激素样活性作用即细胞因子的产量非常低，却具有极高的生物学活性。在极微量水平即可发挥明显的生物学效应，包括多效性、冗余性、协同性、拮抗性。

（4）细胞因子的网络性 细胞因子的产生、生物学作用、受体表达、相互调节等均具有网络特点。具体表现：细胞因子间可相互诱生；细胞因子受体表达的调节；细胞因子间生物学活性的相互影响。

**4. 细胞因子的主要生物学作用** 细胞因子的生物学作用极其广泛而复杂，不同细胞因子其功能既有特殊性，又有重叠性、协同性与拮抗性。

（1）参与免疫应答与免疫调节 调节固有免疫和适应性免疫应答；刺激造血功能；刺激细胞活化、增殖和分化；诱导或抑制细胞毒作用，诱导其凋亡。细胞因子的作用方式：自分泌作用；旁分泌作用；内分泌作用。

（2）刺激造血功能。

（3）细胞因子与神经-内分泌-免疫网络。

**5. 细胞因子的应用** 可用于感染性疾病的治疗、肿瘤治疗、免疫相关疾病的治疗。有的已试用于临床治疗，如 IL-2 已用于治疗癌症，对肾癌、黑色素瘤效果明显；也用于免疫调节剂和自身免疫有关的疾病，IL-3 用于治疗骨髓功能衰竭与血小板缺失等适应证；表皮生长因子（EGF）用于人烧伤、创伤、糖尿病皮肤溃疡、褥疮、静脉曲张性皮肤溃疡和角膜损伤，可促进伤口愈合。

**6. 动物的主要细胞因子**

（1）白细胞介素（IL） 按发现的先后顺序冠以阿拉伯数字进行命名，如 IL-l、IL-2、IL-3。

（2）干扰素（IFN） 根据来源和理化性质，干扰素可分为Ⅰ型干扰素和Ⅱ型干扰素，Ⅰ型干扰素包括 IFN-α、IFN-β，Ⅱ型干扰素即 IFN-γ。具有抗病毒、抗肿瘤和免疫调节作用。

（3）肿瘤坏死因子（TNF） 分为 TNF-α 和 TNF-β。TNF-α 主要由活化的单核-巨噬细胞产生；TNF-β 主要由活化的 T 细胞产生，又名淋巴毒素（LT）。

（4）集落刺激因子（CSF） 主要有单核巨噬细胞集落刺激因子（M-CSF）、粒细胞集落刺激因子（G-CSF）、粒细胞和巨噬细胞集落刺激因子（GM-CSF）、红细胞生成素（EPO）。

（5）趋化因子 分为四个主要亚家族：CXC、CC、CX3C 和 XC。所有这些蛋白都通过与 G 蛋白连接的跨膜受体（称为趋化因子受体）相互作用来发挥其生物学效应。

（6）生长因子（GF） 表皮生长因子（EGF）、血小板衍生的生长因子（PDGF）、成纤维细胞生长因子（FGF）、肝细胞生长因子（HGF）、神经生长因子（NGF）、血管内皮细胞生长因子（VEGF）、转化生长因子（TGF-β）等。与细胞膜特异受体结合，具有调控细胞生长、发育的作用。

## （四）补体系统

**1. 补体系统的概念、组成和性质**

（1）概念 补体是存在于正常动物和人血清中的一组不耐热具有酶活性的球蛋白。补体系统是一种可以介导体内免疫和体内炎症反应的特异性活化蛋白质。

（2）组成 补体系统是由 30 多种成分组成的一个复杂的生物分子系统。

（3）性质 补体成分对热不稳定，经 56℃ 30min 即可灭活，在 0～10℃ 中活性仅能保持 3～4d，在 -20℃ 以下可以保存较长时间。

**2. 补体系统的激活途径** 主要有经典途径和替代途径，最终形成攻膜复合体（MAC），MAC 可以使细菌等病原体的细胞溶解，达到消灭病原体的目的。补体系统有两条激活途径，补体激活经典途径和补体激活的替代途径

**3. 补体激活后的生物学效应** 细胞免疫溶解和细胞毒性损伤作用、免疫黏附、调理作用、免疫调节、补体介导的趋化性。

（五）黏膜免疫系统

**1. 黏膜免疫系统的组成** 在呼吸道、消化道和泌尿生殖道黏膜下层有许多淋巴小结和弥散性淋巴组织，构成了机体重要的免疫系统。

**2. 黏膜免疫系统的功能** 黏膜免疫系统均含有丰富的 T 细胞、B 细胞及巨噬细胞等，在抗感染免疫中发挥重要作用。黏膜下层的淋巴组织中 B 细胞数量较 T 细胞多，并且产生的抗体以 IgA 为主。

# 三、例题及解析

1. IFN-γ 的主要生物学效应是(    )。
　　A. 免疫调节　　　　　B. 抗菌　　　　　C. 抗病毒
　　D. 刺激造血　　　　　E. 促进肥大细胞增生
【解析】A。IFN-γ 可抑制病毒复制，在免疫应答整个过程中，免疫细胞间通过所分泌的细胞因子相互刺激，彼此约束，对免疫应答进行调节。

2. 成纤维细胞分泌的具有直接抗病毒作用的细胞因子是(    )。
　　A. GM-CSF　　　　　B. G-CSF　　　　　C. IL-6
　　D. IFN-β　　　　　　E. TGF-β
【解析】D。干扰素（IFN）是最早发现的细胞因子，其中 IFN-β 由病毒感染的成纤维细胞产生，具有抗病毒作用。

3. 禽类特有的免疫器官是(    )。
　　A. 脾　　　　　　　　B. 淋巴结　　　　　C. 骨髓
　　D. 法氏囊　　　　　　E. 黏膜相关淋巴组织
【解析】D。法氏囊是禽类特有，既是中枢免疫器官又是外周免疫器官，参与体液免疫。

4. 不属于细胞因子的是(    )。
　　A. 干扰素　　　　　　B. 趋化因子　　　　　C. 主要组织相容性复合体
　　D. 肿瘤坏死因子　　　E. 白细胞介素
【解析】C。细胞因子是指有免疫细胞和某些非免疫细胞合成和分泌的一些高活性多功能蛋白质多肽分子。主要包括干扰素、趋化因子、肿瘤坏死因子、白细胞介素。

5. 分泌抗体的细胞是(    )。
　　A. 巨噬细胞　　　　　B. 浆细胞　　　　　C. 树突状细胞
　　D. T 细胞　　　　　　E. NK 细胞
【解析】B。浆细胞由 B 细胞分化形成，可分泌抗体。

<<< 　第十一单元　免疫应答　 >>>

## 一、考试大纲

| 单元 | 细目 | 要点 |
|---|---|---|
| 免疫应答 | 1. 概述 | （1）免疫应答的概念　（2）免疫应答的特点　（3）免疫应答产生的部位 |
| | 2. 免疫应答的基本过程 | （1）致敏阶段　（2）反应阶段　（3）效应阶段 |
| | 3. 抗原的加工和呈递 | （1）抗原呈递细胞　（2）外源性抗原的加工和呈递　（3）内源性抗原的加工和呈递 |
| | 4. 细胞免疫 | （1）效应性 T 细胞的种类　（2）细胞毒性 T 细胞与细胞毒作用　（3）$T_{DTH}$ 细胞与迟发型变态反应 |
| | 5. 体液免疫 | （1）抗体产生的一般规律及特点　（2）抗体的免疫学功能 |

## 二、重要知识点

### （一）概述

**1. 免疫应答的概念**　免疫应答是动物机体免疫系统在受到病原微生物感染和外来抗原物质的刺激后，调动体内的先天性免疫和获得性免疫因素，启动一系列复杂的免疫连锁反应和特定的生物学效应，并最终清除病原微生物和外来抗原物质的过程。

**2. 免疫应答的特点**

（1）特异性　免疫应答是针对某种特异性抗原物质而发生的。

（2）免疫记忆性　当机体再次接触同样抗原时，能迅速大量繁殖、分化成致敏淋巴细胞或浆细胞。

（3）有一定的免疫期　免疫期的长短与抗原物质的性质、免疫次数、机体的反应性有关。

**3. 免疫应答产生的部位**　动物机体的外周免疫器官及淋巴组织是免疫应答产生的部位，其中淋巴结和脾是免疫应答的主要场所。

### （二）免疫应答的基本过程

**1. 致敏阶段**　又称感应阶段，是抗原物质进入体内，抗原呈递细胞对其加以识别、捕获、加工处理和呈递以及抗原特异性淋巴细胞（T 细胞和 B 细胞）对抗原的识别阶段。

（1）抗原的加工和呈递　抗原呈递细胞（APC）通过吞噬、吞饮作用，或细胞内噬作用，内化蛋白质抗原，或对细胞内的抗原蛋白进行消化降解成抗原肽的过程称为抗原加工。

（2）T 细胞、B 细胞对抗原的识别

①T 细胞对抗原的识别：对外源性和内源性抗原的识别分别是由两类不同的 T 细胞执行的。

②B 细胞对抗原的识别：大部分抗原物质均属于 TD 抗原，都需要巨噬细胞等抗原呈递细胞的处理后呈递给 $T_H$ 细胞，然后 B 细胞对其加以识别。

**2. 反应阶段** 反应阶段又称增殖与分化阶段。

（1）T 细胞的活化、增殖与分化 通过 TCR-CD3 复合体与存在于抗原呈递细胞表面并与 MHC-Ⅰ类分子结合的加工过的抗原肽之间的相互反应，而介导 $T_H$ 细胞的活化。

（2）B 细胞的活化、增殖与分化 由抗原活化的 B 细胞，最终分化成浆细胞，只产生 IgM 抗体而不产生 IgG 抗体，不形成记忆细胞，无免疫记忆。由 TD 抗原刺激产生的浆细胞最初几代分泌 IgM 抗体，因此体内最早产生 IgM 抗体，以后分化的浆细胞可产生 IgG 以及 IgA、IgE 抗体。

**3. 效应阶段** 此阶段是由活化的效应性细胞——细胞毒性 T 细胞（CTL）与迟发型变态反应 T 细胞（$T_{DTH}$）和效应分子——抗体与细胞因子发挥细胞免疫效应和体液免疫效应的过程。

## （三）抗原的加工和呈递

**1. 抗原呈递细胞（APC）** 对抗原进行捕捉、加工、处理和呈递的一类免疫细胞称为免疫辅佐细胞，如单核吞噬细胞和树突状细胞等。主要包括分布在全身组织中巨噬细胞、脾和淋巴结中树突状细胞、皮肤组织中郎格罕细胞。

**2. 外源性抗原的加工和呈递** APC 对抗原无特异性识别能力，摄取方式是随机捕获接触到的抗原，也可通过胞膜上受体（Fc 受体、C3b 受体等）捕获抗原并摄入细胞内。

**3. 内源性抗原的加工和呈递** 在细胞内，抗原物质被溶酶体或蛋白酶降解成肽段并暴露出抗原决定簇，然后被高尔基体运送到细胞表面，供 CD4+ 或 CD8+ T 细胞的 TCR 识别。

## （四）细胞免疫

**1. 效应性 T 细胞的种类** T 细胞分化成效应性 T 淋巴细胞，主要包括细胞毒性 T 细胞（简称 CTL 细胞）和迟发型变态反应 T 细胞（简称 $T_{DTH}$ 细胞）。

**2. 细胞毒性 T 细胞（CTL）与细胞毒作用** CTL 是特异性细胞免疫的很重要的一类效应细胞。CTL 介导的免疫反应分为两个阶段，第一阶段是 CTL 的活化，即幼稚型 $T_C$ 细胞活化成有功能的效应性 CTL；第二阶段为效应性的 CTL 识别特异性靶细胞。参与 CTL 溶解靶细胞的因素主要有两个，一是其释放的穿孔素和粒酶，这是导致靶细胞溶解的重要介质；二是 CTL 释放的肿瘤坏死因子（TNF-β），它可与靶细胞表面的相应受体结合，诱导靶细胞自杀。

**3. $T_{DTH}$ 细胞与迟发型变态反应** 介导迟发型变态反应的 $T_H$ 细胞称为迟发型变态反应 T 细胞，简称 $T_{DTH}$ 细胞，属于 CD4+ $T_H$ 细胞亚群，在体内也是以非活化前体形式存在。其免疫效应是通过其释放多种可溶性的细胞因子或淋巴因子而发挥作用的，主要引起以局部的单核细胞浸润为主的炎症反应，即迟发型变态反应。

## （五）体液免疫

**1. 抗体产生的一般规律及特点**

（1）初次应答 动物机体初次接触抗原，也就是某种抗原首次进入体内引起的抗体产生过程称为初次应答。初次应答有以下几个特点：

①具有潜伏期：机体初次接触抗原后，在一定时期内体内查不到抗体或抗体产生很少，这一时期又称为诱导期。

②初次应答最早产生的抗体为 IgM，可在几天内达到高峰，然后开始下降，接着才产生 IgG，即 IgG 抗体产生的潜伏期比 IgM 长。

③初次应答产生的抗体总量较低，维持时间也较短，其中 IgM 的维持时间最短，IgG 可在较长时间内维持较高水平，其含量也比 IgM 高。

（2）再次应答　动物机体第二次接触相同的抗原时体内产生抗体的过程称为再次应。再次应答有以下几个特点：

①潜伏期显著缩短：机体再次接触与第一次相同的抗原时，起初原有抗体水平略有降低，接着抗体水平很快上升，3～5d 抗体水平即可达到高峰。

②抗体含量高且维持时间长：再次应答可产生高水平的抗体，可比初次应答高 100～1 000倍，而且维持很长时间。

③再次应答产生的抗体大部分为 IgG，而 IgM 很少，如果再次应答间隔的时间越长，机体越倾向于只产生 IgG。

（3）回忆应答　抗原刺激机体产生的抗体经一定时间后，在体内逐渐消失，此时若机体再次接触相同的抗原物质，可使已消失的抗体快速回升，这称为抗体的回忆应答。再次应答和回忆应答取决于体内记忆性 B 细胞和记忆性 T 细胞的存在。记忆性 B 细胞与抗原再次接触时，活化、增殖、分化成产生抗体；记忆性 T 细胞可很快增殖分化成 $T_H$ 细胞，对 B 细胞的增殖和产生抗体起辅助作用。

**2. 抗体的免疫学功能**

（1）中和作用　一方面毒素的抗体与相应的毒素结合可改变毒素分子的构型而使其失去毒性作用，另一方面毒素与相应的抗体形成复合物容易被单核/巨噬细胞吞噬。针对病毒的抗体可通过与病毒表面抗原结合，而抑制病毒侵染细胞的能力或使其失去对细胞的感染性，从而发挥中和作用。

（2）免疫溶解作用　对于一些革兰氏阴性菌（如霍乱弧菌）和某些原虫（如锥虫），体内相应的抗体与之结合后，可活化补体，最终导致菌体或虫体溶解。

（3）免疫调理作用　对于一些毒力比较强的细菌，特别是有荚膜的细菌，相应的抗体（IgG 或 IgM）与之结合后，则更容易受到单核巨噬细胞的吞噬，若再活化补体形成细菌抗体-补体复合物，则更容易被吞噬。

（4）局部黏膜免疫作用　由黏膜固有层中浆细胞产生的分泌型 IgA 是机体抵抗从呼吸道、消化道及泌尿生殖道感染的病原微生物的主要防御力量，分泌型 IgA 可阻止病原微生物吸附黏膜上皮细胞。

（5）抗体依赖性细胞介导的细胞毒作用（ADCC）　一些效应性淋巴细胞，其表面具有抗体分子（如 IgG）Fc 片段的受体，当抗体分子与相应的靶细胞（如肿瘤细胞）结合后，效应细胞就可借助于 Fc 受体与抗体分子的 Fc 片段结合而发挥其细胞毒作用，将靶细胞杀伤。

（6）对病原微生物生长的抑制作用　一般而言，细菌的抗体与之结合后，不会影响其生长和代谢，仅表现为凝集和制动现象。

（7）引起免疫损伤　抗体在体内引起的免疫损伤主要是介导Ⅰ型（IgG）Ⅱ型和Ⅲ型（IgG 和 IgM）变态反应，以及一些自身免疫疾病。

## 三、例题及解析

1. 初次体液免疫应答过程中最早产生的抗体是(    )。

    A. IgG                B. IgM               C. IgA

    D. IgE                E. IgD

【解析】B。由 TD 抗原刺激产生的浆细胞最初几代分泌 IgM 抗体,体内最早产生 IgM 抗体,以后分化的浆细胞可产生 IgG,以及 IgA 和 IgE 抗体。

2. 受抗原刺激后能增殖分化为浆细胞的是(    )。

    A. 单核-巨核细胞       B. 中性粒细胞         C. NK 细胞

    D. B 细胞              E. T 细胞

【解析】D。受抗原刺激后 B 细胞能增殖分化为浆细胞并分泌抗体,T 细胞分化为效应性 T 淋巴细胞并产生细胞因子。

3. 细胞免疫应答的主要效应细胞是(    )。

    A. 巨噬细胞          B. NK 细胞         C. B 细胞

    D. T 细胞            E. 中性粒细胞

【解析】D。T 淋巴细胞介导细胞免疫,B 淋巴细胞介导体液免疫。

4. 机体再次免疫应答产生的主要抗体类型是(    )。

    A. IgM             B. IgG              C. IgA

    D. IgD             E. IgE

【解析】B。IgG 参与机体再次免疫应答。

5. 需通过细胞免疫方式才可清除的细菌是(    )。

    A. 嗜血杆菌         B. 分枝杆菌        C. 大肠杆菌

    D. 巴氏杆菌         E. 链球菌

【解析】B。分枝杆菌是细胞内寄生菌,需通过细胞免疫方式才可清除。

6. 能直接杀伤病毒感染细胞的效应细胞是(    )。

    A. 肥大细胞         B. 成纤维细胞       C. 细胞毒性 T 细胞

    D. 浆细胞            E. B 细胞

【解析】C。细胞毒性 T 细胞与靶细胞表面的相应受体结合,诱导靶细胞自杀。

<<< 第十二单元　变态反应 >>>

## 一、考试大纲

| 单元 | 细目 | 要点 |
| --- | --- | --- |
| 变态反应 | 1. 概述 | 变态反应的概念与分型 |

（续）

| 单元 | 细目 | | 要点 | | |
|---|---|---|---|---|---|
| 变态反应 | 2. 过敏反应型（Ⅰ型）变态反应 | （1）参与过敏反应的成分 常见的过敏反应型变态反应 | （2）Ⅰ型变态反应的机理 | （3）临床 |
| | 3. 细胞毒型（Ⅱ型）变态反应 | （1）参与过敏反应的成分 常见的细胞毒型变态反应 | （2）Ⅱ型变态反应的机理 | （3）临床 |
| | 4. 免疫复合物型（Ⅲ型）变态反应 | （1）参与过敏反应的成分 常见的免疫复合物疾病 | （2）Ⅲ型变态反应的机理 | （3）临床 |
| | 5. 迟发型（Ⅳ型）变态反应 | （1）参与过敏反应的成分 常见的迟发型变态反应 | （2）Ⅳ型变态反应的机理 | （3）临床 |

## 二、重要知识点

### （一）概述

变态反应是指免疫系统对再次进入机体的抗原（变应原）做出过于强烈或不适当而导致组织器官损伤的一类反应。除了伴有炎症反应和组织损伤外，与维持机体正常功能的免疫反应并无实质性区别。变态反应可分为Ⅰ～Ⅳ四个型，其中，前三型是由抗体介导的，共同特点是反应发生快，故又称为速发型变态反应，Ⅳ型则是细胞介导的，称为迟发型变态反应。

### （二）过敏反应型（Ⅰ型）变态反应

**1. 参与过敏反应的成分**

（1）过敏原　引起过敏反应的过敏原很多，包括异源血清、疫苗、植物花粉、药物、食物、昆虫产物、霉菌孢子、动物毛发和皮屑等。这些过敏原可通过呼吸道吸入，消化道或皮肤黏膜等途径进入动物机体，在黏膜表面引起 IgE 抗体应答。

（2）参与抗体　主要是 IgE，由鼻腔、扁桃体、支气管、胃肠黏膜等固有层浆细胞产生。可与肥大细胞和嗜碱性粒细胞上的 IgE Fe 受体结合。

（3）参与的免疫细胞　肥大细胞和嗜碱性粒细胞含有大量的膜性结合颗粒，分布于整个细胞质内，颗粒内含有药理作用的活性介质，可引起炎症反应。

（4）参与介质　包括组胺、激肽释放酶、嗜酸性粒细胞趋化因子（ECF-A）、白三烯（LT）、前列腺素（PG）、血小板趋化因子（PAF）、白细胞介素（IL）等。

**2. Ⅰ型变态反应的机理**

（1）致敏阶段　过敏原首次进入机体，可刺激机体产生一种亲细胞的抗体 IgE，IgE 可吸附于皮肤、呼吸道和消化道黏膜组织中的肥大细胞、血液中的嗜碱性粒细胞等细胞表面，使机体呈致敏状态。

（2）发敏阶段　当敏感机体再次接触同种过敏原时，过敏原与吸附在细胞表面上的 IgE 结合，导致细胞脱颗粒迅速释放出各种生物活性物质，如组织胺、5-羟色胺、缓激肽等，这些活性介质作用于相应器官，可导致毛细血管扩张，通透性增加，血压下降，腺体分泌增多，出现呼吸道和消化道平滑肌痉挛、皮肤红肿或过敏性休克等症状。

**3. 临床常见的过敏反应型变态反应**　临诊上常见的过敏反应有两类，一是因大量过敏原（如静脉注射）进入体内而引起的急性全身性反应，如青霉素过敏反应；二是局部的过敏反应，主要是由饲料引起的消化道和皮肤症状，由霉菌、花粉等引起的呼吸系统（支气管和肺）和皮肤症状以及由药物、疫苗和蠕虫感染引起的反应。

## （三）细胞毒型（Ⅱ型）变态反应

**1. 参与过敏反应的成分**

（1）抗原　机体细胞表面固有的抗原成分，如 ABO 血型抗原、Rh 抗原；吸附在组织细胞上的外来抗原或半抗原，如病原体、化学药物等；异嗜性抗原，如链球菌与人肾小球基底膜、心肌瓣膜之间的共同抗原。

（2）参与抗体　主要是 IgG 和 IgM，也有 IgA。

**2. Ⅱ型变态反应的机理**　当变应原进入机体后，可吸附在血细胞表面，并刺激机体产生 IgG 和 IgM，这些抗体与吸附在血细胞上的变应原结合，在补体参与下，引起血细胞溶解或被吞噬细胞吞噬。

**3. 临床常见的细胞毒型变态反应**

（1）由同种异体抗原引起　输血反应；新生畜溶血性贫血。

（2）由外来抗原或半抗原引起　溶血性贫血；粒细胞减少症；血小板减少性紫癜。

（3）由自身抗原引起　自身免疫性溶血性贫血；链球菌感染后肾小球肾炎。

（4）由共同抗原引起　肾小球肾炎；肺-肾综合征。

## （四）免疫复合物型（Ⅲ型）变态反应

**1. 参与过敏反应的成分**

（1）抗原　内源性抗原，如肿瘤抗原、全身性红斑狼疮患者核抗原等；外源性抗原，如病原微生物、寄生虫、药物、异种抗原等

（2）参与抗体　主要是 IgG 和 IgM。

**2. Ⅲ型变态反应的机理**　Ⅲ型变态反应又称为免疫复合物型变态反应，其主要特点是游离抗原与相应抗体（IgG 和 IgM）结合形成免疫复合物（IC），若 IC 不能及时被机体清除，则可在局部沉积，通过激活补体，并在血小板、中性粒细胞及其他细胞参与下，引起一系列以充血水肿、局部坏死和中性粒细胞浸润为主要特征的炎症性反应和组织损伤。

**3. 临床常见的免疫复合物型变态反应**

（1）局部免疫复合物病　实验性局部变态反应（Arhus 反应）、人类局部过敏反应。

（2）急性全身性免疫复合物病　血清病、链球菌感染后肾小球肾炎、毛细支气管炎、血清病。

（3）慢性免疫复合物病　全身性红斑狼疮、类风湿关节炎。

## （五）迟发型（Ⅳ型）变态反应

**1. 参与过敏反应的成分**

（1）抗原　微生物、寄生虫、组织抗原或某些化学物质等。

（2）参与细胞　主要是 T 细胞。

**2. Ⅳ型变态反应的机理**　Ⅳ型变态反应又称为迟发性变态反应，其发生机制与抗体和补

体无关，主要是 T 细胞介导的免疫损伤。机体受变应原刺激后，体内的 T 淋巴细胞大量增殖、分化成致敏淋巴细胞。当再次受到同种变应原刺激后，细胞上的受体与变应原结合，致敏淋巴细胞释放出多种淋巴因子。一方面表现为特异性的细胞免疫，另一方面则发生迟发型变态反应，以单核细胞浸润、巨噬细胞释放溶酶体和淋巴细胞释放出多种淋巴因子为特征，引起局部组织发生充血、水肿、化脓、坏死等炎症反应。

**3. 临床常见的迟发型变态反应**

（1）Jones-mote 反应　以碱性粒细胞在皮下直接浸润为特点的反应。在再次接触抗原的大约 24h 后在皮肤出现最大的肿胀，持续最长为 7~10d。

（2）接触性变态反应　指人和动物接触部位的皮肤湿疹，一般发生在再次接触抗原物质时。

（3）结核菌素变态反应　在患结核病动物皮下注射结核菌素 48h 后，观察到该部位发生肿胀和硬变。

（4）肉芽肿变态反应　在迟发型变态反应中肉芽肿具有重要的临诊意义。在许多细胞介导的免疫反应中都产生肉芽肿，其原因是微生物持续存在并刺激巨噬细胞，而后者不能溶解消除这些异物。

## 三、例题及解析

1. 速发型过敏反应的抗体类型是（　　）。

A. IgG　　　　　　B. IgM　　　　　　C. IgA

D. IgE　　　　　　E. IgD

【解析】D。I 型超敏反应又称过敏性反应或速发型超敏反应，抗体类型通常是 IgE，不是 IgG。

2. 青霉素引起全身性休克的变态反应类型是（　　）。

A. 过敏反应型　　　B. 细胞毒型　　　C. 免疫复合物型

D. 接触性型　　　　E. 肉芽肿型

【解析】A。临诊上常见的过敏反应有两类：①因大量过敏原（如静脉注射）进入体内而引起的急性全身性休克变态反应，如青霉素过敏反应；②局部的过敏反应，主要是由饲料引起的消化道和皮肤症状，由霉菌、花粉等引起的呼吸系统（支气管和肺）和皮肤症状以及由药物、疫苗和蠕虫感染引起的反应。

3. 慢性马鼻疽的主要诊断方法是（　　）。

A. 流行病学调查　　B. 病理学诊断　　C. 细菌学检查

D. 血清学方法　　　E. 变态反应

【解析】E。慢性型临诊症状不明显，无临诊症状慢性马鼻疽的诊断以鼻疽菌素点眼法（属于变态反应）为主，血清学检查为辅。实践中，常将鼻疽菌素多次点眼与临诊检查相结合，必要时用补体结合试验作为辅助手段。

4. 介导迟发型变态反应的效应细胞是（　　）。

A. 浆细胞　　　　　B. K 细胞　　　　C. NK 细胞

D. CTL 细胞　　　　E. TDTH 细胞

【解析】E。迟发型变态反应即Ⅳ型变态反应，属于典型的细胞免疫反应，由迟发型变态反应 T 细胞（T_DTH细胞）介导。

5. 利用输血治疗犬细小病毒感染时，受体与供体血型不一致而引起的变态反应属于（　　）。

A. 免疫复合物型　　　　B. 细胞毒型　　　　C. 速发型
D. 迟发型　　　　E. 免疫耐受型

【解析】B。细胞毒型变态反应即Ⅱ型变态反应，临床常见的Ⅱ型变态反应包括输血反应、新生仔畜溶血性贫血、自身免疫溶血性贫血等。

## <<< 第十三单元　抗感染免疫　>>>

## 一、考试大纲

| 单元 | 细目 | 要点 |
|---|---|---|
| 抗感染免疫 | 1. 先天非特异性免疫 | （1）概念　（2）组成与生物学作用　（3）特点 |
| | 2. 获得性特异性免疫 | （1）概念　（2）组成与生物学作用　（3）特点 |
| | 3. 抗细菌、真菌感染的免疫 | （1）抗细胞外细菌感染免疫　（2）抗细胞内细菌感染免疫　（3）抗真菌感染免疫 |
| | 4. 抗病毒感染的免疫 | （1）抗病毒的非特异性免疫　（2）抗病毒的特异性免疫 |
| | 5. 抗寄生虫感染的免疫 | （1）抗寄生虫的非特异性免疫　（2）抗寄生虫的特异性免疫 |

## 二、重要知识点

（一）先天非特异性免疫

**1. 概念**　先天性免疫应答又称非特异性免疫应答，是指动物体内的非特异性免疫因素介导的对所有病原微生物和外来抗原物质的免疫反应。

**2. 组成与生物学作用**　参与先天性免疫应答的因素多种多样，主要有机体的解剖屏障、可溶性分子与膜结合受体、炎症反应、NK 细胞和吞噬细胞等。

（1）解剖屏障

①皮肤和黏膜：健康的皮肤和黏膜对病原微生物的入侵具有机械阻挡与排除作用及分泌液的局部杀菌作用。

②血脑屏障：血脑屏障是防止中枢神经系统发生感染的重要防卫结构。

③血胎屏障：血胎屏障是保护胎儿免受感染的一种防卫结构。

（2）可溶性分子与膜结合受体　正常动物的血液、组织液及其他体液中存在有多种抗微生物物质。

①补体：是体液中正常存在的一组具有酶原活性的蛋白质。

②溶菌酶：是一种低分子质量不耐热的碱性蛋白，主要源于吞噬细胞，作用于革兰氏阳性菌，可发挥杀菌作用。

③乙型溶素：是血清中对热稳定的非特异性杀菌物质，是血小板释放出的一种碱性多肽，主要作用于革兰氏阳性菌细胞膜而发挥溶菌作用。

④干扰素：是宿主细胞受病毒感染后或受干扰素诱生剂作用后，由巨噬细胞、内皮细胞、淋巴细胞和组织细胞等合成的一类有广泛生物学效应的糖蛋白。

⑤抗菌肽：不仅对细菌、真菌有广谱的抗菌活性，对病毒、原虫及癌细胞也有作用。

⑥膜结合受体：动物体内有多种模式识别受体，这些膜结合受体可诱导动物机体固有性免疫应答，发挥抗菌和抗病毒作用。

（3）炎症反应　病原微生物突破机体固有性免疫的皮肤和黏膜屏障，引起感染和组织损伤，从而诱发炎症反应。

（4）参与先天性免疫的细胞　参与先天性免疫的细胞有多种，主要包括中性粒细胞、单核细胞与巨噬细胞、树突状细胞、自然杀伤细胞。

**3. 特点**　先天性免疫是机体在种系发育和进化过程中逐渐建立起来的一系列天然防御功能，是个体生下来就有的，具有遗传性，它只能识别自身和非自身，对异物无特异性区别作用，对病原微生物和一切外来抗原物质起着第一道防线的防御作用。

## （二）获得性免疫应答

**1. 概念**　获得性免疫应答又称为特异性免疫应答或适应性免疫应答，是指动物机体免疫系统受到抗原物质刺激后，免疫细胞通过对抗原分子的处理、加工与呈递、识别，最终产生免疫效应分子（抗体）与细胞因子，以及免疫效应细胞—细胞毒性 T 细胞（CTL）和迟发型变态反应性 T 细胞（$T_{DTH}$），并将抗原物质和再次进入机体的抗原物质清除的过程。

**2. 组成与生物学作用**　体液免疫的抗感染作用和细胞免疫的抗感染作用。

**3. 特点**　参与机体获得性免疫应答的核心细胞是 T、B 淋巴细胞，巨噬细胞、树突状细胞等是免疫应答的辅佐细胞。具有特异性，即只针对其种特异性抗原物质；具有一定的免疫期；具有免疫记忆。

## （三）抗细菌、真菌感染的免疫

**1. 抗细胞外细菌感染免疫**　以体液免疫为主，包括以下作用：

（1）抗毒素性免疫　对以外毒素为主要致病因素的细菌感染，机体主要依靠抗毒素中和外毒素发挥保护作用。

（2）溶菌杀菌作用　抗菌性抗体（IgG、IgM）与病原菌结合，在补体参与下，可引起细菌的损伤或溶解。

（3）调理吞噬作用。

**2. 抗细胞内细菌感染免疫**　抗细胞内细菌感染以细胞免疫为主。细胞内细菌感染多为慢性细菌性感染。如结核分枝杆菌、布鲁菌、李氏杆菌等细胞内寄生菌所引起的感染。

**3. 抗真菌感染免疫**

（1）非特异性免疫作用　完整的皮肤及黏膜可抵御真菌侵犯，真菌一旦进入体内后，可经旁路途径激活补体吸引中性粒细胞至感染部位，对入侵真菌进行吞噬，但粒细胞不能完全吞噬侵入的真菌，真菌尚能在细胞内继续增殖，刺激组织增生，引起细胞浸润，形成肉芽肿。

（2）特异性免疫作用 在深部感染中，由于真菌抗原的刺激，致使机体产生特异性抗体及细胞免疫予以对抗，其中细胞免疫力较为重要。致敏淋巴细胞遇到真菌时，可以释放细胞因子，吸引吞噬细胞和加强吞噬细胞消灭真菌，表现为迟发型变态反应的产生。

### （四）抗病毒感染的免疫

**1. 抗病毒的非特异性免疫** 在病毒感染初期，机体主要通过细胞因子（如 TNF-α、IL-12、IFN）和 NK 细胞进行抗病毒作用其中干扰素是动物机体抗病毒抵抗力的主要非特异性防御因素。具有广谱抗病毒作用，在入侵部位的细胞产生的干扰素可渗透到邻近细胞从而限制病毒向四周扩散。

**2. 抗病毒的特异性免疫**

（1）体液免疫 抗体是病毒体液免疫的主要因素，在机体抗病毒感染免疫中起重要作用的是 IgG、IgM 和 IgA。病毒感染之后，首先出现的是 IgM，经过数天或十几天之后，才为 IgG 所代替，IgG 是病毒感染后的主要免疫球蛋白，具有免疫记忆特性。分泌型 IgA 在病毒的体液免疫中有相当重要的地位。

（2）细胞免疫

①被抗原致敏的细胞毒性 T 细胞能特异性地识别病毒和感染细胞表面的病毒抗原，杀死病毒或裂解感染细胞，CTL 一般出现于病毒感染早期，其效应迟于 NK 细胞，早于 K 细胞。

②致敏 T 细胞释放细胞因子，或直接破坏病毒，或增强巨噬细胞吞噬、破坏病毒的活力，或分泌干扰素抑制病毒复制。

③K 细胞的 ADCC 作用。

④在干扰素激活下，NK 细胞识别和破坏异常细胞。

### （五）抗寄生虫感染的免疫

**1. 抗寄生虫的非特异性免疫** 吞噬细胞的吞噬作用，如中性粒细胞和单核吞噬细胞，这些细胞的作用表现为对寄生虫的吞噬、消化、杀伤作用。

**2. 抗寄生虫的特异性免疫**

（1）体液免疫 寄生虫感染早期，血中 IgM 水平上升，随着时间的延长 IgG 上升。在蠕虫感染，一般 IgE 水平升高，而肠道寄生虫感染则分泌 IgA 上升。抗体可单独作用于寄生虫，使其丧失侵入细胞的能力，有的抗体结合寄生虫相应抗原，在补体参与下，通过经典途径激活补体系统，使寄生虫溶解。

（2）细胞免疫 是淋巴细胞和巨噬细胞或其他炎症细胞介导的免疫效应。当致敏 T 细胞再次接触相应抗原后，释放多种淋巴因子，例如巨噬细胞趋化因子（MCF），可使巨噬细胞移动到局部，聚集于病原体周围。巨噬细胞活化因子（MAF）可激活巨噬细胞，增强吞噬能力和杀伤作用。

## 三、例题及解析

1. 先天性免疫具有的特点是（　　）。
　　A. 特异性　　　　　　　　B. 遗传性　　　　　　　　C. 高效性
　　D. 一定的免疫期　　　　　E. 记忆性

【解析】B。先天性免疫是先天具有的，具有遗传性、非特异性。

2. 特异性细胞免疫的主要效应细胞是（　　）。
　　A. 细胞毒性 T 细胞　　　B. 红细胞　　　　　　　　C. 巨噬细胞
　　D. B 细胞　　　　　　　　E. NK 细胞

【解析】A。细胞毒性 T 细胞是特异性细胞免疫的很重要的一类效应细胞，为 $CD^{8+}$ 的 T 细胞亚群，在动物机体内是以非活化的前体形式存在的。

3. 在先天性免疫应答中，能直接杀伤病毒感染细胞的免疫细胞是（　　）。
　　A. 细胞毒性 T 细胞　　　B. 红细胞　　　　　　　　C. 巨噬细胞
　　D. B 细胞　　　　　　　　E. NK 细胞

【解析】E。参与先天性免疫应答的因素多种多样，主要有机体的解剖屏障、可溶性分子与膜结合受体、炎症反应、NK 细胞、吞噬细胞等，NK 细胞能直接杀伤病毒感染细胞的免疫细胞。

4. 在先天性免疫和获得性免疫中均担负重要功能的免疫细胞是（　　）。
　　A. 细胞毒性 T 细胞　　　B. 红细胞　　　　　　　　C. 巨噬细胞
　　D. B 细胞　　　　　　　　E. NK 细胞

【解析】C。参与先天性免疫的细胞有多种，主要包括中性粒细胞、单核细胞与巨噬细胞、树突状细胞、自然杀伤细胞。参与机体获得性免疫应答的核心细胞是 T、B 淋巴细胞，巨噬细胞、树突状细胞等是免疫应答的辅佐细胞。巨噬细胞在先天性免疫和获得性免疫中均担负重要功能。

5. 机体抵御病毒再感染的主要特异性效应分子是（　　）。
　　A. 补体　　　　　　　　　B. 干扰素　　　　　　　　C. 抗体
　　D. C 反应蛋白　　　　　　E. 白细胞介素

【解析】C。抗病毒的特异性免疫包括以中和抗体为主的体液免疫和以巨噬细胞、T 细胞为中心的细胞免疫。而对于预防再传染而言，主要靠体液免疫作用，而疾病的恢复主要依靠细胞免疫作用。

6. 参与先天性免疫的效应分子不包括（　　）。
　　A. 补体　　　　　　　　　B. 外毒素　　　　　　　　C. 防御素
　　D. 溶菌酶　　　　　　　　E. 细胞因子

【解析】B。外毒素属于抗原而非免疫效应分子。

<<< 第十四单元　免疫防治 >>>

## 一、考试大纲

| 单元 | 细目 | 要点 |
|---|---|---|
| 免疫防治 | 1. 主动免疫 | （1）概念　（2）天然主动免疫　（3）人工主动免疫 |
| | 2. 被动免疫 | （1）概念　（2）天然被动免疫　（3）人工被动免疫 |
| | 3. 疫苗与免疫预防 | （1）疫苗的种类、特点及应用　（2）疫苗的免疫接种（免疫途径、免疫程序、影响疫苗免疫效果的因素） |

## 二、重要知识点

### （一）主动免疫

**1. 概念**　主动免疫是动物机体免疫系统对自然感染的病原微生物或疫苗接种产生免疫应答，获得对某种病原微生物的特异性抵抗力，包括天然主动免疫和人工主动免疫。

**2. 天然主动免疫**　动物在感染某种病原微生物后产生的，对该病原体的再次入侵呈不感染状态称为天然主动免疫。

**3. 人工主动免疫**　给动物接种疫苗、菌苗、类毒素等生物制剂，刺激机体免疫系统而产生的特异性免疫力称为人工主动免疫。

### （二）被动免疫

**1. 概念**　被动免疫是指动物机体从母体获得特异性抗体，或经人工给予免疫血清，从而获得对某种病原微生物的抵抗力，包括天然被动免疫和人工被动免疫。

**2. 天然被动免疫**　初生仔畜通过母体胎盘或初乳，雏禽通过卵黄从母体获得母源抗体从而获得对某种病原体的免疫力称为天然被动免疫。

**3. 人工被动免疫**　机体通过注射免疫血清或细胞因子等制剂而获得的对某种病原体的免疫力称为人工被动免疫。

### （三）疫苗与免疫预防

利用微生物、寄生虫及其组分或代谢产物制成的，用于人工主动免疫的生物制品称为疫苗。

**1. 疫苗的种类、特点及应用**

（1）活疫苗　有弱毒疫苗和异源疫苗两种。弱毒疫苗又称为减毒活疫苗，虽然弱毒疫苗的毒力已经致弱，但仍然保持着原有的抗原性，并能在体内繁殖，因而可用较少的免疫剂量诱导产生坚实的免疫力，而且不需使用佐剂，免疫期长，不影响动物产品（如肉类）的品质。异源疫苗是用具有共同保护性抗原的不同病毒制备成的疫苗，如用火鸡疱疹病毒（HVT）接种预防鸡马立克病，用鸽痘病毒预防鸡痘等。

（2）灭活疫苗 病原微生物经理化方法灭活后（常用甲醛），仍然保持免疫原性，接种后使动物产生特异性抵抗力，这种疫苗称为灭活疫苗（死苗）。由于死苗接种后不能在动物体内繁殖，因此使用接种剂量较大，免疫期较短，需加入适当的佐剂（氢氧化铝）以增强免疫效果延长免疫期。

（3）代谢产物疫苗 利用细菌的代谢产物如毒素和酶制成的疫苗。例如破伤风毒素、白喉毒素和肉毒酸菌毒素。

（4）亚单位疫苗 是从细菌或病毒抗原中分离出蛋白质成分除去核酸等其他成分而制成的疫苗，此类疫苗只含有病毒的抗原成分，无核酸，因而无不良反应，使用安全，效果较好。但亚单位疫苗的成本较高。

（5）生物技术疫苗 是利用生物技术制备的分子水平的疫苗，包括基因工程亚单位疫苗、合成肽疫苗、抗独特型疫苗、基因工程活疫苗以及核酸疫苗。

①基因工程重组亚单位疫苗：用DNA重组技术，将编码病原微生物保护性抗原的基因导入原核细胞（如大肠杆菌）或真核细胞，使其在受体细胞中高效表达，分泌保护性抗原蛋白。提取表达蛋白，加入佐剂即制成基因工程重组亚单位疫苗。

②合成肽疫苗：是用化学合成法，人工合成病原微生物的保护性多肽，并将其连接到大分子载体上，再加入佐剂制成的疫苗。

③核酸疫苗：包括DNA疫苗和RNA疫苗，是将编码病原体保护性抗原的基因片段与质粒载体重组，制成重组质粒。重组质粒经常规注射或基因枪免疫动物，目的基因可在动物体内表达，可诱导特异性的免疫反应。

④基因工程活疫苗：包括基因缺失疫苗、重组活载体疫苗及非复制性疫苗三类。

⑤多价苗与联苗：指将同一种细菌（或病毒）的不同血清型混合制成的疫苗，联苗是指由两种以上的细菌（或病毒）联合制成的疫苗，一次免疫可达到预防几种疾病的目的。

**2. 疫苗的免疫接种**

（1）免疫接种途径 有滴鼻、点眼、刺种、注射、饮水和气雾等。应根据疫苗的类型、疫病的特点及免疫程序来选择免疫的接种途径，如灭活疫苗、类毒素和亚单位疫苗都不能经消化道接种，一般用于肌肉或皮下注射，注射时应选择活动量小、易于注射的部位，如家畜颈部皮下、家禽胸部肌肉等。

（2）免疫程序 在实际生产中，没有固定的免疫程序，应根据当地的实际情况进行制订，制订免疫程序时应考虑到本地区的疫病流行情况，畜禽种类、年龄，饲养管理水平，母源抗体水平，疫苗的性质、类型，免疫途径等各方面的因素。

（3）影响疫苗免疫效果的因素 遗传因素；营养状况；环境因素；疫苗的质量；病原的血清型与变异；疾病对免疫的影响；母源抗体；病原微生物之间的干扰作用。

# 三、例题及解析

1. 机体自然感染病毒后产生的免疫力属于（　　）。

A. 天然被动免疫　　　　B. 天然主动免疫　　　　C. 工主动免疫：
D. 人工被动免疫　　　　E. 自身免疫

**【解析】**B。病毒感染机体后产生的免疫力属于天然主动免疫。

2. 可用于人工主动免疫的物质是(　　)。

A. 抗毒素　　　　　　　B. 类毒素　　　　　　　C. 内毒素
D. 卵黄抗体　　　　　　E. 康复动物血清

**【解析】**B。人工主动免疫是给动物接种疫苗，刺激机体免疫系统发生应答反应，产生特异性免疫力。接种的物质是刺激产生免疫应答的各种疫苗制品，包括疫苗、类毒素等。

3. 与弱毒疫苗相比，灭活疫苗的特点是(　　)。

A. 难保存　　　　　　　B. 接种量小　　　　　　C. 体内可繁殖
D. 使用安全　　　　　　E. 仅产生细胞免疫

**【解析】**D。灭活苗：不具有活性、不能在体内繁殖、接种剂量需加大、易保存、使用安全、刺激机体产生体液免疫。

4. 预防鸡传染性喉气管炎常用的疫苗为(　　)。

A. 弱毒疫苗　　　　　　B. 灭活疫苗　　　　　　C. 核酸疫苗
D. 合成肽疫苗　　　　　E. 基因缺失苗

**【解析】**A。传染性喉气管炎是由疱疹病毒引起的鸡的一种急性高度接触性呼吸道传染病。可用于免疫接种的疫苗：①弱毒疫苗，一般毒力较强，可引起不同的反应，甚至成批死亡，应严格按说明书选择接种途径和接种剂量；②强毒苗，接种有效，但排毒的危险性很大，一般只用于发病鸡场；③灭活疫苗的免疫效果一般不理想。

5. 弗氏佐剂在分类上属于(　　)。

A. 核酸及其类似物佐剂　　B. 细胞因子佐剂　　　　C. 铝盐类佐剂
D. 油乳佐剂　　　　　　E. 蜂胶佐剂

**【解析】**D。弗氏佐剂在实验室中常用，是用矿物油（石蜡油）、乳化剂（羊毛脂）和杀死的结核分枝杆菌或卡介苗组成的油包水乳化佐剂。

6. 胎儿从母体获得 IgG 属于(　　)。

A. 非特异性免疫　　　　B. 人工主动免疫　　　　C. 人工被动免疫
D. 天然主动免疫　　　　E. 天然被动免疫

**【解析】**E。从母体获得为天然，获得的是抗体属于被动免疫。

## <<<　第十五单元　免疫学技术　>>>

### 一、考试大纲

| 单元 | 细目 | 要点 |
|---|---|---|
| 免疫学技术 | 1. 概述 | （1）免疫学技术的概念及分类　（2）免疫血清学反应的特点及影响因素　（3）细胞免疫技术的种类　（4）免疫制备技术的种类　（5）免疫学技术的应用　（6）免疫学技术的发展趋向 |
| | 2. 凝集反应 | （1）概念　（2）原理　（3）方法的分类及应用 |
| | 3. 沉淀反应 | （1）概念　（2）原理　（3）方法的分类及应用 |
| | 4. 标记抗体技术 | （1）概念　（2）免疫荧光抗体技术　（3）免疫酶标记技术　（4）放射免疫分析 |
| | 5. 中和试验 | （1）概念　（2）原理　（3）方法的分类及应用 |
| | 6. 补体参与的检测技术 | （1）概念　（2）原理　（3）方法的分类及应用 |
| | 7. 免疫检测新技术 | （1）SPA 免疫检测技术　（2）生物素亲和素免疫检测技术　（3）免疫胶体金检测技术　（4）免疫电镜技术（IEM）　（5）免疫转印技术　（6）免疫沉淀技术　（7）PCR-ELISA 技术　（8）化学发光免疫测定（CLIA）　（9）免疫传感器　（10）免疫核酸探针技术　（11）生物芯片 |

### 二、重要知识点

#### （一）概述

**1. 免疫学技术的概念及分类**　免疫学技术是指利用免疫反应的特异性原理，建立各种检测与分析技术以及建立这些技术的各种制备方法，包括免疫血清学反应或免疫血清学技术，细胞免疫技术，抗体或抗原的纯化技术、抗体的标记技术。

**2. 免疫血清学反应的特点及影响因素**

（1）免疫血清学反应的一般特点

①特异性与交叉性：血清学反应具有高度特异性，但若两种天然抗原之间含有部分共同抗原时，则发生交叉反应。

②抗原与抗体结合力：抗原和抗体的结合力取决于抗体的抗原结合位点与抗原表位之间形成的非共价键的数量、性质和距离。

③最适比例性：抗原与抗体在适宜的条件下就能发生结合反应，但对于常规的血清学反应，只有在抗原与抗体呈适当比例时，结合反应才出现凝集、沉淀等可见反应结果，在最适比例时，反应最明显。

④反应的阶段性：血清学反应存在二阶段性，但其间无严格的界限。

（2）免疫血清学反应的影响因素

①电解质：特异性的抗原和抗体具有对应的极性基（羧基、氨基等），它们互相吸附后。其电荷和极性被中和因而失去亲水性，变为憎水系统，此时易受电解质的作用失去电荷而互相凝聚，发生凝集或沉淀反应。

②温度：较高的温度可以增加抗原和抗体接触的机会，从而加速反应的出现。

③pH：血清学反应常用 pH 为 6～8，过高或过低的 pH 可使抗原抗体复合物重新离解。

**3. 细胞免疫技术的种类**　细胞免疫技术分为淋巴细胞计数及分类技术、淋巴细胞功能测定技术、细胞因子检测技术以及体内细胞免疫试验四大类。

**4. 免疫制备技术的种类**　免疫制备技术是指制备与免疫检测有关制剂的各种技术，包括抗原制备、抗体制备、抗体纯化及抗体标记等技术。

**5. 免疫学技术的应用**

（1）动物疫病诊断　用免疫血清学方法对动物传染病、寄生虫病等进行诊断，是免疫学技术最突出的应用。

（2）动植物生理活动研究　动植物体中存在一些活性物质如激素、维生素等，它们在体内含量极微少，但在调节机体的生理活动中起重要作用，因此可通过分析测定这些生物活性物质的含量及变化来研究机体的各种生理功能（如生长、生殖等）。

（3）物种及微生物鉴定　各种生物之间的差异都可表现在抗原性的不同，物种种源越远，抗原性差异越大。因此，可用区分抗原性的血清学反应进行物种鉴定与物种的分类等工作。

（4）动植物性状的免疫标记　通过分析动物、植物一些优良性状（如高产、优质、抗逆性等）的特异性抗原，然后用血清学方法进行标记选择育种，是一个很有前途的方向，它比分子遗传标记选择育种简便。

（5）生物制品研究　对于生物制品（如疫苗、诊断制品、免疫增强剂等）的研究与开发，免疫学技术是必不可少的支撑技术。疫苗研究中需用血清学技术和细胞免疫技术作为免疫效力的评价手段。

（6）动物疫病致病机制　研究动物传染病的病原从机体特定部位感染，并在特定组织细胞内增殖引起致病。采用免疫荧光抗体染色或免疫酶组化染色技术，可在细胞水平上确定病毒等病原微生物的感染细胞。

（7）分子生物学研究　在基因工程研究中，目的基因的分离、表达产物的特异性检测与定量分析以及表达产物的纯化等均涉及免疫学技术。

**6. 免疫学技术的发展趋向**　免疫血清学技术的发展趋向一直是高度特异性、高度敏感性、精密的分辨能力、高水平的定位、试验电脑化、反应微量化、方法标准化和试剂商品化以及方法简便快速。用血清学方法检测分析各种细胞因子，即细胞免疫技术与血清学技术融合为一体是一个发展趋向。

（二）凝集反应

**1. 概念**　细菌、红细胞等颗粒性抗原，或吸附在红细胞、乳胶颗粒性载体表面的可溶性抗原，与相应抗体结合，在有适当电解质存在下，经过一定时间，形成肉眼可见的凝集团块，称为凝集反应。

**2. 原理**  参与凝集试验的抗体主要为 IgG 和 IgM。当颗粒性抗原直接与相应的特异性抗体结合，反应达到最适比，使颗粒性抗原相互聚集，形成肉眼可见的凝集团块，称为直接凝集试验。可溶性抗原分子与颗粒性载体结合，与相应的抗体结合，也可形成肉眼可见的凝集团块，称为间接凝集试验。

**3. 方法的分类及应用**  凝集试验一般用于检测抗体，也可用已知的抗体检测和鉴定抗原（如新分离未知菌的检测与鉴定）。在间接凝集试验中，如将特异性抗体结合在颗粒性载体上，可用于检测抗原，称为反向间接凝集试验。

（1）直接凝集试验  可分玻片法和试管法两种。

①玻片法：一般用于新分离细菌的鉴定，为一种定性试验。将含有已知抗体的诊断血清（适当稀释）与待检菌悬液各一滴在玻片上混合，数分钟后，如出现颗粒状或絮状凝集，即为阳性反应。如布鲁菌的玻板凝集反应和鸡白痢全血平板凝集试验等。

②试管法：是一种定量试验用以检测待测血清中是否存在相应抗体和测定血清的抗体效价（滴度），可做临诊诊断或流行病学调查。

（2）间接凝集试验  将可溶性抗原吸附于一种与免疫无关的颗粒载体上，然后与相应的抗体结合，也可出现颗粒载体的凝集现象，称为间接凝集反应。间接凝集反应比直接凝集反应敏感性为高，可用于微量抗体或抗原的检查。

## （三）沉淀反应

**1. 概念**  可溶性抗原与相应抗体结合，在适量电解质存在下，形成肉眼可见的白色沉淀，称为沉淀反应。

**2. 原理**  沉淀反应的抗原可以是多糖、蛋白质、类脂等，这些可溶性抗原与相应的特异性抗体结合，反应达到最适比例，形成肉眼可见的抗原抗体复合物白色沉淀。参与沉淀反应的抗体主要是 IgG 和 IgM。

**3. 方法的分类及应用**

（1）环状沉淀试验  在小口径试管内先加入已知抗血清，然后小心沿管壁加入待检抗原于血清表面，使之成为分界清晰的两层。数分钟后，两层液面交界处出现白色环状沉淀，即为阳性反应，该法主要用于抗原的定性检测，如诊断炭疽的 Ascoli 试验。

（2）琼脂凝胶扩散试验  利用可溶性抗原和抗体在半固体琼脂凝胶中进行反应，当抗原抗体分子相遇并达到适当比例时，就会互相结合、凝聚，出现白色的沉淀线，从而判定相应的抗体和抗原。琼脂免疫扩散试验有多种类型，但最常用的是双向双扩散和双向单扩散。

（3）免疫电泳技术  免疫电泳技术是凝胶扩散试验与电泳技术相结合的免疫检测技术。在抗原抗体凝胶扩散的同时，加入电泳的电场作用，使抗体或抗原在凝胶中的扩散移动速度加快，缩短了试验时间；同时，限制了扩散移动的方向，集中朝电泳的方向扩散移动，增加了试验的敏感性。

## （四）标记抗体技术

**1. 概念**  抗原与抗体能特异性结合，但抗体、抗原分子小，在含量低时形成的抗原抗体复合物是不可见的。有一些物质即使在超微量时也能通过特殊的方法将其检测出来，如果将这些物质标记在抗体分子上，则可以通过检测标记分子来显示抗原抗体复合物的存在，此种根据抗原抗体结合的特异性和标记分子的敏感性建立的技术，称为标记抗体技术。高敏感性的标记分子主要有荧光素、酶、放射性同位素三种，由此建立免疫荧光抗体技术、免疫酶标记技术和放射免疫分析。

**2. 免疫荧光抗体技术** 指用荧光素对抗体或抗原进行标记，然后用荧光显微镜观察荧光以分析示踪相应的抗原或抗体的方法，是将抗原抗体反应的特异性、荧光检测的高敏感性以及显微镜技术的精确性三者相结合的一种免疫检测技术。目前，常用的荧光素有异硫氰酸荧光素（FITC）、四乙基罗丹明（RB200）和四甲基异硫氰酸罗丹明（TMRITC）。

**3. 免疫酶标记技术** 是根据抗原抗体反应的特异性和酶催化反应的高敏感性而建立起来的免疫检测技术。常用的有辣根过氧化物酶（HRP）、碱性磷酸酶（AP）、葡萄糖氧化酶等，其中以辣根过氧化物酶应用最广，其次为碱性磷酸酶。

**4. 放射免疫分析（RIA）** 是将放射性同位素测量的高度敏感性和抗原抗体反应的高度特异性结合起来而建立的一种免疫分析技术。RIA具有特异性强、灵敏度高、准确性和精密度好等优点，可用于疫病的诊断，但主要用于各种生物活性物质以及药物残留的检测。

## （五）中和试验

**1. 概念** 根据抗体能否中和病毒的感染性而建立的免疫学试验称为中和试验。中和试验的特异性强，敏感性高，是病毒学研究中十分重要的技术手段。

**2. 原理** 凡能与病毒结合，使其失去感染力的抗体称为中和抗体。病毒可刺激机体产生中和抗体，中和抗体与病毒结合后使病毒失去吸附细胞的能力，从而丧失感染力，病毒与其特异性的中和抗体相遇之后发生的作用，类似于化学中相应酸碱相遇之后发生的中和反应，所以称为中和作用。

**3. 方法的分类及应用**

（1）毒价的滴定 病毒中和试验包括对病毒的毒力或毒价滴定。采用半数致死量（$LD_{50}$）表示毒价单位，以感染或发病作为指标时，可用半数感染量（$ID_{50}$）；以体温反应作为指标时，可用半数反应量（$RD_{50}$）；用鸡胚测定时，可用鸡胚半数致死量（$ELD_{50}$）或鸡胚半数感染量（$EID_{50}$）；在细胞培养上测定时，则用组织或细胞培养半数感染量（$TCID_{50}$）；测定疫苗的免疫性能时，则可用半数免疫量（$IMD_{50}$）或半数保护量（$PD_{50}$）。

（2）终点法 中和试验终点法中和试验是滴定体病毒感染力减少至50%的血清中和效价或中和指数。滴定方法有固定病毒稀释血清法和固定血清稀释病毒法两种。

（3）空斑减少试验 应用病毒空斑技术，以使空斑数减少50%的血清量作为中和滴度。

## （六）补体参与的检测技术

**1. 概念** 补体是存在于正常动物血清中，具有类似酶活性的一组蛋白质。利用补体能与抗原抗体复合物结合的性质，建立检测抗原或抗体的免疫学试验，即所谓补体参与的检测技术，可用于人和动物一些传染病的诊断与流行病学调查。

**2. 原理** 补体参与检测技术的基本原理是抗体分子（IgG、IgM）的Fc段存在补体受体，当抗体没有与抗原结合时，抗体分子的Fab片段向后卷曲，掩盖Fc片段上的补体受体，因此不能结合补体。当抗体与抗原结合时，两个Fab片段向前伸展，Fc片段上的补体受体暴露补体的各种成分相继与之结合使补体活化，从而导致一系列免疫学反应，即通过补体是否激活来证明抗原与抗体是否相对应，进而对抗原或抗体做出检测。

**3. 方法的分类及应用** 补体参与的检测技术可大致分为两类：一类是补体与细胞的免疫复合物结合后，直接引起溶细胞的可见反应，如溶血反应、溶菌反应、杀菌反应、免疫黏附反应等；另一类是补体与抗原抗体复合物结合后不引起可见反应（可溶性抗原与抗体），但可用指示系统如溶血反应来测定补体是否已被结合，从而间接地检测反应系统是否存在抗原抗体复合物，如补体结合试验等。补体结合试验具有高度的特异性和一定的敏感性，是诊断人畜传染病常用的血清学诊断方法之一。

## （七）免疫检测新技术

**1. SPA 免疫检测技术** 葡萄球菌蛋白 A（SPA）是金黄色葡萄球菌细胞壁的表面蛋白质，由于 SPA 具有能与多种动物 IgG 的 Fc 片段结合的特性，因而成为免疫检测技术中的一种极为有用的试剂。

**2. 生物素亲和素免疫检测技术** 利用生物素与亲和素专一性结合以及生物素、亲和素照可标记抗原或抗体，又可被标记物所标记的特性，可建立生物素亲和素系统来显示抗原抗体特异性反应的各种免疫检测技术。

**3. 免疫胶体金检测技术** 是以胶体金颗粒为示踪标记物或显色剂，应用于抗原抗体反应的一种新型免疫检测技术，可做快速诊断。

**4. 免疫申镜技术（IEM）** 是将抗原抗体反应的特异性与电镜的高分辨能力相结合的检测技术，IEM 可用于在电镜下利用标记抗体，直接对抗原在分子水平上进行定位，也可利用特异性抗体捕获、浓缩相应的病毒。经负染后在电镜下检查病毒粒子。

**5. 免疫转印技术** 又称蛋白质印迹（Western blotting），是一种将蛋白质凝胶电泳、膜转移电泳与抗原抗体反应相结合的新型免疫分析技术，是蛋白质组分分析和蛋白多肽分子质量分析的主要方法，是基因工程研究中不可缺少的方法之一。

**6. 免疫沉淀技术** 是将放射性同位素标记、免疫沉淀、SDS-聚丙烯酰胺凝胶电泳和放射自显影技术相结合而建立起来的一种新型免疫学技术。

**7. PCR-ELISA 技术** 是将 PCR 技术与 ELISA 相结合的一种抗原检测技术，又称为免疫 PCRO 特点是利用 PCR 的指数级扩增效率带来极高的敏感度，同时又具有高特异性的抗原检测系统，且有高灵敏度，检测结果可靠，可以进行半定量检测等优点，主要用于检测体内激素、肿瘤、病毒、细菌等微量抗原。

**8. 化学发光免疫测定（CLIA）** 是将化学发光与免疫测定法相结合，克服了放射免疫分析及免疫酶标记技术的缺点，是一种无放射性污染而又具有高灵敏度和高特异性的免疫检测技术。

**9. 免疫传感器** 将高灵敏度的传感技术与特异性免疫反应结合起来，用以检测抗原抗体反应的生物传感器称为免疫传感器。

**10. 免疫核酸探针技术** 在核酸杂交中，为避免同位素探针半衰期短、操作不安全和废物难以处理的弊端把免疫学方法引入核酸杂交技术，开拓了免疫核酸探针新技术，使分子杂交水平踏上了一个新的台阶。

**11. 生物芯片** 通过微加工技术和微电子技术，将成千上万与生命相关的信息，集成在一块硅、玻璃、塑料等材料制成的芯片上,以实现对基因、细胞、蛋白质、抗原以及其他生物组分准确、快速、大信息量的分析和检测。依据固定物的不同,可分为 DNA 芯片、RNA 芯片、蛋白质芯片等。

## 三、例题及解析

1. 鉴定病毒血清型常用的方法是( )。

A. 耐酸试验　　　　　　B. 脂溶剂敏感试验　　　　　　C. 胰蛋白酶敏感试验

D. 中和试验　　　　　　E. 耐热试验

【解析】D。中和试验是病毒、毒素与相应的抗体结合后,失去对易感动物的致病力的试验方法。不同血清型有特异抗原,通过中和试验、血凝试验等抗原抗体特异性结合可鉴定。

2. 用抗体检测转移至滤膜上病毒蛋白的方法是( )。

A. 免疫转印技术　　　　B. 免疫荧光抗体技术　　　　　C. 对流免疫电泳

D. 酶联免疫吸附试验　　E. 血凝抑制试验

【解析】A。免疫转印技术是一种将蛋白质凝胶电泳、膜转移电泳与抗原抗体反应结合的新型免疫技术。

3. 可用于鉴定细菌血清型的方法是( )。

A. 生化试验　　　　　　B. 药物敏感性试验　　　　　　C. 玻片凝集试验

D. 血凝试验　　　　　　E. 串珠反应试验

【解析】C。玻片凝集试验一般用于分离细菌的鉴定,是一种定性试验。

4. 参与沉淀反应的抗体主要是( )。

A. IgA 和 IgG　　　　　B. IgA 和 IgM　　　　　　　　C. IgG 和 IgM

D. IgG 和 IgE　　　　　E. IgM 和 IgE

【解析】C。沉淀反应是指可溶性抗原与相应的抗体结合,反应达到最适比,形成肉眼可见的抗原抗体复合物白色沉淀。参与沉淀反应的抗体主要是 IgG 和 IgM。

5. 对动物皮毛进行炭疽检疫常用的血清学方法是( )。

A. ELISA　　　　　　　B. 血凝抑制试验　　　　　　　C. 血凝试验

D. Ascoli 反应　　　　　E. 琼脂扩散试验

【解析】D。Ascoli 试验又称环状沉淀试验,常用于炭疽污染的皮张、产品的检验。

6. 免疫血清学技术的原理主要基于抗原抗体反应的( )。

A. 疏水性　　　　　　　B. 阶段性　　　　　　　　　　C. 特异性

D. 可逆性　　　　　　　E. 可变性

【解析】C。免疫血清学技术的原理是基于抗原抗体的特异性结合。

# 考 点 速 记

1. 个体体积最小的微生物是**病毒**。

2. 细菌抵抗不良环境的**特殊存活**形式是**芽孢**。

3. 细菌生长繁殖过程中**对抗生素最敏感**的时期是**对数期**。

4. 细菌在固体培养基上培养，通过**肉眼**可观察到的是**菌体集落**。

5. 革兰氏**阳性菌**细胞壁特有的组分是**磷壁酸**。

6. 细菌**抵御**动物**吞噬**、细胞吞噬的结构是**荚膜**。

7. 细菌的繁殖方式是**二分裂增殖**。

8. 细菌具有黏附作用的结构是**菌毛**。

9. 细菌群体**生物特性**最典型的生长时期是**对数期**。

10. **L 型细菌**与其原型菌相比差异的结构是细胞壁。

11. 细菌群体生长过程中，新繁殖的活菌数与死菌数大致平衡的生长时期是**稳定期**。

12. **半固体培养基**可用于检测细菌的**运动性**。

13. **细菌大小**的度量单位是微米（μm）。

14. 细菌染色体以外的遗传信息存在于**质粒**。

15. 细菌在固体培养基上生长形成的菌落连成一片，称为**菌苔**。

16. 必须在**无氧条件**下才能生长繁殖的细菌是**破伤风梭菌**。

17. 可在细菌间传递遗传物质的结构是**性菌毛**。

18. 液体培养基常用于**增菌培养**。

19. 检测细菌运动性的半固体培养基常用的**琼脂浓度是 0.5%**。

20. 细菌在组织内扩散，与其相关的**毒力因子**是透明质酸酶、卵磷脂酶、链激酶等。

21. 当细菌死亡裂解后才能游离出来的物质是**内毒素**。

22. 与内毒素相比，**细菌外毒素**具有的特点是免疫原性强。

23. 引起机体发热反应的热原质属**脂多糖**。

24. 革兰氏阴性菌内毒素发挥毒性作用的主要成分是**类脂 A**。

25. 用于分离细菌的粪便样本在运输中常加入的保存液是**无菌甘油缓冲盐水**。

26. 适用于动物传染病微生物学诊断的病料是**病变明显部位**的病料。

27. 可用于检测细菌遗传物质的方法是**聚合酶链式反应（PCR）**。

28. 采用 **0.22μm 孔径滤膜**过滤的目的是**除菌**。

29. **种蛋室**空气消毒常用的方法是**紫外线**。

30. 适用于**巴氏消毒法**进行消毒的是**牛奶**。

31. 常用于畜舍熏蒸消毒的消毒剂是**福尔马林**。

32. **乙醇消毒**常用的浓度为 **75%**。

33. 高压蒸汽灭菌法消灭**芽孢**常用的有效温度是 **121℃**。

34. **猪肺疫**的病原是**多杀性巴氏杆菌**。

35. **鸡白痢**检疫常用的方法是**平板凝集试验**。

36. 诊断**牛结核病**常用的方法是**皮内变态反应法**。

37. 用于分离**副猪嗜血杆菌**的培养基是**巧克力琼脂**。

38. 在固体培养基上可生长成大而扁平，边缘呈卷发状菌落的细菌是**炭疽杆菌**。

39. 抗酸染色后呈红色的细菌是**结核分枝杆菌**。

40. 引起**仔猪水肿病**的病原是**大肠杆菌**。

41. 引起**欧洲幼虫腐臭病**的病原是**蜂房球菌**。

42. 能引起人和多种动物疾病的沙门菌是**鼠伤寒沙门菌**。

43. 菌体排列成短链，相连菌端呈**竹节状**的细菌是**炭疽芽孢杆菌**。

44. 引起奶牛间歇性腹泻和增生性肠炎的病原菌是**副结核分枝杆菌**。

45. 检测雏鸡新城疫母源抗体效价最常用的方是**血凝抑制试验**。

46. **产蛋下降综合征**是由腺病毒引起的一种以产蛋下降为特征的传染病。

47. 鸡慢性呼吸道疾病的病原是**鸡败血支原体**。

48. **禽霍乱**的病原是多杀性巴氏杆菌。

49. 在牛乳培养基中生长出现"汹涌发酵"现象的细菌是**产气荚膜梭菌**。

50. 牛传染性胸膜肺炎的病原是**丝状支原体**。

51. 病毒的增殖方式是**复制**。

52. 决定病毒遗传特性的物质是**核酸**。

53. 必须用**活细胞才能培养**的微生物是**病毒**。

54. 测量病毒大小的常用计量单位是**纳米**（nm）。

55. 用鸡胚增殖禽流感病毒的最适接种部位是**尿囊腔**。

56. PCR 检测病毒，检测的是**核酸**。

57. 鉴定病毒基因型的方法是**核苷酸序列分析**。

58. 无血凝素纤突但有血凝性的病毒是**猪细小病毒**。

59. 可引起禽类肿瘤性疾病的双股 DNA 病毒是**马立克病病毒**。

60. 能致犬肠炎的腺病毒科病毒是**犬传染性肝炎病毒**。

61. 剖检可见猪脾边缘性梗死、盲肠纽扣状溃疡，最可能的病原是**猪瘟病毒**。

62. 具有血凝素神经氨酸酶（HN）纤突的病毒是**新城疫病毒**。

63. 引起**雏鸭肝炎**的主要病原是微 RNA 病毒。

64. 引起母猪繁殖障碍的疱疹病毒是**伪狂犬病病毒**。

65. 引起**小鹅瘟**的病原属于细小病毒科。

66. 基因组有 8 个节段的病毒是**禽流感病毒**。

67. 能够区分口蹄疫病毒自然感染与疫苗免疫的抗体是 **3ABC 抗体**。

68. **朊病毒**的主要组成成分是蛋白质。

69. 与牛瘟病毒存在明显抗原交叉反应的病毒是**小反刍兽疫病毒**。

70. **疯牛病**的病原是朊病毒。

71. **鸭瘟病毒**在分类上属于疱疹病毒科。

72. 属于同种异型抗原的物质是**血型抗原**。

73. 在机体抗感染免疫早期发挥最主要作用的抗体是 **IgM**。

74. 在动物机体局部黏膜免疫中发挥主要作用的抗体是 **IgA**。

75. 决定**抗原特异性**的物质基础是表面特殊的化学基团。

76. IgM 分子中将免疫球蛋白单体连接为五聚体的结构是**连接链**。

77. 与肥大细胞或嗜碱性粒细胞结合，并介导Ⅰ型变态反应的抗体类型是 **IgE**。

78. **脂多糖佐剂**在分类上属于微生物及其代谢产物佐剂。

79. 介导体液免疫应答的免疫分子是**抗体**。

80. 能够作用于正常细胞使之产生抗病毒蛋白的免疫分子是**干扰素**。

81. 具有免疫记忆功能的细胞是 **B 细胞**。

82. **中枢免疫器官**包括骨髓、胸腺、法氏囊。
83. 兼有吞噬和抗原呈递功能的免疫细胞是**巨噬细胞**。
84. 可呈递抗原，活化后又可分泌抗体的免疫细胞是 **B 细胞**。
85. 抗原刺激后具有免疫记忆功能的免疫细胞是 **B 细胞**。
86. 能分泌抗体的免疫细胞是**浆细胞**。
87. 具有专职抗原呈递功能的免疫细胞是**树突状细胞**。

# 高频题练习

1. 基于细胞壁结构与化学组成差异建立的细菌染色方法是（    ）。
   A. 吉姆萨染色法        B. 美兰染色法        C. 革兰氏染色法
   D. 瑞氏染色法        E. 荚膜染色法
2. 液体培养基常用于（    ）。
   A. 细菌纯化        B. 增菌培养        C. 运动力检测
   D. 菌毛检查        E. 荚膜检查
3. 细菌在固体培养基上生长，肉眼观察到的是（    ）。
   A. 菌体形态        B. 菌体结构        C. 菌体排列
   D. 细菌群体        E. 菌体大小
4. 大肠杆菌在麦康凯培养基上形成的菌落颜色是（    ）。
   A. 灰白色        B. 蓝色        C. 红色
   D. 黑色        E. 黄色
5. 革兰氏阴性菌的内毒素发挥毒性作用的主要成分是（    ）。
   A. 肽聚糖        B. 类脂 A        C. 外膜蛋白
   D. 核心多糖        E. 特异性多糖
6. 动物手术室空气消毒常用的方法是（    ）。
   A. 电离辐射        B. 紫外线        C. 滤过除菌
   D. 甲醛熏蒸        E. 消毒药水喷洒
7. 常用于血清过滤除菌的滤膜孔径是（    ）。
   A. $0.45\mu m$        B. $2.00\mu m$        C. $1.20\mu m$
   D. $1.50\mu m$        E. $0.90\mu m$
8. 断奶仔猪腹泻，头面水肿，共济失调，取病料接种麦康凯培养基，生长出红色菌落，菌涂片染色，镜检、革兰氏阴性中等大小球杆菌，该病可能的病原是（    ）。
   A. 大肠杆菌        B. 沙门菌        C. 布鲁菌
   D. 产气荚膜梭菌        E. 猪丹毒杆菌
9. 26 周龄鸡，排黄绿色稀便，口流泡沫状黏液，2d 后剖检肝有针尖大小灰白色坏死点，涂片后美蓝染色有两极着染的细菌，该病最可能是（    ）。
   A. 链球菌        B. 大肠杆菌        C. 沙门菌
   D. 巴氏杆菌        E. 波氏杆菌
10. 2 岁山羊高热咳嗽呼吸困难，剖检肺与肠膜粘连，病料涂片吉姆萨染色镜检，见丝状支原体，病料接种于马琼脂培养基，7d 长出"荷包蛋状"菌落，可能的病原是（    ）。

  A. 链球菌　　　　　　　　B. 支原体　　　　　　　　C. 巴氏杆菌
  D. 产气荚膜杆菌　　　　　E. 李氏杆菌

11. 牛流行热的病原是( )。
  A. 真菌　　　　　　　　　B. 病毒　　　　　　　　　C. 支原体
  D. 衣原体　　　　　　　　E. 螺旋体

12. 蛋鸡产蛋量大幅度下降, 鸡冠发绀、口流黏液、排黄绿色稀便, 取病料接种鸡胚, 收获的尿囊液具有凝血活性, 该病最可能是( )。
  A. 产蛋下降综合征病毒　　B. 禽正呼肠孤病毒　　　　C. 传染性法氏囊病毒
  D. 禽流感病毒　　　　　　E. 传染性支气管炎病毒

13. 3月龄犬体温升高, 双相热, 眼鼻流脓性分泌物并伴有癫痫症状, 取病料接种 MDCK 细胞, 盲传3代后细胞出现合胞体病变, 该病最可能的病原是( )。
  A. 犬瘟热病毒　　　　　　B. 犬副流感病毒　　　　　C. 犬细小病毒
  D. 犬传染性肝炎病毒　　　E. 犬冠状病毒

14. 羔羊, 腹泻, 粪便带血, 很快死亡。剖检见回肠黏膜充血, 内容物呈血色。病原检查为革兰氏阳性杆菌, 接种牛乳培养基出现"暴烈发酵"。该病原最可能是( )。
  A. 布鲁菌　　　　　　　　B. 炭疽杆菌　　　　　　　C. 大肠杆菌
  D. 产气荚膜梭菌　　　　　E. 巴氏杆菌

15. 2月龄猪, 体温41℃, 颈部红肿。剖检见颈部皮下出血、水肿, 肺水肿、充血。病料触片, 瑞氏染色见两极着色的球杆菌。该病原最可能是( )。
  A. 猪链球菌　　　　　　　B. 副猪嗜血杆菌　　　　　C. 猪丹毒杆菌
  D. 葡萄球菌　　　　　　　E. 多杀性巴氏杆菌

16. 可产生脂溶性色素的细菌是( )。
  A. 布鲁菌　　　　　　　　B. 金黄色葡萄球菌　　　　C. 猪链球菌
  D. 沙门菌　　　　　　　　E. 大肠杆菌

17. 某猪场, 断奶仔猪发病, 表现发热、咳嗽、呼吸困难、关节肿大、跛行, 病死率约35%。剖检可见胸腔、腹腔等多处浆膜面有纤维素性渗出物, 该病最可能的诊断是( )。
  A. 猪肺疫　　　　　　　　B. 猪传染性胸膜肺炎　　　C. 副猪嗜血杆菌病
  D. 猪支原体肺炎　　　　　E. 猪丹毒

18. 仔猪, 2月龄, 打喷嚏、流涕、气喘, 20d后鼻梁和面部变形, 病料接种麦康凯培养基, 长出蓝灰色菌落。该病最可能的病原是( )。
  A. 支气管败血波氏杆菌　　B. 大肠杆菌　　　　　　　C. 胸膜肺炎放线杆菌
  D. 猪肺炎支原体　　　　　E. 猪丹毒杆菌

19. 母猪, 厌食, 早产, 产木乃伊胎。采集病料接种 Marc-145 细胞, 分离出单股 RNA 病毒。该病原最可能是( )。
  A. 伪狂犬病病毒　　　　　B. 猪圆环病毒　　　　　　C. 非洲猪瘟病毒
  D. 猪繁殖与呼吸综合征病毒　　　　　　　　　　　　E. 猪细小病毒

20. 猫偷食生肉数日后发病, 表现发热、一侧肢体无力, 运动障碍等神经症状。血常规检查白细胞总数升高、单核细胞升高。该病最可能的诊断是( )。
  A. 葡萄球菌病　　　　　　B. 沙门菌病　　　　　　　C. 李氏杆菌病

D. 链球菌病      E. 大肠杆菌病

21. 绵羊，发热，流涎，腹泻。剖检见皱胃糜烂出血，直肠黏膜有线状出血，淋巴结肿大，脾坏死。病料接种 Vero 细胞，分离出有囊膜的 RNA 病毒。该病最可能的病原是（ ）。

  A. 蓝舌病病毒     B. 口蹄疫病毒     C. 小反刍兽疫病毒

  D. 伪狂犬病病毒    E. 传染性脓疱病毒

22. 非洲猪瘟病毒的基因组是（ ）。

  A. 双股 DNA      B. 单股 DNA      C. 双股 RNA

  D. 单链正股 RNA    E. 单链负股 RNA

23. 引起猪繁殖障碍的 RNA 病毒是（ ）。

  A. 非洲猪瘟病毒    B. 伪狂犬病毒     C. 猪细小病毒

  D. 日本脑炎病毒    E. 猪圆环病毒

24. 蛋鸭，60 周龄，流泪，眼睑水肿，头颈部肿大。剖检可见肝肿胀，食管和泄殖腔黏膜有黄色假膜覆盖。病原检查为有囊膜、双股 DNA 的病毒。该病毒最可能的病原是（ ）。

  A. 鸭瘟病毒      B. 番鸭细小病毒    C. 鸭坦布苏病毒

  D. 鸭甲型肝炎病毒   E. 减蛋综合征病毒

## 高频题参考答案

| 题号 | 1 | 2 | 3 | 4 | 5 | 6 | 7 | 8 | 9 | 10 | 11 | 12 |
|---|---|---|---|---|---|---|---|---|---|---|---|---|
| 答案 | C | B | D | C | B | B | A | A | D | B | B | D |
| 题号 | 13 | 14 | 15 | 16 | 17 | 18 | 19 | 20 | 21 | 22 | 23 | 24 |
| 答案 | A | D | E | B | C | A | D | C | C | A | D | A |

## 模拟题练习

1. 当细菌菌体接种在固体培养基上，经培养后长成密集、不规则的片（块）状的细胞群体称为（ ）。

  A. 菌苔      B. 菌落      C. 菌团

  D. 菌膜      E. 菌丝

2. L 型细菌与其原型菌相比，有差异的结构是（ ）。

  A. 核体      B. 细胞膜     C. 质粒

  D. 细胞壁     E. 核糖体

3. 细菌抵御不良环境的特殊存活形式是（ ）。

  A. 芽孢      B. 细胞质     C. 质粒

  D. 胞质膜     E. 荚膜

4. （ ）是某些细菌表面附着的细长且呈波浪状弯曲的丝状物，经特殊染色法后才能在普通光学显微镜下可见。

A. 菌毛    B. 鞭毛    C. 性菌毛

D. 菌丝    E. 普通菌毛

5. 用碱性美蓝与酸性伊红钠盐混合而成的染料进行染色,细菌染成蓝色,组织细胞的胞质呈红色,细胞核呈蓝色的染色方法是(　　)。

A. 抗酸染色法    B. 瑞氏染色法    C. 革兰氏染色法

D. 负染色法    E. 孔雀绿染色法

6. 细菌群体在生长过程中,新繁殖的活菌数与死菌数大致平衡的生长时期是(　　)。

A. 迟缓期    B. 对数期    C. 稳定期

D. 衰亡期    E. 静止期

7. 具有抗菌作用的细菌合成代谢产物是(　　)。

A. 色素    B. 细菌素    C. 外毒素

D. 内毒素    E. 侵袭性酶类

8. 能够增强病原菌的侵袭力的细菌合成代谢产物是(　　)。

A. 毒素    B. 热原质    C. 细菌素

D. 侵袭性酶类    E. 外毒素

9. 当细菌死亡裂解后才能游离出来的物质是(　　)。

A. 毒素    B. 外毒素    C. 细菌素

D. 色素    E. 内毒素

(10~11题共用备选答案)

A. 营养培养基    B. 选择培养基    C. 鉴别培养基

D. 基础培养基    E. 厌氧培养基

10. 在培养基中加入特定作用底物及产生显色反应指示剂,用肉眼可以初步鉴别细菌的培养基是(　　)。

11. 根据特定目的,在培养基中加入某种化学物质,以抑制某些细菌生长促进另一类细菌的生长繁殖的培养基是(　　)。

12. 细菌在液体培养基中的生长现象是(　　)。

A. 菌膜生长    B. 溶血    C. 云雾状生长

D. 菌落生长    E. 菌苔生长

13. 半固体培养基可用于检测细菌的(　　)。

A. 运动性    B. 菌落形态    C. 血清型

D. 生长曲线    E. 毒力

14. 超高温巴氏消毒法采用的温度是(　　)。

A. 160℃    B. 132℃    C. 121℃

D. 100℃    E. 72℃

15. 病原菌突破动物体的防御系统,在体内定居、繁殖和扩散的能力称为(　　)。

A. 毒素    B. 繁殖力    C. 运动力

D. 感染力    E. 侵袭力

16. 适用巴氏消毒法进行消毒的是(　　)。

A. 金属器具    B. 牛奶    C. 手术器械

D. 生理盐水　　　　　　　E. 培养基

17. 内毒素和外毒素的区别是（　　）。
    A. 内毒素的抗原性弱，能刺激机体形成抗体
    B. 内毒素的抗原性弱，经甲醛脱毒后能形成类毒素
    C. 外毒素的抗原性弱，能刺激机体形成抗体
    D. 外毒素的抗原性弱，经甲醛脱毒后能形成类毒素
    E. 内毒素的化学成分是蛋白质，外毒素的化学成分是脂多糖

18. 当机体抗感染的免疫力较弱或侵入的病原菌数量较多、毒力较强，以致机体组织细胞受到严重损害、生理功能发生改变，出现一系列的临诊症状和体征者称为（　　）。
    A. 隐性感染　　　　　　B. 显性感染　　　　　　C. 带菌状态
    D. 继发感染　　　　　　E. 持续性感染

19. 用稀释法和纸片扩散法进行的药物敏感性试验，可以检测细菌的（　　）。
    A. 耐药基因　　　　　　B. 耐药表型　　　　　　C. 生长曲线
    D. 分解产物　　　　　　E. 毒力

20. 从混合的样本中检测特定细菌的方法是（　　）。
    A. 凝集试验　　　　　　B. 沉淀试验　　　　　　C. 生化试验
    D. PCR　　　　　　　　E. 药物敏感性试验

21. 圈舍、器具的熏蒸消毒可用（　　）。
    A. 甲醛　　　　　　　　B. 煤酚皂　　　　　　　C. 漂白粉
    D. 过氧乙酸　　　　　　E. 氢氧化钠

22. 养殖场带畜禽消毒最适用的消毒药是（　　）。
    A. 0.1%碘溶液　　　　　B. 0.2%氢氧化钠溶液　　C. 0.4%福尔马林溶液
    D. 0.3%过氧乙酸溶液　　E. 0.1%乙酰溶液

23. 某猪场 3 日龄仔猪排红褐色稀粪，取病死猪肠黏膜接种血琼脂，厌氧培养后，生长出的菌落周围形成双层溶血环。该病例最可能的病原是（　　）。
    A. 猪链球菌　　　　　　B. 大肠杆菌　　　　　　C. 沙门菌
    D. 猪痢疾短螺旋体　　　E. 葡萄球菌

24. 某奶牛发热、干咳、腹式呼吸，眼睑及鼻腔流出脓性分泌物。分泌物接种含 10%马血清的马丁琼脂，7d 长出"煎荷包蛋状"菌落。该牛感染的病原可能是（　　）。
    A. 产单核细胞李氏杆菌　B. 牛支原体　　　　　　C. 牛分枝杆菌
    D. 多杀性巴氏杆菌　　　E. 产气荚膜梭菌

25. 某猪场 3~6 月龄架子猪 5 月份突然发病，体温可达 42.5℃，精神沉郁、不食、呼吸高度困难、粪便干燥、下颌皮肤、腹部皮肤、四肢末端皮肤出现紫色或紫红色瘀斑，喜卧，驱赶时尖叫，病程快的 1~2d 死亡，病程长的可见后肢关节肿大，跛行，注射器穿刺有纤维素和脓液，后期出现腹泻，该病原可能是（　　）。
    A. 猪沙门菌　　　　　　B. 猪大肠杆菌　　　　　C. 猪多杀性巴氏杆菌
    D. 猪丹毒杆菌　　　　　E. 链球菌

26. 某猪场 2 月龄左右仔猪出现发病，体温略微升高，临床症状主要表现为被毛粗乱消瘦、食少、下痢，大肠表现为纤维素性出血性坏死的肠炎，粪便呈红色或黑色有恶臭且含有

肠黏膜碎片，有的带有无色的胶冻样液体，该病可能是（　　）。

    A. 仔猪副伤寒　　　　B. 猪肺疫　　　　　　C. 猪痢疾

    D. 猪丹毒　　　　　　E. 仔猪红痢

27. 某保育猪群陆续出现运动障碍、关节肿大，发病率约20%。剖检见关节积液，用关节液接种，仅在巧克力琼脂培养基上长出针尖大小、无色透明、光滑湿润的菌落。该病可能是（　　）。

    A. 猪肺疫　　　　　　B. 猪链球菌病　　　　C. 副猪嗜血杆菌病

    D. 猪丹毒　　　　　　E. 链球菌病

28. 某4～5周龄猪群发病，眼睑周围皮下水肿，倒地后四肢划动如游泳状，1～2d内死亡。剖检见胃壁及肠系膜水肿。该病最可能是（　　）。

    A. 李氏杆菌病　　　　B. 猪链球菌病　　　　C. 猪副伤寒

    D. 猪伪狂犬病　　　　E. 仔猪大肠杆菌病

29. 某猪场部分3月龄以上猪突发咳嗽、呼吸困难，呈急性死亡，死前口鼻流出有血色的液体。剖检见肺与胸壁粘连，肺充血、出血，分离病原时应选用的培养基是（　　）。

    A. SS培养基　　　　　B. 马铃薯琼脂　　　　C. 三糖铁琼脂

    D. 巧克力琼脂　　　　E. 麦康凯琼脂

30. 某猪场部分2月龄猪出现呼吸困难、关节肿胀症状，剖检见心包炎，肺与胸壁粘连，腹腔组织器官表面覆盖纤维素性渗出物。采集病料分别接种普通琼脂、兔血琼脂和巧克力琼脂平板，仅在巧克力平板上长出菌落。该菌落接种兔血平板，再用金黄色葡萄球菌点种进行混合培养，呈现出"卫星现象"。该猪群感染的病原可能是（　　）。

    A. 巴氏杆菌　　　　　B. 副猪嗜血杆菌　　　C. 链球菌

    D. 大肠杆菌　　　　　E. 沙门菌

31. 某成人饮用牛乳后，突然发生恶心，唾液增多，反复剧烈呕吐，呕吐物中混有胆汁和血液，上腹部疼痛并有腹泻，腹泻为水样便。根据食物中毒症状，受污染食物中最可能的病原菌是（　　）。

    A. 肉毒梭菌　　　　　B. 葡萄球菌　　　　　C. 李氏杆菌

    D. 大肠杆菌　　　　　E. 沙门菌

32. 某鸡场4周龄鸡群出现咳嗽气喘、流鼻液症状。分泌物经0.45μm滤膜过滤后接种牛心浸出液琼脂培养基，7d后可见露珠状小菌落。该鸡群感染的病原可能是（　　）。

    A. 鸡毒支原体　　　　B. 产气荚膜梭菌　　　C. 多杀性巴氏杆菌

    D. 李氏杆菌　　　　　E. 巴氏杆菌

33. 某猪场的一批5月龄育肥猪，体温和食欲正常，但生长缓慢，个体大小不一，经常出现咳嗽、气喘等症状。剖检见肺部尖叶、心叶、隔叶前缘呈双侧对称性肉变，其他器官未见异常。该病最可能的病原是（　　）。

    A. 巴氏杆菌　　　　　B. 猪繁殖与呼吸综合征病毒　　C. 肺炎支原体

    D. 副猪嗜血杆菌　　　E. 链球菌

34. 引起猪肺疫的病原是（　　）。

    A. 大肠杆菌　　　　　B. 副猪嗜血杆菌　　　C. 多杀性巴氏杆菌

    D. 沙门菌　　　　　　E. 葡萄球菌

35. 某牛场饲养员协助接产一奶牛后，奶牛出现低热、全身乏力、关节头痛等症状。采集分泌物涂片镜检为革兰氏阴性，柯兹洛夫斯基鉴别染色为红色的球杆菌。该病原可能是（　　）。

　　A. 支原体　　　　　　　B. 布鲁菌　　　　　　　C. 螺旋体
　　D. 巴氏杆菌　　　　　　E. 分枝杆菌

36. 某猪场，7 日龄猪严重腹泻。粪便恶臭且带有血液、黏液，取结肠黏液制成压滴标本片，暗视野显微镜下可见多个具有蛇样运动 2～4 个弯曲的微生物。该猪群感染的病原可能是（　　）。

　　A. 猪痢疾短螺旋体　　　B. 产气荚膜杆菌　　　　C. 霍乱弧菌
　　D. 支原体　　　　　　　E. 放线杆菌

37. 夏季，某鸡场 5 000 只蛋鸡突然发病，病鸡表现呼吸困难、鸡冠髯发绀呈黑紫色、剧烈腹泻等症状。剖检后可见皮下组织、腹部脂肪和肠系膜有大小不等出血点，心外膜、心冠脂肪有出血点，肝肿大，表面分布针尖大小坏死点。该病可能是（　　）。

　　A. 新城疫　　　　　　　B. 禽霍乱　　　　　　　C. 鸡白痢
　　D. 禽流感　　　　　　　E. 禽伤寒

38. 能致猪呼吸道症状，CAMP 试验阳性的是（　　）。

　　A. 猪链球菌　　　　　　B. 副猪嗜血杆菌　　　　C. 巴氏杆菌
　　D. 布鲁菌　　　　　　　E. 胸膜肺炎放线杆菌

39. 鸭传染性浆膜炎的病原为（　　）。

　　A. 鸭疫里氏杆菌　　　　B. 沙门菌　　　　　　　C. 巴氏杆菌
　　D. 大肠杆菌　　　　　　E. 鸭支原体

40. 青年母牛怀孕至 4 个月，发生流产，体温 39.3℃，阴道流出黏液样的灰色分泌物，取流产胎儿的肝和脾直接涂片，革兰氏染色和柯兹洛夫斯基鉴别染色后，镜检见菌体呈红色、球杆状，最可能的病原是（　　）。

　　A. 布鲁菌　　　　　　　B. 伪狂犬病毒　　　　　C. 支原体
　　D. 李氏杆菌　　　　　　E. 巴氏杆菌

41. 病马流出浆性或黏性鼻液，随后鼻黏膜出现小米粒大的黄白色结节，周围有红晕，下颌淋巴结肿胀，排出脓液，长期不愈，该病可能是（　　）。

　　A. 炭疽　　　　　　　　B. 结核病　　　　　　　C. 马痘
　　D. 马腺疫　　　　　　　E. 马鼻疽

42. 某猪场仔猪病初为鼻炎症状，2～3 个月后病猪出现鼻甲骨萎缩，鼻腔和面部变形，一侧的鼻甲骨上下卷曲萎缩，通常鼻甲骨的下卷曲萎缩较严重，鼻黏膜充血、潮红，附有少量混有血丝的黏稠脓性分泌物。该病原可能是（　　）。

　　A. 副猪嗜血杆菌　　　　B. 支气管败血波氏杆菌　C. 猪支原体
　　D. 猪瘟病毒　　　　　　E. 猪丹毒杆菌

43. 某羊群部分羊表现转圈、低头前奔、单侧视觉减弱、颈项强硬，有的呈角弓反张，严重时卧地不起，该病的诊断可能是（　　）。

　　A. 羊猝疽　　　　　　　B. 羊李氏杆菌病　　　　C. 羊肠毒血症
　　D. 羔羊痢疾　　　　　　E. 羔羊大肠杆菌病

44. 家兔，出现神经症状，血液学检查见单核细胞数量明显增多。剖检见肝表面有坏死灶，脑内有细小化脓灶，脑组织切片检查见血管套现象，该病原可能是( )。

    A. 巴氏杆菌          B. 布鲁菌          C. 链球菌

    D. 葡萄球菌        E. 李氏杆菌

45. 某猪场 60 日龄猪胸、腹、背等部位皮肤出现多量方形、大小不等、坚实、稍凸起于皮肤表面的紫红色或黑红色疹块。该病最可能的病原是( )。

    A. 猪丹毒杆菌      B. 猪圆环病毒      C. 巴氏杆菌

    D. 副猪嗜血杆菌    E. 猪瘟病毒

46. 某绵羊场 5 日龄至 2 岁绵羊发病，卧地、腹胀、痉挛、眼球突出，发病数小时内死亡。剖检见十二指肠和空肠黏膜严重充血、糜烂，死后 8h 剖检肌肉切面有气性裂孔，流出带气泡的血样液体，有酸腐味。该病最可能的诊断是( )。

    A. 羔羊大肠杆菌病    B. 羊猝疽        C. 羔羊痢疾

    D. 羊李氏杆菌病     E. 羊肠毒血症

47. 某牛乳房硬结，乳量渐少且乳汁稀薄，乳腺区淋巴结肿大。取乳汁用罗杰二代培养基培养，15d 后长出花菜状、米黄色的粗糙菌落。该病原可能是( )。

    A. 牛分枝杆菌      B. 巴氏杆菌       C. 李氏杆菌

    D. 牛支原体        E. 螺旋体

48. 某牛场 20 头奶牛长期顽固性腹泻，极度消瘦，死亡病例剖检见回肠和空肠呈慢性增生性肠炎，取肠刮取物进行涂片、抗酸染色，发现红色成丛的两端钝圆的小杆菌。该病病原可能是( )。

    A. 分枝杆菌        B. 产单核细胞李氏杆菌    C. 大肠杆菌

    D. 巴氏杆菌        E. 副结核分枝杆菌

49. 某牧区牛羊发病较多，主要表现妊娠动物的流产、死胎、不育、睾丸炎、附睾丸、睾丸肿大组织坏死、波浪热，动物容易感染。该病病原可能是( )。

    A. 结核分枝杆菌     B. 布鲁菌病       C. 副结核分枝杆菌

    D. 沙门菌          E. 衣原体

50. 可引起鸟、牛、猪等动物以及人发病，牛感染后出现呼吸道炎、流产、脑脊髓炎、关节炎。猪发病后出现流产、睾丸炎、尿道炎、肺炎、肠炎、关节炎、心包炎、结膜炎和脑脊髓炎等，该病病原可能是( )。

    A. 结核分枝杆菌     B. 布鲁菌病       C. 副结核分枝杆菌

    D. 沙门菌          E. 衣原体

51. 引起的牛慢性增生性肠炎，表现为卡他性肠炎，长期间歇性顽固性腹泻，极度消瘦。特征性病变为肠黏膜高度增厚并形成皱襞，在皱襞褶中藏有大量成堆的抗酸性杆菌，但无结核或溃疡。该病病原可能是( )。

    A. 结核分枝杆菌     B. 布鲁菌病       C. 副结核分枝杆菌

    D. 沙门菌          E. 衣原体

52. 主要发生在 10～30 日龄的犊牛，表现发热、食欲废绝、呼吸困难、肠炎、腹泻、败血症经过，一般于 7d 内死亡。成年牛的症状表现高热、昏迷、食欲废绝、呼吸困难等症状。发病后很快出现下痢。该病病原可能是( )。

A. 结核分枝杆菌　　　　B. 布鲁菌病　　　　　C. 副结核分枝杆菌

D. 沙门菌　　　　　　E. 衣原体

（53～55题共用备选答案）

A. 大肠杆菌　　　　　B. 产气荚膜梭菌　　　C. 多杀性巴氏杆菌

D. 鸡白痢沙门菌　　　E. 鸡伤寒沙门菌

53. 某养鸡场雏鸡严重腹泻，粪便带血。取病死鸡小肠黏膜接种麦康凯培养基长出红色菌落。该病例最可能的病原是（　　）。

54. 某养鸡场7日龄雏鸡排白色糊状粪便。取粪便接种麦康凯琼脂长出无色透明的小菌落，该病例最可能的病原是（　　）。

55. 某养鸡场成年鸡排黄色稀粪。取粪便接种麦康凯琼脂，长出无色菌落；接种三糖铁琼脂，培养基底部呈黑色。该病例最可能的病原是（　　）。

（56～58题共用题干）

绵羊，突发腹痛、瘤胃臌气、磨牙、痉挛，于发病后2h死亡。病死羊尸体迅速腹部臌胀，尸体剖检见皮下组织胶冻样，真胃底和幽门部可见出血斑，溃疡和坏死。肝土黄色，有坏死灶；肠道黏膜充血出血；心脏内、外膜见出血点、出血斑。

56. 肝触片染色镜检，可能发现（　　）。

A. 链球菌　　　　　　B. 葡萄球菌　　　　　C. 梭杆菌

D. 分枝杆菌　　　　　E. 弯曲杆菌

57. 不用于本病诊断的方法是（　　）。

A. 细菌培养　　　　　B. 毒素检测　　　　　C. 动物接种试验

D. 涂片染色镜检　　　E. 尿沉渣检查

58. 该病主要感染途径（　　）。

A. 消化道　　　　　　B. 呼吸道　　　　　　C. 泌尿道

D. 生殖道　　　　　　E. 皮肤

59. 蜜蜂白垩病的病原是（　　）。

A. 真菌　　　　　　　B. 细菌　　　　　　　C. 病毒

D. 支原体　　　　　　E. 衣原体

60. 引起猪繁殖障碍的RNA病毒是（　　）。

A. 非洲猪瘟病毒　　　B. 猪圆环病毒　　　　C. 伪狂犬病毒

D. 猪细小病毒　　　　E. 日本脑炎病毒

61. 可引起禽类肿瘤性疾病的双股DNA病毒是（　　）。

A. 鸡痘病毒　　　　　B. 传染性法氏囊病毒　C. 禽流感病毒

D. 新城疫病毒　　　　E. 马立克病病毒

62. 某猪场5月龄猪发病，表现为体温升高、弓背、行走摇晃，病初便秘，后期腹泻，四肢末端皮肤有出血点，发病率约15%。剖检可见脾边缘梗死，盲肠纽扣状溃疡。最可能引起本病的病原是（　　）。

A. 猪流感病毒　　　　B. 猪细小病毒　　　　C. 猪瘟病毒

D. 猪伪狂犬病病毒　　E. 猪传染性胃肠炎病毒

63. 某规模化种猪场母猪出现体温升高、食欲不振、弱仔、死胎率达60%，哺乳仔猪体温升高至40℃以上，呼吸困难、耳朵发紫、眼结膜炎，3周内死亡率达70%。该病最可能是(    )。

    A. 猪布鲁菌病        B. 猪狂犬病        C. 猪繁殖与呼吸综合征

    D. 猪瘟        E. 猪细小病毒病

64. 某5月龄猫，食欲不振，呕吐，体温40.5℃，24h后降至正常，经2~3天再上升，同时临床症状加剧，血常规检查白细胞数减少。最可能的病原是(    )。

    A. 狂犬病毒        B. 猫瘟热病毒        C. 细小病毒

    D. 流感病毒        E. 肺炎支原体

65. 某鸡场200只34日龄鸡发病，发病率90%，病死率为80%。病鸡伸颈张口呼吸、咳嗽、气喘、有鼻漏，部分鸡翅、腿麻痹，下痢，粪带血。剖检见嗉囊积液，全身性黏膜和浆膜出血，盲肠扁桃体肿胀、出血。该病的病原可能是(    )。

    A. 禽流感病毒        B. 传染性支气管炎病毒    C. 传染性喉气管炎病毒

    D. 传染性法氏囊病病毒   E. 新城疫病毒

66. 犬出现双相热、肠道急性卡他性炎和神经症状的传染病是(    )。

    A. 狂犬病        B. 犬流感        C. 犬瘟热

    D. 犬细小病毒病        E. 犬传染性肝炎

(67~69题共用备选答案)

    A. 猪细小病毒        B. 猪瘟病毒        C. 伪狂犬病毒

    D. 流行性乙型脑炎病毒  E. 猪繁殖与呼吸综合征病毒

67. 某猪场初产母猪，产死胎、畸胎、木乃伊胎，母猪本身无明显症状，从死胎肝中分离出具有血凝活性的病毒。该病例最可能的病原是(    )。

68. 某猪场怀孕母猪，产下部分死胎，部分仔猪在10日龄出现震颤、四肢呈划水状，将病猪脑组织匀浆液接种家兔，出现奇痒症状。该病例最可能的病原是(    )。

69. 某猪场一头公猪出现睾丸一侧肿大，另一侧萎缩，与该公猪交配的母猪出现流产，用乳鼠肾细胞分离到一种能凝集绵羊红细胞的病毒。该病例最可能的病原是(    )。

70. 绵羊，体温41℃，眼周围、唇、鼻、四肢、乳房等处出现痘疹。取病料电镜观察可见卵圆形或砖形病毒粒子。该病例最可能的病原是(    )。

    A. 蓝舌病毒        B. 小反刍兽疫病毒    C. 伪狂犬病毒

    D. 绵羊痘病毒        E. 朊病毒

71. 某鸡场20日龄以上鸡群发病，剖检见外周神经、性腺、虹膜、各种内脏器官、肌肉和皮肤肿瘤，该病原可能是(    )。

    A. 新城疫病毒        B. 马立克病毒        C. 传染性法氏囊病病毒

    D. 禽传染性支气管炎病毒        E. 禽传染性喉气管炎病毒

72. 牧羊犬，雌性，1岁，后躯麻痹、流涎、恐水，脑组织检查发现内基小体，此病可诊断为(    )。

    A. 狂犬病        B. 犬瘟热        C. 犬传染性肝炎

    D. 犬细小病毒病        E. 犬流感

73. 7日龄仔猪发病，病初呕吐，继而水样腹泻，粪便内含有未消化的凝乳块，病死率达90%。取病猪粪便经处理后电镜观察，可见表面具有花瓣状纤突的病毒。引起该病的病原可能是（　　）。

  A. 猪水疱病病毒  B. 猪传染性胃肠炎病毒 C. 猪圆环病毒

  D. 猪细小病毒  E. 猪瘟病毒

74. 某鸡场，3 周龄鸡出现水样腹泻。剖检病死鸡可见肾肿大出血，呈花斑肾。接种鸡胚可导致胚体蜷缩矮小。引起该病的病原可能是（　　）。

  A. 新城疫病毒  B. 马立克病病毒  C. 传染性法氏囊病病毒

  D. 传染性喉气管炎病毒 E. 传染性支气管炎病病毒

75. 10 月龄牛，体温 41℃，口腔黏膜溃烂，伴有严重腹泻，取病料接种牛胎肾细胞，电镜下观察可见其有囊膜的球形粒子。该牛感染的病原可能是（　　）。

  A. 牛暂时热病毒  B. 小反刍兽疫病毒  C. 牛传染性鼻气管炎病毒

  D. 朊病毒  E. 牛病毒性腹泻病毒

76. 某 23 周龄的种鸡群陆续发病，发病率约 5%，死亡率约 1%。鸡群消瘦、虚弱、产蛋率下降。剖检见肝、脾、肾、卵巢和法氏囊均有肿瘤结节。该病可能是（　　）。

  A. 鸡传染性贫血  B. 禽结核病  C. 传染性法氏囊病

  D. 禽白血病  E. 鸡大肠杆菌病

77. 绵羊群，突然发病，体温 41℃，高温稽留 3d 以上，口腔糜烂，口、眼、鼻流大量黏脓性分泌物，咳嗽，水样腹泻带血，发病率达 90%，病死率约 50%，该病病原可能是（　　）。

  A. 绵羊痘  B. 羊口疮  C. 羊快疫

  D. 小反刍兽疫  E. 炭疽

（78～79 题共用备选答案）

  A. 水貂阿留申病  B. 水貂病毒性肠炎  C. 水貂伪狂犬病

  D. 水貂大肠杆菌病  E. 狂犬病

78. 水貂由细小病毒引起的以出血、坏死、急剧下痢、白细胞高度减少为特征的急性病毒性传染病是（　　）。

79. 某水貂场成年貂发病，食欲不振，部分病貂后期有抽搐、痉挛症状，剖检见肾肿大明显，表面有出血点。临床病理学检查见肾浆细胞增多、血清丙种球蛋白异常增高。最可能发生的疾病是（　　）。

80. 导致幼猫小脑发育不全的病毒是（　　）。

  A. 狂犬病病毒  B. 猫嵌杯病毒  C. 猫冠状病毒

  D. 猫泛白细胞减少症病毒  E. 猫白血病病毒

81. 某猪场部分猪发病，体温升高至 40～41℃，口腔黏膜、鼻及蹄周围形成小水疱，有的水疱破裂、出血、糜烂，有的蹄壳脱落。该病病原可能是（　　）。

  A. 细小病毒  B. 伪狂犬病毒  C. 蓝舌病毒

  D. 口蹄疫病毒  E. 圆环病毒

82. 产蛋鸭群，病初采食量下降，部分鸭排草绿色稀便，1 周后产蛋量锐减 70%，同时出现破壳蛋、畸形蛋。剖检见卵泡膜充血、出血，肝肿大有坏死灶。该病最可能的病原是（　　）。

  A. 呼肠孤病毒  B. 白血病病毒  C. 鸭细小病毒

D. 鸭坦布苏病毒      E. 鸭大肠杆菌

83. 具有血凝素神经氨酸酶纤突的病毒是( )。
     A. 新城疫病毒      B. 禽白血病病毒      C. 马立克病病毒
     D. 禽传染性喉气管炎病毒             E. 禽传染性支气管炎病毒

84. 下列哪一种病毒可以引起感染动物免疫功能下降( )。
     A. 猪圆环病毒      B. 高致病性禽流感病毒      C. 鸡传染性支气管炎病毒
     D. 兔瘟病毒      E. 以上都不是

85. 下列病毒属于 DNA 病毒的是( )。
     A. 减蛋综合征病毒      B. 新城疫病毒      C. 传染性法氏囊病病毒
     D. 传染性支气管炎病毒    E. 马立克病病毒

86. 动物病毒中最小的病毒是( )。
     A. 痘病毒      B. 朊病毒      C. 圆环病毒
     D. 轮状病毒      E. 日本脑炎病毒

87. 下列病毒感染细胞不出现包涵体的是( )。
     A. 狂犬病毒      B. 痘病毒      C. 疱疹病毒
     D. 腺病毒      E. 轮状病毒

88. 下列不属于单股负链 RNA 病毒的是( )。
     A. 弹状病毒科      B. 丝状病毒科      C. 波纳病毒科
     D. 副黏病毒科      E. 疱疹病毒科

89. 下列不具有凝血作用的病毒是( )。
     A. 禽流感病毒      B. 新城疫病毒      C. 狂犬病毒
     D. 减蛋综合征病毒      E. 圆环病毒

90. 某柯基犬,1岁,先出现呕吐,后开始腹泻,排番茄汁样稀粪,有难闻的腥臭味,脱水严重,血常规检查白细胞总数显著减少,转氨酶指数上升。取粪便分离病毒,用氯仿、乙醚等处理无作用,电镜下观察呈六角形。可能的病原是( )。
     A. 犬细小病毒      B. 犬瘟热病毒      C. 狂犬病病毒
     D. 伪狂犬病病毒      E. 犬传染性肝炎病毒

(91~92 题共用题干)

某猪场大小猪突然出现发病,传播迅速,病猪出现精神不振、体温升高、厌食等症状。有的猪表现蹄壳变形或脱落,跛行明显,甚至卧地不能站立,有的猪在鼻镜、吻突、母猪的乳房、乳头等处皮肤出现大小不一的水疱,水疱充满清朗或微浊的浆液性液体,很快破溃,露出边缘整齐的暗红色糜烂面,形成烂斑,死亡率较低。剖检死亡猪,心包膜有弥散性出血点,心肌切面有灰白色或淡黄色斑点或条纹,松软似煮熟状。

91. 该病病原可能是( )。
     A. 水疱病      B. 口蹄疫      C. 猪高热病
     D. 猪瘟      E. 猪圆环病毒

92. 该病原属于( )。
     A. 反转录病毒科      B. 细小病毒科      C. 微 RNA 病毒科
     D. 冠状病毒科      E. 疱疹病毒科

（93～94 题共用题干）

家养短毛猫，8 周龄，雌性，病猫食欲不振，嗜睡，体温升高到 40℃以上 24h 后恢复到正常，2～3d 后又上升到 40℃，第二次发病时症状加剧，高度沉郁衰弱，顽固性呕吐，呕吐物呈黄绿色，腹泻，粪便呈水样含血液，迅速脱水，贫血，白细胞显著减少。

93. 该病病原可能是（　　）。

    A. 猫白血病　　　　　　　B. 猫泛白细胞缺少症　　　C. 猫传染性腹膜炎

    D. 狂犬病　　　　　　　　E. 鼠疫病

94. 该病原属于（　　）。

    A. 反转录病毒科　　　　　B. 细小病毒科　　　　　　C. 微 RNA 病毒科

    D. 冠状病毒科　　　　　　E. 疱疹病毒科

（95～96 题共用题干）

某马场二十匹马出现发热症状，呈稽留热，发热初期，可视黏膜潮红、充血并有轻度黄染，随着病情的加重，可视黏膜变为黄白色，眼结膜、鼻黏膜、阴道黏膜出现大小不一的出血点，脉搏数增加，胸前腹下浮肿，逐渐消瘦。血常规检查，红细胞减少，白细胞数异常。

95. 该马可能的病原体是（　　）。

    A. 非洲马瘟病毒　　　　　B. 马秋波病毒　　　　　　C. 登革热病毒

    D. 马传染性贫血病毒　　　E. 波纳病病毒

96. 该病原体形态是（　　）。

    A. 球形　　　　　　　　　B. 丝形　　　　　　　　　C. 弹形

    D. 砖形　　　　　　　　　E. 蝌蚪形

（97～98 题共用备选答案）

    A. 伪狂犬病病毒　　　　　B. 禽白血病病毒　　　　　C. 蓝舌病病毒

    D. 传染性法氏囊病病毒　　E. 貂阿留申病病毒

97. 属于反转录病毒科的病毒是（　　）。

98. 属于双链 RNA 病毒科的病毒是（　　）。

（99～101 题共用备选答案）

    A. 羊膜腔　　　　　　　　B. 绒毛尿囊膜　　　　　　C. 尿囊腔

    D. 卵黄囊　　　　　　　　E. 羊膜

99. 用 SPF 鸡胚分离新城疫病毒时，病料接种部位是（　　）。

100. 用 SPF 鸡胚分离疱疹病毒时，病料接种部位是（　　）。

101. 用 SPF 鸡胚分离森林脑炎病毒时，病料接种部位是（　　）。

（102～104 题共用备选答案）

    A. 牛病毒性腹泻病毒　　B. 牛副流感病毒 3 型病毒

    C. 牛瘟病毒　　　　　　D. 牛传染性鼻气管炎病毒

    E. 牛流行性热病毒

102. 能引起牛呼吸道疾病的黄病毒科病毒是（　　）。

103. 能引起牛呼吸道疾病的副黏病毒科病毒是（　　）。

104. 能引起牛呼吸道疾病的疱疹病毒科病毒是（　　）。

105. 最适于对混合抗原组分进行鉴定的方法是（　　）。

A. 絮状沉淀试验　　　B. 环状沉淀试验　　　C. 琼脂双向双扩散
D. 琼脂双向单扩散　　E. 免疫电泳

106. 可用于人工主动免疫的免疫原是(　　)。
　　A. 内毒素　　　　　B. 外毒素　　　　　C. 抗毒素
　　D. 类毒素　　　　　E. 佐剂

107. 属于半抗原的物质是(　　)。
　　A. 青霉素　　　　　B. 外毒素　　　　　C. 细菌菌体
　　D. 细菌鞭毛　　　　E. 病毒衣壳

108. 属于中枢免疫器官的是(　　)。
　　A. 脾　　　　　　　B. 胸腺　　　　　　C. 淋巴结
　　D. 扁桃体　　　　　E. 哈德氏腺

109. 属于过敏反应型(Ⅰ型)变态反应的是(　　)。
　　A. 花粉过敏　　　　B. 输血反应　　　　C. 类风湿关节炎
　　D. Jones-mote 反应　E. 结核菌素变态反应

110. 属于典型的细胞毒型(Ⅱ型)变态反应是(　　)。
　　A. 血清病　　　　　B. 青霉素过敏反应　C. 新生畜溶血性贫血
　　D. 结核菌素肉芽肿　E. 自身免疫复合物病

111. 属于免疫复合物型(Ⅲ型)变态反应的是(　　)。
　　A. 全身性红斑狼疮　B. 肉芽肿变态反应　C. 花粉过敏
　　D. 输血反应　　　　E. 新生畜溶血性贫血

112. 属于迟发型(Ⅳ型)变态反应的是(　　)。
　　A. 皮肤湿疹　　　　B. 全身性红斑狼疮　C. 血小板减少性紫癜
　　D. 青霉素过敏　　　E. 花粉过敏

113. 属于免疫学诊断的实验室检测方法是(　　)。
　　A. 细胞培养技术　　B. PCR 诊断技术　　C. 核酸探针技术
　　D. 凝集试验　　　　E. 病理组织学诊断

114. 分离培养牛出血性败血病病原的常用培养基是(　　)。
　　A. SS 琼脂　　　　　B. 鲜血琼脂　　　　C. 麦康凯琼脂
　　D. 普通营养琼脂　　E. 伊红美蓝琼脂

(115～118 题共用备选答案)
　　A. 给动物接种疫苗
　　B. 动物在感染某种病原微生物后,对该病原体的再次入侵呈不感染状态
　　C. 雏禽通过卵黄从母体获得母源抗体
　　D. 人工给予免疫血清
　　E. 给动物接种类毒素

115. 属于天然主动免疫的是(　　)。
116. 属于人工主动免疫的是(　　)。
117. 属于天然被动免疫的是(　　)。
118. 属于人工被动免疫的是(　　)。

（119～120 题共用备选答案）

　　A. 对流免疫电泳　　　B. 补体结合反应　　　C. 直接凝集反应

　　D. 琼脂凝胶扩散试验　　E. 环状沉淀试验

119. 需颗粒性抗原参与的免疫血清学反应是（　　）。

120. 诊断炭疽的 Ascoli 试验属于（　　）。

121. 快速确认该病扁桃体中病毒的方法是（　　）。

　　A. ELISA 试验　　　　B. 血凝试验　　　　C. 免疫荧光试验

　　D. 细胞接种　　　　　E. 鸡胚接种

（122～126 题共用备选答案）

　　A. CH2　　　　　　B. VH-VL　　　　　C. CHI-CL

　　D. CH3　　　　　　E. CH4

122. IgG 分子中与抗原特异性结合的功能区是（　　）。

123. IgG 分子中与肥大细胞或嗜碱性粒细胞的 Fc 受体结合的功能区是（　　）。

124. 抗体分子的遗传标志所在的功能区是（　　）。

125. IgE 与肥大细胞和嗜碱性粒细胞的 Fc 受体结合的功能区是（　　）。

126. 抗体分子的补体结合位点是（　　）。

（127～132 题共用备选答案）

　　A. IgG　　　　　　B. IgM　　　　　　C. IgA

　　D. IgE　　　　　　E. IgD

127. 免疫球蛋白中，以单体形式存在，为动物血清中含量最高的是（　　）。

128. 免疫球蛋白中，以单体形式存在，在血清中含量极微，导致变态反应的是（　　）。

129. 免疫球蛋白中，以单体形式存在，在血清中含量极微，且极不稳定，容易降解，与免疫记忆有关的是（　　）。

130. 以五聚体形式存在，是动物机体初次体液免疫反应最早产生的免疫球蛋白是（　　）。

131. 主要以二聚体两种形式存在于呼吸道、消化道外分泌液中，也在初乳、唾液、泪液和脑脊液、羊水、腹水和胸膜液中的免疫球蛋白是（　　）。

132. 唯一能通过人和兔胎盘的免疫球蛋白是（　　）。

133. 一种特殊化学基团是抗原分子中与淋巴细胞特异性受体和抗体结合的部位，存在于抗原分子的表面，决定抗原特异性，这个特殊化学基团称为（　　）。

　　A. 特异性受体　　　B. 抗原抗体复合物　　　C. 抗原表位

　　D. 蛋白质　　　　　E. 组织相容性复合物

（134～135 题共用备选答案）

　　A. 单核吞噬细胞　　　B. 树突状细胞　　　C. 肥大细胞

　　D. 郎格罕细胞　　　　E. 粒细胞

134.（　　）膜上具有 IgG 的 Fc 受体，在 IgG 的调理作用可增强其杀菌作用。

135. 提呈抗原能力最强的抗原呈递细胞是（　　）。

# 模拟题参考答案

| 题号 | 1 | 2 | 3 | 4 | 5 | 6 | 7 | 8 | 9 | 10 | 11 | 12 | 13 | 14 | 15 | 16 | 17 | 18 | 19 | 20 |
|------|---|---|---|---|---|---|---|---|---|----|----|----|----|----|----|----|----|----|----|----|
| 答案 | A | D | A | B | B | C | B | D | E | C | B | A | A | B | E | B | A | B | B | D |
| 题号 | 21 | 22 | 23 | 24 | 25 | 26 | 27 | 28 | 29 | 30 | 31 | 32 | 33 | 34 | 35 | 36 | 37 | 38 | 39 | 40 |
| 答案 | A | D | A | C | E | C | C | E | D | B | B | A | C | C | D | A | B | E | A | A |
| 题号 | 41 | 42 | 43 | 44 | 45 | 46 | 47 | 48 | 49 | 50 | 51 | 52 | 53 | 54 | 55 | 56 | 57 | 58 | 59 | 60 |
| 答案 | E | B | B | E | A | B | A | A | B | E | C | D | A | D | C | C | E | A | A | E |
| 题号 | 61 | 62 | 63 | 64 | 65 | 66 | 67 | 68 | 69 | 70 | 71 | 72 | 73 | 74 | 75 | 76 | 77 | 78 | 79 | 80 |
| 答案 | E | C | C | B | E | C | A | C | D | D | B | A | B | E | E | D | D | B | A | D |
| 题号 | 81 | 82 | 83 | 84 | 85 | 86 | 87 | 88 | 89 | 90 | 91 | 92 | 93 | 94 | 95 | 96 | 97 | 98 | 99 | 100 |
| 答案 | D | D | A | A | E | C | E | E | E | A | B | C | B | B | D | A | C | D | C | B |
| 题号 | 101 | 102 | 103 | 104 | 105 | 106 | 107 | 108 | 109 | 110 | 111 | 112 | 113 | 114 | 115 | 116 | 117 | 118 | 119 | 120 |
| 答案 | D | A | B | D | E | D | A | B | A | C | A | A | D | B | B | E | A | D | C | E |
| 题号 | 121 | 122 | 123 | 124 | 125 | 126 | 127 | 128 | 129 | 130 | 131 | 132 | 133 | 134 | 135 | | | | | |
| 答案 | C | B | E | C | D | A | A | D | E | B | C | A | C | A | B | | | | | |

# 第二篇

# 动物传染病学

## ■ 备考指南

### 学科特点

1. 预防科目中重要的课程，贯穿兽医微生物学、兽医临床诊断学、兽医免疫学、兽医病理学和药理学等课程知识的综合应用课程。
2. 病原学部分涉及的病原菌种类多且不易进行区分。
3. 传染病临床症状、病理变化和鉴别诊断及预防是重点和难点内容。

### 学习方法

1. 学会总结归纳，容易混淆的知识点需反复进行记忆，形成自己的记忆模式。
2. 传染病临床症状、病理变化和鉴别诊断需要进行对比记忆。

### 历年分值分布

| 年份 | 单元 | | | | | | | | | | 合计 |
|------|------|------|------|------|------|------|------|------|------|------|------|
| | 动物传染病学总论 | 人畜共患传染病 | 多种动物共患传染病 | 猪的传染病 | 牛、羊的传染病 | 马的传染病 | 禽的传染病 | 犬、猫的传染病 | 兔、貂的传染病 | 蚕、蜂的传染病 | |
| 2018 | 4 | 2 | 2 | 3 | 6 | 1 | 5 | 4 | 2 | 1 | 30 |
| 2019 | 5 | 3 | 1 | 4 | 4 | 1 | 4 | 5 | 1 | 1 | 30 |
| 2020 | 4 | 3 | 1 | 5 | 5 | 1 | 4 | 4 | 2 | 1 | 30 |

（续）

| 年份 | 单元 | | | | | | | | | | 合计 |
|------|------|------|------|------|------|------|------|------|------|------|------|
| | 动物传染病学总论 | 人畜共患传染病 | 多种动物共患传染病 | 猪的传染病 | 牛、羊的传染病 | 马的传染病 | 禽的传染病 | 犬、猫的传染病 | 兔、貂的传染病 | 蚕、蜂的传染病 | |
| 2021 | 5 | 3 | 1 | 4 | 4 | 1 | 4 | 5 | 1 | 1 | 30 |
| 2022 | 4 | 3 | 1 | 5 | 5 | 1 | 4 | 4 | 2 | 1 | 30 |
| 合计 | 23 | 13 | 7 | 20 | 25 | 6 | 25 | 19 | 8 | 6 | 150 |

<<<　**第一单元　动物传染病学总论**　>>>

## 一、考试大纲

| 单元 | 细目 | 要点 |
|---|---|---|
| 动物传染<br>病学总论 | 1. 动物传染病与感染 | （1）传染病的特征　（2）感染的类型　（3）传染病病程的发展阶段　（4）一、二、三类传染病 |
| | 2. 动物传染病流行过程的基本环节 | （1）传染病流行必须具备的 3 个要素　（2）疫源地和自然疫源地　（3）传染病流行过程的表现形式　（4）流行过程的季节性和周期性　（5）传染病流行和发展的影响因素 |
| | 3. 动物流行病学调查 | （1）发病率、死亡率、病死率的概念　（2）动物流行病学调查的步骤和内容 |
| | 4. 动物传染病诊断方法 | （1）临诊综合诊断　（2）实验室诊断 |
| | 5. 动物传染病的免疫防控措施 | （1）基本概念　（2）免疫接种的方法 |
| | 6. 动物传染病的综合防控措施 | （1）防疫工作的基本原则和内容　（2）疫情报告　（3）检疫、隔离、封锁的概念　（4）消毒、杀虫、灭鼠和防鸟　（5）药物防治 |

## 二、重要知识点

### （一）动物传染病与感染

凡是由病原微生物感染引起的，有一定潜伏期、临床表现，并具有传染性的疾病称为传染病。

**1. 传染病的特征**　由特定的病原微生物和机体相互作用引起，具有传染性和流行性，被感染机体发生特异性反应等，可用血清学方法等反应检查出来。具有特征性的临床表现，具有明显的流行规律。耐过动物可获得特异性免疫。

**2. 感染的类型**　感染是指病原微生物侵入动物体内，在一定部位定居、生长和繁殖，引起机体一系列病理反应的过程。传染病病程的时间与病原体的致病力和机体的抵抗力等因素有关，一定条件下，一种类型可转变为另一种类型。各种类型介绍如下：

（1）按病原体　分为外源性感染（病原微生物从动物体外侵入机体引起的感染过程）和内源性感染（条件性病原微生物寄生在动物机体内，当抵抗力减弱时，病原微生物活化，毒力增强大量繁殖，引起机体发病）。

（2）按感染病原体的种类　分为单纯感染（一种病原微生物引起的感染）和混合感染（两种以上的病原微生物同时参与的感染）。

（3）按感染病原体的先后　分为原发感染和继发感染。当动物感染了一种病原微生物之后，机体抵抗力减弱，又侵入新的病原微生物引起的感染，前一种感染称为原发感染，后一种感染称为继发感染。

（4）根据感染后是否表现出该病所特有的临床症状 分为显性感染和隐性感染。在感染过程中表现是否出现该病的特征性症状称为典型感染和非典型感染。

（5）根据感染的严重程度 分为顿挫型感染（开始时症状表现较重，与急性病例相似，特征性症状未出现即迅速消退并恢复健康的感染）和一过型感染（开始症状较轻，特征症状未见出现即恢复的感染）。

（6）按感染部位 分为局部感染（机体抵抗力较强或病原微生物毒力较弱，数量较少，感染局限在一定部位）和全身感染（机体抵抗力较弱，病原微生物侵入血液快速向全身扩散，引发严重全身感染，如菌血症、毒血症、败血症等）。

（7）按感染后病程的时间 分为最急性感染、急性感染、亚急性感染和慢性感染。按感染后是否引起病畜大批死亡的分为良性感染和恶性感染。

（8）持续性感染和慢病毒感染 持续性感染是指入侵的病毒和宿主间形成共生平衡，动物长期处于感染的状态，动物可长期或终生带毒。如猪瘟、蓝耳病等感染猪后可表现为持续性感染。慢病毒感染又称长程感染，是指潜伏期长，发病呈进行性的且最后常以死亡为转归的病毒感染，其与持续性感染的不同点在于慢性病毒感染会不断发展并最终引起死亡。如马传染性贫血、牛海绵状脑病等。

**3. 传染病病程的发展阶段** 传染病的病程发展分为潜伏期、前驱期、明显（发病）期和转归期。

（1）潜伏期 病原体侵入机体至最早临床症状出现为止的期间，称为潜伏期。不同的传染病其潜伏期的长短是不相同的。

（2）前驱期 出现临床症状到出现主要症状前的时期，称为前驱期。特点是临床症状开始表现但特征性症状不明显。

（3）明显（发病）期 特征性症状逐步明显表现出来的时期，是疾病发展的高峰阶段，此期在诊断上比较容易识别。

（4）转归期（恢复期） 疾病的进一步发展为转归期。病原体致病性增强，或动物体抵抗力减退，以动物死亡为转归。如果动物体抵抗力增强，症状逐渐消退，生理机能逐步恢复，则以动物康复为转归。有些传染病在一定时期内还会带菌（毒）、排菌（毒）。

**4. 一、二、三类传染病** 我国根据传染病按疾病的危害程度、造成损失的大小把传染病分类如下：

（1）一类动物疫病（A类动物疫病，11种） 口蹄疫、猪水疱病、非洲猪瘟、尼帕病毒性脑炎、非洲马瘟、牛海绵状脑病、牛瘟、牛传染性胸膜肺炎、痒病、小反刍兽疫、高致病性禽流感。

（2）二类传染病（37种） 如布鲁菌病、狂犬病、牛结节性皮肤病等。

（3）三类传染病（126种） 如猪副伤寒、犬瘟热等。

## （二）动物传染病流行过程的基本环节

**1. 传染病流行必须具备的3个要素**

（1）传染源 指有某种病原体在体内外寄居和生长繁殖，并能排出病原体的活的动物机体。包括患病动物和病原携带者。

（2）传播途径　病原体从传染源排出再次侵入其他易感染动物经历的途径。

①水平传播方式：分直接接触传播方式和间接接触传播。传播媒介是指将病原体从传染源传播给易感动物的各种外界因素。常见的间接接触传播有：经空气传播，几乎所有的呼吸道病均可通过飞沫传播；经饲料和饮水传播，多种传染病如口蹄疫、猪瘟、鸡新城疫、沙门菌、炭疽等都可以消化道感染；经土壤传播，随患病动物的排泄物、分泌物或其尸体一起落入土壤而能在其中长时间存活的病原微生物称为土源性病原微生物，如炭疽杆菌、气肿疽杆菌、破伤风梭菌、猪丹毒杆菌；经活媒介传播，指某些病原体在感染动物前，能在一定种类的节肢动物（如某种蜱）体内进行发育、繁殖，后通过节肢动物的唾液、呕吐物或粪便等进入易感动物体内。

②垂直传播方式：从亲代到子代之间的纵向传播。包括：经胎盘传播：产前被感染怀孕动物通过胎盘将其体内病原体传给胎儿的现象，如猪瘟、猪细小病毒感染、伪狂犬病、衣原体病、流行性乙型脑炎、布鲁菌病、钩端螺旋体病等；经卵传播，指携带病原体的种禽，其卵子在发育过程中将病原体传给下一代，如禽白血病病毒、禽腺病毒病、禽脑脊髓炎病毒、鸡白痢和沙门菌等；分娩过程的传播，是指怀孕动物阴道和子宫颈的病原体在分娩过程中感染新生胎儿，如有大肠杆菌、葡萄球菌、链球菌、沙门菌和疱疹病毒等。

（3）易感动物　指动物对于某种传染病病原体感受性的大小。畜群易感性是指动物群体作为整体对某种病原体的易感程度。影响易感性有遗传因素、年龄因素（一是特异性免疫能力，二是发育阶段生理差异）、饲养管理水平（营养、卫生状况）和特异性免疫状态（包括天然和人工免疫状态）。

**2. 疫源地和自然疫源地**

（1）疫源地　有传染源及其排出的病原体存在的地区。

（2）疫点、疫区　根据疫源地范围大小，可划定疫点或疫区。通常将范围小的疫源地或单个传染源所构成的疫源地称为疫点。若干个疫源地连成片且范围较大时称为疫区。

（3）自然疫源地　即有自然疫源性疾病存在的地方。自然疫源性疾病是指病原体不需要人或动物参与能完成世代更替的传染病，如狂犬病和布鲁菌病。

**3. 传染病流行过程的表现形式**　按其强度分为四种，各种形式之间有时可以相互转化。

（1）散发　长时间零星、散在发生且各个病例在时间和空间上无相关性的形式。与群体免疫水平、隐性感染率高、需一定的致病条件等有关，如狂犬病、破伤风等。

（2）地方流行性　某传染病在一定区域内和一定时间内呈局限性的小规模流行、病例数超过散发性。多数病属此类。

（3）流行性（暴发）　某种传染病在一定时间内出现较大范围的流行，病例比较多。常见重要传染病多为这类。

（4）大流行　指极大规模的流行，范围涉及一国、几国或全球，病例极多，如非洲猪瘟、流感、口蹄疫和牛瘟等。

**4. 流行过程的季节性和周期性**

（1）季节性　某些传染病常在某些季节发生或病例增多的特性。原因有如季节对病原体影响、对传播媒介影响、对动物身体影响和对生产活动等的影响。

（2）周期性　某些传染病经过一定的时间间隔再度流行。原因可能是动物新老更替，易感动物周期性出现。季节性和周期性可通过科学有效的综合防制改变。

**5. 传染病流行和发展的影响因素** 动物活动所在的环境和条件能影响传染病的发生，主要是自然因素（主要包括气候和地理因素等）、社会因素（包括政治经济制度、文化与科学技术水平、生产力、兽医相关法律法规的制定与贯彻执行情况等）和饲养管理因素（如饲养场场址选择、圈舍设计、通风设施、垫料种类、圈舍的小气候、卫生防疫制度、饲养管理制度及工作人员素质等因素）。

### （三）动物流行病学调查

**1. 发病率、患病率、死亡率、病死率的概念**

（1）发病率 表示畜禽中在一定时期内某病新病例发生的频率。发病率＝（某时期发生某病新病例数/同期内畜禽动物的总平均数）×100％。

（2）患病率 表示某一指定时间全部畜禽中存在某病畜禽数比例。患病率＝（在某一指定时间畜群中存在的病例数/同一时间内畜群中动物总数）×100％。

（3）死亡率 指某病病死数与动物总数的百分比。死亡率＝（某病死亡数/同时期某种动物总数）×100％。

（4）病死率 指因某病死亡畜禽数占患该病动物总数的百分比，表示该病临床上的严重程度，比死亡率更精确地反映出传染病的流行过程。致死率＝（因某病致死头数/该病患病动物总数）×100％。

**2. 动物流行病学调查的步骤和内容**

（1）调查步骤 包括临床流行病学、血清流行病学和病原学流行病学调查。疾病流行病学调查是正确诊断的重要因素。

（2）调查内容 包括疫情流行情况、疫病来源、传播途径和方式及其他情况（如该地区的政治、经济情况，生产和生活情况，畜牧兽医机构和相关工作开展情况，当地领导干部、兽医、饲养员和群众对疫情的看法等）。

### （四）动物传染病诊断方法

**1. 临诊综合诊断** 包括流行病学诊断、临诊诊断和病理解剖学诊断三部分。

**2. 实验室诊断** 包括病理组织学诊断、微生物学诊断、免疫学诊断和分子生物学诊断。

（1）微生物学诊断 步骤包括病料的采集涂片、镜检；病原的分离培养和鉴定；动物接种试验，将病料处理后人工接种易感动物来帮助诊断。

（2）免疫学诊断 包括血清学试验和变态反应。常用的血清学方法有凝集试验、中和试验、琼脂扩散沉淀试验、免疫荧光抗体试验、补体结合试验、酶联免疫吸附技术（ELISA）等。变态反应指动物感染某些传染病后，可对该病原体或其产物（某种抗原物质）再次进入产生强烈反应，能引起变态反应的物质（病原体或其产物或抽提物）称为变应原。

（3）分子生物学诊断 又称基因诊断，包括 PCR 技术、核酸探针技术、DNA 芯片技术，具有很高的特异性和敏感性。

### （五）动物传染病的免疫防控措施

**1. 基本概念**

（1）疫苗 指利用病原微生物及其代谢产物，经过人工减毒、灭活或利用基因工程等方法制成的能用于预防传染病的自动免疫制剂。

（2）免疫接种 用人工方法将免疫原或免疫效应物质输入到机体内，通过人工自动免疫或人工被动免疫的方法让机体获得预防某种传染病的能力。可分为预防接种和紧急接种。

**2. 免疫接种的方法**

（1）预防接种 指在经常发生某些传染病的地区，或有传染病潜在的地区，或经常受到邻近地区某些传染病或威胁的地区，平时有计划地给健康畜群进行疫苗免疫接种。

（2）紧急免疫 指当发生传染病时，为了迅速控制和扑灭疫病，对疫区和受威胁区还未发病的动物进行的应急性免疫接种。

（3）免疫程序 指根据一定地区、养殖场或特定动物群体内传染病的流行状况、动物健康状况和不同疫苗特性，制定的特定接种计划，包括接种疫苗的类型、顺序、时间、次数、方法、时间间隔等规程和次序。

（4）被动免疫 指将免疫血清或自然发病后康复动物的血清人工接种给未免疫的动物，使其获得对某种病原的抵抗力。

## （六）动物传染病的综合防控措施

**1. 防疫工作的基本原则和内容** 制定动物传染病防治措施时，采取措施消除和切断传染病流行三个环节的相互联系，即可阻止传染病的流行和传播。我国动物传染病的防治原则：

（1）坚持"预防为主"的方针 做好饲养管理、防疫卫生、预防接种、检疫、隔离、消毒等综合措施，以提高畜禽的健康水平和抗病能力，降低畜禽发病率和死亡率。

（2）建立健全各级兽医工作机构 保证动物疫病防治措施的贯彻实施，提高动物产品质量和安全水平。村级防疫员就是其中最基层最重要的一环。

（3）加强和完善动物防疫法律法规建设 控制和消灭动物传染病的工作关系到国家信誉和人民健康，兽医行政主管部门要以兽医流行病学和动物传染病学的基本理论为指导，制订并完善动物疫病防治等相关的法规、条例以规范动物传染病的防治工作。

**2. 疫情报告** 发现动物传染病或疑似病例时，必须立即上报当地动物防检机构或乡镇畜牧兽医站。迅速向上级有关部门报告，并通知邻近部门及有关部门注意预防工作。上级机关接到报告后根据具体情况逐级上报。紧急疫情应以最快方式上报有关领导部门。

**3. 检疫、隔离、封锁的概念**

（1）检疫 利用各种诊断、检测方法对动物及其相关产品进行检查。旨在查出传染源、切断传播途径和防止疫病传播。

（2）隔离 将不同健康状况的动物严格分离、隔开，完全、彻底切断之间来往接触，防疫病的传播、蔓延。区分为病畜、可疑感染家畜和假定健康家畜等三类，分别采取措施。

①病畜：当病畜数目较多时，可集中隔离在原来的畜舍里。要求注意严密消毒，加强卫生和护理工作，但要有专人看管及及时进行治疗。

②可疑感染家畜：如未发现任何症状，但与病畜及其污染的环境有过明显的接触。应在消毒后另选地方进行隔离和看管，限制其活动和严加观察，出现症状按病畜处理。

③假定健康家畜：指疫区内除病畜和可疑感染家畜外的易感家畜。应与上述两类严格隔离饲养，加强防疫消毒和保护，马上紧急免疫接种。

（3）封锁 严格执行"早、快、严、小"的原则。当确诊为一类动物疫病或当地新发传染病时，兽医人员应立即报请当地政府机关，划定疫区范围，进行封锁。解除封锁：疫区内（包括疫点）最后一头患病动物扑杀或痊愈后，经过该病一个潜伏期以上的检测、观察未再出现患病动物时，经彻底消毒清扫，由县级以上农牧部门检查合格，经原发布封锁令的政府发布解除封锁令（谁封锁谁解除），并通报毗邻地区和有关部门。

**4. 消毒、杀虫、灭鼠和防鸟**

（1）消毒 指利用物理、化学或生物学方法杀灭或清除外界环境中的病原体，切断传播途径、防止疫病的流行，分为物理（机械性清除）、化学和生物消毒法。

①物理消毒法：指利用机械清除（如清扫、洗刷和通风等清除病原体，可清除环境中85%的病原体）、阳光、紫外线和高温进行消毒。包括：煮沸法（100℃，1～2min即完成消毒，但芽孢需较长时间）；流动蒸气消毒，相对湿度80%～100%，温度近100℃；高压蒸气灭菌，通常压力为98.066kPa，温度121～126℃。15～20min即能彻底杀灭细菌芽孢，适用于耐热、耐潮物品。

②化学消毒法：化学消毒药物作用于微生物和病原体，使蛋白质变性失去正常功能而死亡。常用的有含氯消毒剂、氧化消毒剂、碘类消毒剂、杂环类气体消毒剂、醛类消毒剂、酚类消毒剂、醇类消毒剂和季胺类消毒剂等。

③生物热消毒法：是最常用的粪便污物消毒法，能杀灭除芽孢外的所有病原微生物，不影响肥料的应用价值。通常有发酵池法和堆粪法两种。

④根据消毒的目的把消毒分为预防性消毒、随时消毒和终末消毒。预防性消毒，指为了预防传染病和寄生虫病的发生，对畜禽舍、场地环境、人员、车辆、用具和饲料、饮水等进行的定期、反复的消毒；随时消毒（紧急消毒），发生传染病时，为了及时消灭从患病动物体内排出的病原体采取的应急性消毒措施；终末消毒，指在最后一头病畜禽痊愈或死亡（扑杀）后，经过一个潜伏期的监测，未出现新的病例，在解除封锁前，为了消灭疫区内可能残留的病原体而进行的疫区全面彻底的大消毒。终末消毒后验收合格可解除封锁。

（2）杀虫 指杀灭能传播疾病、危害人类健康的节肢动物，包括物理杀虫、生物杀虫和药物杀虫法。

（3）灭鼠 鼠类能传播的传染病有炭疽、布鲁菌病、结核病、钩端螺旋体病、伪狂犬和口蹄疫等。杀灭能作为传染源和能造成经济损失的啮齿类动物（主要是鼠类），是防制鼠源性疾病和减少经济损失的重要措施。

（4）防鸟 尽量防止鸟类进入圈舍、接触动物或污染畜禽舍及其他环境。

**5. 药物防治** 严格按照经济、合理、合法的原则，使用药物进对患传染病动物进行治疗，既可抢救患病动物，减少损失，也可减少传染源，防止疫病传播。

（1）治疗原则 早发现早治疗，标本兼治，特异性和非特异性治疗相结合，药物治疗与综合措施相配合。

（2）针对病原体的疗法 包括特异性疗法（高免血清、康复血清和卵黄抗体等生物制品）、抗生素疗法（须合理应用）、化学疗法（磺胺类、抗菌增效剂、硝基呋喃类和喹诺酮类）、抗病毒药物（金刚烷胺、吗啉胍、黄芪多糖、板蓝根、干扰素等）、微生态平衡疗法等。

（3）针对动物机体的疗法 加强护理（严格隔离，冬季防寒保暖，夏季避暑降温，给以新鲜而易消化饲料等）、对症治疗（退热、止痛、止血、镇静、解痉、强心、利尿、输氧和调节电解质平衡等）、针对群体的治疗。

## 三、例题及解析

1. 不属于传染病特征的是(　　)。
   A. 特异的病原微生物引起的
   B. 具有特征性的发病表现
   C. 被感染的机体发生非特异性的反应
   D. 耐过动物能获得特异性的反应
   E. 具有明显的流行规律

【解析】C。传染病特征之一是被感染机体发生特异性反应，这种改变可以用血清学方法等特异性反应检查出来。

2. 在感染后无明显发病症状而呈隐蔽经过的称为(　　)。
   A. 恶性感染　　　　　　B. 隐性感染　　　　　　C. 内源性感染
   D. 外源性感染　　　　　E. 显性感染

【解析】B。感染后不呈现任何临床症状而呈隐蔽经过的感染称为隐性感染，其在机体抵抗力降低时可以转化为显性感染。

3. 2022 年 6 月前，被我国列为一类动物疫病的是(　　)。
   A. 山羊痘和绵羊痘　　B. 布鲁菌病　　　　　C. 牛流行热
   D. 牛病毒性腹泻/黏膜病 E. 牛传染性鼻炎

【解析】A。2022 年 6 月前，我国羊的一类动物疫病有痒病、蓝舌病、小反刍兽疫、绵羊痘和山羊痘。

4. 蒸汽消毒属于哪种消毒方法(　　)。
   A. 机械性清除　　　　　B. 物理消毒法　　　　　C. 化学消毒法
   D. 生物消毒　　　　　　E. 药物消毒

【解析】B。蒸汽消毒属于物理消毒法。

5. 发生传染病时，为迅速控制和扑灭疫情而对尚未发病的动物进行的应急性计划外免疫接种，这种免疫接种称为(　　)。
   A. 预防接种　　　　　　B. 免疫监测　　　　　　C. 紧急接种
   D. 免疫程序　　　　　　E. 被动免疫

【解析】C。紧急接种是指发生传染病时，为迅速控制和扑灭疫情而对尚未发病的动物进行的应急性计划外免疫接种。

6. 适用于熏蒸消毒的药物是(　　)。
   A. 复合酚　　　　　　　B. 苯扎溴铵　　　　　　C. 过氧化氢
   D. 甲醛溶液　　　　　　E. 二氯异氰脲酸钠

【解析】D。甲醛熏蒸消毒是常见的熏蒸消毒方法之一。

7. 传染病从亲代到子代之间的纵向传播，称为(　　)。
   A. 产道传播　　　　　　B. 胎盘传播　　　　　　C. 经卵传播
   D. 垂直传播　　　　　　E. 以上都不是

【解析】D。传染病从亲代到子代之间的纵向传播称为垂直传播，包括经胎盘传播、经卵传播和分娩过程的传播。

8. 发生传染病时，对病畜及可能潜伏感染的家畜，立即采取的措施是(　　)。

  A. 消毒       B. 紧急接种      C. 立即隔离

  D. 观察        E. 扑杀

【解析】C。将不同健康状况的动物严格分离、隔开，完全、彻底切断其间的来往接触，以防疫病的传播、蔓延即为隔离。

9. 动物疫病诊断时不宜采集(　　)。

  A. 新鲜病料      B. 症状明显病例病料    C. 濒死动物的病料

  D. 经过治疗的动物病料    E. 未经治疗的动物病料

【解析】D。经过治疗的动物病料可能不能真实全面地展示疾病的情况。

10. 接种疫苗是哪个环节阻止传染病流行(　　)。

  A. 易感动物      B. 传染源       C. 传播途径

  D. 传播媒介      E. 以上都不是

【解析】A。接种疫苗属于保护易感动物。

## <<< 第二单元　人畜共患传染病 >>>

## 一、考试大纲

| 单元 | 细目 | 要点 | | |
|---|---|---|---|---|
| 人畜共患传染病 | 1. 牛海绵状脑病 | (1) 流行病学 (4) 防控 | (2) 发病症状及病理变化 | (3) 诊断 |
| | 2. 高致病性禽流感 | (1) 流行病学 (4) 防控 | (2) 发病症状及病理变化 | (3) 诊断 |
| | 3. 狂犬病 | (1) 流行病学 (4) 防控 | (2) 发病症状及病理变化 | (3) 诊断 |
| | 4. 猪乙型脑炎 | (1) 流行病学 (4) 防控 | (2) 发病症状及病理变化 | (3) 诊断 |
| | 5. 炭疽 | (1) 流行病学 (4) 防控 | (2) 发病症状及病理变化 | (3) 诊断 |
| | 6. 布鲁菌病 | (1) 流行病学 (4) 防控 | (2) 发病症状及病理变化 | (3) 诊断 |
| | 7. 沙门菌病 | (1) 流行病学 (4) 防控 | (2) 发病症状及病理变化 | (3) 诊断 |
| | 8. 结核病（牛结核病、禽结核病） | (1) 流行病学 (4) 防控 | (2) 发病症状及病理变化 | (3) 诊断 |
| | 9. 猪链球菌病 | (1) 流行病学 (4) 防控 | (2) 发病症状及病理变化 | (3) 诊断 |

（续）

| 单元 | 细目 | 要点 |
|---|---|---|
| 人畜共患传染病 | 10. 马鼻疽 | （1）流行病学　（2）发病症状及病理变化　（3）诊断　（4）防控 |
| | 11. 大肠杆菌病（猪大肠杆菌病、禽大肠杆菌病、犊牛大肠杆菌病、羔羊大肠杆菌病） | （1）流行病学　（2）发病症状及病理变化　（3）诊断　（4）防控 |
| | 12. 李氏杆菌病 | （1）流行病学　（2）发病症状及病理变化　（3）诊断　（4）防控 |

## 二、重要知识点

### （一）牛海绵状脑病

牛海绵状脑病（BSE）又称"疯牛病"，由朊病毒引起的牛的一种亚急性进行性神经系统疾病，脑细胞组织出现空泡，呈星形胶质细胞增生，脑内解剖发现淀粉样蛋白质纤维，伴随全身症状，以潜伏期长、死亡率高和传染性强为特征。病情逐渐加重，主要表现行为反常、运动失调、轻瘫、体重减轻和脑灰质海绵状水肿和神经元空泡为特征，死亡为转归。

朊病毒对紫外照射、电离辐射和冷冻干燥有较强抗性。138℃高压灭菌60min，在有SDS或β-巯基乙醇情况下煮沸，以及经2mol/L的NaOH处理120min后均不能或不完全使其灭活。对化学试剂与生化试剂如甲醛、羟胺、核酸酶类等表现出强抗性，并且能抵抗蛋白酶K的消化。

【流行病学】宿主范围广，包括猫、多种野生动物和人。动物可通过摄入含有BSE病牛尸体加工成的骨肉粉而感染，3～11岁牛多发（集中于4～6岁），2岁下和10岁以上牛很少发生。

【发病症状及病理变化】

（1）发病症状　主要表现神经症状，烦躁不安、行为反常、对声音和触摸异常敏感、有攻击性、共济失调、步态不稳，低头伸颈呈痴呆状，最后极度消瘦死亡。

（2）病理变化　脑组织呈海绵状外观（空泡化），脑干灰质双侧对称性海绵状变性，无炎症反应。

【诊断】根据临床症状和流行病学诊断。脑组织病理变化表现出脑干区的空泡变性，特别是延髓孤束核和三叉神经脊束核的空泡变化。确诊还需进行动物接种试验。因为本病既无炎症反应，也不产生免疫应答，所以目前尚难以进行血清学诊断。

【防控】无有效治疗方法、无疫苗。我国尚未发现该病，主要通过加强口岸检疫进行预防。同时，禁止在饲料中添加反刍动物蛋白。发现可疑病例，立即屠宰后取脑各个组织进行病理学检查，如符合BSE诊断标准，对其接触的牛群全部无害化处理，尸体焚毁或深埋3m以下处理。

### （二）高致病性禽流感

高致病性禽流感（HPAI）是由高致病性禽流感病毒（AIV）H5和H7亚毒株（以H5N1和H7N7为代表）引起感染禽类，死亡率接近100%的烈性传染病，在禽类中传播快、危害大和病死率高，被世界动物卫生组织列为 A 类动物疫病，我国将其列为一类传染病。

【流行病学】自然宿主主要是家禽和野禽，宿主范围广，鸭、鹅和野生水禽在本病传播中起重要作用，候鸟也可能起一定作用。病禽和带毒禽是主要传染源。主要是水平传播，粪-口、口-口传播速度慢，直接和间接接触，特别是气溶胶传播，速度快。无明显季节性，但冬春多发。

【发病症状及病理变化】

（1）临床症状　体温升高达 41.5℃ 以上，拒食；冠与肉髯有淡色的皮肤坏死区，头、颈出现水肿，腿部皮下出血、水肿、变色；病鸡很快陷于昏睡状态，常于症状出现后数小时内死亡，死亡率接近 100％；头面部水肿，伴有窦炎和肉垂、冠发绀、充血。

（2）病理变化　内脏变化差异大，有的可以引起肝、脾、肾的坏死灶，有的引起浆膜及黏膜面的小点出血，十二指肠和心外膜出血，尤其是肌胃和腺胃交界处的乳头及黏膜出血严重。

【诊断】病毒分离鉴定，采集咽、肛拭子接种 9～11 日龄鸡胚尿囊腔；血凝抑制试验，禽流感抗血清能够抑制分离病毒的血凝作用；ELISA；RT-PCR。

【防控】加强预防性消毒，实行强制免疫。一旦发生，疫情立即封锁疫区，感染禽和可疑禽一律扑杀、焚烧；封锁区内严格消毒。

## （三）狂犬病

狂犬病又名"恐水症"，是狂犬病毒引起的一种急性致死性人畜共患病。病毒主要侵害中枢神经系统。该病的临床特征是动物表现狂躁不安、行为反常、攻击行为、意识紊乱，最后发生麻痹而死。多见于狼、猫、犬等食肉动物，大多数是被病畜咬伤之后而感染，死亡率几乎是 100％。

弹状病毒科，狂犬病病毒属。病毒主要存在于动物的中枢神经，唾液腺和唾液内，在唾液腺和中枢神经细胞的胞质内形成圆形或卵圆形的嗜酸性包涵体，称为内基氏小体。

【流行病学】潜伏期变动很大，一般是 2～8 周，长者可达数月或 1 年以上。几乎感染所有温血动物，主要储存宿主是犬、野生肉食动物、土拨鼠以及蝙蝠，猫也是重要的传染源。主要经患病动物咬伤而感染，也可以通过气溶胶而经呼吸道感染。黏膜也是重要的侵入门户，如眼结膜被病畜的唾液污染，也可有染毒的唾液污染外界环境，再污染创面而传。多以散发形式出现，无明显季节性，但春、夏季多发。

【发病症状及病理变化】

（1）临床症状　各种动物临床表现相似，可分为狂暴型和麻痹型两类。

①狂暴型：前驱期 0.5～2d，精神沉郁，无知觉；兴奋期 2～4d，高度兴奋，狂暴不安；麻痹期 1～2d，四肢麻痹，卧地不起，吞咽困难，大量流涎。

②麻痹型：兴奋期很短或有轻微表现即进入麻痹期，脊髓、延髓受损，无恐水及兴奋期表现。为不典型狂犬病。

（2）病理变化　非化脓性的脑炎，病理组织学检查呈弥漫性化脓性脑脊髓炎。神经元胞质内出现特异的包涵体——内基氏小体。

【诊断】脑组织触片镜检或组织学检查内基氏小体。动物接种试验：3～5 周龄小鼠脑内接种该病毒，1～2 周出现神经症状，组织学检查常发现在大脑海马角及小脑和延髓的神经细胞胞质内出现嗜酸性包涵体呈圆形或卵圆形，内部可见明显的嗜碱性颗粒，即可确诊。血清学检查有荧光抗体法（ELISA）和PCR技术。

【防控】加强检疫，控制传染源；对犬进行免疫；防止病犬咬伤。预防接种对本病的预防有积极作用。

### （四）猪乙型脑炎

猪乙型脑炎简称猪乙脑，是由乙型脑炎病毒引起的一种急性人畜共患传染病。在人和马呈现脑炎症状；妊娠猪表现流产、死胎，公猪发生睾丸炎；其他家畜和家禽多隐性感染。

乙型脑炎病毒简称乙脑病毒，呈球形，直径为40～50nm。病毒抵抗力不强，对温度、乙醚、酸均很敏感。加热至100℃时2min、56℃时30min可灭活病毒。

【流行病学】主要通过蚊虫叮咬传播，库蚊为本病的主要媒介。主要存在亚洲各国，我国大部分地区时有发生，在热带地区无明显季节性，在温带和亚热带地区则有严格的季节性，90％以上病例发生在7—9月。高度散发，偶有局部大流行。

【发病症状及病理变化】

（1）临床症状　潜伏期3～4d，突然发病，体温升高达41℃，稽留热、精神沉郁、嗜睡、食欲减退、粪便干燥，个别表现神经症状。公猪发生睾丸肿大，需与布鲁菌病相鉴别。

（2）病理变化　怀孕母猪流产，产木乃伊胎，胎儿脑水肿。

【诊断】临床和流行病学诊断；病毒分离与鉴定可用鸡胚卵黄囊接种；血清学诊断可用血凝抑制、中和试验和补体结合试验。

【防控】特效疗法；免疫接种；灭蚊防蚊；加强管理

### （五）炭疽

炭疽是由炭疽杆菌引起的人畜共患、急性、热性、败血性传染病。病理变化特点：尸僵不全，天然孔流血，脾显著增大，皮下和浆膜下有出血性胶样浸润，血液凝固不良，呈烧焦油样。

炭疽杆菌为革兰氏阳性菌，竹节状，在活体或未经解剖的尸体内不形成芽孢。但暴露在充足氧气和温度下能形成芽孢，毒力主要取决于荚膜多肽和炭疽毒素。

【流行病学】主要传染源是患病动物。若患病动物尸体处理不当，则会形成芽孢污染土壤、水源、牧地，使这些地方成为长久的疫源地。各种家畜、野生动物都有不同程度的易感性，其中草食兽最易感，包括羊、牛、驴、马、水牛、骆驼、鹿和象等，小鼠和豚鼠易感，人也易感。主要经消化道感染，常因采食污染的饲料、饲草和饮水而感染；其次是通过皮肤感染等，主要由吸血昆虫叮咬而致；此外，也可通过呼吸道感染。本病常呈地方流行性。夏季雨水多，洪水泛滥，吸血昆虫多，易发生传播。有不少地区暴发是因从疫区输入病畜产品，如骨粉、皮革、羊毛等而引起。呈散发、地方流行性，多发于夏秋季节。

【发病症状及病理变化】

（1）临床症状　牛：最急性型，突然昏迷、倒卧，呼吸困难，可视黏膜发绀，天然孔出血。病程数分钟至数小时；急性型最常见，体温上升到42℃，少食，在放牧和使役中突然死亡，有的精神不振，食欲反刍停止，呼吸困难，黏膜呈蓝紫色或有点状出血；濒死期体温下降，气喘，天然孔流血，痉挛，一般1～2d死亡；亚急性型病情较缓。马常取急性或亚急性经过,与牛症状相似,急性者有腹痛症状。绵羊与山羊最急性型炭疽,表现为脑卒中的症状,突然眩晕,摇摆,磨牙,全身痉挛,很快倒地死亡。

(2)病理变化 猪对炭疽的抵抗力较强。有的为咽部炭疽,咽喉部和附近淋巴结明显肿胀。急性炭疽为败血症病变。尸僵不全,胀气,天然孔有黑色血液,黏膜发绀,血液不凝呈煤焦油样。全身皮下、肌间、浆膜下胶样水肿。脾肿大2~5倍,脾髓软化如糊状。肠道出血性炎症,有的在局部形成痈。咽炭疽多见于猪,扁桃体肿胀、出血、坏死并有黄色痂皮覆盖周围胶冻样浸润,附近淋巴结出血。肺炭疽局部呈出血性肺变,周围有水肿。肠炭疽多伴有便秘或腹泻等消化道失常的症状。

【诊断】可疑炭疽病死动物,严禁解剖,可切下一耳朵送检。一般可取末梢血液制片,美蓝染色,镜检,若见有单个或2~5个连成短链的两端平直的大杆菌,菌体呈蓝色,荚膜呈红色,并结合临床特点和死后变化,可诊断为炭疽。必要时可进行细菌培养、动物接种和炭疽沉淀反应等实验室检查。

【防控】在经常发生或近2~3年内曾发生过炭疽地区的易感动物,每年应做预防接种。发生本病时,应立即上报疫情,划定疫区,封锁发病场所。患病动物隔离治疗,可疑患病动物预防性治疗,假定健康动物应紧急免疫接种。使用抗炭疽血清和青霉素治疗效果最佳。但抗血清不易购得,实际工作中,使用大剂量青霉素结合使用另一种抗生素或磺胺类药治疗效果也很好。

## (六)布鲁菌病

由布鲁菌引起的人畜共患传染病,其特征是引起生殖器官和胎膜发炎,引起流产、不育、睾丸炎和各种组织的局部病灶。病理学特征为全身弥漫性网状内皮细胞增生和肉芽肿结节形成。

布鲁菌吉姆萨染色呈紫色,革兰氏染色阴性,以沙黄-美蓝染色(柯兹洛夫斯基染色)时,本菌染成红色,其他菌染成蓝色。细小球杆菌,细胞内寄生菌。布鲁菌共有6种:马耳他布鲁菌、流产布鲁菌、猪布鲁菌、沙林鼠布鲁菌、羊布鲁菌、犬布鲁菌。人的感染以羊布鲁菌最多见。

【流行病学】患病动物及带菌动物(包括野生动物)。最危险的是受感染的妊娠母畜,其在流产或分娩时将大量布鲁菌随着胎儿、胎水和胎衣排出。通过污染的饲料与饮水经消化道而感染;可通过无创伤的皮肤感染,如果皮肤有创伤,则更易为病原菌侵入;吸血昆虫可以传播本病。易感动物范围很广,主要是羊、牛、猪。流产布鲁菌的主要宿主是牛,而羊、猪、马、犬等也可以感染。马耳他布鲁菌,主要宿主是山羊和绵羊,可以由羊传入牛群。猪布鲁菌主要宿主是猪。绵羊布鲁菌主要引起公绵羊附睾炎。犬是犬布鲁菌的主要宿主。

【发病症状及病理变化】

(1)临床症状 母畜发生流产,阴道流出分泌物,胎衣滞留,恶臭分泌物,可能引起慢性子宫内膜炎,长期不育;公畜睾丸炎,附睾炎、关节炎。

(2)病理变化 母畜子宫黏膜化脓性卡他性炎症,胎盘有坏死灶;公畜睾丸炎或附睾炎,睾丸肿胀,触摸疼痛,关节炎。

【诊断】血清凝集试验是牛、羊布鲁菌病检疫的标准方法。补体结合试验的敏感性和特异性均高于凝集试验,可检出急性或慢性病畜。皮内变态反应适应于绵羊和山羊布鲁菌病的检疫，也可用于猪。细菌学检查，柯氏染色为红色（正常为蓝色）。

**【防控】** 定期预防注射，主要使用布鲁菌猪 2 号弱毒菌苗（简称 S2 苗）和马耳他布鲁菌 5 号弱毒菌苗（简称 M5 苗）。S2 苗适应于牛、羊和猪，M5 苗适应于牛、羊，对猪无效。

## （七）沙门菌病

沙门菌病又名副伤寒，是由沙门菌属细菌引起的各种动物的疾病总称，临床上多表现为败血症和肠炎，也可使怀孕动物发生流产。

本病菌为短杆菌，两端钝圆，不形成荚膜和芽孢，有鞭毛，有运动性，革兰氏阴性菌。抵抗力较强，经 60℃ 1h，或 70℃ 20 min，或 75℃ 5 min 死亡。

**【流行病学】** 患病动物和带菌者是本病的主要传染源。沙门菌属中的许多类型对人、家畜和家禽以及其他动物均有致病性。各种年龄的畜禽均可感染，但幼年畜禽较成年者易感。在猪，本病常发生于 6 月龄以下的仔猪，以 1～4 月龄发生较多。在牛，以出生 30d 以后的犊牛最易感。感染的孕畜多数发生流产。细菌可由粪便、尿、乳汁以及流产的胎儿、胎衣和羊水排出病菌，污染水源和饲料等，经消化道感染健康动物。交配或人工授精可发生感染，子宫内感染也有可能。临床上健康畜禽的带菌现象（特别是鼠伤寒沙门菌）相当普遍。病菌可潜藏于消化道、淋巴组织和胆囊内。当外界不良因素使动物抵抗力降低时，病菌可变为活动化而发生内源感染，病菌连续通过若干易感家畜，毒力增强。

**【发病症状及病理变化】**

（1）临床症状

①猪：急性病例发热 40℃ 左右，鼻端、耳和四肢末端皮肤发绀，营养情况良好，其他无特异症状。慢性病例消瘦、毛粗乱、下痢，粪便呈粥状或水样，黄褐、灰绿或黑褐色，恶臭，发生肺炎时有咳嗽和呼吸快等症状。不死的猪发育停滞，成为僵猪。

②牛：常以高热（40～41℃）、昏迷、食欲废绝、下痢为特征。粪便恶臭，含有纤维素絮片，间杂有黏膜。下痢开始后体温降至正常或较正常略高。病牛可于发病 24h 内死亡，多数则于 1～5d 内死亡。怀孕母牛多数发生流产，产奶量下降。有些牛感染后呈隐性经过，仅从粪中排菌，但数天后即停止排菌。

③鸡：雏鸡表现不吃饲料，怕冷，身体蜷缩，翅膀下垂，精神沉郁或昏睡，排白色黏稠或淡黄、淡绿色稀便，肛门有时被硬结的粪块封闭，呼吸困难。成年鸡无临床症状，少数感染严重的病鸡表现精神萎靡，排黄绿色或蛋清样稀便。母鸡产蛋量明显减少。

（2）病理变化

①急性败血型：全身淋巴结肿大，呈弥漫出血、周边出血或出血斑；心内外膜、喉头、肾、膀胱黏膜、肠浆膜均散在出血斑，与猪瘟极相似，所不同的是脾肿大、紫红色，散在小坏死灶；皮肤可见大的出血斑；盲肠、结肠严重出血；肝淤血，散在坏死点。

②慢性病例：主要表现盲肠、结肠坏死性炎，肠壁增厚，表面附一层纤维素假膜。严重者，肠黏膜犹如老化的橡皮，失去弹性；或回盲瓣和盲结肠黏膜的淋巴组织发生坏死、溃疡。肠系膜淋巴结肿大，髓样增生。肝散在小点坏死，胆囊黏膜坏死。脾稍肿，质地稍软。肺前下缘多见紫红色融合性肺炎。如牛群内存在带菌母牛，犊牛则可于生后 48h 内即表现拒食、卧地、迅速衰竭等症状，常于 3～5d 内死亡。多数犊牛常于 10～14 日龄以后发病，病初体温升高（40～41℃），24h 后排出灰黄色液状粪便，混有黏液和血丝，一般于症状出现

后 5～7d 内死亡，病死率有时可达 50%，病期延长时，腕关节和跗关节可能肿大，有的还有支气管炎和肺炎症状。肝散在局灶坏死，胆囊壁增厚；脾肿大，质较韧硬，可见坏死灶；小肠呈卡他性炎或出血，肠系膜淋巴结髓样肿胀；肺尖叶、心叶紫红色实变，呈纤维素性肺炎变化。关节、腱鞘和关节腔有胶样浸润。

【诊断】根据流行病学、临床症状和病理变化，只能做出初步诊断，确诊需从病畜（禽）的血液、内脏器官、粪便，或流产胎儿胃内容物、肝、脾取材，进行沙门菌的分离和鉴定。

【防控】畜禽感染沙门菌后的隐性带菌和慢性无症状经过较为多见，检出这部分患病动物，是防控本病的重要一环。目前实践中常用血清学方法对马副伤寒、鸡白痢进行血清学诊断。猪副伤寒除少数急性败血型经过外，多表现为亚急性和慢性，与亚急性或慢性猪瘟相似，应注意区别。本病也可继发于其他疾病，特别是猪瘟，必要时应进行鉴别性试验诊断。

## （八）结核病（牛结核病、禽结核病）

结核病是由分枝杆菌引起的人和动物共患的一种慢性传染病。特征是在多种组织和器官形成肉芽肿和干酪样坏死或钙化结节病理变化。

本病的病原是分枝杆菌属的三个种，即结核分枝杆菌、牛分枝杆菌和禽分枝杆菌。革兰氏阳性，厌氧菌。常用抗酸染色法，本菌红色，其他菌紫色。

【流行病学】结核病在家畜中牛最易感，特别是奶牛，猪和家禽也可患病，羊极少发病，猴、鹿、狮和豹等也有结核病的发生。

【发病症状及病理变化】

（1）临床症状

①牛结核病：主要由牛型结核杆菌引起，多引起局限性病灶且缺乏肉眼变化，即所谓的"无病灶反应牛"，通常这种牛很少能成为传染源。传染途径主要经呼吸道感染，特别是经飞沫感染。小牛多经消化道感染。牛常发生肺结核，出现短而干的咳嗽，日渐消瘦、贫血，有的牛体表淋巴结肿大，常见于肩前、股前、腹股沟、淋巴结等。病势恶化可发生全身性结核。多数病牛乳房常被感染侵害，见乳房上淋巴结肿大、无热无痛，泌乳量减少。肠道结核多见于犊牛，消化不良、顽固性下痢，迅速消瘦。

②禽结核病：主要危害鸡和火鸡，成年鸡和老鸡多发。主要经消化道感染，但呼吸道感染的可能性也不能排除。病禽因衰竭或因肝变破裂而突然死亡。

③猪结核病：猪对各型结核菌都有易感性。

（2）病理变化 牛结核病病例的病灶最常见于肺、肺门淋巴结、纵隔淋巴结，其次为肠系膜淋巴结和头颈部淋巴结。在肺或其他器官常有很多突起的白色或黄色结节，切开后有干酪样坏死，有时钙化。胸、腹腔浆膜可发生密集的结核结节，粟粒至豌豆大、半透明或不透明的灰白色结节，即珍珠病。

【诊断】畜禽发生不明原因的渐进性消瘦、咳嗽、肺部异常、慢性乳腺炎、顽固性下痢、体表淋巴结慢性肿胀等，可作为疑似本病的依据。病畜死后可根据特异性结核病变，不难做出诊断，必要时进行微生物学检验。用结核菌素进行变态反应，对畜禽（或鸡群）进行检疫，是诊断本病的主要方法。

【防控】主要采取综合性防疫措施，防止疾病传入，净化污染群，培育健康畜群。对健康牛群，平时加强防疫、检疫和消毒措施，防止疾病传入，每年春、秋两季定期进行结核病检疫，发现阳性病畜及时处理。对污染牛群，反复进行多次检疫，淘汰污染群的开放性病畜及生产性能不好的结核菌素反应阳性病畜。对假定健康牛群，应在第一年每隔3个月进行一次检疫，直到没有一头阳性牛出现为止，然后，再在1～1.5年的时间内连续进行3次检疫，如果3次均为阴性反应即可改称为健康牛群。

## （九）猪链球菌病

猪链球菌病是由溶血性链球菌引起的多种人畜共患疫病总称，该病是我国规定的二类动物疫病。临床表现多种多样，可引起各种化脓创和败血症，也可表现为局限性感染。

链球菌属的细菌种类繁多，自然界中分布广泛。在健康动物及人呼吸道、生殖道等也有链球菌存在。目前，临床上常见的2型链球菌。

【流行病学】传染源是患病动物、病死动物和带菌动物，主要经呼吸道和受损的皮肤及黏膜感染猪、马、牛、羊、鸡、兔、水貂及鱼类等。猪链球菌病无明显的季节性，但7—10月易发大面积流行；羊败血性链球菌病每年10月到翌年4月多发；马腺疫则从9月开始一直延续到翌年4月。

**【发病症状及病理变化】**

（1）临床症状 超急性病例突然死亡，不表现任何症状；急性病例主要表现为发热、抑郁、厌食，随后表现为共济失调、角弓反张、失明、麻痹、呼吸困难、惊厥、关节炎、心内膜炎等。

（2）病理变化 超急性和急性病例通常无肉眼可见病变；脑脊膜炎特征病理变化为中性粒细胞弥漫性浸润；关节炎可见滑膜血管扩张和充血，关节表面出现纤维蛋白性浆膜炎；心肌发生点状或片状弥漫性出血或坏死；肺发生普遍实质性病变，包括纤维素出血性和间质纤维素性肺炎，纤维素性或化脓性支气管肺炎等。

【诊断】根据临床症状和病理变化，结合流行病学特点可初步诊断，确诊需进行实验室诊断。

【防控】疫苗免疫；严格消毒、隔离制度；根据药敏试验选择敏感的抗菌药物，局部可清创后用抗菌药物填塞。

## （十）马鼻疽

由鼻疽杆菌引起马、骡、驴等单蹄动物的一种高度接触性人畜共患传染病，以在鼻腔、喉头、气管黏膜或皮肤上形成鼻疽结节、溃疡和瘢痕，在肺、淋巴结或其他实质器官发生鼻疽性结节为特征。

过去称为假单胞菌科假单胞菌属的鼻疽假单胞菌，现列入鼻疽伯氏菌。菌体两端钝圆、不能运动、不产生芽孢和荚膜，组织抹片菌体着色不均匀时，浓淡相间，呈颗粒状，酷似双球菌或链球菌形状。革兰氏染色阴性，本菌对外界抵抗力不强。在腐败的污水中能生存2～4周。日光照射24h、加热80℃ 5min将其杀死，氢氧化钠等消毒药能将其杀死。

【流行病学】马是本病的传染源，以开放性鼻疽病最为危险。由病马与健马同槽饲喂而经消化道传染，或经损伤的皮肤、黏膜而传染，也可经呼吸道传染，个别可经胎盘和交配传染。马、骡、驴对本病易感，骡、驴感染后常呈急性经过。

**【发病症状及病理变化】**

（1）临床症状

①急性型的肺鼻疽：表现为干咳，肺部出现半浊音、浊音，不同程度的呼吸困难，以肺部症状为特点。鼻腔鼻疽表现为病初鼻黏膜潮红，一侧或两侧鼻孔流出浆液性或黏液性鼻液，不久鼻黏膜上有小米粒至高粱米粒大的小结节，突出于黏膜面，呈黄白色，其周围绕以红晕。结节迅速坏死崩解，形成溃疡，边缘不整且稍隆起，底部凹陷，溃疡面呈灰白色或黄白色。皮肤鼻疽表现为发生局限性有热有痛的炎性肿胀并形成硬结节，主要发生于四肢、胸侧及腹下，尤以后肢较多见。结节破溃后排出脓汁，形成边缘不整、喷火口状的溃疡。

②慢性型：马鼻疽临床症状不明显，有时可见一侧或两侧鼻孔流出灰黄色脓性鼻液，鼻腔黏膜常见有糜烂性溃疡，有时在鼻中隔形成放射状瘢痕。

（2）病理变化 马鼻疽的特异病理变化，多见于肺，其次是鼻腔、皮肤、淋巴结、肝及脾等处。肺病理变化是鼻疽结节和鼻疽性肺炎，在鼻腔、喉头、气管等黏膜及皮肤上也可见到鼻疽结节、溃疡及瘢痕，有时见到鼻中隔穿孔。新发生的结节为渗出性结节，随着病程的发展，会吸收自愈或者变为增生性鼻疽结节。

**【诊断】**开放性鼻疽具有特异的鼻疽临床症状，一般通过临床检查即可确诊。当发现鼻腔或皮肤有鼻疽结节或溃疡时，通常可诊断为开放性鼻疽。确诊及对慢性型和隐形病例进行诊断需要进行血清学和变态反应诊断。

**【防控】**目前对鼻疽尚无有效菌苗。为了迅速消灭本病，必须抓好控制和消灭传染源这一主要环节，及早检出病马，严格处理病马，切断传播途径，加强饲养管理，采取"养、检、隔、处、消"等综合性防疫措施。治疗时可用金霉素、土霉素、链霉素及磺胺类药等，应用最多的是磺胺类药物和土霉素。在治疗过程中应加强隔离和消毒措施，防止病原菌的散播。

## （十一）大肠杆菌病

由大肠杆菌引起的细菌性人畜共患病。

大肠杆菌是中等大小杆菌，有鞭毛，无芽孢，有的菌株可形成荚膜，革兰氏染色阴性，需氧或兼性厌氧，生化反应活泼，易于在普通培养基上增殖，适应性强。本菌对一般消毒剂敏感，对抗生素及磺胺类药等极易产生耐药性。抗原构造及血清型极为复杂，抗原主要有菌体（O）抗原、表面（K）抗原、鞭毛（H）抗原和菌毛（F）抗原。引起人畜肠道疾病的血清型中，有肠致病性大肠杆菌（EPEC）、产肠毒素性大肠杆菌（ETEC）、肠侵袭性大肠杆菌（EIEC）、肠出血性大肠杆菌（EHEC）。

**【流行病学】**患病或带菌动物是本病的传染源。猪、羊经消化道传染；牛经消化道、子宫和脐带传染；禽经消化道、呼吸道、种蛋、人工授精等传染。易感动物有禽、仔猪、犊牛、羔羊、幼驹等和人。

**【发病症状及病理变化】**

（1）临床症状

①仔猪：仔猪黄痢，又称早发性大肠杆菌病，是发生在出生后几小时到一周龄乳猪的一

种急性、致死性的肠道传染病，新生仔猪排黄色浆状稀粪，内含凝乳小片，很快消瘦，昏迷死亡；仔猪白痢，又称迟发性大肠杆菌病，主要发生于 10～30 日龄仔猪，7 日龄以内或 30 日龄以上发病的较少，仔猪突然发生腹泻，排出乳白色或灰白色的浆状、糊状粪便，味腥臭，性黏腻，可自行康复；猪水肿病，断奶仔猪突然发病，精神沉郁，静卧，肌肉震颤，四肢泳动，共济失调，步态摇摆，盲目前行或圆圈运动，脸部、眼睑、结膜、齿龈、颈部和腹部皮下发生明显的水肿是本病的特征性症状。

②犊牛：败血型，表现为发热，精神不振，腹泻，数小时至数天后死亡；肠毒血症型，表现为突然死亡，有时会有中毒性神经症状和腹泻，此型较少见；肠型，表现为体温升高，数小时后腹泻，粪便初如粥样、黄色，后呈水样、灰白色，混有凝乳块、凝血及泡沫，有酸败气味，末期肛门失禁，伴有腹痛。

③羔羊：败血型，常见于 2～6 周龄羔羊，体温升高 42℃，精神委顿，四肢僵硬，头向后仰，一肢或数肢呈划水动作；肠型，发生于 7 日龄以内的羔羊，体温升高到 41℃，随后腹泻，体温恢复正常，粪便先呈半液状，由黄色变灰色，以后呈液状，含气泡，有时混有血液和黏液，腹痛，拱背，卧地。

④幼驹：体温升高，剧烈下痢，肛门失禁，流出液状粪便，呈白色或灰白色，含多量黏液，有时混有血液，有时关节肿大，伴有跛行。

(2) 病理变化

①仔猪：仔猪黄痢，病理变化为严重脱水，肠道臌胀，肠黏膜呈急性卡他性炎症变化，以十二指肠最为严重，肠系膜淋巴结有弥漫性点状出血，肝、肾有凝固性坏死灶；仔猪白痢，病理变化为尸体外表苍白、消瘦，肠黏膜有卡他性炎症变化，肠系膜淋巴结轻度肿胀；猪水肿病，病理变化为水肿。胃壁水肿常见于大弯和贲门部，黏膜层和肌层之间有一层胶冻样水肿液，胃底有弥散性出血，大肠肠系膜、淋巴结水肿，肺水肿。

②犊牛：败血型，无明显病理变化；肠型，病理变化为真胃黏膜充血、水肿，覆有胶状黏液，皱褶部有出血，小肠黏膜部分上皮脱落，肠系膜淋巴结肿大，肝和肾苍白，胆囊内充满黏稠暗绿色胆汁。

③羔羊：败血型，病理变化为胸腔、腹腔和心包大量积液，内有纤维素，关节肿大，内含纤维素性脓性絮片，脑膜充血，有很多出血点，大脑沟含有多量脓性渗出物；肠型，病理变化为尸体严重脱水，真胃、小肠和大肠内容物呈黄灰色半液状，黏膜充血，肠系膜淋巴结肿胀、发红。

④幼驹：尸体极度消瘦，胃黏膜脱落，有出血点。小肠、盲肠和结肠都有出血性炎症。脾肿大，包膜下有出血点。心内外膜有出血点。淋巴结肿大，有出血点。

【诊断】根据流行病学、临床症状和病理变化可做出初步诊断，确诊需进行细菌学检查。

【防控】预防为主。加强饲养管理，仔畜及时吮吸初乳，断乳期间饲料不要突然改变。

## (十二) 李氏杆菌病

由单核细胞增多性李氏杆菌引起动物和人的一种食源性、散发性人畜共患传染病。病畜主要表现为脑膜炎、败血症和妊娠流产。

革兰氏阳性小杆菌，无芽孢、无荚膜，常呈 V 形排列；生长要求较高，可产生弱 α 溶血。在 4℃和高渗环境下仍能生长，抵抗力强；在污染环境中存活时间长，巴氏消毒法不能杀灭；对消毒药敏感。

**【流行病学】** 易感动物非常广泛，42种哺乳动物和22种鸟类有易感性。绵羊、牛、猪及兔易感性高，家禽、野禽、啮齿类动物也易感，人也能自然感染。患病动物和带菌动物是传染源，通过消化道、呼吸道、眼结膜及受伤的皮肤感染，被污染的水、饲料是主要的传播媒介，吸血昆虫也能传播。本病呈散发性，但致死率很高。

**【发病症状及病理变化】**

（1）临床症状

①猪：断奶仔猪多表现为脑膜炎症状，头颈后仰，前肢或后肢张开呈"观星"状，口吐白沫，倒地，四肢呈划水状，也会发生败血症，体温升高，呼吸困难，腹泻，咳嗽，病死率很高。妊娠母猪常发生流产。

②牛、羊：体温升高，幼畜多表现为败血症经过，成年牛、羊多发生脑膜炎经过。

③马：体温升高，易兴奋，共济失调，四肢、下颌和喉部不全麻痹等脑脊髓炎症状，多可痊愈；幼驹可见腹泻、黄疸和血尿等症状。

④兔：急性死亡，症状不明显，通常表现为精神萎靡、少动、流涎，偶见神经症状间歇性发作。慢性病例多表现为神经症状。

⑤家禽：无特殊症状，主要表现为精神沉郁、停食、腹泻，短时间内死于败血症，长病程病例可见神经症状。

（2）病理变化 患病动物在脑桥、延髓有炎症变化，败血症患病动物肝、脾、心肌可见小点状坏死或多发性脓肿。

**【诊断】** 根据流行病学、临床症状和病理变化可做出初步诊断（病畜表现神经症状，母畜流产，血液中单核细胞增多，剖检见脑膜炎充血、水肿，肝有坏死灶，脑组织常见以单核细胞浸润为主的血管套和微细的化脓灶等病变）。确诊需进行实验室诊断。

**【防控】** 做好消毒防疫和饲料管理；磺胺类药物、庆大霉素和四环素有良好治疗效果，神经症状患畜，预后不良；注意生物安全防护，做好工作人员的保护。

# 三、例题及解析

1. 仔猪黄痢多发生于（  ）。

    A.1～3日龄仔猪　　　　B.4～7日龄仔猪　　　　C.7～10日龄仔猪

    D.10～30日龄仔猪　　　E.30日龄以上仔猪

**【解析】** A。又称早发性大肠杆菌病，是出生后几小时到一周龄乳猪的一种急性、致死性的肠道传染病。

2. 对畜禽危害最为严重的痘病是（  ）。

    A. 猪痘　　　　　　　　B. 马痘　　　　　　　　C. 鸡痘

    D. 羊痘　　　　　　　　E. 牛痘

**【解析】** D。山羊痘和绵羊痘属于一类动物疫病。

3. 猪流行性乙型脑炎多发生在（  ）。

    A. 夏、秋　　　　　　　B. 秋、冬　　　　　　　C. 冬、春

    D. 全年均可　　　　　　E. 春、夏

【解析】A。流行性乙型脑炎主要通过蚊虫叮咬传播，在温带和亚热带地区则有严格的季节性，90%以上病例发生在7—9月，即夏、秋季节。

4. 发现动物尸体天然孔流血，血液凝固不良，尸体膨胀且迅速腐败，皮下及浆膜下有出血性胶样浸润，脾明显肿胀，应初诊为(    )。

    A. 炭疽                B. 猪瘟                C. 牛出败

    D. 新城疫            E. 禽白血病

【解析】A。以上描述符合可疑炭疽病死动物，严禁解剖。

5. 保育仔猪呈典型"观星姿势"的是(    )。

    A. 猪链球菌病      B. 猪李氏杆菌病      C. 猪乙型脑炎

    D. 猪伪狂犬病      E. 猪圆环病毒

【解析】B。断奶仔猪感染李氏杆菌多表现为脑膜炎症状，头颈后仰，前肢或后肢张开呈"观星"状。

6. 猪水肿病的主要病变为(    )。

    A. 胃壁和某些其他部位发生水肿

    B. 尸体外表苍白，消瘦，肠黏膜有卡他性炎症

    C. 尸体炎症脱水，皮下常有水肿，肠道有黄色液状内容物和气体

    D. 小肠后段弥漫性出血或坏死性炎症

    E. 肾畸形

【解析】A。猪水肿病的主要病变为水肿。胃壁水肿常见于大弯和贲门部，黏膜层和肌层之间有一层胶冻样水肿液，胃底有弥散性出血。大肠肠系膜、淋巴结水肿，肺水肿等。

7. 我国规定对患有牛布鲁菌病感染检测的法定试验是(    )。

    A. PCR方法      B. 补体结合试验      C. 细菌形态学观察

    D. 试管凝集试验    E. 中和试验

【解析】D。试管凝集试验主要用于抗血清效价测定牛羊布鲁菌病检疫的标准方法。

8. 狂犬病流行性表现为(    )。

    A. 大流行        B. 地方性流行      C. 流行性

    D. 暴发          E. 散发性

【解析】E。狂犬病流行性表现为散发性。

9. 奶牛易发生该病，体表淋巴结肿大，渐进性消瘦，剖解脏器有白色干酪样的圆形结节，有的甚至出现空洞。该病可能是(    )。

    A. 炭疽          B. 狂犬病       C. 破伤风

    D. 结核病      E. 布鲁菌病

【解析】D。牛感染结核病，体表淋巴结肿大，常见于肩前、股前、腹股沟、淋巴结等。病势恶化可发生全身性结核，剖解脏器有白色干酪样的圆形结节。

10. 产蛋母鸡感染鸡白痢沙门菌后常表现(    )。

    A. 无任何影响      B. 败血症       C. 拉石灰样粪便

    D. 常无临诊症状，但产卵量与受精率降低      E. 黏膜出血

【解析】D。产蛋母鸡感染鸡白痢沙门菌常表现常无临诊症状产蛋量明显减少。

<<<　第三单元　多种动物共患传染病　>>>

## 一、考试大纲

| 单元 | 细目 | 要点 |
|------|------|------|
| 多种动物共<br>患传染病 | 1. 口蹄疫 | （1）流行病学　（2）发病症状及病理变化<br>（3）诊断　（4）防控 |
| | 2. 伪狂犬病 | （1）流行病学　（2）发病症状及病理变化<br>（3）诊断　（4）防控 |
| | 3. 梭菌性疾病 | （1）流行病学　（2）发病症状及病理变化<br>（3）诊断　（4）防控 |
| | 4. 副结核病 | （1）流行病学　（2）发病症状及病理变化<br>（3）诊断　（4）防控 |
| | 5. 多杀性巴氏杆菌病 | （1）流行病学　（2）发病症状及病理变化<br>（3）诊断　（4）防控 |

## 二、重要知识点

### （一）口蹄疫

由口蹄疫病毒（FMDV）引起偶蹄动物的一种急性热性高度接触性传染病，其临床症状是口腔黏膜、蹄部和乳房皮肤发生水疱和溃烂。

【流行病学】病畜是主要的传染源。发病初期的病畜是最危险的传染源，症状出现后的前几天，排毒量最多，毒力最强。病牛排出的病毒量以舌面水疱皮为最多，其次为粪、乳、尿和呼出的气体。病猪排毒以破溃的蹄部为最多。直接接触和通过各种媒介物而间接接触传播，消化道是最常见的感染途径，也能经损伤的黏膜和皮肤感染。呼吸道感染更易发生。口蹄疫能侵害多种动物，而以偶蹄动物最易感染。家畜对口蹄疫最易感的是牛，骆驼、羊、猪次之，犊牛比成年牛易感，病死率也高。野生动物也有发病。

【发病症状及病理变化】

（1）临床症状

①牛：潜伏期平均 2～4d。病牛体温升高达 40～41℃，精神委顿，流涎，在唇内面、齿龈、舌面和颊部黏膜发生蚕豆至核桃大的水疱，采食反刍完全停止。水疱经一昼夜破裂形成浅表的红色糜烂，水疱破裂后，体温降至正常，糜烂逐渐愈合，全身症状逐渐好转。如有细菌感染，发生溃疡，在口腔发生水疱的同时或稍后，趾间及蹄冠表现红肿、疼痛，迅速发生水疱，并很快破溃，然后逐渐愈合。乳头皮肤有时也可出现水疱，很快破裂形成烂斑，泌乳量显著减少。本病一般取良性经过，约经 1 周即可痊愈。如果蹄部出现病变时，则病期可延至 2～3 周或更久。哺乳犊牛患病时，水疱症状不明显，主要表现为出血性肠炎和心肌麻痹，

死亡率很高。

②猪：潜伏期 1～2d。病猪以蹄部水疱为主要特征，主要症状是跛行。病初体温升高至 40～41℃，精神不振，食欲减少或废绝。口黏膜（包括舌、唇、齿龈）形成小水疱或糜烂。蹄冠、蹄叉、蹄踵等部出现局部发红，微热、敏感等症状，不久逐渐形成米粒大、蚕豆大的水疱，水疱破裂后表面出血，形成糜烂，如无细菌感染，1 周左右痊愈。

③羊：潜伏期 1 周左右。病状与牛大致相同，但感染率较牛低。山羊多见于口腔，呈弥漫性口炎，水疱发生于硬腭和舌面，羔羊有时有出血性胃肠炎，常因心肌炎而死亡。

（2）病理变化　除口腔、蹄部的水疱和烂斑外，在咽喉、气管、支气管和前胃黏膜有时可发生圆形烂斑和溃疡，上盖有黑棕色痂块。真胃和大小肠黏膜可见出血性炎症。

【诊断】根据急性经过，呈流行性传播，主要侵害偶蹄动物。一般取良性转归以及特征性临床症状可进行诊断，确诊需经实验室诊断。具有重要诊断意义的是心脏病变，心包膜有弥散性及点状出血，心肌切片有灰白色或淡黄色斑点或条纹，好像老虎身上的斑纹，所以称为"虎斑心"。心脏松软，似煮肉状。

【防控】口蹄疫是一类疫病，发生时必须上报，确切诊断，划定疫点、疫区和受威胁区，并进行封锁，禁止人、畜流动。扑杀患病动物及其同群动物，进行无害化处理。疫区内最后一头患病动物被扑杀后，3 个月内不出现新病例，经终末彻底消毒后方可申请解除封锁。禁止治疗患病动物。

## （二）伪狂犬病

由伪狂犬病病毒（PRV）引起的一种急性传染病。

【病原】伪狂犬病病毒又称猪疱疹病毒Ⅰ型、传染性延髓麻痹病毒、奇痒症病毒、奥叶兹基氏病病毒。是引起牛、羊、猪、犬和猫等多种家畜和野生动物发热、奇痒（猪除外）及脑脊髓炎为主要症状的疱疹病毒。猪是 PRV 的储存宿主和传染源，尤其耐过的呈隐性感染的成年猪是该病的主要传染源。

【流行病学】病猪、带毒猪以及带毒鼠类。除各种年龄的猪、牛都易感外，在自然条件下使羊、犬、猫、兔、鼠、水貂、狐等动物感染发病。实验动物中家兔、豚鼠、小鼠都易感。其中以家兔和小鼠最敏感。水平传播，除猪可经直接接触或间接接触发生传染外，其他家畜主要由于采食病尸及病畜污染的饲料后经消化道感染。此外，本病还可经呼吸道黏膜破损处、皮肤伤口和配种等发生感染，仔猪可因食入含有病毒的乳汁而感染本病。被污染的饲料或带病毒的鼠、羊等动物也可传播。妊娠母猪感染本病时可经胎盘垂直传播侵害胎儿，而母体免疫球蛋白却不能保护胎儿，所以对胎儿的感染是致命的。

【发病症状及病理变化】

（1）临床症状　潜伏期一般为 3～6d，短者 1.5d，长者达 10d。

①2 周龄的哺乳仔猪：表现为最急型，死亡率达 100%，发热（41～42℃）、厌食、精神不振、大量流涎，间有呕吐、腹泻、呼吸困难，呈腹式呼吸，继而出现神经症状、发抖、共济失调、间歇性痉挛、后躯麻痹，倒地四肢划动，昏睡，24～36h 死亡。

②3～4 周龄的猪：主要症状同上，但较轻微，病程较长。少数猪出现神经症状，导致休克和死亡，病死率达 40%～60%。耐过猪常遗留后遗症（如偏瘫、发育受阻），病死率不超过 10%。

③2月龄以上的猪：一般为隐性感染，以呼吸道症状为主，一过性发热、咳嗽，可能发展为肺炎，病死率1%～2%，有的呕吐，多在3～4d恢复。如体温继续升高，又会出现神经症状。

④妊娠母猪：发热，咳嗽，精神不振，流产、产死胎、木乃伊胎（中后期），流产、产死胎发生率高达50%，生下弱仔，表现呕吐、痉挛、角弓反张，很快死亡（24～36h）。

⑤种猪：伪狂犬病还可以引起种猪不育症。母猪不发情、配不上种，返情率高达90%，有时反复配种数次都屡配不孕，耽误整个配种期。此外，公猪感染伪狂犬病后，表现不育、睾丸肿胀、萎缩，丧失种用能力。

（2）病理变化　脑膜充血、出血和水肿，扁桃体、肝和脾常可见散在的白色坏死点。肺可见水肿，同时有小叶性间质性肺炎。流产胎儿脑可见出血点，肾和心肌出血，肝和脾有白色坏死点。组织变化主要表现在神经系统呈弥漫性非化脓性脑膜炎。

【诊断】WOAH推荐从病猪脑、肝、脾、肺及呼吸道黏膜及扁桃体分离PRV，以确诊本病。兔体接种试验，将病死动物的脑组织制成乳剂，1～2mL皮下接种家兔，2～5d后接种部位出现剧痒，最后家兔麻痹而死。血清学诊断和分子生物学诊断。

【防控】加强检疫和管理，免疫接种，规模化猪场伪狂犬病净化。

## （三）梭菌性疾病

由产气荚膜杆菌（魏氏梭菌）引起的一种多种动物共患病。

为革兰氏阳性粗短大杆菌，在一般培养时不易形成芽孢，在无糖培养基中有利于形成芽孢。在机体内可产生明显的荚膜，无鞭毛，不能运动。本菌的特征之一是在牛乳培养基中呈暴烈发酵现象。致病条件与破伤风梭菌相似。产气荚膜梭菌既能产生强烈的外毒素，又有多种侵袭性酶，并有荚膜，构成其强大的侵袭力，引起感染致病。

【流行病学】猪、兔、羊均易感，尤其幼龄动物。发病一般无季节性。主要通过消化道传播。

【发病症状及病理变化】

（1）猪产气荚膜梭菌病（红痢）　本病常见于1～3日龄仔猪，发病前都有大便秘结现象。发病时见猪腹部浑圆如鼓，腹痛难忍而起卧不安，摇头、摆尾，后肢呈排粪尿姿势，但未排出粪尿，呼吸急促，口吐白沫。解剖病死猪，见胃臌胀，充满气体和很多粥状物，8h前吃的饲料还未排空。胃黏膜脱落，胃壁薄，胃底有出血斑。小肠黏膜出血，肠系膜淋巴结充血、肿大。大肠内多圆形硬粪。肾弥漫针尖样出血，全身淋巴结肿大出血。

（2）兔产气荚膜梭菌病　急剧腹泻。患病兔最初的粪便变形、变软，很快转为带血的胶冻样，黑色或褐色稀粪，有恶臭腥味，肛门周围、后肢及尾部被稀粪污染；被毛粗乱，精神不振，拒食脱水，无体温变化，最后消瘦死亡。剖检可见胃底黏膜脱落，有大小不一的溃疡。肠黏膜弥漫性出血，小肠内充满气体，肠壁薄而透明。盲肠和结肠内充满气体和黑绿色稀薄内容物，有腐败臭味。

（3）羊梭菌病

①羔羊痢疾：由B型产气荚膜梭菌引起的烈性传染病。病羔精神不好，腹泻，粪便呈水样或粥样，恶臭。后期带血，最后失水死亡。急性病例的病程很短。根据羔羊的发病日龄和临床症状，可做出初步诊断。确诊要靠细菌学检查。发病初期可用抗羔羊痢疾血清治疗，

效果良好。对怀孕母羊在前 1 个月和半个月各注射 1 次羔羊痢疾菌苗，可使羔羊通过初乳获得被动免疫力。

②羊猝狙：由 C 型产气荚膜梭菌引起的绵羊急性传染病。山羊少见。本病病原与肠毒血症的病原属于同属同种细菌，但菌型不同。病原菌经口感染，在消化道繁殖而产生毒素。羊突然发病，病程短促，几乎观察不到症状即死亡，生前不易确诊。注射羊猝狙疫苗或其混合菌苗可预防本病。

③羊肠毒血症：由 D 型产气荚膜梭菌引起的一种急性传染病。主要危害绵羊，尤以膘情好的 2 岁以下绵羊为甚，山羊少见。病羊死亡迅速，死后剖检肾多呈软化，故又称软肾病。经消化道感染，饲料中纤维含量少和蛋白质精料过多时更易发病，因而也称"过食症"。症状与羊猝狙类似。确诊需检出本菌及其毒素。肠毒血症菌或其混合菌苗预防注射，效果良好。

【诊断】根据流行病学、临床症状和病理变化可做出初步诊断，确诊需进行实验室诊断，注意与其他消化道疾病相鉴别。

【防控】加强饲养管理，重视日常消毒。合理疫苗免疫，适当药物预防，土霉素、四环素有一定疗效。

### （四）副结核病

由副结核分枝杆菌引起反刍动物的慢性消化道疾病，又称副结核性肠炎。以顽固性腹泻、渐进性消瘦、肠黏膜增厚并形成皱襞为特征。

【流行病学】本病广泛流行于世界各地，以奶牛业和肉牛业发达的国家受害最为严重。本病无明显季节性，但常发生于春、秋两季。主要呈散发，有时可呈地方性流行。本病主要引起牛（尤其是乳牛）发病。绵羊、山羊、鹿和骆驼等动物也可感染，马、驴、猪也有自然感染的病例。病畜是主要传染源，症状明显和隐性期内的病畜均能向体外排菌，主要随粪便排出体外，污染周围环境。也可随乳汁和尿排出体外。动物采食了污染的饲料、饮水，经消化道感染。也可经乳汁感染幼畜或经胎盘垂直感染胎儿。

【发病症状及病理变化】

(1) 临床症状　潜伏期长，达 6～12 个月，甚至数年。本病为典型的慢性传染病，以体温不升高、顽固性腹泻、高度消瘦为临床特征。起初为间歇性腹泻，后发展到经常性顽固性腹泻。粪便稀薄恶臭，带泡沫、黏液或血液凝块。食欲起初正常，精神也良好，以后食欲有所减退，随着病程的进展，病畜消瘦，眼窝下陷，经常躺卧，泌乳逐渐减少，营养高度不良，皮肤粗糙，被毛松乱，下颌水肿。最后因全身衰弱死亡。

(2) 病理变化　病菌侵入后在肠黏膜和黏膜下层繁殖，并引起肠道损害。主要病变在消化道（空肠、回肠、结肠前段）和肠系膜淋巴结，以肠黏膜肥厚、肠系膜淋巴结肿大为特征。肠黏膜增厚 3～20 倍，并发生硬而弯曲的皱襞，如大脑回纹。肠系膜淋巴结肿大变软，切面湿润，上有黄白色病灶。

【诊断】根据典型的临床症状和病理变化可做出初步诊断，确诊需进一步做实验室诊断。在国际贸易中，实验室诊断尚无指定诊断方法，替代诊断方法有补体结合试验、迟缓型过敏试验和酶联免疫吸附试验。采集粪便和肠组织样品，进行病原检查或变态反应诊断。

【防控】加强饲养管理，定期检疫、隔离和淘汰病畜。消毒被病畜污染的畜舍、用具等。

## （五）多杀性巴氏杆菌病

由多杀性巴氏杆菌所引起的，发生于各种家畜、家禽和野生动物的一种传染病的总称。急性病例以败血症和炎性出血过程为主要特征。

病原为小型短杆菌，两端钝圆，椭圆形或球形。无鞭毛，不产生芽孢，以自然病料涂片、触片染色镜检，为杆菌，两端着色深，中间部分着色极浅，又称两极菌，菌体周围可以隐约地看到大约为菌体 1/3 宽的荚膜（发亮）。抵抗力很低。阳光下 10min，水、土壤中不超过 2 周，室温或 4～8℃冰箱保存 2～3 周，真空保存 5 年。

【流行病学】多杀性巴氏杆菌对多种动物（家畜、野兽、禽类）和人均有致病性。家畜中以牛、猪发病较多，绵羊也易感，鹿、骆驼和马也可发病，但较少见，家禽和兔也易感染。一般情况下，不同畜禽间不易互相感染。畜群中发生巴氏杆菌病时，往往查不出传染源。一般认为家畜在发病前已经带菌。当家畜饲养在不卫生的环境中，由于寒冷、闷热、气候剧变、潮湿、拥挤、通风不良、营养缺乏、饲料突变、长途运输等诱因使其抵抗力降低时，病菌即可经淋巴液而入血流，发生内源性传染。病畜消化道不断排出带病菌的排泄物和分泌物，污染饲料、饮水、用具和外界环境；咳嗽、喷嚏排出病菌，通过飞沫传播；吸血昆虫、皮肤和黏膜的伤口也可引起传染。可呈地方流行性，无明显的季节性。家畜，特别是鸭群发病时，多呈流行性。

【发病症状及病理变化】

（1）临床症状

①猪肺疫：潜伏期 1～5d，临床上一般分为最急性型、急性型和慢性型。最急性型俗称"锁喉风"。表现为突然发病，迅速死亡。病程稍长、病状明显的可见体温升高至 41～42℃，食欲废绝，全身衰弱，颈下咽喉部发热、红肿。病猪呼吸极度困难，常呈犬坐势，伸长头颈呼吸，可视黏膜发绀，迅速恶化，很快死亡。病程 1～2d，病死率 100%，未见自然康复的。本病常见的病型除具有败血症的一般症状外，还表现急性胸膜肺炎。体温升高至 40～41℃，呼吸困难，咳嗽，触诊胸部有疼痛。听诊有啰音和摩擦音。初便秘，后腹泻。病猪消瘦无力，卧地不起，多因窒息而死。病程 5～8d，不死的转为慢性。慢性型主要为慢性肺炎和慢性胃炎症状。有时持续性咳嗽与呼吸困难，常有腹泻。

②牛出血性败血病：败血型病初发热，体温可达 41～42℃，随之出现全身症状。腹痛，腹泻，粪便混有黏液及血液，恶臭，腹泻开始后，体温随之下降，迅速死亡。病期多为 12～24h。浮肿型除呈现全身症状外，在颈部、咽喉部及胸前的皮下结缔组织，出现迅速扩展的炎性水肿，伴发舌及周围组织的高度肿胀，患畜呼吸高度困难，皮肤和黏膜发绀。往往因窒息而死。病程多为 12～36h。肺炎型主要呈纤维素性胸膜肺炎症状。病畜便秘，有时粪便混有血液。病程较长的一般可到 3d 左右。

③兔巴氏杆菌病：鼻炎型是常见的一种病型，其临床特征是有浆液性、黏性或脓性鼻液。地方流行性肺炎型病兔肺实变，常没有呼吸困难的表现，因败血病而迅速死亡，通常不见临床症状。中耳炎型又称斜颈病。

④禽霍乱：最急性型产蛋率高的鸡常见，无前驱症状，突然倒地挣扎拍翅、抽搐后死亡。病程很短，数小时之内。急性型体温升高至 43～44℃，产蛋停止，食欲废绝，渴欲增

加，常有腹泻，排黄色稀粪，呼吸困难，口、鼻分泌物增加，鸡冠和肉髯呈青紫色，病鸡最终因衰竭、昏迷而死亡。病程3d以内。慢性型由急性型转变而来，以慢性肺炎、慢性呼吸道炎和慢性胃肠炎较多见，病鸡肉髯肿大，有脓性干酪样物质，有的病鸡关节肿大、疼痛，发生跛行。

（2）病理变化

①猪肺疫：主要为全身黏膜、浆膜和皮下组织有大量出血点，尤以咽喉部及其周围结缔组织的出血性浆液浸润为特征。切开颈部皮肤时，可见大量胶冻样淡黄色纤维素性浆液。全身淋巴结出血，切面红色。肺急性水肿。脾有出血，但不肿大。肺肝变区广大，并有黄色或灰色坏死灶，胸腔积液，胸腔有纤维素性沉着，胸膜肥厚，常与病肺粘连。

②牛出血性败血病：呈一般败血症变化。内脏器官出血，在黏膜、浆膜以及肺、皮下组织有出血点。脾无变化，肝和肾实质变性。淋巴结显著水肿。胸腹腔内有大量渗出液。在咽喉部或颈部皮下，有时延及肢体部皮下有浆液浸润，切开水肿部流出深黄色透明液体，间有出血。咽周围组织和会咽软骨韧带呈黄色胶样浸润，咽淋巴结和前颈淋巴结高度急性肿胀。上呼吸道黏膜卡他性潮红。主要表现胸膜炎和纤维素性肺炎。胸腔中有大量浆液性纤维素性渗出液。整个肺有不同肝变期的变化，肺切面呈大理石状。

【诊断】根据流行病学材料、临床症状及剖检变化，结合对病畜（禽）的治疗效果，可对本病做出诊断，确诊有赖于细菌学检查。败血症病例可从心、肝、脾或体腔渗出物等取材，其他病型主要从病变部位、渗出物、脓汁等取材，如涂片镜检见到两极染色的卵圆形杆菌，接种培养基分离到该菌，即可得出正确诊断。

①猪：本病的急性型有时可与猪瘟发生混合感染，病猪如取慢性经过，还应与猪喘气病进行区别。

②牛：本病的败血型与浮肿型应与炭疽、气肿疽和恶性水肿相区别，而肺炎型则应与牛肺疫相区别。

【防控】增强畜禽机体的抗病力。平时应注意饲养管理，避免拥挤和受寒，消除可能降低机体抗病力的因素。

## 三、例题及解析

1. 入冬，某地绵羊发病并迅速传播，羔羊发病率和死亡率较成年羊高。当地猪、牛也大批发病死亡。病羔体温升高，食欲减退，口腔黏膜和蹄部皮肤出现水疱。后期腹泻带血，心律不齐，死亡。剖检见咽喉、气管和前胃黏膜烂斑或溃疡，心肌松软，切面有淡黄色斑点和条纹。该病最可能的诊断是（　　）。

A. 羊痘　　　　　　B. 羊传染性脓疱　　　　　C. 坏死杆菌病

D. 口蹄疫　　　　　E. 小反刍兽疫

【解析】D。羊发生口蹄疫，水疱发生于硬腭和舌面、蹄部，时有出血性胃肠炎，常因心肌炎而死亡。

2. 伪狂犬病病毒的自然宿主是（　　）。

A. 马　　　　　　　B. 猪　　　　　　　C. 牛

  D. 羊        E. 兔

【解析】B。猪是 PRV 的储存宿主和传染源,尤其耐过的呈隐性感染的成年猪是该病的主要传染源。

  3. 羊猝疽的病原是(  )。

    A. B 型产气荚膜梭菌  B. C 型产气荚膜梭菌  C. D 型产气荚膜梭菌

    D. E 型产气荚膜梭菌  E. A 型产气荚膜梭菌

【解析】B。羊猝疽是由 C 型产气荚膜梭菌引起的绵羊急性传染病。

  4. 仔猪梭菌性肠炎主要侵害哪个阶段的猪(  )。

    A. 1~2 周龄    B. 30~60 日龄    C. 4~12 月龄

    D. 1~3 日龄    E. 1 月龄以上

【解析】D。仔猪梭菌性肠炎又称仔猪红痢,常见于 1~3 日龄仔猪。

  5. 除猪以外的家畜,临床上出现奇痒症状的传染病是(  )。

    A. 狂犬病    B. 乙型脑炎    C. 伪狂犬病

    D. 李氏杆菌病    E. 高热病

【解析】C。伪狂犬病病毒是引起牛、羊、猪、犬和猫等多种家畜和野生动物发热、奇痒(猪除外)及脑脊髓炎为主要症状的疱疹病毒。

## <<< 第四单元　猪的传染病　>>>

## 一、考试大纲

| 单元 | 细目 | 要点 | | | |
|---|---|---|---|---|---|
| 猪的传染病 | 1. 猪瘟 | (1) 流行病学 | (2) 发病症状及病理变化 | (3) 诊断 | (4) 防控 |
| | 2. 非洲猪瘟 | (1) 流行病学 | (2) 发病症状及病理变化 | (3) 诊断 | (4) 防控 |
| | 3. 猪水疱病 | (1) 流行病学 | (2) 发病症状及病理变化 | (3) 诊断 | (4) 防控 |
| | 4. 猪繁殖与呼吸综合征 | (1) 流行病学 | (2) 发病症状及病理变化 | (3) 诊断 | (4) 防控 |
| | 5. 猪细小病毒病 | (1) 流行病学 | (2) 发病症状及病理变化 | (3) 诊断 | (4) 防控 |
| | 6. 猪传染性胃肠炎 | (1) 流行病学 | (2) 发病症状及病理变化 | (3) 诊断 | (4) 防控 |
| | 7. 猪流行性腹泻 | (1) 流行病学 | (2) 发病症状及病理变化 | (3) 诊断 | (4) 防控 |
| | 8. 猪丹毒 | (1) 流行病学 | (2) 发病症状及病理变化 | (3) 诊断 | (4) 防控 |
| | 9. 猪传染性胸膜肺炎 | (1) 流行病学 | (2) 发病症状及病理变化 | (3) 诊断 | (4) 防控 |
| | 10. 猪传染性萎缩性鼻炎 | (1) 流行病学 | (2) 发病症状及病理变化 | (3) 诊断 | (4) 防控 |
| | 11. 猪支原体肺炎 | (1) 流行病学 | (2) 发病症状及病理变化 | (3) 诊断 | (4) 防控 |
| | 12. 猪圆环病毒病 | (1) 流行病学 | (2) 发病症状及病理变化 | (3) 诊断 | (4) 防控 |
| | 13. 副猪嗜血杆菌病 | (1) 流行病学 | (2) 发病症状及病理变化 | (3) 诊断 | (4) 防控 |
| | 14. 猪痢疾 | (1) 流行病学 | (2) 发病症状及病理变化 | (3) 诊断 | (4) 防控 |

## 二、重要知识点

### （一）猪瘟

俗称烂肠瘟，是由猪瘟病毒引起的一种急性（或慢性）、热性和高度接触性的传染病。其特征为发病急、高热稽留和细小血管壁变性，引起全身泛发型小点出血，脾梗死。世界动物卫生组织（WOAH）将此病列为国际重点检疫对象。我国定为一类传染病。

【流行病学】传染源主要为病猪、带毒猪，主要传播方式是接触传播，通过口鼻或通过结膜、生殖道黏膜或皮肤擦伤感染。病毒复制的主要场所是扁桃体，进入淋巴结继续增殖，然后进入血液、骨髓及各种组织。猪是本病的唯一自然宿主，不同品种、年龄和性别的猪都可感染。该病一年四季均可发生，一般以春、秋两季较为严重，若无继发感染，少数慢性病猪1个月后恢复，流行停止。

【发病症状及病理变化】

（1）临床症状

①急性型猪瘟：由强毒引起，病初仅几头猪显示临床症状。病猪表现呆滞，行动缓慢，后肢麻痹，站立一旁，弓背怕冷，低头垂尾，食欲下降至废绝，高热稽留，眼睑浮肿，少数病猪可惊厥。皮肤充血到发绀或出血，并发肺炎和纤维性坏死性肠炎。

②慢性型猪瘟：早期食欲不振、精神萎靡、体温升高，白细胞减少；中期一般食欲有所改善，体温正常或略高于正常，白细胞减少；后期食欲不振，精神委顿，临死前体温才下降，病情反复，病猪生长缓慢，发育不良，常有皮肤损坏。不死的猪形成僵猪。

③迟发型猪瘟：猪终生有高水平的病毒血症，且有免疫耐受现象。仔猪出生后几个月表现正常，随后发生轻度食欲不振、精神沉郁、结膜炎、腹泻和运动失调，大多能活6个月以上。可通过胎盘传染。

④非典型猪瘟（温和型猪瘟）：体温在40～41℃，有的病猪耳、尾、四肢末端皮肤坏死，发育停滞。后期站立不稳、后肢瘫痪，部分跗关节肿大。病毒可传给后代，毒力增强。

（2）病理变化

①最急性型猪瘟：无明显病理变化，一般仅见浆膜、黏膜和内脏有少量出血。

②急性型和亚急性型猪瘟：多发性出血为特征的败血症变化。皮肤、消化道、呼吸道、肠系膜、膀胱、口腔黏膜出血。肾出血，表现为雀斑肾。脾出血性梗死，淋巴结肿大。

③慢性型猪瘟：出血变化不明显，回肠末端、盲肠、结肠可见纽扣状溃疡和假膜性坏死的特征性病变。

④迟发型猪瘟：胸腺萎缩和外周淋巴器官严重缺乏淋巴细胞和发生滤泡，无浆细胞增多症和肾小球性肾炎。

⑤非典型猪瘟：症状轻于典型猪瘟，淋巴结水肿，轻度出血或不出血，淋巴滤泡消失，组织萎缩。肾出血点不一致，脾稍肿，有1～2处梗死，回肠瓣很少可见纽扣状溃疡，但有溃疡和坏死，病程长的小血管内皮高度增生。大多数有脑炎，表现为血管周围套袖。

【诊断】据流行病学、发病动物、品种、年龄、数量、死亡率、症状、病变和治疗情况，可做出初步诊断。如猪群中先后或同时有几个或更多的病猪出现高热不退，精神高度沉郁，食欲减退，全身衰弱，后躯无力，粪便干燥，后期腹泻，呈黄色、绿色，有时带血，皮肤的薄皮有出血点，耳朵发紫，死亡率较高，可初步判断为疑似猪瘟。

【防控】禁止从有猪瘟国家进口生猪及肉和没有处理的肉制品，一旦出现疫情，以封锁、隔离、扑杀、追踪传染源、消毒等方法控制和根除猪瘟。严格检疫和免疫接种。

## (二) 非洲猪瘟

非洲猪瘟又称疣猪病，是由有囊膜的非洲猪瘟病毒感染引起猪的一种高度传染性疾病。病毒主要在单核巨噬细胞系统的细胞中复制，并具有吸附猪红细胞的特性。

非洲猪瘟病毒（ASFV）是非洲猪瘟病毒属中唯一的 DNA 病毒，由囊膜包裹，呈二十面体立体对称，非洲猪瘟病毒在不同的环境或污染物中的存活能力各不相同。ASFV 在外界环境中抵抗能力很强。2018 年 8 月，我国发生首例非洲猪瘟疫情。

【流行病学】非洲猪瘟只发生于猪和野猪，不同品种、年龄和性别的猪均可感染，猪是本病病原唯一的自然宿主。病猪的分泌物和排泄物可散布大量感染性病毒。感染猪与健康易感猪的直接接触可传播本病。非洲猪瘟病毒可通过饲喂污染的泔水、饲料，或通过污染的垫草、车辆、设备、衣物等间接传播，还可经钝缘软蜱、猪虱等叮咬生猪传播。消化道和呼吸道是最主要的感染途径。猪群一旦受感染，传播很快，发病猪可达 50% 以上，甚至达 100%，病死率可达 100%。

【发病症状及病理变化】

(1) 临床症状

①最急性型：由强毒株感染引起，以高热（41～42℃）、食欲废绝、精神沉郁、气喘及皮肤充血为主要特征。动物通常在出现临床症状 1～4d 后死亡，器官无明显病变，死亡率高达 100%。

②急性型：病猪体温 40.5～42℃，以高热、出血和高死亡率为特征，精神沉郁，食欲减退，运动失调，局部皮肤发红或发蓝，可视黏膜潮红，眼有分泌物，呕吐、腹泻、咳嗽、呼吸困难和怀孕母猪流产等症状，死亡率可达 100%。

③亚急性型：由中等毒力毒株感染引起，症状较轻，病死率较低，间断性发热持续 1 个月之久，呼吸窘迫、关节疼痛、肿胀，怀孕母猪常常流产。流产是亚急性型的首要临床症状。

④慢性型：由低毒力毒株感染引起，除波状热、生长减慢、发育迟缓或瘦弱外，不表现明显的症状。

(2) 病理变化 最急性型无明显病理变化。急性型可见整个消化道水肿出血，腹腔中有浆液渗出。胆囊、膀胱黏膜针尖状出血，肝充血。胸腔内有积液，胸膜上有出血点。肺水肿，脑膜脉络丛严重充血。喉头、膀胱、肾皮质、心、肺和其他内脏器官表面都有明显的瘀斑。淋巴结肿大，并严重出血，整个淋巴结血肿。胸腔液、心包液和腹腔液增多。脾肿大2～3 倍。中枢神经系统水肿，并有血管周围性出血。亚急性型呈现广泛性出血及淋巴组织破坏引起的出血性浆液性炎，主要损害脾、淋巴结、心和肾等。脾色泽变深，质脆，肿大及出血性梗死。淋巴结出血，切面呈大理石状。心包积聚大量浆液性液体，心内外膜有小点状、瘀斑状出血。肾皮质、肾盂的切面也有小点出血。不出现血管病变。

【诊断】非洲猪瘟在临床上与猪的其他出血性疾病，如古典猪瘟、高致病性蓝耳病、伪狂犬病等很难进行区分，并且其病毒有 22 个基因型，临床症状较为复杂，必须借助实验室诊断。

【防控】目前，尚无有效的疫苗和药物用于 ASF 控制，唯一的控制方式是确保猪群健康。避免易感动物与病毒接触；要控制猪及猪肉制品的进口；禁止用国外污染的动物性饲料饲喂；避免边界地区家猪与野猪的接触；加强检疫工作，争取早发现、早隔离、早治疗；注意 ASF 宿主的走向。

### （三）猪水疱病

由猪水疱病病毒（SVDV）引起猪的一种急性接触性传染病，流行性强，发病率高，以蹄部、口部、鼻端和腹部、乳头周围皮肤和黏膜发生水疱为特征。在症状上与口蹄疫极为相似，但牛、羊等家畜不发病。WOAH 将其列为 A 类动物疫病，我国将其列为一类动物疫病。

【流行病学】病猪、带毒猪是最主要的直接传染源，尤以发病初期传染性最高。病猪的水疱皮、水疱液、血液、尿、粪、乳、泪、呼出的气体、唾液及污染的精液、肉、毛、内脏等，以及污染的猪舍、饲料、水、饲养用具都可能有病毒的存在。主要是通过呼吸道、消化道、皮肤黏膜的创伤感染。病毒可经损伤的皮肤直接侵入机体到达敏感部位蹄、鼻镜和口腔上皮组织，并形成特征性水疱，也可经口感染，从消化道经血液到达敏感部位产生水疱。猪水疱病在自然条件下仅发生于猪，且猪不分品种、年龄及性别均可感染。对牛、羊、马、豚鼠均不感染。呈地方流行性，一年四季均可发生，以较寒冷季节多发。

【发病症状及病理变化】

（1）临床症状　猪水疱病的潜伏期一般为 2～5d，有的延至 7～8d 或更长。体温升高到 40～42℃，精神沉郁，食欲减退或停食。肥猪显著掉膘，初生仔猪可引起死亡。部分猪因病变部继发感染而形成化脓性溃疡，出现跛行，此时病猪呈犬坐式或躺卧，严重的用膝部爬行。有的病猪鼻吻部、舌、唇和乳头上均见水疱。约有 2% 的猪发生中枢神经系统紊乱。

（2）病理变化　典型水疱病常见蹄冠病变，蹄冠上皮苍白、肿胀。蹄冠、蹄踵的角质与皮肤结合处见有水疱，并充满水疱液。经 1～2d 后，水疱破裂形成溃疡，真皮暴露，颜色鲜红，环绕蹄冠皮肤与蹄壳之间裂开，严重时蹄壳脱落。

【诊断】临床上，SVDV 难以与口蹄疫、水疱性口炎等水疱类疫病相区别。另外，从感染 SVDV 到出现临床症状的时间较长。因此，SVDV 的诊断依靠实验室检测。

【防控】应用豚鼠化弱毒疫苗和细胞培养弱毒疫苗免疫接种猪，保护率达 80% 以上，免疫期 6 个月以上。用水疱皮和仓鼠传代毒制成灭活苗有良好免疫效果，保护率达 75%～100%。患病猪的水疱破后，用 0.1% 高锰酸钾或 2% 明矾水洗净，涂布紫药水或碘伏，数日可治愈。

### （四）猪繁殖与呼吸综合征

猪繁殖与呼吸综合征病毒（PRRSV）引起的以繁殖障碍和呼吸系统症状为特征的急性高度接触性传染病。在发病过程中会出现短暂性的两耳皮肤发绀，故又称"蓝耳病"。

【流行病学】病猪和带毒猪是主要的传染源。康复猪在康复后的 3 个月内可持续排毒。主要侵害繁殖母猪和仔猪，而育肥猪发病温和。感染猪鼻分泌物、唾液、精液、乳汁、粪便、尿均含有病毒，耐过猪可长期带毒和不断向体外排毒。主要感染途径为呼吸道，空气传播、接触传播、精液传播和垂直传播。传播迅速，病毒可以通过鼻、眼分泌物、胎儿及子宫分泌物甚至公猪的精液排出，感染健康猪。

**【发病症状及病理变化】**

（1）临床症状

①妊娠母猪：表现为突然厌食、发热、精神沉郁、昏睡，并出现喷嚏、咳嗽等呼吸道症状，有的母猪（特别是初次感染母猪）出现流产、早产以及产出死胎、弱仔或木乃伊胎等。

②仔猪：以1月龄内仔猪最易感染，病猪呼吸困难，肌肉震颤，个别耳朵发紫，有时腹式呼吸，咳嗽，厌食，发热；后期皮肤青紫发黑，常因继发感染使病情恶化，死亡率可达80%。

③育成猪：出现双眼肿胀，发生结膜炎和腹泻，并出现肺炎。公猪感染后表现咳嗽、喷嚏、精神沉郁、食欲不振、呼吸急促和运动障碍，性欲减弱，精液质量下降，射精量少。

（2）病理变化

①剖检特征：胸腔、腹腔有大量纤维蛋白渗出，胸腔器官相互粘连；腹股沟淋巴结、肠系膜淋巴结肿大出血；喉头有出血点、胸腹腔积水较多；肺气肿、肺部大理石样变；脾肿大坏死，边缘呈锯齿状；肾肿大，颜色苍白，表面有针类大出血点；仔猪、育肥猪常见眼睑水肿；仔猪皮下水肿，心包积液水肿。

②病理变化：弥漫性间质性肺炎，并伴有细胞浸润和卡他性肺炎。淋巴结中度肿大，呈褐色，子宫颈淋巴结、胸腔前上侧淋巴结和腹股沟淋巴结最为明显。肺呈红褐色花斑状，不塌陷。肺部病变主要表现为间质性弥漫性肺炎，肺泡隔水肿，有巨噬细胞和淋巴细胞浸润，肺泡中常有蛋白及变性细胞存在。动脉周围淋巴鞘的淋巴细胞减少。细胞核破裂和空泡化；流产胎儿出现动脉炎、心肌炎和脑炎。

**【诊断】** 根据不同阶段的临床发病症状结合流行病学资料可建立初步诊断，但临床上由于PRRS的症状复杂多样、无特征性症状，病变不明显、不典型，且常常继发、并发其他疾病，同时不同猪场感染PRRS后临床症状又有很大差异，因此确诊需要通过实验室诊断。

**【防控】** 该病目前尚无特效药物疗法，主要采取综合防控措施及对症疗法。最根本的办法是消除病猪、带毒猪和彻底消毒，切断传播途径。这项工作应反复进行。此外，应加强对进口猪的检疫和对该病的监测，以防该病扩散。

## （五）猪细小病毒病

由猪细小病毒（PPV）引起猪的一种繁殖障碍性疾病，其特征为感染母猪。该病主要表现为胚胎和胎儿的感染和死亡，特别是初产母猪产出死胎、畸形胎、木乃伊胎、病弱仔猪、流产、屡配不孕等，但母猪本身无明显的症状。

**【流行病学】** 各种不同年龄、性别的家猪和野猪均易感，可以胎盘垂直传播，以及消化道、呼吸道、交配感染。鼠类是主要的传播媒介。一般呈地方流行性或散发，本病多发生于春、夏两季或母猪产仔和交配季节，对胎儿的危害程度与胎龄有一定的相关性。

**【发病症状及病理变化】**

（1）临床症状 怀孕10～30d感染，胚胎死亡、吸收使产仔数减少；怀孕30～50d感染，产木乃伊胎；怀孕50～60d感染，出现死胎；怀孕70d感染，常流产；怀孕70d后感染，多数产仔正常，但仔猪带有病毒；对公猪的性欲和受精卵没有影响。

（2）病理变化　怀孕母猪感染细小病毒后，一般无肉眼可见病变，在母猪流产时，肉眼可见母猪有轻度子宫内膜炎，胎盘部分钙化，胎儿被溶解、吸收。大多数死胎、死仔或弱仔皮肤、皮下充血或水肿，胸、腹腔积有淡红或淡黄色渗出液，肝、脾和肾有时肿大脆弱或萎缩发暗。个别死胎、死仔皮肤出血。

【诊断】根据流行病学、临床症状和病理变化不难做出诊断，确诊需实验室检查。

【防控】本病尚无特效治疗方法。控制带毒猪传入猪场。因为使用弱毒疫苗存在散毒的危险，所以目前主要还是应用 PPV 灭活苗进行预防免疫。

## （六）猪传染性胃肠炎

由猪传染性胃肠炎病毒（TGEV）引起猪的一种高度接触性肠道疾病，以 2 周龄以下仔猪呕吐、严重腹泻和高死亡率为特征。10 日龄内的仔猪可 100％发病，死亡率达 100％。不同年龄猪对猪传染性胃肠炎病毒均易感，但 5 周龄以上的猪死亡率很低。

【流行病学】病猪、带毒猪为主要传染源。可从粪便、呕吐物、乳汁、鼻液及呼出气体排毒，50％的康复猪带毒排毒达 2～8 周。病毒存在于猪的各器官、体液和排泄物中，但病猪的空肠、十二指肠以及肠系膜淋巴结含毒量最高，随粪便排出。在病的早期，呼吸道和肾的含毒量也相当高。猪是唯一的易感动物，犬、猫可参与本病的传播。各种年龄的猪均有易感性，10 日龄以内的仔猪最为敏感，发病率和死亡率都很高，有时高达 100％。随着年龄的增长，临床症状减轻，多数能自然康复，但可长期带毒，可达 2～8 周，冬天和春天多发（11 中旬至次年 4 月中旬，发病高峰为 1～2 月）。

【发病症状及病理变化】

（1）临床症状

①仔猪：突然发生呕吐，接着发生水样腹泻，粪便腥臭，为黄绿色或灰绿色，有时呈白色，并含凝乳块。部分病猪先短期体温升高，腹泻开始后体温下降，迅速脱水，很快消瘦，严重口渴，食欲减退或废绝。10 日龄内的仔猪有较高死亡率。随日龄增加，死亡率下降。病愈仔猪生长发育缓慢。

②育肥猪：发病率几乎为 100％。突然发生水样腹泻，食欲不振，粪便呈灰色或黄褐色，含有少量未消化的食物。在腹泻初期，偶有呕吐，病程约 1 周，且发病期间增重明显缓慢。

③成年猪：感染后常不发病，部分猪可能表现轻度水样腹泻或一时性的软便，对体重无明显影响。

④哺乳母猪：泌乳减少或停止，一般 3～7d 恢复，极少死亡，常与仔猪一起发病。有些哺乳中的母猪发病时，表现高度衰弱、体温升高、泌乳停止、呕吐、食欲不振和严重腹泻。妊娠母猪往往没有明显症状或症状轻微，偶尔可见流产。

（2）病理变化　除尸体脱水严重外，肉眼变化主要是胃和小肠。仔猪胃内充满凝乳块，黏膜有时充血。小肠内充满黄绿色或灰白色液状物，含有泡沫和未消化的小乳块，肠壁变薄，几乎透明。在低倍显微镜或放大镜下观察空肠和回肠绒毛显著变短。

【诊断】根据流行病学、症状、病变特点可做出初步诊断，确诊需进行实验室检查。

【防控】极易传入猪场，猪场应坚持自繁自养。使用传染性胃肠炎和轮状病毒二联苗进行免疫接种。加强饲养管理，实施"全进全出"的生产模式，做好猪场的清洁卫生和消毒工作。

## （七）猪流行性腹泻

由猪流行性腹泻病毒（PEDV）引起猪的一种高度接触性肠道传染病，以水样腹泻、呕吐、脱水和食欲下降为主要特征。不同年龄和不同品种的猪对本病都易感，但对哺乳仔猪的危害最为严重。流行特点、临床症状和病理变化都与猪传染性胃肠炎（TGE）非常相似。

**【流行病学】** 病猪和带毒猪是主要的传染源。各种年龄猪均可感染发病。哺乳仔猪、保育小猪和育肥猪的发病率很高，但以哺乳仔猪受害最为严重。母猪发病率为 15%～90%；主要感染途径是消化道，但消化道不是唯一感染途径，PEDV 还可通过呼吸道、肌肉接种和媒介传播感染。感染母猪还可通过乳汁将病毒传染小猪。新生仔猪和 5～8 周龄断奶仔猪最易感。如果猪场陆续有仔猪出生或断奶，病毒会不断感染新生仔猪和失去母源抗体保护的断奶仔猪，使本病呈地方流行性，新生仔猪和 5～8 周龄断奶仔猪持续性顽固性腹泻。多发生于寒冷季节，每年 12 月至次年 3 月为发病高峰期。

**【发病症状及病理变化】**

（1）临床症状 水样腹泻，或腹泻兼呕吐。呕吐多发生于吃食或吃奶后，症状轻重因年龄大小而异，年龄越小，症状越重。发病率因猪场而异，在有的猪场，所有日龄猪均可感染发病，发病率高达 100%。7 日龄以内仔猪常在持续腹泻 3～4d 后脱水死亡，死亡率平均50%，有时高达 100%。

成年猪症状较轻，有的仅表现为呕吐，重者水样腹泻，3～4d 自愈。与传染性胃肠炎相比，PEDV 在封闭猪场内不同育肥猪群间的传播速度较慢，病毒通常需要 4～6 周或以上才能感染不同猪舍的猪群。哺乳仔猪腹泻，呈现出病毒性腹泻共有的发病特征，常整窝发病，厌食，不吃奶，由于缺少仔猪吸吮刺激，母猪也因干奶而逐渐无奶，个别母猪甚至受仔猪粪便感染而出现腹泻症状。粪便腥臭呈油性，并常粘满猪全身，全身油滑，抓住后很容易从手中滑脱。仔猪康复后，被毛仍残存一层黑色油渍。

（2）病理变化 眼观变化仅限于小肠，小肠扩张，肠壁变薄、透明，内充满黄色液体，肠系膜充血，肠系膜淋巴结水肿，小肠绒毛缩短。组织学变化见空肠段上皮细胞的空泡形成和表皮脱落，肠绒毛显著萎缩。

**【诊断】** 根据临床症状和流行病学特点做出初步诊断，需实验室检查确诊。

**【防控】** 本病抗生素治疗无效，可参考猪传染性胃肠炎的防治办法。在流行地区可在怀孕母猪分娩前 2 周，以病猪粪便或小肠内容物进行人工感染，以刺激其产生乳源抗体，以缩短本病在猪场中的流行。目前，我国已研制出 PEDV 甲醛氢氧化铝灭活疫苗，保护率达85%，可用于预防本病。还研制出 PEDV 和 TGE 二联灭活苗，这两种疫苗免疫妊娠母猪，乳猪通过初乳获得保护。

## （八）猪丹毒

由猪丹毒杆菌引起的一种急性热性传染病，临床主要表现为急性败血型和亚急性疹块型，以及慢性心内膜炎或关节炎。

**【流行病学】** 主要发生于猪，大多发生于 3～12 月龄的猪，哺乳仔猪和老猪发病较少。牛、羊、犬及家禽等也可感染。弱碱性土壤适宜于猪丹毒杆菌的存活，污染的土壤在猪丹毒的流行病学上有重要意义。排出的细菌污染饲料、饮水、用具等，主要通过消化道感染，另外也可通过损伤的皮肤及蚊虫叮咬传播。多发生在初夏和晚秋（5—9月）季节，我国南北方气温差异很大，流行季节不可能一致。

**【发病症状及病理变化】**

（1）临床症状

①急性败血型：流行初期，一头或数头猪无症状突然死亡，随后表现为体温升高，高热稽留，食欲废绝，有的呕吐，先便秘后腹泻。严重的表现为呼吸困难，呼吸加快，随后可在胸、腹、四肢内侧、耳、颈、背部皮肤上出现大小不等的红斑，指压红色暂时消退，治愈后，皮肤坏死、脱落。病程 3～4d，病死率 80% 左右。哺乳仔猪或断奶仔猪表现为神经症状，抽搐、倒地死亡，病程不足 1d。

②亚急性疹块型：以皮肤上出现疹块为特征，在背、胸、颈、腹侧及四肢的皮肤上出现大小不等的疹块，有方形、菱形、圆形或不规则形，或融合连成一大片，疹块部稍凸起皮肤表面，初期指压褪色，后期淤血、蓝紫色，指压不褪色。随着疹块出现，体温下降，病势减轻，数天后疹块逐渐消退，凸起部渐下陷，最后形成干痂，表面脱落而自愈。良性经过，病程 10～12d，死亡率低。

③慢性型：慢性心内膜炎、消瘦、贫血、体弱无力、不爱走动，驱赶时呼吸困难，听诊时心跳加快、心律不齐、亢进、有杂音。很难治愈，通常由于心脏停搏而突然倒地死亡。

④慢性关节炎：主要侵害四肢关节，表现为关节肿大，初期热痛，行走步态僵硬、疼痛、跛行、喜卧，甚至不能行走和站立，食欲时好时坏，生长发育迟缓。

（2）病理变化

①急性败血型：鼻、耳、四肢内侧的皮肤呈不同程度的紫红色；脾肿大，呈樱桃红色；肾淤血肿大，呈暗红色，有"大红肾"之称，切面皮质有出血点；肺淤血、水肿；心内外膜有出血点；胃底及幽门部黏膜弥漫性出血，十二指肠及空肠前段黏膜出血性炎症；全身淋巴结肿大、出血。

②慢性型：慢性心内膜炎心脏房室瓣常有疣状心内膜炎，瓣膜上有灰白色增生物，呈菜花状。慢性关节炎关节肿大，关节囊增厚，在关节腔内有纤维素渗出物。

**【诊断】** 根据流行病学和临床症状可做出诊断，确诊需进行细菌学检查。

**【防控】** 使用青霉素治疗有效。预防措施为加强饲养管理，保持圈舍干燥，定期消毒，减少应激因素，并适时进行免疫接种。

## （九）猪传染性胸膜肺炎

由胸膜肺炎放线杆菌引起猪的一种高度传染性呼吸道疾病，又称为猪接触性传染性胸膜肺炎。以急性出血性纤维素性胸膜肺炎和慢性纤维素性坏死性胸膜肺炎为特征，急性型呈现高死亡率。

**【流行病学】** 各种年龄、性别的猪都有易感性，但以 6～12 周龄仔猪最为易感。本病的发生多呈最急性型或急性型病程而迅速死亡，急性暴发猪群的发病率和死亡率一般为 50% 左右，最急性型的死亡率可达 80%～100%。病菌随患病猪呼吸、咳嗽、喷嚏等途径排出后形成飞沫，通过直接接触而经呼吸道传播。也可通过被病原菌污染的车辆、器具以及饲养人员的衣物等而间接接触传播。小啮齿类动物和鸟也可能传播本病。有明显的季节性，多发生于 4—5 月和

9—11 月。饲养环境突然改变、猪群的转移或混群、拥挤或长途运输、通风不良、湿度过高、气温骤变等应激因素引起本病发生或加速疾病传播，使发病率和死亡率升高。

**【发病症状及病理变化】**

（1）临床症状

①最急性型：突然发病，病猪体温升高至 41～42℃，精神沉郁，废食，出现短期的腹泻和呕吐症状。早期病猪无明显的呼吸道症状，后期心力衰竭，鼻、耳、眼及后躯皮肤发绀，晚期呼吸极度困难，常呆立或呈犬坐式，张口伸舌，咳喘，并有腹式呼吸。临死前体温下降，严重者从口鼻流出泡沫血性分泌物。病猪出现临床症状后 24～36h 内死亡。有的病例见不到任何临床症状而突然死亡。此型的病死率高达 80%～100%。

②急性型：病猪体温升高达 40.5～41℃，严重的呼吸困难、咳嗽、心力衰竭、皮肤发红、精神沉郁。因为饲养管理及其他应激条件的差异，病程长短不定，所以在同一猪群中可能会出现病程不同的病猪，如亚急性或慢性型。

③亚急性型和慢性型：多于急性期后期出现。病猪轻度发热或不发热，体温为 39.5～40℃，精神不振，食欲减退。不同程度的自发性或间歇性咳嗽，呼吸异常，生长迟缓。病程几天至 1 周不等，或治愈或当有应激条件出现时症状加重。

（2）病理变化

①最急性型：病死猪剖检可见气管和支气管内充满泡沫状带血的分泌物。肺充血、出血和血管内有纤维素性血栓形成，肺泡与间质水肿，肺的前下部有炎症出现。

②急性型：急性期死亡的猪可见到明显的剖检病变。喉头充满血样液体，双侧性肺炎，常在心叶、尖叶和膈叶出现病灶，病灶区呈紫红色、坚实、轮廓清晰，肺间质积留血色胶样液体。随着病程的发展，纤维素性胸膜肺炎蔓延至整个肺。

③亚急性型：肺可能出现大的干酪样病灶或空洞，空洞内可见坏死碎屑。如继发细菌感染，则肺炎病灶转变为脓肿，致使肺与胸膜发生纤维素性粘连。

④慢性型：肺上可见大小不等的结节（结节常发生于膈叶），结节周围包裹有较厚的结缔组织，结节有的在肺内部，有的突出于肺表面，并在其上有纤维素附着而与胸壁或心包粘连，或与肺之间粘连。心包内可见到出血点。

**【诊断】** 根据特征性症状可以做出初步诊断，确诊必须经实验室检查。

**【防控】** 对氟苯尼考、多西环素敏感。通过免疫接种来预防。

## （十）猪传染性萎缩性鼻炎

由支气管败血波氏杆菌和产毒素多杀性巴氏杆菌引起的一种慢性接触性呼吸道传染病，广泛分布于世界各地，常见于 2～5 月龄猪。特征为鼻炎、鼻中隔扭曲、鼻甲骨萎缩和生长迟缓，临诊表现为打喷嚏、鼻塞、流鼻涕、鼻出血、颜面部变形或歪斜。

支气管败血波氏杆菌是一种能运动的革兰氏阴性杆菌或球杆菌，分 Ⅰ、Ⅱ、Ⅲ 3 个菌相，其中 Ⅰ 相菌具有高度致病性和免疫原性。在马铃薯培养基上生长良好并使其变黑，菌落呈棕黄而微带绿色。根据该菌在培养基上的生长特性和高免兔血清玻片凝集试验鉴定本菌。

**【流行病学】**

①进行性萎缩性鼻炎（PAR）：产毒素多杀性巴氏杆菌单独或混有支气管败血波氏杆菌（Bb）导致猪鼻甲骨产生的不可逆的损伤。

②非进行性萎缩性鼻炎（NPAR）：由支气管败血波氏杆菌感染引起，为温和型可逆转的鼻甲骨萎缩，通常没有明显的鼻部变形。

**【发病症状及病理变化】**

产毒素多杀性巴氏杆菌。临床症状多出现在4～12周龄或更晚，喷嚏和鼻塞是仔猪发病的早期症状，也可能是其他的感染所致。临床症状是短颌（上颌变短）、鼻部皮肤皱缩、吻突歪斜、泪斑。伴随着临床症状的同时，感染猪的生长受阻、饲料利用率下降。一个猪群感染后，首先在仔猪中出现早期的临诊症状，往往需要相当长的时间才能达到一定的发病率。要发展为全群的感染，一般需要2～24月不等。

**【诊断】**

①支气管败血波氏杆菌病：临床表现可作为发病的一个指标，确诊需采集猪肺部灌洗液、肺部组织、鼻拭子分离细菌。该菌在鲜血培养基或改良麦康凯上生长良好，但初次分离一般要用选择培养基。

②产毒素多杀性巴氏杆菌病：临床症状明显的可用简单的鲜血培养基分离，但一般要用选择性的培养基，因样品中含菌量少，该菌的生长可被快速生长的杂菌所掩盖。在临床症状不明显的猪场，一般要采集较多的样品才能分离出。

**【防控】** 两种病的防治措施不同，但疾病控制都需要免疫、药物、管理和环境的共同作用，目的都是为了增强猪的抵抗力，减少猪群暴露的菌量。

## （十一）猪支原体肺炎

由猪肺炎支原体引起的一种慢性接触性呼吸道传染病，又称猪气喘病，主要临床症状是咳嗽和气喘。

本病的病原体是支原体科支原体属的猪肺炎支原体。支原体是一种介于细菌和病毒之间的原核生物，能够自行繁殖，结构简单，无细胞壁，在显微镜下呈现多形态，常见的形态为杆状、环状、球状及丝状。对自然环境的抵抗力不强，栏舍、用具上的支原体，一般2～3d失去生物活性，组织悬液中的支原体在15～20℃放置36h丧失致病性。普通化学消毒剂均能杀灭猪肺炎支原体。本病原体对四环素、土霉素、泰乐菌素、林可霉素敏感，对青霉素、红霉素、链霉素和磺胺类不敏感。猪肺炎支原体通过空气中的气溶胶，经呼吸道感染。

**【流行病学】** 本病在气候多变、阴湿、寒冷的冬、春季发病严重。不同年龄、性别、品种和用途的猪均可感染。仔猪易感性高，患病后症状明显，死亡率高。母猪和成年猪多为隐性和慢性。病原体主要存在于猪肺的细支气管和支气管上皮细胞表面和纤毛。经病猪的咳嗽、气喘和喷嚏的飞沫排出体外。

**【发病症状及病理变化】**

（1）临床症状　发病率高、死亡率低的慢性疾病。慢性干咳，可持续几周或数月。发生继发感染时，食欲不振、气喘、咳嗽加重、体温升高及衰竭。大多数病猪并无不适表现，但皮毛缺乏正常光泽，虽然食欲正常，但生长发育受阻（侏儒猪）。

（2）病理变化　本病的主要病变在肺部淋巴结和纵隔淋巴结。两侧肺的心叶、尖叶、膈叶前下缘发生对称性实变，实变区大小不一，与周围肺组织界限明显。随着病程延长，病变逐渐扩展、融合，病变部颜色加深，硬度增强。切面外翻湿润。其他肺组织有不同程度的淤血和水肿。

【诊断】根据流行病学、临床症状和病理变化可以做出初步诊断，确诊需进行实验室检查。

【防控】病猪在病状消失后半年或1年以上仍可排毒。因此，猪场一旦传入本病后，应采取严格的综合防控措施。喹诺酮类、土霉素和泰乐菌素有治疗效果。疫苗接种是预防本病的重要措施。

### (十二) 猪圆环病毒病

由猪圆环病毒（PCV）引起猪的一种传染病。典型的圆环病毒是无囊膜的二十面体病毒粒子，具有高度的稳定性。圆环病毒对环境因素的高度抵抗力在流行病学和疾病防制中有重要影响。圆环病毒具有两个血清型，PCV1和PCV2，前者对动物无致病性。

【流行病学】猪是圆环病毒的主要宿主，不同年龄和性别的猪都可以感染，但并不一定都表现临床症状。消化道、呼吸道是主要感染途径。怀孕母猪感染PCV2后，可经胎盘垂直传播感染仔猪。配种也是易被忽视的传播途径。断奶后多系统衰竭综合征（PMWS）主要发生在哺乳期和保育期的仔猪，特别是5～12周龄的仔猪，一般于断奶后2～3d或1周开始发病。单纯由圆环病毒2型引起的急性发病猪群，其发病率4%～25%，病死率5%～10%。皮炎与肾病综合征（PDNS）主要发生于保育后期和生长育肥期，呈散发，死亡率很低，是由免疫反应介导的损害皮肤和肾的血管疾病。

【发病症状及病理变化】

（1）仔猪断奶衰竭综合征　猪进行性消瘦、生长迟缓、呼吸困难、喘气、腹式呼吸、淋巴结明显肿大、腹泻、皮肤苍白、贫血、黄疸。肺间质水肿，胸腔积液，肺肿胀，质地坚硬或似橡皮，其上散有大小不等的紫褐色实变区。全身淋巴结，特别是颌下、腹股沟、纵隔、肺门和肠系膜淋巴结显著肿大，切面为灰黄色，有的可见出血。肾灰白色、水肿。脾轻度肿胀。肝肿大，可出现中等程度的黄疸。回肠和结肠段肠壁变薄，肠管内液体充盈。

（2）猪皮炎与肾炎　病变通常出现在猪的后腿、腹部，也可扩散至全身，感染轻的猪可自行康复，感染严重的猪可表现出跛行、发热、厌食、体重下降，皮肤继发感染可化脓、溃烂、肾肿胀、苍白、有出血性瘀斑，呈斑驳状。

【诊断】根据发病日龄、特征性临床症状、病理变化和病毒检测结果可做出诊断。

【防控】发病机制尚不十分清楚，无特异性治疗措施。加强饲养管理，免疫预防，控制继发感染。

### (十三) 副猪嗜血杆菌病

由副猪嗜血杆菌引起猪的一种传染病。副猪嗜血杆菌为革兰氏阴性小杆菌，有荚膜。有多种不同形态，常有荚膜特异性抗原，目前该菌已鉴定出有15个血清型。

【流行病学】猪多发性浆膜炎关节炎是一种世界性疾病，一般为散发，往往有不同比例的死亡。通常是2～16周龄猪发生，主要发生在5～8周龄断奶猪，发病率高达50%。副猪嗜血杆菌也存在于猪鼻腔，正常的健康猪肺极少或不存在。

【发病症状及病理变化】

（1）临床症状　病程分为过急性型或急性型，常是体重最大的仔猪受感染。临床症状取决于病变发生的部位。发病初期体温增高至40.5～42℃，精神沉郁，食欲不振，最终食欲废绝。外周循环障碍，皮肤发绀。有时见到眼睑和耳部皮下水肿，结膜潮红。呼吸可能正常，也可能是呼吸困难。有的病猪表现出痛苦的叫声。由于跛行而行走缓慢或呈犬坐式。一个或几个关节肿大，腕关节和跗关节多发。

（2）病理变化　剖检病变主要是纤维素性或浆液纤维素性脑膜炎、胸膜炎、心包炎、腹膜炎和关节炎，这些病变在一头猪并不同时出现，多见不同病变的组合，偶尔出现单一症状。

【诊断】猪多发性浆膜炎关节炎，依据发病史（是否有不同猪群混入）、临床症状及剖检变化做出诊断。必要时可做细菌学诊断。

【防控】多数菌株对氨苄青霉素、头孢类、环丙沙星、恩诺沙星、红霉素、氟苯尼考、庆大霉素、壮观霉素、替米考星和增效磺胺类药物敏感。

## （十四）猪痢疾

由致病性猪痢疾短螺旋体引起的危害严重的猪肠道传染病，其特征为大肠黏膜发生卡他性、出血性炎，进而发展为纤维素性坏死性炎。主要症状为黏液性或黏液出血性下痢。

猪痢疾短螺旋体约有4个弯曲，两端尖锐呈螺丝线状，能活泼运动，革兰氏阴性菌，严格厌氧。

【流行病学】各种年龄猪均可感染，以7～12周龄保育猪发病较多。病猪、临床康复猪（可带菌数月）和无症状带菌猪是主要传染源。经粪便排菌，病原污染环境、饲料、饮水，经消化道感染。

【发病症状及病理变化】

（1）临床症状　病初精神沉郁，食欲减退，粪便变软，表面附有条状黏液。随着病情发展，粪便恶臭，内混有黏液、血液及纤维素碎片，体温升高至40～40.5℃。病猪弓背吊腹，脱水消瘦，最后虚弱而死亡。转为慢性者生长发育受阻，饲料转化率下降。

（2）病理变化　主要局限于大肠，分界明显。大肠黏膜肿胀，并覆盖着黏液和带血块的纤维素，严重者黏膜表面坏死，形成假膜，大肠内容物稀薄，并混有黏液、血液和组织碎片。

【诊断】根据流行病学特点、临床症状及病理变化可做出初步诊断，必要时进行实验室细菌学检查和血清学诊断。注意与猪传染性胃肠炎、猪流行性腹泻、轮状病毒感染、仔猪副伤寒、仔猪红痢、仔猪黄白痢、猪瘟等相鉴别。

【防控】本病尚无可用的疫苗，主要靠综合性防疫措施。发病猪药物治疗有较好效果，但易复发、易耐药。常用药有痢菌净、土霉素、杆菌肽、新霉素等。

## 三、例题及解析

1.（　　）又称"喷吼风"。
   A. 最急性型猪肺疫　　　B. 最急性型猪喘气病　　　C. 最急性型猪瘟
   D. 最急性型猪伤寒　　　E. 以上都不对

【解析】A。最急性型猪肺疫又称为"喷吼风"。

2. 猪患有口蹄疫时，其含毒量最多的是（　　）。
   A. 尿液　　　　　　　　B. 蹄部水疱皮　　　　　　C. 乳汁
   D. 精液　　　　　　　　E. 呼出的气体

【解析】B。水疱皮和水疱液的含毒量最高。

3. 成年猪发生伪狂犬病，其临诊特征为( )。

A. 神经高度兴奋，意识扰乱，攻击人畜，四处游荡，最后全身麻痹死亡

B. 多数显隐性感染，仅表现发热，精神差，呕吐，腹泻，若是妊娠母猪，可能发生流产

C. 突然发病，体温升高，精神不振，全身发抖，运动不协调，呈转圈运动或划水样。同时有呕吐，腹泻

D. 局部皮肤奇痒，可见病猪无休止地舔舐，靠墙摩擦，进而出现咽麻痹，流涎，呼吸困难，心律不齐，痉挛而死亡

E. 发热，精神委顿，发抖，运动不协调，痉挛，呕吐，腹泻，极少康复

【解析】B。成年猪发生伪狂犬多数显隐性感染，仅表现发热，精神差，呕吐，腹泻，若是妊娠母猪，可能发生流产。

4. 猪传染性胸膜肺炎的传播途径主要经( )。

A. 唾液      B. 乳汁      C. 胎盘

D. 飞沫      E. 粪便

【解析】D。猪传染性胸膜肺炎的传播途径主要是呼吸道传播。

5. 当初产母猪妊娠55d左右被细小病毒感染，最可能出现的临床症状是( )。

A. 胎儿被母体吸收，返情      B. 流产      C. 产木乃伊胎

D. 产死胎      E. 正常产仔，但弱仔较多且带毒

【解析】D。细小病毒感染55d左右母猪引起死胎。

6. 某猪场部分猪发病体温升高至40～41℃，口腔黏膜、鼻及蹄周围形成小水疱，有的水疱破裂、出血、糜烂，有的蹄壳脱落。最正确的处理方法是( )。

A. 化制      B. 焚毁      C. 盐腌

D. 治疗      E. 接种疫苗

【解析】A。根据分析是口蹄疫，需要进行严格的化制处理。

## <<< 第五单元 牛、羊的传染病 >>>

# 一、考试大纲

| 单元 | 细目 | 要点 |
|---|---|---|
| 牛、羊的传染病 | 1. 牛传染性胸膜肺炎 | (1) 流行病学    (2) 发病症状及病理变化    (3) 诊断    (4) 防控 |
| | 2. 蓝舌病 | (1) 流行病学    (2) 发病症状及病理变化    (3) 诊断    (4) 防控 |
| | 3. 牛传染性鼻气管炎 | (1) 流行病学    (2) 发病症状及病理变化    (3) 诊断    (4) 防控 |

（续）

| 单元 | 细目 | 要点 | | |
|---|---|---|---|---|
| 牛、羊的传染病 | 4. 牛流行热 | （1）流行病学<br>（4）防控 | （2）发病症状及病理变化 | （3）诊断 |
| | 5. 牛病毒性腹泻/黏膜病 | （1）流行病学<br>（4）防控 | （2）发病症状及病理变化 | （3）诊断 |
| | 6. 小反刍兽疫 | （1）流行病学<br>（4）防控 | （2）发病症状及病理变化 | （3）诊断 |
| | 7. 绵羊痘和山羊痘 | （1）流行病学<br>（4）防控 | （2）发病症状及病理变化 | （3）诊断 |
| | 8. 山羊关节炎-脑炎 | （1）流行病学<br>（4）防控 | （2）发病症状及病理变化 | （3）诊断 |
| | 9. 山羊传染性胸膜肺炎 | （1）流行病学<br>（4）防控 | （2）发病症状及病理变化 | （3）诊断 |
| | 10. 羊传染性脓疱皮炎 | （1）流行病学<br>（4）防控 | （2）发病症状及病理变化 | （3）诊断 |
| | 11. 坏死杆菌病 | （1）流行病学<br>（4）防控 | （2）发病症状及病理变化 | （3）诊断 |

## 二、重要知识点

### （一）牛传染性胸膜肺炎

又称为牛肺疫，是由丝状支原体引起牛的一种高度接触性传染病。临床特征是出现浆液性、纤维素性肺炎和胸膜炎。

牛肺疫的病原是丝状支原体，革兰氏染色呈阳性。对外界环境因素抵抗力不强，取鼻腔拭子，接种于10％的马血清马丁琼脂，可见"煎荷包蛋"状小菌落。

【流行病学】

①传染源：主要是病牛及带菌牛，病牛康复后15个月甚至2～3年还具有感染性。

②传播途径：主要经呼吸道随飞沫排出传播，也可由尿及乳汁排出，在产犊时也可由子宫渗出物中排出。

③易感动物：主要是牦牛、乳牛、黄牛、水牛、犏牛、驯鹿及羚羊。山羊、绵羊及骆驼在自然情况下不易感染，其他动物及人无易感染性。

④流行特点：本病呈地方性流行。部分国家出现零星暴发。

【发病症状及病理变化】

（1）临床症状 稽留热，呼吸困难，腹式呼吸，胸下部及肉垂水肿，食欲丧失，泌乳停止，尿量减少而比重增加，便秘与腹泻交替出现。

（2）病理变化 渗出性纤维素性肺炎和浆液纤维素性胸膜肺炎为特征。

【诊断】补体结合试验和凝集反应试验。

【防控】自繁自养、加强检疫、疫苗接种（可选用牛肺疫兔化弱毒疫苗和牛肺疫兔化绵羊化弱毒疫苗）。

## （二）蓝舌病

蓝舌病病毒引起反刍动物的一种严重传染病。呼肠孤病毒科环状病毒属的虫媒病毒，存在于红细胞内。

【流行病学】主要侵害1岁内绵羊，吸血昆虫（库蠓、伊蚊）传播，可垂直传播，夏天多发。

【发病症状及病理变化】

（1）临床症状　发热，高热，黏膜水肿，溃疡、糜烂，吞咽困难，呼吸困难，因蹄真皮层遭受侵害而发生跛行。

（2）病理变化　黏膜和胃肠道黏膜严重的卡他性炎症，呈现糜烂出血点、溃疡和坏死。

【诊断】琼脂凝胶免疫扩散试验、免疫荧光试验、酶联免疫吸附试验。

【防控】扑杀病畜清除疫源，消灭昆虫媒介，必要时进行预防免疫。禁止从疫区引进易感动物。加强海关检疫和运输检疫。

## （三）牛传染性鼻气管炎

又称坏死性鼻炎或红鼻病，是牛传染性鼻气管炎病毒（IBRV）或I型牛疱疹病毒（BHV-1）引起的一种牛呼吸道接触性传染病，我国将其列为二类动物疫病。

【流行病学】多发于育肥牛，隐性带毒牛是最危险的传染源，可通过呼吸道或生殖道传染。

【发病症状及病理变化】

（1）临床症状　以呼吸道鼻黏膜充血、脓疱、呼吸困难、鼻腔流脓为主，伴有结膜炎、流产、乳腺炎，有时诱发小牛脑炎等。

（2）病理变化　上呼吸道黏膜上覆有黏脓性恶臭渗出物组成的假膜。消化道黏膜、唇、齿龈和硬腭溃疡等。

【诊断】鉴定血清学中阳性动物是检查动物感染状态理想指标。

## （四）牛流行热

牛流行热又称三日热或暂时热，是由牛流行热病毒引起牛的一种急性热性传染病。

【流行病学】病牛是本病的主要传染源。吸血昆虫是重要的传播媒介。以3～5岁黄牛多发，病死率低。

【发病症状及病理变化】

（1）临床症状　突发高热、流泪，有泡沫样流涎，鼻漏，呼吸迫促，后躯僵硬，跛行，一般呈良性经过，发病率高。

（2）病理变化　剖检可见气管和支气管黏膜充血和点状出血，黏膜肿胀，气管内充满大量泡沫黏液。肺显著肿大。

【诊断】发热初期采血进行病毒分离鉴定，或采取发热初期和恢复期血清进行中和试验和补体结合试验。

【防控】每周两次用5％敌百虫液、过氧乙酸喷洒牛舍等消毒（病毒对酸敏感，对碱不敏感的特点）。

## （五）牛病毒性腹泻/黏膜病

由牛病毒性腹泻病毒（BVDV）引起牛的以黏膜发炎、糜烂、坏死和腹泻为特征的疾病。该病毒为黄病毒科瘟病毒属，在甲状腺上皮细胞中繁殖。

**【流行病学】**6～18月龄幼牛最易感，经口、呼吸道、胎盘感染，好发于冬季和早春。

**【发病症状及病理变化】**

（1）临床症状　重度腹泻、脱水、白细胞减少、口腔黏膜糜烂和溃疡，粪便有大量坏死黏膜，流产。

（2）病理变化　黏膜糜烂、出血和坏死。

**【防控】**采取检疫、隔离、净化、预防等措施。弱毒冻干疫苗，接种不同牛，14d后可产生抗体并保持22个月的免疫力。

## （六）小反刍兽疫

由小反刍兽疫病毒引起小反刍动物的一种急性接触性传染性疾病。为我国一类动物疫病。该病的临床表现与牛瘟类似，故也称为伪牛瘟。该病毒是副黏病毒科麻疹病毒属的成员，与麻疹病毒、犬瘟热病毒、牛瘟病毒等有相似的理化及免疫学特性。

**【流行病学】**本病毒主要感染小反刍动物绵羊和山羊。

**【发病症状及病理变化】**

（1）临床症状　发病急剧、高热稽留、眼鼻分泌物增加、口腔糜烂、腹泻和肺炎。

（2）病理变化　病变从口腔直到瘤网胃口，可见结膜炎、坏死性口炎等肉眼可见变化。

**【诊断】**特征性出血或斑马条纹常见于大肠，特别在结肠直肠结合处。

**【防控】**本病无特效的治疗方法。一旦发生，立即扑杀并销毁处理。受威胁地区可通过接种牛瘟弱毒疫苗建立免疫带。

## （七）绵羊痘和山羊痘

绵羊痘和山羊痘分别是由痘病毒引起的一种高度接触性传染病。世界动物卫生组织（WOAH）A类传染病，我国一类动物疫病。由痘病毒科的绵羊痘病毒和山羊痘病毒分别引起。

**【流行病学】**通过呼吸道感染，病毒也可通过损伤的皮肤或黏膜侵入机体。自然情况下，绵羊痘发生于绵羊。冬末春初流行。

**【发病症状及病理变化】**皮肤和黏膜上出现特异性的痘疹，伴以发热、呼吸困难、流黏液性或黏脓性鼻液为特征。

**【防控】**接种弱毒疫苗预防。一旦发现疫情，立即上报。

## （八）山羊关节炎-脑炎

山羊关节炎-脑炎病毒引起的山羊的一种慢性病毒性传染病。

**【流行病学】**呈现地方流行性，发病山羊和隐性带毒者为传染源。经消化道感染居多。

**【发病症状及病理变化】**

成年山羊呈缓慢发展的关节炎（典型症状是腕关节肿大和跛行），间或伴有间质性肺炎和间质性乳腺炎，2～6月龄羔羊表现为上行性麻痹的神经症状（脑脊髓炎型症状）。

**【诊断】**血清学试验是琼脂扩散试验、酶联免疫吸附试验和免疫印迹试验。

**【防控】**加强饲养管理和采取综合性防疫卫生措施。

## （九）山羊传染性胸膜肺炎

俗称烂肺病，是由山羊支原体肺炎亚种引起的高度接触性传染病。山羊支原体在鲜血琼脂或10％马血清琼脂上可生长出水滴样圆形小菌落。

**【流行病学】**地方性流行，主要通过空气飞沫经呼吸道传染。

**【发病症状及病理变化】**

（1）临床症状　分为最急性、急性和慢性三型。体温升高，肺炎，呼吸困难，黏膜发绀，孕羊流产等。

（2）病理变化　多一侧肺浸润和肝样病变，红灰色切面呈大理石样，胸腔积有多量黄色胸水。

**【治疗】**可以选用新肿凡钠明（914）、磺胺嘧啶钠注射液、盐酸土霉素、支原净等进行治疗。

**【防控】**严禁从疫区购买或引进山羊。注射山羊传染性胸膜肺炎氢氧化铝菌苗、可用4％的氢氧化钠溶液消毒。

## （十）羊传染性脓疱皮炎

俗称羊口疮，羊口疮病毒引起的疾病。病原是痘病毒科的嗜上皮性病毒。

**【流行病学】**只危害绵羊和山羊，3～6月龄的羔羊发病为多，常呈群发性流行。

**【发病症状及病理变化】**

（1）临床症状　在羊的口唇等处的皮肤和黏膜上，先发生丘疹、水疱，后形成脓疱、溃疡，最后结成桑葚状的厚痂块。部分病羊伴有眼结膜发炎，开始眼流水、发红，最后结膜变白变厚、瞎眼。

（2）病理变化　一般分为唇型、蹄型和外阴型3种病型，也见混合型感染病例。

**【诊断】**接种胎羊皮肤细胞，睾丸细胞和肾细胞，人羊膜细胞可见细胞变圆、团聚和脱壁等病变，观察到胞内嗜酸性包涵体。

①羊传染性脓疱与羊痘的鉴别：羊痘的痘疹多为全身性，而且病羊体温升高，全身反应严重。痘疹结节呈圆形突出于皮肤表面，界限明显，似胶状。

②羊传染性脓疱与坏死杆菌病的鉴别：坏死杆菌病主要表现为组织坏死，一般无水疱、脓疱的病变，也无疣状增生物。进行细菌学检查和动物试验即可区别。

**【治疗】**0.1％～0.2％高锰酸钾溶液冲洗创面，然后涂2％龙胆紫、碘甘油溶液或土霉素软膏。将蹄部置5％～10％福尔马林溶液中浸泡。

**【预防】**羊口疮弱毒疫苗进行免疫接种，采集当地自然发病羊的痂皮回归易感羊制成活毒疫苗，对未发病羊尾根无毛部进行划痕接种，10d后即可产生免疫力，保护期可达1年左右。

## （十一）坏死杆菌病

由坏死杆菌引起的畜禽共患慢性传染病。病原为厌氧菌，革兰氏染色阴性多型性杆菌，不产生芽孢。

【流行病学】经损伤的组织和黏膜感染，新生畜经脐带感染。多发在雨季和低洼潮湿地区，呈散发或地方性流行。

【发病症状及病理变化】

（1）临床症状　以蹄部、皮下组织或消化道黏膜的坏死性皮炎为特征。有时转移到内脏器官如肝、肺形成坏死灶，有时引起口腔、乳房坏死。

（2）病理变化　病变组织向周围和深部组织发展，形成创口较小而坏死腔较大的囊状坏死灶。流出黄色、稀薄、恶臭的液体。

【诊断】可在病变和健康交界部位采集病料做细菌学检查。

【防控】蹄部的坏死组织用1％高锰酸钾或3％来苏儿冲洗，也可用10％硫酸铜溶液进行温脚浴，然后用碘酊或龙胆紫涂擦。坏死性口炎，用1％高锰酸钾冲洗，涂碘甘油或龙胆紫。保持畜舍干燥，避免皮肤黏膜损伤，发现外伤及时处理。放牧应选择高燥地区，避免到潮湿或污染的地区放牧。及时清洗伤口，用药后包扎。

# 三、例题及解析

1. 在秋季和早春季节，羊群突然死亡，死羊膘情较好，剖检见真胃呈明显的出血性炎性损害。应首先考虑（　　）。

  A. 羊肠毒血症　　　　　　B. 羊快疫　　　　　　　C. 羊猝疽

  D. 羊黑疫　　　　　　　　E. 恶性水肿

【解析】B。真胃呈明显的出血性炎性损害是羊快疫的主要特点。

2. 羊猝疽的病原是（　　）。

  A. B 型产气荚膜梭菌　　　B. C 型产气荚膜梭菌　　　C. D 型产气荚膜梭菌

  D. E 型产气荚膜梭菌　　　E. A 型产气荚膜梭菌

【解析】B。C 型魏氏杆菌是羊猝疽的病原。

3. 由丝状支原体引起的急性或慢性、接触性传染病，以纤维素性胸膜肺炎为特征，又称牛肺疫的是（　　）。

  A. 牛传染性胸膜肺炎　　B. 牛传染性鼻气管炎　　　C. 绵羊痘和山羊痘

  D. 山羊关节炎-脑炎　　　E. 蓝舌病

【解析】A。牛传染性胸膜肺炎又称牛肺疫，是支原体引起的。

4. 某牛群妊娠中后期流产，流产后可见阴道黏膜发生粟粒大小红色结节，阴道流出黏液和血样分泌物。最可能的疫病是（　　）。

  A. 牛传染性胸膜肺炎　　B. 牛传染性鼻气管炎　　　C. 绵羊痘和山羊痘

  D. 布鲁菌病　　　　　　　E. 蓝舌病

【解析】D。题干描述属于布鲁菌的症状。

# <<< 第六单元　马的传染病　>>>

## 一、考试大纲

| 单元 | 细目 | 要点 |
|---|---|---|
| 马的<br>传染病 | 1. 马传染性贫血 | （1）流行病学　（2）发病症状及病理变化　（3）诊断<br>（4）防控 |
| | 2. 马腺疫 | （1）流行病学　（2）发病症状及病理变化　（3）诊断<br>（4）防控 |
| | 3. 马流行性感冒 | （1）流行病学　（2）发病症状及病理变化　（3）诊断<br>（4）防控 |
| | 4. 非洲马瘟 | （1）流行病学　（2）发病症状及病理变化　（3）诊断<br>（4）防控 |

## 二、重要知识点

### （一）马传染性贫血

由反转录病毒科慢病毒亚科中的马传染性贫血病病毒引起的马、骡、驴传染病。特征主要为间歇性发热、消瘦、进行性衰弱、贫血、出血和浮肿。

【流行病学】经吸血昆虫叮咬传染，也可通过器械、消化道、直接接触和胎盘等途径感染。呈地方性流行或散发。

【发病症状及病理变化】急性型发热不退，可视黏膜有出血点、心悸和水肿；亚急性型反复持续发热；慢性型反复发热、贫血、黄疸和消瘦；隐性型终身带毒。病程从数日至数月。

【诊断】琼脂凝胶免疫扩散试验，替代诊断方法为酶联免疫吸附试验。

【防控】注意外来马匹的检疫及免疫接种和杀虫。

### （二）马腺疫

马链球菌马亚种引起马属动物的一种急性接触性传染病。病原属于链球菌属 C 群成员。

【流行病学】4 个月至 4 岁的马最易感，经消化道和呼吸道感染。可经创伤和交配感染。多发生于春、秋季节。

【发病症状及病理变化】

（1）临床症状　一过型腺疫、典型腺疫和恶性腺疫。典型的是发热、鼻黏膜急性卡他和下颌淋巴结急性炎性肿胀、化脓为特征。

（2）病理变化　鼻、咽黏膜有出血斑点和黏液脓性分泌物。下颌淋巴结显著肿大和炎性充血，全身化脓灶和出血点。

【诊断】屠宰要点：鼻黏膜和颌下淋巴结及转移后各部位的化脓灶。脓汁涂片镜检，发现串珠状长链即可做出初步判断。

【防控】可用马腺疫灭活苗或毒素注射预防。

## （三）马流行性感冒

由正黏病毒科流感病毒属马 A 型流感病毒引起马属动物的一种急性暴发式流行的传染病。

【流行病学】主要经呼吸道和消化道感染，感染动物仅为马属动物，新发区传播迅速，流行猛烈，秋末至初春多发。

【发病症状及病理变化】

（1）临床症状　H7N7 亚型所致的疾病比较温和轻微，H3N8 亚型所致的疾病较重。体温升高，干咳后湿咳，眼结膜充血水肿，大量流泪、肌肉震颤、不爱活动。

（2）病理变化　下呼吸道症状，细支气管炎或扩散而呈支气管炎、肺炎和肺水肿。

【诊断】补体结合试验（决定型）和血液抑制试验（决定亚型）。

## （四）非洲马瘟

非洲马瘟病毒引起的马属动物的一种急性或亚急性传染病。我国定为一类疫病。病原属于呼肠孤病毒科环状病毒属，该病毒在 pH 3 时迅速死亡。

【流行病学】只能通过昆虫（拟蚊库蠓）传播。马的易感性最高，病死率高达 95%。多见于温热潮湿季节，呈地方流行或暴发流行，我国尚无本病发生。

【发病症状及病理变化】

（1）临床症状　肺型（急性型）、心型（亚急性型、水肿型）、肺心型、发热型和神经型。

（2）病理变化　皮下结缔组织胶样浸润与肺水肿以及内脏出血为特征。

【诊断】发热期病马血液或病死马的脾进行病毒分离。

【防控】感染区应对未感染马进行免疫接种，如多价苗、单价苗（适用于病毒已定型）、单价灭活苗（仅适用于血清 4 型）。

# 三、例题及解析

1. 马传染性贫血的特征性病变为（　　）。
    A. 全身败血症变化　　　B. 大叶性肺炎　　　　C. 肝脂肪变性
    D. 脾梗死　　　　　　　E. 淋巴结轻度水肿
【解析】A。全身败血症变化是马传染性贫血的特征性病变。

2. 慢性马鼻疽的主要诊断方法是（　　）。
    A. 流行病学调查　　　　B. 病理学诊断　　　　C. 血清学方法
    D. PCR 技术　　　　　　E. 变态反应
【解析】E。变态反应是慢性马鼻疽的主要诊断方法。

3. 病马一侧后肢发生浮肿，沿淋巴管出现念珠状结节，随后结节破溃，排出浓汁，长期不愈。该病可能是( )。

    A. 炭疽         B. 结核病         C. 马痘

    D. 马鼻疽        E. 马腺疫

【解析】E。题干所述为马腺疫。

<<< 第七单元 禽的传染病 >>>

## 一、考试大纲

| 单元 | 细目 | 要点 |
|---|---|---|
| 禽的传染病 | 1. 新城疫 | (1) 流行病学 (2) 发病症状及病理变化 (3) 诊断 (4) 防控 |
| | 2. 鸡传染性喉气管炎 | (1) 流行病学 (2) 发病症状及病理变化 (3) 诊断 (4) 防控 |
| | 3. 鸡传染性支气管炎 | (1) 流行病学 (2) 发病症状及病理变化 (3) 诊断 (4) 防控 |
| | 4. 鸡传染性法氏囊病 | (1) 流行病学 (2) 发病症状及病理变化 (3) 诊断 (4) 防控 |
| | 5. 鸡马立克病 | (1) 流行病学 (2) 发病症状及病理变化 (3) 诊断 (4) 防控 |
| | 6. 鸡产蛋下降综合征 | (1) 流行病学 (2) 发病症状及病理变化 (3) 诊断 (4) 防控 |
| | 7. 禽白血病 | (1) 流行病学 (2) 发病症状及病理变化 (3) 诊断 (4) 防控 |
| | 8. 鸡病毒性关节炎 | (1) 流行病学 (2) 发病症状及病理变化 (3) 诊断 (4) 防控 |
| | 9. 传染性鼻炎 | (1) 流行病学 (2) 发病症状及病理变化 (3) 诊断 (4) 防控 |
| | 10. 鸡败血支原体感染 | (1) 流行病学 (2) 发病症状及病理变化 (3) 诊断 (4) 防控 |
| | 11. 鸭瘟 | (1) 流行病学 (2) 发病症状及病理变化 (3) 诊断 (4) 防控 |
| | 12. 鸭病毒性肝炎 | (1) 流行病学 (2) 发病症状及病理变化 (3) 诊断 (4) 防控 |
| | 13. 鸭浆膜炎 | (1) 流行病学 (2) 发病症状及病理变化 (3) 诊断 (4) 防控 |
| | 14. 鸭坦布苏病毒病 | (1) 流行病学 (2) 发病症状及病理变化 (3) 诊断 (4) 防控 |
| | 15. 小鹅瘟 | (1) 流行病学 (2) 发病症状及病理变化 (3) 诊断 (4) 防控 |

## 二、重要知识点

### （一）新城疫

新城疫病毒引起禽的一种急性、热性、败血性和高度接触性传染病。以高热、呼吸困难、下痢、神经紊乱、黏膜和浆膜出血为特征。我国一类动物疫病。禽副黏病毒Ⅰ型，脑、脾、肺含毒量最高。

【流行病学】鸡最易感，野鸡次之，经消化道、呼吸道，也可经眼结膜、受伤的皮肤和泄殖腔黏膜侵入机体。春秋季多，传染性强。

【发病症状及病理变化】

（1）临床症状　侵害心血管系统，造成血液循环高度障碍而引起全身性炎性出血、水肿。在病的后期，病毒侵入中枢神经系统，常引起非化脓性脑炎变化，导致神经症状。

（2）病理变化　腺胃乳头肿胀、出血或溃疡，十二指肠黏膜及小肠黏膜出血或溃疡，岛屿状或枣核状溃疡灶，呼吸道卡他性炎症、气管充血、气囊炎。卵黄性腹膜炎。

【诊断】国际替代诊断方法采血清做血凝抑制试验。9～10日龄 SPF 鸡胚接种尿囊腔。

【防控】通过 HI 抗体检测后免疫接种。Ⅳ系苗点眼、滴鼻，Ⅳ系苗饮水。

### （二）鸡传染性喉气管炎

传染性喉气管炎病毒引起的急性、接触性上呼吸道传染病。特征是呼吸困难、咳嗽和咳出含有血样的渗出物。剖检时可见喉部、气管黏膜肿胀、出血和糜烂。病的早期患部细胞可形成核内包涵体。病原为疱疹病毒Ⅰ型，病毒主要存在气管组织及渗出物中。

【发病症状及病理变化】

（1）临床症状　张口呼吸、气喘、有啰音，咳嗽时可咳出带血的黏液。有头向前向上吸气姿势。

（2）病理变化　病初黏膜充血、肿胀，高度潮红，有黏液，进而黏膜发生变性、出血和坏死，气管中有含血黏液或血凝块，管腔变窄，2～3d 后有黄白色纤维素性干酪样假膜。

【防控】鸡传染性喉气管炎弱毒疫苗，无本病流行地区最好不用弱毒疫苗免疫，更不能用自然强毒接种。

### （三）鸡传染性支气管炎

传染性支气管炎病毒引起急性高度接触性呼吸道传染病。特征是呼吸困难、发出啰音、咳嗽、张口呼吸、打喷嚏。如果病原不是肾病变型毒株或不发生并发症。病原为冠状病毒属、冠状病毒Ⅲ群。

【流行病学】5 周龄内的鸡，冬季最为严重，不能垂直传播。

【发病症状及病理变化】

（1）临床症状　产蛋鸡呼吸困难，产蛋数量和质量下降。呼吸道症状、肾炎和肠炎，水样白绿色粪便。

（2）病理变化　鼻腔、气管、支气管内淡黄色半透明的浆液性、黏液性渗出物，发展为干酪样栓子。

【诊断】产蛋母鸡卵泡充血、出血或变形。肾型可见肾肿大、苍白,肾小管内尿酸盐沉积而扩张,呈花斑状。心、肝表面也有沉积的尿酸盐似一层白霜。有时法氏囊有炎症和出血症状。

【防控】减少诱发因素,提高鸡的免疫力。

## (四)鸡传染性法氏囊病

传染性法氏囊病毒引起的鸡免疫抑制性疾病。

【流行病学】自然宿主仅为雏鸡和火鸡。3～6周龄的鸡最易感,能垂直传播,发生该病的鸡场,常常出现新城疫、马立克病等疫苗接种的免疫失败。

【发病症状及病理变化】

(1)临床症状 第1～2天有鸡死亡,第4～7天死亡率达最高峰,之后鸡慢慢恢复正常。啄肛门,腹泻,排白色水样粪便,体温升高,脱水,衰竭而死。

(2)病理变化 病死鸡肌肉色泽发暗,大腿内外侧和胸部肌肉常见条纹状或斑块状出血。腺胃和肌胃交界处常见出血点或出血斑。法氏囊肿大如紫葡萄状,后期萎缩。肾肿大、苍白,称为花斑肾。

【防控】灭活苗主要有组织灭活苗和油佐剂灭活苗,肉鸡在1周龄及2周龄时使用活毒疫苗饮水。

## (五)鸡马立克病

马立克病毒(MDV)引起鸡的一种淋巴组织增生性疾病,以外周神经肿大,性腺、虹膜、各种内脏器官、肌肉和皮肤的单个或多个组织器官发生单核细胞浸润,形成肿瘤为特征。病原属于细胞结合性疱疹病毒,1型致癌性的,2型非致癌性的,3型是火鸡疱疹病毒。MDV在鸡体的羽毛囊上皮中,在鸡胚绒毛尿囊膜上产生典型的痘斑。不能垂直传播。

【发病症状及病理变化】

(1)临床症状 神经型(古典型,步态不稳、共济失调,呈"劈叉"姿势)、内脏型(急性型,内脏淋巴肿瘤大小不一)、眼型(视力减退消失,虹膜失色变为同心环状)和皮肤型(毛囊肿大或皮肤出现结节)。

(2)病理变化 受损害神经(常见于腰荐神经、坐骨神经)的横纹消失肿大,法氏囊萎缩。脑的病理组织学变化呈灶性分布形成的血管周围套或由含淋巴细胞和淡染物质的亚粟粒性结节组成。眼的变化主要为虹膜的单核细胞浸润。

【诊断】琼脂扩散试验。淋巴细胞性白血病法氏囊被侵害时常见结节性肿瘤。

【防控】24h内接种,疫苗均不能抗感染,但可防止发病。减弱毒力株CV1-988和814疫苗。

## (六)鸡产蛋下降综合征

腺病毒引起的一种无明显症状,仅产蛋母鸡产蛋量明显下降的疾病。病原为禽类腺病毒Ⅲ群,凝集鸡、鸭、火鸡、鹅红细胞。

【流行病学】鸡易感,幼龄鸡无临床症状,多是种蛋垂直传播。

【发病症状及病理变化】蛋色浅,产薄壳蛋、软壳蛋、无壳蛋和小型蛋。薄壳蛋蛋壳粗糙像砂纸，软壳蛋蛋白呈水样。蛋壳无明显异常的种蛋受精率和孵化率一般不受影响。

【防控】无特异性治疗方法。避免垂直感染，从非感染鸡群引种。采取综合防控措施。鸡开产前 2～4 周，用鸡产蛋下降综合征油乳剂灭活疫苗、多联油乳剂灭活疫苗免疫。

### （七）禽白血病

禽 C 型反转录病毒群的病毒引起的禽类多种肿瘤性疾病的统称。主要是淋巴细胞性白血病、成红细胞性白血病、成髓细胞性白血病。还可引起骨髓细胞瘤、结缔组织瘤、上皮肿瘤、内皮肿瘤等。肿瘤侵害造血系统及其他组织。病原在绒毛尿囊膜产生增生性痘斑。

【流行病学】母鸡比公鸡易感，18 周龄以上多发。

【发病症状及病理变化】红细胞性白血病在外周血液、肝及骨髓涂片，可见大量的成红细胞，肝和骨髓呈樱桃红色。成髓细胞性白血病在血管内外均有成髓细胞积聚，肝呈淡红色，骨髓呈白色。

【诊断】病原的分离和抗体的检测。

【防控】雏鸡免疫耐受，对疫苗不产生免疫应答，建立无白血病的种鸡群。

### （八）鸡病毒性关节炎

呼肠孤病毒引起的鸡主要侵害关节滑膜、腱鞘和心肌，引起足部关节肿胀，腱鞘发炎，继而使腓肠腱断裂。关节肿胀、发炎，行动不便，跛行或不愿走动，采食困难，生长停滞。病原不能凝集红细胞。

【发病症状及病理变化】

（1）临床症状　病鸡跛行，跗关节肿胀，心肌纤维之间有异噬细胞浸润。患病毒性关节炎的鸡群中，常见有部分鸡呈现发育不良综合征现象，病鸡苍白，骨钙化不全，羽毛生长异常，生长迟缓或生长停止。

（2）病理变化　关节上部腓肠腱水肿，滑膜充血出血，关节腔有渗出。

【诊断】琼脂扩散试验（AGP）是最常用的诊断方法。

【防控】雏鸡 S-1133 弱毒苗。

### （九）传染性鼻炎

副鸡嗜血杆菌引起鸡鼻腔与窦发炎，流鼻涕，脸部肿胀和打喷嚏。病原呈多形性，菌体为杆状或球杆状，在葡萄球菌菌落附近呈卫星菌落。

【发病症状及病理变化】

（1）临床症状　鼻孔先流出清液以后转为浆液黏性分泌物，脸部肿胀，角膜炎，呼吸困难、有啰音，产卵减少。

（2）病理变化　鼻腔和窦黏膜呈急性卡他性炎，黏膜充血肿胀，卡他性结膜炎，结膜充血、肿胀。偶有肺炎及气囊炎。

【防控】鸡传染性鼻炎油佐剂灭活苗 25～30 日龄时首免，120 日龄二免。

### （十）鸡败血支原体感染

支原体引起鸡的一类疾病的总称。其中对鸡危害较大的主要包括鸡慢性呼吸道疾病、传染性滑膜炎及火鸡支原体病。病原是支原体，吉姆萨染色良好，荷包蛋样。

【流行病学】4～8周龄鸡和火鸡最易感，能垂直传播。

【发病症状及病理变化】咳嗽、流鼻液和气管啰音。剖检特征为上呼吸道炎症和气囊有干酪样物，病程发展缓慢，病程长。

【诊断】血清平板凝集试验。

【防控】灭活疫苗多用于蛋鸡和种鸡，活疫苗也可用。治疗可用泰乐菌素、链霉素等。

## （十一）鸭瘟

鸭病毒性肠炎是鸭瘟病毒引起鸭、鹅和其他雁形目禽类的一种急性、热性、败血性传染病。病原为疱疹病毒属，能在9～12胚龄的鸭胚绒毛尿囊上生长。

【流行病学】番鸭、麻鸭易感性较高，节肢动物能传播。春夏之交和秋季流行。

【发病症状及病理变化】

（1）临床症状　流泪、眼睑水肿、呼吸困难、红痢、糊肛。

（2）病理变化　败血症，食管黏膜纵行假膜覆盖和小出血点，肠黏膜出血、充血，以十二指肠和直肠最为严重。鸭卵泡增大。

【诊断】Dot-ELISA可作为快速诊断。

【防控】鸭瘟弱毒活疫苗进行免疫接种。鸭瘟高免血清、盐酸吗啉胍可溶性粉或恩诺沙星治疗。

## （十二）鸭病毒性肝炎

鸭肝炎病毒引起雏鸭的传播迅速和高度致死性传染病。主要特征为肝肿大，有出血斑点和神经症状。我国目前只发现鸭肝炎Ⅰ型

【流行病学】常发于4～20日龄雏鸭，不感染鸡、鹅。

【发病症状及病理变化】

（1）临床症状　腹泻、不安，运动失调，身体倒向一侧，两脚发生痉挛，数小时后死亡。头向后弯，呈角弓反张姿势。

（2）病理变化　肝水肿，并有许多针尖大至黄豆粒大出血点。胆囊肿大，中枢神经系统可能有血管套现象。

【防控】收集种蛋前2～4周给种鸭肌内注射鸡胚弱毒疫苗。治疗用鸭病毒性肝炎卵黄抗体。

## （十三）鸭浆膜炎

鸭感染鸭疫里氏杆菌引起传染性疾病，主要病变为全身的浆膜都会有纤维素性的炎症发生，病鸭会有无法站立等病变特性，急性病变多会以死亡为转归。

【流行病学】番鸭尤其2～5周龄的小鸭易发，病程短，以冬春季节多发。主要经呼吸道或皮肤损伤感染。

【发病症状及病理变化】

（1）临床症状　食欲废绝，腹泻，呼吸困难，共济失调，角弓反张等。

（2）病变特点　浆膜面上有纤维素性炎性渗出物，以心包膜、肝被膜和气囊壁的炎症为主。

【诊断】取病变组织接种于胰酶大豆琼脂平板（TSA）或巧克力琼脂平板长出表面光

滑、稍突起圆形露珠样小菌落。

【防控】鸭疫里氏杆菌灭活菌苗，在 10～14 日龄和 2～3 周龄各接种一次。治疗用大观霉素、氟苯尼考、左旋氧氟沙星等药物。

### （十四）鸭坦布苏病毒病

坦布苏病毒感染引起一种以种鸭、蛋鸭产蛋量急速下降为特征的新发急性传染病。

【流行病学】日龄越小，病变越严重。冬春季节产蛋鸭多发，夏季雏鸭多发。麻雀、野鸟、蚊子传播，也能垂直感染。

【发病症状及病理变化】

（1）临床症状　引起雏鸭、育成鸭的病毒性脑炎。产蛋鸭感染后，产蛋率会发生明显下降。

（2）病理变化　卵巢变形和出血，脾肿大和色泽变黑。脑组织水肿、充血出血。

【诊断】抗黄病毒的单克隆抗体进行免疫组化染色。

【防控】加强管理，加强消毒。活疫苗或灭活苗免疫。

### （十五）小鹅瘟

小鹅瘟病毒引起雏鹅的急性或亚急性败血性传染病。病原为鹅细小病毒，不凝集禽类、哺乳动物和人类的红细胞。

【流行病学】侵害 3～20 日龄的雏鹅。

【发病症状及病理变化】

（1）临床症状　精神委顿，离群独居，采食下降，鼻孔流出浆液性鼻液，患鹅频频摇头，排灰黄色或黄绿色稀粪，神经紊乱。

（2）病理变化　小肠血管怒张膨大、有栓子，肝、脾、肾充血肿胀。

【防控】雏鹅出壳 24h 内接种小鹅瘟高免血清。治疗用高免血清加干扰素、庆大霉素。

## 三、例题及解析

1. 检测鸡产蛋下降综合征病毒抗体最常用的方法是（　　）。

　　A. ELISA　　　　　　B. 血凝抑制试验（HI）　　C. 中和试验

　　D. 琼脂扩散试验　　　E. 补体结合试验

【解析】B。因为鸡产蛋下降综合征病毒具有凝血性，所以可以用血凝抑制试验（HI）检测。

2. 目前，我国流行的鸭病毒性肝炎病毒的主要血清型为（　　）。

　　A. 1 型　　　　　　　B. 2 型　　　　　　　　C. 3 型

　　D. 1 型和 2 型　　　　E. 1 型、2 型和 3 型

【解析】A。我国流行的鸭病毒性肝炎病毒的主要血清型为 1 型。

3. 分离新城疫病毒，病料接种 SPF 鸡胚的部位是（　　）。

　　A. 羊膜　　　　　　　B. 羊膜腔　　　　　　　C. 尿囊膜

　　D. 尿囊腔　　　　　　E. 卵黄囊

【解析】D。病料接种 SPF 鸡胚的部位是尿囊腔。

4. 实验室诊断禽霍乱的最适病料是(　　)。

  A. 肾      B. 鼻拭子     C. 肠黏膜

  D. 心血、肝    E. 泄殖腔拭子

【解析】D。验室诊断禽霍乱的最适病料是心血和肝。

5. 鸡毒支原体感染最具诊断价值的病理变化在(　　)。

  A. 肺      B. 鼻窦      C. 气管

  D. 气囊      E. 支气管

【解析】D。鸡毒支原体感染最具诊断价值的病理变化在气囊。

## <<< 第八单元　犬、猫的传染病　>>>

## 一、考试大纲

| 单元 | 细目 | 要点 |
|---|---|---|
| 犬、猫的传染病 | 1. 犬瘟热 | (1) 流行病学　(2) 发病症状及病理变化　(3) 诊断　(4) 防控 |
| | 2. 犬细小病毒病 | (1) 流行病学　(2) 发病症状及病理变化　(3) 诊断　(4) 防控 |
| | 3. 犬传染性肝炎 | (1) 流行病学　(2) 发病症状及病理变化　(3) 诊断　(4) 防控 |
| | 4. 犬冠状病毒性腹泻 | (1) 流行病学　(2) 发病症状及病理变化　(3) 诊断　(4) 防控 |
| | 5. 猫泛白细胞减少症 | (1) 流行病学　(2) 发病症状及病理变化　(3) 诊断　(4) 防控 |
| | 6. 猫传染性腹膜炎 | (1) 流行病学　(2) 发病症状及病理变化　(3) 诊断　(4) 防控 |
| | 7. 猫艾滋病 | (1) 流行病学　(2) 发病症状及病理变化　(3) 诊断　(4) 防控 |

## 二、重要知识点

### (一) 犬瘟热

由犬瘟热病毒引起犬科和鼬科动物的一种高度接触性、高致死性传染病。其特征是双相热、白细胞减少、急性鼻卡他、支气管炎、卡他性肺炎、胃肠炎和非化脓性脑炎。

【流行病学】病毒在内脏器官、淋巴结和组织内,眼、鼻和口腔分泌物以大小便排毒。恢复期的犬排毒可能持续数周甚至更长时间。主要是直接接触传播和通过空气飞沫感染。

**【发病症状及病理变化】**

（1）临床症状 双相热型，类似感冒、角膜炎、腹泻严重脱水、衰弱。癫痫样发作神经型犬瘟热预后不良。

（2）病理变化 胃肠黏膜呈卡他性炎症，胃内有少量暗红褐色黏稠内容物，慢性病尸胃黏膜有边缘不整、新旧不等溃疡灶。直肠黏膜多数带状充血、出血，肠系膜淋巴结及肠淋巴滤泡肿胀。气管黏膜少量黏液，慢性病例见有脾萎缩。肝呈暗樱桃红色，充血、淤血。血液凝固不全。

**【诊断】** 感染早期白细胞减少，继发感染时，白细胞增多。快速诊断试纸板或荧光 PCR。

**【防控】** 定期进行疫苗免疫，英特威二联苗、四联苗、六联苗，辉瑞卫佳伍、卫佳捌。用 3‰ 氢氧化钠作为消毒剂。紧急注射犬瘟热单克隆抗体、高免血清，防止继发感染，配合对症和支持疗法等综合措施。

## （二）犬细小病毒病

犬细小病毒引起的高度接触性传染的烈性传染病，临床上以急性出血性肠炎和心肌炎为特征。

**【发病症状及病理变化】**

（1）临床症状 分为肠炎型（粪便呈咖啡色或番茄酱色样的血便、腥臭、严重脱水）和心肌炎型（40 日龄犬突然呼吸困难，心力衰弱，短时间内死亡，有的可见有轻度腹泻后而死）。

（2）病理变化

①肠炎型：尸体极度脱水、消瘦，腹部蜷缩，眼球下陷、可视黏膜苍白，血液黏稠呈暗紫色。小肠以空肠和回肠病变最为严重，内含酱油色恶臭分泌物，肠壁增厚，黏膜下水肿、充血，大肠内容物稀软，酱油色，恶臭、黏膜肿胀，表面散在针尖大出血点。结肠肠系膜淋巴结肿胀、充血。

②心肌炎型：肺水肿，局部充血、出血，呈斑驳状。心脏扩张，心肌和心内膜可见非化脓性坏死灶，心肌纤维严重损伤，可见出血性斑纹。

**【诊断】** 根据特征性临诊症状结合流行病学和病理变化可初诊。采取小肠后段和心肌病料作组织切片，检查肠上皮和心肌细胞是否存在核内包涵体。可采用血凝和血凝抑制等血清学方法确诊。

**【防控】** 隔离饲养，2% 氢氧化钠溶液（火碱）或 10%～20% 漂白粉消毒。免疫程序同犬瘟热疫苗。注射病毒单克隆抗体或高免血清、干扰素 α 或巨力肽以及免疫球蛋白来治疗。不要用地塞米松，会引起严重的排血便。犬舒乐＋干扰素＋头孢配合使用，连用 1～2d。

## （三）犬传染性肝炎

腺病毒Ⅰ型引起犬科动物的一种急性败血性传染病。病原层腺病毒科，哺乳动物腺病属成员，凝集红细胞。

**【流行病学】** 发生在 1 岁以内的幼犬，成年犬多为隐性感染，发病也多耐过。病犬和带毒犬是主要传染源。康复带毒犬可自尿中长时间排毒。可经消化道、呼吸道和体外寄生虫传播。

**【发病症状及病理变化】**

(1) 临床症状　分为肝炎型(体温升高、结膜发炎、角膜混浊、口腔及齿龈出血、皮下水肿、黏膜轻度黄染)和呼吸型(体温升高、呼吸加快、心跳加快、心律不齐、咳嗽,流有浆性或脓性鼻液,腹腔积液)两种。

(2) 病理变化　角膜变蓝、黄疸、贫血等症状。血常规变化、红细胞数、血红蛋白下降,白细胞降低。

**【诊断】**根据流行病学、临床症状和病理变化初步诊断,确诊需结合实验室检查结果进行综合分析。

**【防控】**平时应加强饲养管理,严格兽医卫生综合防控措施。定期进行免疫接种,使用犬传染性肝炎弱毒疫苗、二联苗和犬五联苗。环境可用3%福尔马林、氢氧化钠溶液(火碱)、次氯酸钠或0.3%过氧乙酸进行消毒。大剂量地使用犬传染性肝炎抗血清治疗和对症治疗。患有角膜炎的犬可用0.5%利多卡因和氯霉素眼药水交替点眼。

## (四) 犬冠状病毒性腹泻

犬冠状病毒引起的一种急性肠道性传染病,以呕吐、腹泻、脱水及易复发为特点。病原为冠状病毒科单链正链RNA病毒,只感染脊椎动物。

**【流行病学】**可感染犬、貂和狐狸等犬科动物,尤其幼龄严重,经呼吸道和消化道传染,多发于冬季。

**【发病症状及病理变化】**

(1) 临床症状　主要表现为呕吐和腹泻,口渴、鼻尖干燥,呕吐,持续腹泻。粪便粥水样,红色或暗褐色恶臭,混有黏液或少量血液。白细胞数正常。

(2) 病理变化　剖检病变肠壁菲薄、肠管内充满白色或黄绿色、紫红色血样液体,胃肠黏膜充血、出血和脱落。组织学检查主要见小肠绒毛变短、融合、隐窝变深。

**【诊断】**粪便病料的电镜检查、病毒分离或荧光抗体检查。

**【防控】**无特效疫苗供免疫用,主要采取一般性综合防控措施。

## (五) 猫泛白细胞减少症

猫瘟热、猫传染性肠炎是猫瘟热病毒(猫细小病毒)引起高热、呕吐、白细胞严重减少和肠炎为特征的急性高度接触性传染病。

**【流行病学】**主要发生在1岁以下的幼猫,死亡率高达90%以上。

**【发病症状及病理变化】**临床症状与年龄及病毒毒力有关。几个月的幼猫多呈急性发病,双相热型。病猫精神不振,厌食,顽固性呕吐,严重脱水,贫血。怀孕猫感染时可导致流产。6个月以上的猫大多呈亚急性临床。

**【诊断】**血液检查发现白细胞减少,猫细小病毒病原使用快速检测试纸或荧光PCR可做出准确的诊断。

**【防控】**猫细小病毒单克隆抗体、猫瘟免疫血清和对症疗法。预防疫苗推荐妙三多,加强饲养管理。

### （六）猫传染性腹膜炎

猫传染性腹膜炎病毒引起的慢性、渐进性、致死性传染病，以腹膜炎、大量腹水积聚及致死率较高为主要特征。

【流行病学】主要感染 0.5～5 岁的群聚饲养的猫群，猫终身携带冠状病毒，一般体质降低时可能发病。

【发病症状及病理变化】

（1）临床症状　分为干型（又称非渗出型，器官的肉芽肿病变、进行性神经症状、贫血、黄疸，腹部触诊可摸到肠系膜淋巴的结节）和湿型（又称渗出型，胸腹腔有高蛋白的渗出液，呼吸困难、呕吐或下痢，腹部进行性膨大）。

（2）病理变化　无论干型或湿型都会造成间歇性发热、食欲降低等症状。一旦发病，死亡率几乎是 100%。

【防控】疫苗预防，居住饲养环境的管理并定期实施血清抗体检测。抑制免疫及抗炎症作用：高剂量类固醇，细胞毒性药物。预防二次细菌感染：广谱抗生素、抗病毒药物。支持疗法：强制进食（以食管或胃管），输液以矫正脱水，胸腔穿刺术以舒缓呼吸症状。

### （七）猫艾滋病

又称猫免疫缺陷综合征，传染性极高，呈地方性流行，遍及许多国家。

【流行病学】主要感染放养式或不稳定的成年雄性猫群，因为猫艾滋病主要通过咬伤传染。

【发病症状及病理变化】慢性口炎、严重齿龈炎、慢性上呼吸道疾病、消瘦、发热、淋巴结炎、贫血、慢性下痢、运动神经或感觉神经的损伤、慢性皮肤疾病。

【诊断】通过免疫缺陷、血清学异常、神经症状、肿瘤和各种机会性感染等可进行诊断。

【防控】避免让猫打斗及外出。治疗时针对继发性的感染加以控制，并缓解临床症状。

## 三、例题及解析

1. 肠炎型细小病毒的合理治疗方案是（　　）。

　　A. 多种抗生素联合应用　B. 大量使用抗病毒药物　C. 大量补液

　　D. 使用高免血清，对症治疗和控制继发感染

　　E. 饥饿疗法

【解析】D。使用高免血清，对症治疗和控制继发感染才是肠炎型细小病毒的合理治疗方案。

2. 猫科动物均易感染猫细小病毒，其中最易感染的是（　　）。

　　A. 断奶前的幼龄猫　　　B. 断奶前后的幼猫　　　　C. 2～5 月龄幼猫

　　D. 1～2 岁的青年猫　　　E. 5 岁以后的成年猫

【解析】C。细小病毒主要感染 2～5 月龄幼猫。

<<<　　　第九单元　兔、貂的传染病　　>>>

## 一、考试大纲

| 单元 | 细目 | 要点 |
|---|---|---|
| 兔和貂的<br>传染病 | 1. 兔出血症 | (1) 流行病学　(2) 发病症状及病理变化　(3) 诊断<br>(4) 防控 |
| | 2. 兔黏液瘤病 | (1) 流行病学　(2) 发病症状及病理变化　(3) 诊断<br>(4) 防控 |
| | 3. 水貂阿留申病 | (1) 流行病学　(2) 发病症状及病理变化　(3) 诊断<br>(4) 防控 |
| | 4. 水貂病毒性肠炎 | (1) 流行病学　(2) 发病症状及病理变化　(3) 诊断<br>(4) 防控 |

## 二、重要知识点

### (一) 兔出血症

又称兔出血性肺炎和兔瘟,是由兔病毒性出血症病毒(RHDV)所致的兔的一种急性、败血性、高度接触传染性、致死性和以全身实质器官出血为主要特征的传染病。

**【流行病学】**健康兔接触病兔或带毒兔而感染,主要是 2 月龄以上的青年兔,哺乳仔兔不发病。北方冬春季多发,发病率、致死率均高达 95% 以上。

**【发病症状及病理变化】**

(1) 临床症状　最急性型、急性型和慢性型。急性型结膜潮红,体温升高达 41℃ 以上,高声尖叫,抽搐,鼻孔流出泡沫性液体,死后呈角弓反张。

(2) 病理变化　以实质器官淤血、出血为主要特征。

**【诊断】**在电镜下,最常见的是线粒体肿胀,细胞变性、空泡化,毛细血管管壁断裂消失。

**【防控】**繁殖母兔使用双倍量疫苗注射。其他成年兔使用单苗或多联苗免疫注射,一年两次。

### (二) 兔黏液瘤病

由兔黏液瘤病毒引起的一种高度接触传染性和高度致死性传染病。病原是痘病毒科兔症病毒属,眼部和病变部皮肤渗出液中含量最高。

**【流行病学】**只侵害家兔和野兔(欧洲野兔),可通过蚊、蚤传播和直接、间接接触传播。夏秋季多发。

**【发病症状及病理变化】**

(1) 临床症状　感染强毒力南美毒株的易感兔,3~4d 即可看到最早的肿瘤;感染加州毒株的易感兔，主要表现水肿；感染强毒力欧洲毒株病兔，全身各部都可出现肿瘤，但耳部较少见到，狮子头状，也有呈现呼吸类型，痊愈兔可获 18 个月的特异性抗病力。特征为全身皮肤尤其是面部和天然孔周围发生黏液瘤样肿胀。

（2）病理变化　皮肤肿瘤（加州毒株所致的黏液瘤除外），皮肤和皮下组织显著水肿，黄色胶冻液体中含有处于分裂期的黏液瘤细胞和白细胞。

【诊断】切片检查，很多大型的星状细胞，即未分化的间质细胞、上皮细胞肿胀和空泡化。胞质内含有嗜酸性包涵体，包涵体内有蓝染的球菌样小颗粒即原生小体。

【防控】Shope 纤维瘤病毒疫苗，预防注射 3 周龄以上的兔。MSD/S 株和 MEI116-5 株疫苗免疫效果好。

### （三）水貂阿留申病

由阿留申病毒感染引起水貂的以终生毒血症、全身淋巴细胞增殖、丙种球蛋白数增多、肾小球肾炎、动脉血管炎和肝炎为特征的慢性病毒病。

【流行病学】各种年龄、性别、品种的水貂均可感染，以阿留申基因型貂更易感。对成年貂，尤其母貂危害更大，病貂几乎均以死亡告终。蚊子也是传播媒介。秋冬季节的发病率和死亡率大大增加。

【发病症状及病理变化】

（1）临床症状　病貂食欲减退，渴欲增加，日渐消瘦，表现出贫血和衰竭症状，拉煤焦油样粪便。神经系统受到侵害，伴有抽搐、痉挛、共济失调。后期拒食狂饮，往往以尿毒症而宣告死亡。严重的生殖障碍。

（2）病理变化　特征性组织学变化为肾的浆细胞增多（正常情况下，肾内不含或极少含浆细胞）。其他组织学变化包括脾、肝、淋巴结和骨髓的浆细胞增多，动脉炎，肾小球炎和肾小管上皮变性及透明管型。

【防控】严格检疫，严格隔离和淘汰阳性水貂。

### （四）水貂病毒性肠炎

又称水貂泛白细胞减少症、传染性肠炎，水貂细小病毒性肠炎是水貂肠炎病毒（细小病毒）引起水貂的急性、高度接触性传染病。

【流行病学】传染源为患病貂以及康复带毒貂，可从唾液、眼鼻分泌物、粪尿等排毒污染环境。

【发病症状及病理变化】

（1）临床症状　以胃肠黏膜炎症、出血、坏死所致持续性剧烈腹泻，粪便中含灰白色管状物及白细胞显著减少为特征。

（2）病理变化　小肠黏膜呈纤维蛋白性、坏死性、出血性炎症，肠管极度扩张达正常时的 1～2 倍，管壁很薄近于透明，尤以空肠、回肠为重。

【诊断】血液中的白细胞数明显减少，部分小肠黏膜上皮细胞内有能被碱性品红着色的核内包涵体。

【防控】患过病毒性肠炎的水貂可获得长久的高度免疫，尚未见到重复发生的病例，但母貂可长期带毒。种貂在 1～2 月份进行免疫，幼龄貂在 6 月末或 7 月初进行免疫。驱赶乌鸦、灭蝇和灭鼠等工作。不允许猫和禽类进入貂场。

## 三、例题及解析

1. 兔病毒性出血症的典型病理变化是( )。

    A. 肾出血                 B. 胃出血                 C. 肠壁变薄

    D. 肺出血、肝淤血       E. 肠系膜淋巴结肿大

【解析】D。兔病毒性出血症的典型病理变化是全身实质器官出血，所以选肺出血、肝淤血。

2. 兔黏液瘤病的特征性病变是( )。

    A. 天然孔周围发生黏液性肿胀       B. 大肠出血性炎症，肝肿大

    C. 脾肿大，肾肿大               D. 大肠纤维素性炎症，淋巴结肿大

    E. 小肠急性、卡他性、纤维素性或出血性炎症

【解析】A。天然孔周围发生黏液性肿胀是兔黏液瘤病的特征性病变。

3. 病貂的年龄越小，病死率越高，最高可达 90% 的是( )。

    A. 水貂阿留申病       B. 水貂病毒性肠炎       C. 水貂黄肝病

    D. 巴氏杆菌病            E. 仔貂脓疱症

【解析】B。水貂病毒性肠炎对年龄越小貂杀伤力越大。

## <<< 第十单元 蚕、蜂的传染病 >>>

## 一、考试大纲

| 单元 | 细目 | 要点 |
|---|---|---|
| 蚕、蜂的<br>传染病 | 1. 家蚕核型多角体病 | (1) 流行病学   (2) 发病症状及病理变化   (3) 诊断<br>(4) 防控 |
| | 2. 白僵病 | (1) 流行病学   (2) 发病症状及病理变化   (3) 诊断<br>(4) 防控 |
| | 3. 家蚕微粒子病 | (1) 流行病学   (2) 发病症状及病理变化   (3) 诊断<br>(4) 防控 |
| | 4. 美洲蜜蜂幼虫腐臭病 | (1) 流行病学   (2) 发病症状及病理变化   (3) 诊断<br>(4) 防控 |
| | 5. 欧洲蜜蜂幼虫腐臭病 | (1) 流行病学   (2) 发病症状及病理变化   (3) 诊断<br>(4) 防控 |
| | 6. 白垩病 | (1) 流行病学   (2) 发病症状及病理变化   (3) 诊断<br>(4) 防控 |

## 二、重要知识点

### （一）家蚕核型多角体病

由家蚕核型多角体病毒引起的，又称家蚕血液型脓病或脓病。病原是杆状病毒科核型多角体病毒属，淡绿色，折光性强。

【流行病学】以食下传染为主，也可经伤口感染。主要传染源为病蚕血液（脓汁），主要发生在 3 龄至老熟（蛹期），尤以 5 龄中期至老熟前后最为严重。恶劣的环境条件及一些理化因素刺激可诱发本病，不同蚕品种对本病抗性不同。

【发病症状及病理变化】本病属于亚急性传染病，小蚕感染后经 3～4d 发病死亡，大蚕经 4～6d 发病。外温高时，病程加快。病蚕体壁破裂流脓之前，蚕座二次感染的可能性较小。由于该病毒对自然环境有强的抵抗力，故该病除具有水平传播外，尚具有较强的垂直传播能力。不眠蚕在蚕的催眠期间，蚕群体大部分快入眠时，核型多角体病蚕体壁紧张发亮，呈乳白色，行动活泼，不能入眠，体皮破裂，流脓而死。病理变化：在血细胞、气管上皮、脂肪组织及真皮细胞易形成多角体。

【诊断】病蚕体色乳白，特别是蚕体腹面、腹足之间表现明显的乳白色。体壁紧张发亮，爬行不止而很少食桑，划破体壁或减去其尾脚、腹足，流出的血液呈乳白色。镜检时，用 400 倍以上的显微镜检查有无多角体存在。

【防控】家蚕喂食少量整合了家蚕核多角体病毒的桑叶使家蚕对该病毒产生免疫，减少其对家蚕的影响。

### （二）白僵病

白僵菌侵入蚕体引起，病症蚕体感染白僵菌初期外观与健康蚕无明显差异，只是体色稍暗，反应迟钝，随着病程的进展，病蚕皮肤上出现油渍状暗褐色病斑。蚕死后先软后硬，全身被白色分生孢子覆盖。白僵菌喜湿怕干，多湿的地方和多雨的季节，蚕很容易发病。生长周期分为以下四主要阶段：分生孢子、营养菌丝、芽生孢子和气生菌丝。

【流行病学】1～3 龄蚕发病较多，经皮接触传染，其次是创伤传染。日系品种的感染率高于中系品种。

【发病症状及病理变化】蚕体感染白僵菌初期，外观与健康蚕无明显差异，只是体色稍暗，反应迟钝。随着病程的进展，病蚕皮肤上出现油渍状暗褐色病斑。蚕死后先软后硬，全身被白色分生孢子覆盖。

【诊断】可取蚕血液在显微镜下检查（如有圆筒形成卵圆形的短菌丝及营养菌丝即确诊）。

【防控】发病时及时漂白粉等施药。加强管理、蚕室配套、建立卫生制度、净化养蚕生产环境、加强小蚕共育工作等。

### （三）家蚕微粒子病

又称为锈病、斑病等，是由原生动物孢子虫纲的微孢子虫寄生而起的。

【流行病学】主要是食下传染和胚种传染两种途径。

【发病症状及病理变化】作为一种慢性传染病，蚕各变态期有不同病症。

①小蚕期：收蚁后两天不疏毛，体色深暗、体躯瘦小，发育迟缓，重者逐渐死亡。

②大蚕期：体色暗（或淡）呈锈色，行动呆滞，食欲减退，发育迟缓，群体大小不齐，蚕体背部或气门线上下出现密集渣点呈黑褐色，重者成半蜕皮蚕而死亡。

③熟蚕期：多不结蚕，吐丝慢，多数结成薄皮茧。

④蛹期：体色暗体表无光泽，腹部松弛，反应迟钝，脂肪粗糙不饱满，有红褐色渣点，血液黏稠度低。

⑤蛾期：蛾翅薄而脆，鳞毛稀少，易脱落，翅展不好，易成卷翅蛾，蛾肚小卵少，腹部背翅管两侧有黄褐色渣点，血液混浊，尿呈红褐色。卵形不整，大小不一，排列不整齐，有重叠卵，产附差，易脱落。不受精和死卵多，轻者与正常卵无差异。

### （四）美洲蜜蜂幼虫腐臭病

美洲幼虫腐臭病是蜜蜂幼虫的一种恶性传染病，别称烂子病、臭子病等，世界各地几乎都有发生，尤以热带和亚热带地区最为普遍。病原是幼虫芽孢杆菌，菌体 $2\sim5\mu m$、宽 $0.5\sim0.7mm$，能运动，用苯胺黑或墨汁等负染色时能观察到成簇的鞭毛，同时幼虫芽孢杆菌能形成芽孢来抵抗抗生素等药物，因此美洲幼虫腐臭病很难能彻底治愈。

【流行病学】美洲幼虫腐臭病只危害西方蜜蜂，例如意大利蜜蜂、卡尼鄂拉蜂、高加索蜜蜂等都易感染美洲幼虫腐臭病，中华蜜蜂等东方蜜蜂不会感染美洲幼虫腐臭病，受感染的幼虫基本是孵化24h的小幼虫，孵化2d以后的幼虫不易受感染。多发生于气温高的夏、秋两季，蜂群内主要通过内勤蜂对幼虫的喂饲活动传播病菌，蜂群间则主要通过调换子脾、混用蜂具等传播蔓延，另外盗蜂、迷巢蜂也是幼虫芽孢杆菌的主要传播者。

【发病症状及病理变化】老熟幼虫或蛹大量死亡，疑患病蜂群可抽取封盖子脾仔细观察，子脾表面呈现潮湿、油光，有穿孔时可从穿孔蜂房中挑出幼虫尸体观察，若幼虫尸体呈浅褐色或咖啡色并有黏性时则为美洲幼虫腐臭病。

【防控】隔离病群，美洲幼虫腐臭病有极强的传染性，因此患病蜂群必须进行隔离治疗，其他健康蜂群也要用药物进行预防性治疗。在糖浆或蜂蜜水中加入磺胺噻唑钠调匀后饲喂蜂群。轻病群可挑出烂幼虫并用新洁尔灭清洗巢房，重病群要彻底更换蜂箱和巢脾，久治不愈群则要连蜂带箱焚毁。

### （五）欧洲蜜蜂幼虫腐臭病

蜜蜂幼虫的一种传染病，又称黑幼虫病、纽约蜜蜂病等，世界各地几乎都有发生，我国普遍发生且病势凶猛，虽然整体上致死率比中蜂囊状幼虫病稍低，但若不及时处理也会带来巨大的损失。病原主要是蜂房蜜蜂球菌，其次是蜂房芽孢杆菌、侧芽孢杆菌及变异型蜜蜂链球菌等次生菌，其中蜂房蜜蜂球菌是一种披针形球菌，革兰氏染色呈阳性但染色不稳定，直径 $0.5\sim1.1\mu m$，一般不形成芽孢，有时可形成荚膜。

【流行病学】通过蜜蜂的消化道侵入体内并在中肠腔内大量繁殖，蜂群内主要通过内勤蜂对幼虫的喂饲活动传播病原，蜂群间则主要通过调换子脾、混用蜂具等行为在蜂群间传播蔓延，另外盗蜂、迷巢蜂也是蜂房蜜蜂球菌的主要传播者。

【发病症状及病理变化】患病幼虫多在3～4日龄未封盖时死亡，病情严重时走近蜂场便能闻到一股怪味，脾上出现严重花子现象且幼虫日龄大小不一，腐烂虫尸易取出或被工蜂消除，稍有黏性但不能拉成丝状，用镊子夹出有明显的酸臭味，虫尸干燥后会变成深褐色。

【防控】饲养强群：强群不易患欧洲幼虫腐臭病，具体操作是确保蜂群中饲料充足，同时还要确保蜂多余脾或至少蜂脾相称。隔离病群：欧洲幼虫腐臭病有极强的传染性，因此患病蜂群必须要隔离治疗，健康蜂群也要用药物进行预防性治疗。磺胺类药物对欧洲幼虫腐臭病有效，用法是每千克 1：1 糖浆或蜂蜜水加入 1g 磺胺噻唑钠调匀后饲喂蜂群。

### （六）白垩病

蜜蜂球囊菌引起的蜜蜂幼虫的常见病，典型症状是患病幼虫在封盖前后死亡，死亡幼虫失水后呈质地疏松的石灰状。

【流行病学】有较明显的季节性，一般此病多流行于春季和初夏，特别是在阴雨潮湿，温度变化频繁的气候条件下容易产生。在这段时间，蜂群多处于繁殖期，巢脾上子圈比较大，巢脾边缘受冷的机会比较大，发病率就高。在蜂群里，患病幼虫的尸体以及被污染的饲料与巢脾是疾病传播的主要来源。

【发病症状及病理变化】死亡幼虫初期为苍白色且肿胀，后期则失水缩小成质地疏松的白色石灰物质。病情较轻时，蜜蜂可以将虫尸清除出巢门口；当病情严重时，蜜蜂已经无法加以清除，在巢房中可以看见许多白色的虫尸。

【防控】气温变化频繁时要加强蜂箱保温。做好蜂箱的消毒工作，然后再给蜂群换上干净的巢脾和饲料。制霉菌素对该病有防治效果，采蜜期不能使用。

## 三、例题及解析

1. 蜜蜂美洲幼虫腐臭病具有诊断意义的症状是（　　）。

    A. 房盖有穿孔　　　　　B. 烂虫能拉丝　　　　　C. 房盖颜色加深

    D. 房盖出现下陷　　　　E. 烂虫有腥臭味

【解析】B。蜜蜂美洲幼虫腐臭病特点是烂虫能拉丝。

2. 蜜蜂白垩病的病原是（　　）。

    A. 真菌　　　　　　　　B. 病毒　　　　　　　　C. 支原体

    D. 衣原体　　　　　　　E. 螺旋体

【解析】A。蜜蜂白垩病的病原是真菌。

3. 家蚕质型多角体病的典型病理变化是（　　）。

    A. 血液混浊　　　　　　B. 前肠发白　　　　　　C. 中肠发白

    D. 后肠发白　　　　　　E. 脂肪体崩解

【解析】C。家蚕质型多角体病的典型病理变化是中肠发白，肠壁出现无数乳白色的横纹褶皱。

## 考 点 速 记

1. 动物感染后出现临床症状表现的感染称为**显性感染**、无临床症状表现的感染称为**隐性感染**。

2. 病原微生物从传染源排出后再次进入易感动物经过的途径称为**传播途径**，所经过的外界环境称为**传播媒介**。

3. 给健康动物接种疫苗和菌苗等生物制品来预防传染病称为**免疫接种**。

4. 动物出生后，有计划、有目的地对动物进行有顺序时间的免疫接种称为**免疫程序**。

5. 病原微生物经过一定的途径侵入机体，在一定部位定居生长繁殖并引起一系列病理反应的过程称为**感染**。

6. 发生传染病后，对疫区或受威胁地区健康易感动物进行的免疫接种称为紧急**预防接种**。

7. 猪患急性猪肺疫后，颈部出现发红、肿大故称**大红颈**。

8. 病原微生物侵入机体到机体出现临床症状表现这一时期称为**潜伏期**。

9. 能使病原微生物生长繁殖，并能将其排出体外的动物有机体称为**传染源**。

10. 鸭患鸭瘟后，头、颈部发生皮下肿胀，表现大头，故称**大头瘟**。

11. 单个传染源及其存在的地区称为**疫点**，由多个疫点构成的地区称为**疫区**。

12. 感染口蹄疫后蹄部皮肤出现水泡、烂斑、坏死，表现蹄壳脱落故称**脱靴症**。

13. **动物对病原微生物抵抗力的特性呈现抵抗力越低易感性越高，抵抗力强易感性低。**

14. **检疫**是指利用各种诊断方法对畜禽及其产品进行疫病的检查。

15. **亚急性炭疽**在皮肤出现肿胀、坏死、结痂，称为炭疽痈。

16. 为了预防传染病，在饲料、饮水中加入一些药物来进行传染病的预防的方式称为**药物预防**。

17. 发生亚急性的**猪丹毒**时，猪的全身皮肤出现菱形或四边形的疹块，如同烙铁烙过一样俗称"打火印"。

18. **封锁**是指发生传染病后，为了防止传染病的进一步向外扩散而采取划区域性的强制措施。

19. 病毒长期持续存在体内呈感染状态，反复不定期地排出体外，且临床表现不明显的感染称为病毒的**持续感染**。而潜伏期长，呈进行性，最后转归为死亡的感染称为**慢病毒感染**。

20. 平时定期地对圈舍及其周围环境的消毒称为**预防性消毒**，发生传染病后对其周围的环境进行的消毒称为**随时消毒**。

21. 某些传染病在一定的季节发生称为**传染病的季节性**，而某些传染病流行过后，隔一定时间再次发生和流行称为**传染病的周期性**。

22. 传染病发生后，最后一头病畜死亡或痊愈而对周围的环境或圈舍而进行的一次彻底的消毒被称为**终末消毒**。

23. 开始的症状较重，特征性症状未出现而很快又恢复的感染称为**顿挫性感染**，而开始症状轻，特征性症状还未出现而又恢复的感染称为**一过性感染**。

24. 一定的地区在一定的时间内出现异常多的病例称为**地方性流行**。更大的范围内，如几个省几个国家发生非常多的病例称为**大流行**。

25. 从临床上检查，感染传染病数与动物总数之比称为**感染率**。

26. 有自然疫源性疾病存在的地区被称为**自然疫源地**。

27. 发生感染后，如出现典型临床症状的感染称为**典型感染**。临床症状不典型的感染称为**非典型感染**。

28.**SPF 动物**指不含特定的病原微生物和寄生虫的动物。**无菌动物**是指不含任何病原微生物和寄生虫的动物。

29.在一定时间内一定地区出现零星病例称为**散发性**。在较大的范围内较短的时间出现非常多的病例称为**流行性**。

30.患某种病后，死亡数与该病的患病数之比，称为**病死率**。而患病动物死亡数与动物总数之比称为**死亡率**。

31.**抗感染免疫**是指病原微生物不适合机体繁殖或侵入机体后，机体立即动员全身防御系统将病原排出体外且不产生任何的临床症状及病理变化。

32.**病原携带者**是外表无症状但携带并能向外排出病原体的动物。

33.**炭疽**是由炭疽杆菌引起的一种人畜共患的急性、热性、败血性传染病，病变特征是脾显著肿大，皮下及浆膜下结缔组织出血性浸润，血液凝固不良，呈煤焦油样。

34.**猪传染性胃肠炎**是猪的一种高度接触性肠道疾病。以呕吐、严重腹泻和失水为特征，各种年龄都可发病，成年猪几乎没有死亡。

35.**绵羊痒病**是由朊病毒引起的绵羊的一种慢性退行性中枢神经系统障碍，最后以死亡为转归的传染病。特征为绵羊全身剧痒，全身肌肉震颤，神经障碍，共济失调，最后动物麻痹、死亡。

36.**传染性法氏囊病**是由传染性法氏囊病病毒引起幼鸡的一种急性高度接触性传染病，发病率高、病程短，主要症状是腹泻，颤抖，极度虚弱，法氏囊、肾的病变，腿肌、胸肌出血，腺胃和肌胃交界处条状出血。幼鸡感染后，引起免疫抑制，可诱发多种疫病或使多种疫苗免疫失败。

37.**犬瘟热**是由犬瘟热病毒引起的犬和肉食目中许多动物的一种高度接触性传染病，以早期表现双相热、急性鼻卡他以及支气管炎、卡他性肺炎、严重的胃肠炎和神经症状为主要特征，少数病犬的鼻和足垫可发生角化过程。

38.**疯牛病**是一种由朊病毒引起的具有传染性的慢性致死性、中枢神经性疾病。以潜伏期长、病情逐渐加重、终归死亡为特征。主要表现行为反常、运动失调、轻瘫、体重减轻、脑灰质海绵状水肿和神经元空泡形成。死亡率很高。

39.**垂直传播**是从母体到其后代两代之间的传播。

40.**鸡马立克病**是马立克病毒引起的一种鸡淋巴组织增生性传染病，以外周神经、虹膜、性腺、各种脏器、肌肉和皮肤的单核性细胞浸润为特征。

41.**猪繁殖和呼吸综合征**是由猪繁殖和呼吸综合征病毒引起猪的一种繁殖障碍和呼吸道症状的传染病，主要特征为厌食、发热，怀孕后期发生流产、死胎和木乃伊胎，幼龄仔猪发生呼吸道症状。

42.**蓝舌病**是昆虫传播的反刍动物的一种病毒性传染病。主要发生于绵羊，临床特征为发热、消瘦，口、鼻和胃黏膜的溃疡性炎症变化。

43.**鸭瘟**是由鸭瘟病毒引起的鸭和鹅的一种急性接触性传染病，主要特征为血管破坏、组织出血、消化道黏膜丘疹变化、淋巴器官损伤和实质器官变性。病禽体温升高、下痢、两腿麻痹、流泪和部分病鸭头颈肿大。食管黏膜有小出血点，并有灰黄色假膜覆盖或溃疡，泄殖腔黏膜充血、出血、水肿和假膜覆盖。肝有大小不等的出血点和坏死灶。

44. **内基氏小体**是感染了狂犬病的动物大脑海马角、大脑或小脑皮质等处的神经细胞中嗜酸性包涵体，呈椭圆形，呈嗜酸性着染（鲜红色），但在其中常可见嗜碱性（蓝色）小颗粒。

45. **恶性卡他热**是由恶性卡他热病毒引起的一种牛的致死性淋巴增生性病毒性传染病，主要以高热，呼吸道、消化道黏膜的黏脓性坏死性炎症为特征。

46. **伪狂犬病**是由伪狂犬病病毒引起的一种急性传染病。感染猪的临床特征为体温升高，新生仔猪表现神经症状，成年猪常为隐性感染，妊娠母猪感染后可引起流产、死胎及呼吸系统症状，无奇痒。

47. 家畜传染病的**间接接触传播**通常通过 4 种途径，包括空气、经污染的饲料和饮水、经污染的土壤、活的媒介物。

48. **仔猪大肠杆菌病**临诊上分为仔猪黄痢、仔猪白痢和仔猪水肿病。

49. **猪细小病毒**感染特征为受感染的母猪，特别是初产母猪产出死胎、畸形胎、木乃伊胎，流产及产病弱仔猪，母猪本身无明显症状，犬细小病毒感染以出血性肠炎或非化脓性的心肌炎为特征。多发生于幼犬。

50. **流行性乙型脑炎**在马主要为脑炎症状，猪表现为流产、死胎和睾丸炎，牛、羊多呈隐性感染。

51. 不同年龄的**畜禽感染衣原体**病后，其症状表现不一。其中，幼羊多表现为关节炎、结膜炎，仔猪多表现为肺肠炎，怀孕牛、羊则多数发生流产。家禽中以幼禽发病较为严重，常归于死亡。

52. **口蹄疫病毒**在病畜的**水疱内及其淋巴液**中含毒量最高。

53. **猪肺疫病原体**是多杀性巴氏杆菌，猪气喘病病原体是猪肺炎支原体，猪接触传染性胸膜肺炎的病原体是胸膜肺炎放线杆菌。

54. **禽脑脊髓炎**唯一的眼观变化是肌胃有带白色的区域。

55. **鸭瘟**可通过鸭瘟鸭胚化弱毒苗和鸡胚化弱毒苗免疫进行预防。雏鸭通常在 20 日龄首免，4～5 月后加强免疫 1 次即可。3 月龄以上鸭免疫 1 次，免疫期可达一年。

56. **鸡白痢、鸡支原体感染和鸡白血病都能够垂直传播。**

57. 传染病在动物群体中流行可分为**散发、地方流行、流行、大流行**四种表现形式。

58. **鸡传染性鼻炎**的病原体是鸡副嗜血杆菌、禽曲霉菌主要病原体是烟曲霉。

59. **传染病的主要特征**：传染病是在一定环境下由病原微生物与机体相互作用所引起的；传染病具有传染性和流行性；被感染的机体发生特异性反应；耐过动物能获得特异性免疫；具有特征性的临诊症状

60. **传染病流行必须具备的三个基本环节是传染源、传播途径、易感动物。**

61. 当发生**一类传染病或新发现的**畜禽传染病时，应当及时上报上级主管部门。由县级及以上的政府颁布封锁令，执行封锁时应掌握"早、快、严、小"的原则。

62. **高致病性禽流感病毒**的血凝素（HA）亚型主要为 H5 和 H7。

63. **小鹅瘟**主要侵害 4～20 日龄的雏鹅，渗出性肠炎是特征性病理变化。

64. **羊梭菌病**包括羊快疫、猝疽、羊肠毒血症、羊黑疫和羔羊痢疾。

65. 奶牛场结核病和布鲁菌病检疫的常用方法分别是**结核菌素试验和试管凝集**试验。

66. **猪丹毒**急性病例表现为败血症变化，亚急性是皮肤表面出现疹块，慢性表现为关节炎和心内膜炎。

67. **猪传染性萎缩性鼻炎**的病原体是支气管败血波氏杆菌和多杀性巴氏杆菌毒素源性菌株。

68. **猪细小病毒感染**，受感染的母猪特别是初产母猪产出死胎、畸胎、木乃伊胎、流产及病弱仔猪。

69. **马立克病病毒**有三个血清型：1 型为致瘤的 MDV；2 型为不致瘤的 MDV；3 型火鸡疱疹病毒，常用作冻干苗为血清型病毒。

70. 在鸭坦布苏病毒病流行地区应采取防控措施以**疫苗接种**为主。

71. 出口家禽不宜使用的**新城疫活疫苗**是Ⅰ系苗（Mukteswar 株）。

72. 分离**传染性喉气管炎病毒**鸡胚接种日龄是 10～12 日龄。

73. **犬细小病毒感染**的临床表现主要有肠炎型和心肌炎型。

74. **犬瘟热**的快速、简便和特异的诊断方法是免疫学试验。

75. **犬细小病毒**疫苗首次免疫时间一般应在 1.5～3 月龄。

76. 出现双相热、肠道急性卡他性炎和神经症状的犬传染病是**犬瘟热**。

77. 犬首次接种**犬传染病肝炎疫苗**的时间 2 月龄左右。

78. **免疫接种**是预防猫泛白细胞减少症的首选。

79. **犬传染性肝炎**病犬常见的体表变化是皮下水肿。

80. **猫白血病**的主要病原是病毒。

81. 注射高免血清是**犬细小病毒病肠炎型**的特异性治疗方法。

82. **犬细小病毒病**流行病学特征是断乳前后幼犬易感性最高。

83. **猫泛白细胞减少症**的感染主要发生于 1 岁以下的小猫。

84. **貂病毒性肠炎**的特征性病变是小肠发生急性、卡他性纤维素性或出血性炎。

85. **兔病毒性出血病**的典型病理变化是肺出血和肝淤血。

86. 白细胞减少是水貂病毒性肠炎的重要特征。

87. **水貂病毒性肠炎**可用血凝抑制试验诊断。

88. 对**兔病毒性出血病**重症病例，需要及时扑杀和尸体无害化处理。

89. **急性型水貂阿留申病**患貂死前常表现抽搐和痉挛。

90. **兔瘟**的主要病理变化表现为气管和肺充血出血。

91. 烂虫能拉丝是**蜜蜂美洲幼虫腐臭病**具有诊断意义的症状。

92. **白僵菌**通过分生孢子、营养菌丝、气生菌丝进行增殖。

93. **温度多变、潮湿**与蜜蜂白垩病发生有关。

94. **蜜蜂欧洲幼虫腐臭病**更容易发生于蜂群的繁殖高峰期。

95. 家蚕质型多角体病毒感染家蚕中肠的细胞为圆筒形细胞。

96. **家蚕质型多角体病**的**典型变化是中肠发白。**

97. **蜜蜂美洲幼虫腐臭病**可发生在**任何季节**。

98. **蜜蜂白垩病**的病原是**真菌**，而家蚕白僵病的主要为接触传染。

## 高频题练习

（1～3 题共用题干）

剖检病死猪，见心脏三尖瓣上附着淡黄色、干燥、坚实、表面粗糙的灰白色菜花状赘生物。

1. 引起此病变的主要病原是（　　）。
   A. 毒力较弱的病毒　　　　B. 毒力较强的病毒　　　C. 毒力较弱的细菌
   D. 毒力较强的细菌　　　　E. 寄生虫

2. 组织切片检查，渗出的主要炎细胞是（　　）。
   A. 淋巴细胞　　　　　　　B. 中性粒细胞　　　　　C. 嗜酸性细胞
   D. 嗜碱性细胞　　　　　　E. 上皮细胞

3. 该赘生物脱落形成栓子，最可能栓塞的器官是（　　）。
   A. 肝　　　　　　　　　　B. 脾　　　　　　　　　C. 肺
   D. 脑　　　　　　　　　　E. 肾

4. 结核分枝杆菌抗酸染色阳性是由于细胞壁中含有大量的（　　）。
   A. 蛋白质　　　　　　　　B. 糖蛋白　　　　　　　C. 蜡质
   D. 肽聚糖　　　　　　　　E. 多糖

5. 鉴定沙门菌血清型可选用（　　）。
   A. 涂片染色镜检　　　　　B. 凝集试验　　　　　　C. 生化试验
   D. 鉴别培养基培养　　　　E. 中和试验

6. 动物手术室空气消毒常用的方法是（　　）。
   A. 电离辐射　　　　　　　B. 紫外线　　　　　　　C. 滤过除菌
   D. 甲醛熏蒸　　　　　　　E. 消毒药水喷洒

7. 不适于培养病毒的是（　　）。
   A. 鸡胚　　　　　　　　　B. 易感动物　　　　　　C. 传代细胞
   D. 二倍体细胞　　　　　　E. 肉汤培养基

8. 鸭瘟病毒在分类上属于（　　）。
   A. 痘病毒科　　　　　　　B. 疱疹病毒科　　　　　C. 腺病毒科
   D. 细小病毒科　　　　　　E. 副黏病毒科

9. 产蛋下降综合征病毒在分类上属于（　　）。
   A. 腺病毒科　　　　　　　B. 副黏病毒科　　　　　C. 正黏病毒科
   D. 疱疹病毒科　　　　　　E. 冠状病毒科

10. 某种疫病在某个畜禽群体或一定地区范围短时间内突然出现很多病例的流行方式称为（　　）。
   A. 散发性流行　　　　　　B. 地方流行性　　　　　C. 流行性
   D. 暴发性　　　　　　　　E. 大流行

11. 动物流行病学调查不包括（　　）。
   A. 动物品种的选育　　　　B. 动物发病的时间　　　C. 动物发病的地点
   D. 发病的数量　　　　　　E. 发病动物种类

12. 动物疫病诊断时不宜采集（　　）。
   A. 新鲜病料　　　　　　　B. 症状明显病例的病料　C. 濒死动物的病料
   D. 经过治疗的动物病料　E. 未经治疗的动物病料

13. 诊断马鼻疽，应特别注意鉴别的疫病是（　　）。

A. 马传染性贫血　　　　B. 李氏杆菌病　　　　C. 副结核病

D. 布鲁菌病　　　　　　E. 马腺疫

14. 日常防止非洲猪瘟传入我国的最主要措施是(　　)。

A. 免疫　　　　　　　　B. 封锁　　　　　　　C. 检疫

D. 消毒　　　　　　　　E. 隔离

15. 猪繁殖与呼吸道综合征的病原为(　　)。

A. 真菌　　　　　　　　B. 病毒　　　　　　　C. 支原体

D. 衣原体　　　　　　　E. 螺旋体

16. 对猪流行性腹泻最有效的防控措施是(　　)。

A. 隔离　　　　　　　　B. 封锁　　　　　　　C. 免疫接种

D. 加强饲养管理　　　　E. 检疫

17. 根除牛传染性鼻气管炎的有效方法(　　)。

A. 治疗　　　　　　　　B. 隔离　　　　　　　C. 扑杀阳性牛

D. 免疫接种　　　　　　E. 消毒

18. 牛流行热的病原是(　　)。

A. 真菌　　　　　　　　B. 病毒　　　　　　　C. 支原体

D. 衣原体　　　　　　　E. 螺旋体

19. 患牛病毒性腹泻/黏膜病的母牛产下犊牛可能出现(　　)。

A. 大脑发育不全　　　　B. 小脑发育不全　　　C. 肝发育不全

D. 肺发育不全　　　　　E. 心脏发育不全

20. 马传染性贫血的特征性病变为(　　)。

A. 全身败血症变化　　　B. 大叶性肺炎　　　　C. 肝脂肪变性

D. 脾梗死　　　　　　　E. 淋巴结轻度水肿

21. 分离新城疫病毒所用 SPF 鸡胚的日龄通常为(　　)。

A.2～4 日龄　　　　　　B.5～7 日龄　　　　　C.9～11 日龄

D.13～15 日龄　　　　　E.16～18 日龄

22. 预防鸡传染性喉气管炎常用的疫苗为(　　)。

A. 弱毒疫苗　　　　　　B. 灭活疫苗　　　　　C. 核酸疫苗

D. 合成肽疫苗　　　　　E. 基因缺失苗

23. 发生传染性法氏囊病 2～3d，病鸡含毒量最高的器官是(　　)。

A. 肝　　　　　　　　　B. 腺胃　　　　　　　C. 肾

D. 肌胃　　　　　　　　E. 法氏囊

24. 马立克病的关键防控措施是(　　)。

A. 添加抗菌药物　　　　B. 疫苗接种　　　　　C. 使用益生素

D. 添加抗病毒药物　　　E. 肌内注射高免血清

25. 早期治疗犬瘟热效果较好的方法是(　　)。

A. 口服抗菌药　　　　　B. 口服抗病毒药　　　C. 肌内注射抗生素

D. 静脉注射 5%NaHCO$_3$　　　　　　　　　　E. 高免血清

26. 在鸭坦布苏病流行地区应采取的防控措施是(　　)。

    A. 消毒            B. 封锁            C. 清洁饮水
    D. 疫苗接种        E. 药物预防

27. 预防水貂病毒性肠炎的最有效措施是(    )。
    A. 疫苗接种        B. 中草药拌料      C. 注射干扰素
    D. 注射高免血清    E. 应用抗病毒药

28. 感染美洲幼虫腐臭病的蜜蜂幼虫表现症状的平均日是(    )。
    A. 3d             B. 6d             C. 9d
    D. 12d            E. 25d

29. 蜜蜂白垩病的病原是(    )。
    A. 真菌           B. 病毒           C. 支原体
    D. 衣原体         E. 螺旋体

30. 成年绵羊感染弓形虫后的主要临床表现是(    )。
    A. 贫血           B. 流产           C. 便秘
    D. 腹泻           E. 肌肉强直

(31~33题共用备选答案)
    A. 产蛋下降综合征病毒  B. 禽正呼肠孤病毒    C. 传染性法氏囊病毒
    D. 禽流感病毒          E. 传染性支气管炎病毒

31. 蛋鸡群产蛋量突然下降，畸形蛋、软壳蛋增多，无其他临床症状，从泄殖腔采样接种鸡胚，分离到的病毒具有凝血性，对脂溶剂不敏感，该病最可能是(    )。

32. 蛋鸡产蛋量大幅度下降、鸡冠发绀、口流黏液、排黄绿色稀便，取病料接种鸡胚，收获的尿囊液具有凝血活性，该病最可能是(    )。

33. 蛋鸡群产蛋量下降，病鸡气喘、微咳，剖检见输卵管发育受阻，取病料接种鸡胚，胚体蜷缩矮小，尿囊液无血凝性，该病最可能是(    )。

(34~35题共用备选答案)
    A. 肠黏膜急性卡他炎，十二指肠最严重
    B. 胃壁及肠黏膜水肿
    C. 皮炎            D. 胃黏膜脱落，小肠前段充血、出血
    E. 支气管炎

34. 3日龄仔猪群相继发病，排黄色稀粪，内含凝乳小片，取肠内容物用麦康凯培养基做细菌分离，长出红色菌落，该病常见的病理变化是(    )。

35. 断奶仔猪突然发病，头部明显水肿，阵发性抽搐，卧倒，四肢呈划水状，很快死亡，取肠系膜淋巴结接种麦康凯培养基，长出红色菌落，该病最常见的病理变化是(    )。

36. 2周龄羔羊体温高达41.5℃，浅表呼吸，下痢，粪便由黄变灰带气泡和血液，取肠内容物接种麦康凯培养基，长出红色菌落，该病常见的病理变化(    )。

37. 适用于鸡舍带鸡喷雾消毒的过氧乙酸浓度是(    )。
    A. 0.3%           B. 3%             C. 5%
    D. 10%            E. 20%

38. 在牛乳培养基中生长出现"汹涌发酵"现象的细菌是(    )。
    A. 产气荚膜梭菌    B. 大肠杆菌        C. 沙门菌

D. 巴氏杆菌      E. 链球菌

39. 牛传染性胸膜肺炎的病原是( )。

    A. 李氏杆菌      B. 牛分枝杆菌      C. 布鲁菌

    D. 巴氏杆菌      E. 丝状支原体

40. 属于慢发病毒感染类型的病原是( )。

    A. 轮状病毒      B. 细小病毒      C. 朊病毒

    D. 冠状病毒      E. 痘病毒

41. PCR 检测病毒，检测的靶标是( )。

    A. 蛋白质      B. 核酸      C. 磷脂

    D. 胆固醇      E. 糖

42. 目前鸭瘟病毒的血清型有( )。

    A. 5 个      B. 4 个      C. 3 个

    D. 2 个      E. 1 个

43. 小鹅瘟的病原分类上属于( )。

    A. 腺病毒科      B. 细小病毒科      C. 圆环病毒科

    D. 呼肠孤病毒科      E. 黄病毒科

44. 复制周期中具有反转录过程的病毒是( )。

    A. 蓝舌病毒      B. 马传染性贫血病毒      C. 口蹄疫病毒

    D. 伪狂犬病病毒      E. 小反刍兽疫病毒

45. 不属于动物传染病现场诊断的是( )。

    A. 调查发病情况      B. 调查患病动物来源      C. 观察临床症状

    D. 病理剖检      E. 病理组织学检查

46. 常用于实验室分离高致病性禽流感病毒的是( )。

    A. 鸡胚      B. 小鼠      C. 大鼠

    D. 豚鼠      E. 乳兔

47. 病原能形成芽孢的疫病是( )。

    A. 猪水肿病      B. 仔猪副伤寒      C. 猪肺疫

    D. 猪炭疽      E. 猪丹毒

48. 布鲁菌病隐性感染牛群的主要检疫方法是( )。

    A. 细菌分离鉴定      B. 血清凝集试验      C. 变态反应

    D. PCR 技术      E. 核酸杂交

49. 慢性马鼻疽的主要诊断方法是( )。

    A. 流行病学调查      B. 病理学诊断      C. 细菌学检查

    D. 血清学方法      E. 变态反应

50. 与猪流行性腹泻在流行特点、临床症状和病理变化方面相似的疾病是( )。

    A. 猪瘟      B. 仔猪白痢      C. 猪沙门菌病

    D. 猪圆环病毒病      E. 猪传染性胃肠炎

## 高频题参考答案

| 题号 | 1 | 2 | 3 | 4 | 5 | 6 | 7 | 8 | 9 | 10 | 11 | 12 | 13 | 14 | 15 | 16 | 17 | 18 | 19 | 20 |
|---|---|---|---|---|---|---|---|---|---|---|---|---|---|---|---|---|---|---|---|---|
| 答案 | C | B | C | C | B | B | E | B | A | D | A | D | E | C | B | C | C | B | B | A |
| 题号 | 21 | 22 | 23 | 24 | 25 | 26 | 27 | 28 | 29 | 30 | 31 | 32 | 33 | 34 | 35 | 36 | 37 | 38 | 39 | 40 |
| 答案 | C | A | E | B | E | D | A | D | A | B | A | D | E | A | B | D | A | A | E | C |
| 题号 | 41 | 42 | 43 | 44 | 45 | 46 | 47 | 48 | 49 | 50 | | | | | | | | | | |
| 答案 | B | E | B | B | E | A | D | B | E | E | | | | | | | | | | |

## 模拟题练习

1. 诊断牛结核病用牛型提纯结核菌素，即将菌素稀释后经皮内注射 0.1mL 72h 判定反应。局部有明显的炎性反应，皮厚差不小于（　　）者即判为阳性牛。

    A. 6mm             B. 6cm             C. 4mm

    D. 4cm             E. 5mm

2. 下列沙门菌中，不能引起禽副伤寒的沙门菌有（　　）。

    A. 鼠伤寒沙门菌         B. 肠炎沙门菌         C. 鸭沙门菌

    D. 鸡白痢沙门菌         E. 肠炎沙门菌

3. 散发性传染病，常见于（　　）。

    A. 经空气传播的传染病     B. 经饲料传播的传染病     C. 经胎盘传播的传染病

    D. 经伤口传播的传染病     E. 经饮水传播的传染病

4. 仔猪梭菌性肠炎主要侵害（　　）猪。

    A. 1～2 周龄         B. 30～60 日龄        C. 1～3 日龄

    D. 4～12 月龄       E. 3 月龄以上

5. 羊猝疽的病原是（　　）。

    A. B 型产气荚膜梭菌     B. C 型产气荚膜梭菌     C. D 型产气荚膜梭菌

    D. E 型产气荚膜梭菌     E. A 型产气荚膜梭菌

6. 下列哪种传染病是由土壤源性微生物引起的（　　）。

    A. 破伤风           B. 大肠杆菌病        C. 沙门菌病

    D. 链球菌病         E. 以上都不是

7. 布鲁菌病主要的传播途径是（　　）。

    A. 垂直传播         B. 消化道         C. 生殖道

    D. 节肢动物媒介        E. 以上都不是

8. 鸭瘟的主要剖检病变是（　　）。

    A. 渗出性肠炎        B. 脑脊髓炎        C. 消化道出血和溃疡

    D. 肝炎和肝出血       E. 以上都不对

9. 鸡传染性支气管炎病毒在分类上属于（　　）。

A. 冠状病毒科　　　　　B. 小核糖核酸病毒科　　　C. 疱疹病毒科

D. 动脉管炎病毒科　　　E. 流感病毒科

10. 可引起严重免疫抑制的禽病有（　　　）。

A. 禽大肠杆菌病　　　　B. 传染性法氏囊病　　　　C. 鸡毒支原体感染

D. 产蛋下降综合征　　　E. 仔猪黄痢

11. 隔离是防制传染病的重要措施之一，根据诊断检疫的结果，将全部受检家畜分为不同的类型，以分别对待，以分类正确的是（　　　）。

A. 病畜和健康家畜　　　B. 病畜、可疑感染家畜和健康家畜

C. 病畜和可疑感染家畜

D. 病畜、可疑感染家畜和假定健康家畜

E. 以上都不对

12. 仔猪黄痢主要发生的年龄阶段是（　　　）。

A.1 周龄以内　　　　　B.2～3 周龄　　　　　　C. 断奶前后

D. 哺乳期母猪　　　　　E. 各个阶段都会发生

13. 鸡白痢最常用的检疫方法是（　　　）。

A. 细菌分离鉴定　　　　B. 变态反应　　　　　　C. 分子生物学方法

D. 玻板凝集试验　　　　E. 荧光抗体检查

14. 奶牛场常用的布鲁菌病检疫方法是（　　　）。

A. 变态反应　　　　　　B. 试管凝集试验　　　　C. 细菌培养

D. 荧光抗体检查　　　　E. ELISA

15. 炭疽杆菌在被其致死的动物血液涂片或组织触片中的基本形态是（　　　）。

A. 两端平直的大杆菌，中央有芽孢，无荚膜，单个、成双或由 3～5 个细菌组成的短链状

B. 两端平直，无芽孢，有荚膜，由多个细菌组成的长链状

C. 两端平直，无芽孢，有荚膜，单个或成双或由 2～3 个细菌组成的短链状

D. 菌体一端有芽孢，无荚膜，似鼓槌状

E. 两端平直的大杆菌，无芽孢，无荚膜，单个、成双或由 3～5 个细菌组成的短链状

16. 属于高致病性禽流感病毒亚型是（　　　）。

A. H5 和 H7 亚型　　　　B. H9 和 H5 亚型　　　　C. H7 和 H9 亚型

D. H1 和 H3 亚型　　　　E. H1 和 H5 亚型

17. 仔猪副伤寒常发生于（　　　）年龄阶段的猪。

A.2～4 月龄　　　　　　B.1 周龄以内　　　　　　C.1 月龄以内

D.6 月龄以上　　　　　E.8 月龄以上

18. 猪接触传染性胸膜肺炎的病原是一种（　　　）。

A. 支原体　　　　　　　B. 放线杆菌　　　　　　C. 螺旋体

D. 衣原体　　　　　　　E. 真菌

19. 猪水肿病的主要病变为（　　　）。

A. 胃壁和某些其他部位发生水肿

B. 尸体外表苍白、消瘦，肠黏膜有卡他性炎症

C. 尸体严重脱水，皮下常有水肿，肠道膨胀，有多量黄色液状内容物和气体

D. 小肠后段弥漫性出血或坏死性炎症

E. 心肌出血

20. 猪传染性萎缩性鼻炎的临床表现为(　　)。

A. 打喷嚏、鼻塞、颜面部变形或歪斜，病猪生长缓慢

B. 咳嗽、气喘

C. 呼吸急促，腹式呼吸，夹杂阵发性痉挛咳嗽

D. 病猪呼吸极度困难，常作犬坐姿势，伸长头颈呼吸

E. 腹泻

21. 流行性乙型脑炎是一种以蚊子为传播媒介的人畜共患病，在家畜家禽中最重要的增殖宿主和传染源是(　　)。

A. 马　　　　　　　　B. 猪　　　　　　　　C. 鸡

D. 牛、羊　　　　　　E. 鸭子

22. 鸭病毒性肝炎是雏鸭的一种传播迅速和高度致死性的传染病，常见的症状为(　　)。

A. 口腔流涎、呼吸困难、摇头

B. 精神委顿、消瘦和腹泻，数小时后发生死亡

C. 运动失调，身体倒向一侧，两腿痉挛作划水状，表现出神经症状

D. 呼吸困难，鼻腔流出大量浆液性鼻液

E. 以上都不对

23. 破伤风的主要传播途径是(　　)。

A. 消化道　　　　　　B. 呼吸道　　　　　　C. 皮肤、黏膜伤口

D. 生殖道　　　　　　E. 以上都不对

24. 下列传染病中潜伏期最长的是(　　)。

A. 狂犬病　　　　　　B. 伪狂犬病　　　　　C. 猪瘟

D. 钩端螺旋体病　　　E. 马立克病

25. 属于慢病毒感染的是(　　)。

A. 流行性乙型脑炎　　B. 狂犬病　　　　　　C. 绵羊痒病

D. 伪狂犬病　　　　　E. 大肠杆菌病

26. 不能冻结保存的是(　　)。

A. 猪瘟兔化弱毒细胞苗　B. 仔猪副伤寒弱毒冻干苗　C. 鸡新城疫Ⅰ系苗

D. 兔瘟组织灭活苗　　　E. 以上都不能

27. 不适口服的是(　　)。

A. 新城疫Ⅰ系苗　　　　B. 鸡新城疫 Lasota 苗　　C. 鸡传染性法氏囊弱毒苗

D. 传染性支气管炎 H52 苗　　　　　　　　　　E. 以上都不对

28. 下列消毒药物适用于炭疽芽孢消毒的是(　　)。

A. 2%～4%的氢氧化钠　B. 3%的来苏儿　　　C. 20%的漂白粉、10%NaOH

D. 10%～20%的石灰乳　E. 以上都不对

29. 下列制剂可中和破伤风梭菌产生的毒素的是（    ）。
    A. 破伤风类毒素　　　B. 破伤风抗毒素　　　C. 抗生素
    D. 干扰素　　　　　　E. 抗病毒药物

30. 炭疽杆菌对哪种动物最易感（    ）。
    A. 牛　　　　　　　　B. 猪　　　　　　　　C. 犬
    D. 鸡　　　　　　　　E. 猫

31. 禽霍乱在剖解上的特征是（    ）。
    A. 肝表面有针尖大小的白色小点　　　　　　B. 肠黏膜出血
    C. 脾肿大　　　　　　D. 肺出血　　　　　　E. 淋巴结出血肿大

32. 钩端螺旋体感染动物后，主要通过（    ）排出体外。
    A. 呼出的气体　　　　B. 口腔的分泌物　　　C. 尿液
    D. 粪便　　　　　　　E. 汗液

33. 口蹄疫病毒常出现新的亚型的原因是（    ）。
    A. 形态不稳定　　　　B. 抗原不稳定、常出现漂移
    C. 毒力不稳定　　　　D. 自然界的影响　　　E. 以上都不对

34. 狂犬病毒感染动物通过（    ）排出体外
    A. 唾液　　　　　　　B. 尿液　　　　　　　C. 鼻液
    D. 生殖道分泌物　　　E. 汗液

35. 下列传染病能在皮肤上形成红斑和疹块的是（    ）。
    A. 猪肺疫　　　　　　B. 仔猪副伤寒　　　　C. 猪丹毒
    D. 猪瘟　　　　　　　E. 猪轮状病毒病

36. 患小鹅瘟死亡的小鹅其剖解特征是（    ）。
    A. 肝出血　　　　　　B. 小肠出现香肠样栓子　C. 肺出血
    D. 鼻腔出血　　　　　E. 以上都不对

37. 我国农村流行的新城疫属于（    ）。
    A. 速发性嗜内脏型　　B. 速发性嗜肺脑炎型　　C. 中发型
    D. 缓发型　　　　　　E. 以上都不对

38. 牛病毒性腹泻黏膜病主要发生于（    ）。
    A. 黄牛　　　　　　　B. 水牛　　　　　　　C. 奶牛
    D. 犊牛　　　　　　　E. 以上都不对

39. 患炭疽死亡的尸体特征性剖解是（    ）
    A. 肝出血　　　　　　B. 脾出血　　　　　　C. 肠系膜水肿
    D. 脾肿大呈淤泥状　　E. 以上都不对

40. 除猪以外的家畜感染出现奇痒症状的是（    ）。
    A. 狂犬病　　　　　　B. 乙型脑炎　　　　　C. 伪狂犬病
    D. 李氏杆菌病　　　　E. 细小病毒

41. 下列传染病在心内膜形成菜花样增生物的是（    ）。
    A. 猪丹毒　　　　　　B. 猪肺疫　　　　　　C. 猪瘟
    D. 仔猪副伤寒　　　　E. 猪细小病毒病

42. 猪喘气病对下列药物最敏感的是(　　)。
    A. 四环素　　　　　　B. 泰乐菌素　　　　　C. 万古霉素
    D. 青霉素　　　　　　E. 红霉素

43. 下列传染病能在回盲瓣处形成纽扣状溃疡的是(　　)。
    A. 非洲猪瘟　　　　　B. 猪肺疫　　　　　　C. 猪丹毒
    D. 猪瘟　　　　　　　E. 猪流感

44. 下列属于开放性结核的是 (　　)。
    A. 淋巴结核　　　　　B. 肺结核　　　　　　C. 肝结核
    D. 腹膜结核　　　　　E. 神经结核

45. 鸡马立克病主要发生于(　　)。
    A. 各种日龄的鸡　　　B. 90日龄以上的鸡　　C. 90日龄以下的鸡
    D. 200日龄以上的产蛋鸡　　　　　　　　　　E. 以上都不对

46. 下列传染病主要通过蚊子等传播的是(　　)。
    A. 细小病毒病　　　　B. 狂犬病　　　　　　C. 乙型脑炎
    D. 伪狂犬病　　　　　E. 流感病毒

47. 在兔瘟疫区不发生兔瘟的是(　　)。
    A. 哺乳仔兔　　　　　B. 断乳后的兔　　　　C. 月龄以上的成年兔
    D. 种兔　　　　　　　E. 以上都不对

48. 猫瘟热的病原是(　　)。
    A. 麻疹病毒　　　　　B. 轮状病毒　　　　　C. 疱疹病毒
    D. 细小病毒　　　　　E. 流感病毒

49. 下列属于传染源(　　)。
    A. 病畜　　　　　　　B. 污染有细菌、病毒的圈舍
    C. 用具　　　　　　　D. 饲养员　　　　　　E. 运输车辆

50. 鸡新城疫1系苗初次免疫时(　　)。
    A. 大、小鸡都可接种　　B. 只能接种1个月以上的鸡
    C. 只能接种2个月以上的鸡
    D. 只能接种成年鸡　　　E. 以上都不对

51. 下列疾病为直接接触性传染病的是(　　)。
    A. 伪狂犬病　　　　　B. 狂犬病　　　　　　C. 猪瘟
    D. 猪丹毒　　　　　　E. 非洲猪瘟

52. 下列疾病俗称大头瘟的是(　　)。
    A. 鸡新城疫　　　　　B. 鸭瘟　　　　　　　C. 鸭病毒性肝炎
    D. 鸭传染性浆膜炎　　E. 鸡马立克病

53. 鸭病毒性肝炎的主要剖解特征是(　　)。
    A. 肝充血、出血　　　B. 肝坏死　　　　　　C. 纤维素性肝炎
    D. 肝白色坏死灶　　　E. 肝萎缩

54. 禽大肠杆菌病在传播途径上主要是(　　)传播。
    A. 消化道　　　　　　B. 呼吸道　　　　　　C. 皮肤、黏膜

D. 垂直　　　　　　　　E. 以上都不对

55. 下列传染病能在大肠黏膜形成糠麸样溃疡的是（　　）。
   A. 猪丹毒　　　　　　B. 猪肺疫　　　　　　C. 猪瘟
   D. 猪副伤寒　　　　　E. 猪痢疾

56. 下列病原菌具有抗酸染色特征的是（　　）。
   A. 猪丹毒杆菌　　　　B. 结核杆菌　　　　　C. 大肠杆菌
   D. 李氏杆菌　　　　　E. 葡萄球菌

57. 口蹄疫病毒对下列物质敏感的是（　　）。
   A. 弱碱性物质　　　　B. 酸性物质　　　　　C. 酒精
   D. 氯仿　　　　　　　E. 水

58. 下列传染病在剖解上主要表现纤维素性胸膜肺炎的是（　　）
   A. 猪肺疫　　　　　　B. 猪传染性胸膜肺炎　C. 猪瘟
   D. 猪丹毒　　　　　　E. 猪副伤寒

59. 猪瘟病毒与下列病毒具有部分交叉免疫原性的是（　　）
   A. 细小病毒　　　　　B. 狂犬病毒　　　　　C. 牛病毒性腹泻-黏膜病病毒
   D. 伪狂犬病病毒　　　E. 非洲猪瘟

60. 下列制剂对病毒有抑制作用的是（　　）。
   A. 破伤风类毒素　　　B. 破伤风抗毒素　　　C. 抗生素
   D. 干扰素　　　　　　E. 以上都不对

61. 仔猪副伤寒的特征是（　　）。
   A. 小肠黏膜水肿　　　B. 大肠黏膜有糠麸样溃疡　C. 小肠黏膜充血、出血
   D. 肺充血、出血、水肿　E. 肝硬变

62. 口蹄疫病毒的贮存畜主是（　　）。
   A. 牛　　　　　　　　B. 鸡　　　　　　　　C. 猪
   D. 骆驼　　　　　　　E. 羊

63. 神经型的鸡马立克病其剖解特征是（　　）。
   A. 消化道出血　　　　B. 肺出血　　　　　　C. 内脏器官的肿瘤结节
   D. 外周神经水肿、横纹消失　　　　　　　　E. 皮肤肿瘤

64. 犬瘟热在临床上的主要特征是（　　）。
   A. 双相热、神经症状　B. 奇痒　　　　　　　C. 下痢
   D. 呼吸困难　　　　　E. 贫血

65. 鸡新城疫的特征性剖解是（　　）。
   A. 腺胃乳头出血　　　B. 肺出血　　　　　　C. 法氏囊充血、出血、坏死
   D. 脾出血　　　　　　E. 腺胃肌胃交界处出血

66. 禽大肠杆菌病在剖解上的特征是（　　）。
   A. 纤维素性心包炎、肝周炎　　　　　　　　B. 肠黏膜出血
   C. 脾肿大　　　　　　D. 肺出血　　　　　　E. 出血性败血症

67. 奶牛对下列布鲁菌最易感的是（　　）。
   A. 牛种布鲁菌　　　　B. 猪种布鲁菌　　　　C. 绵羊种布鲁菌

D. 羊种布鲁菌　　　　　E. 以上都不对

68. 猪传染性胸膜肺炎对下列药物最有效的是（　　）。
　　A. 四环素　　　　　B. 卡那霉素　　　　C. 庆大霉素
　　D. 头孢类　　　　　E. 青霉素

69. 猪链球菌病主要发生于（　　）。
　　A. 冬季　　　　　B. 春季　　　　C. 夏秋季节
　　D. 一年四季　　　　　E. 春、冬季

70. 猪链球菌病用（　　）疗效好。
　　A. 金刚烷胺　　　　　B. 链霉素　　　　C. 卡那霉素
　　D. 壮观霉素　　　　　E. 青霉素

71. 急性猪链球菌病在临床和剖解上主要表现为（　　）。
　　A. 关节炎　　　　　B. 病程长　　　　C. 败血症及纤维性渗出
　　D. 神经症状　　　　　E. 消化道症状

72. 猪痢疾在临床上的特征是（　　）。
　　A. 拉黄色稀粪　　　　　B. 白色稀粪　　　　C. 腹泻带有血液、胶胨样
　　D. 腹泻呈水样　　　　　E. 拉绿色粪便

73. 猪喘气病的剖解特征是（　　）。
　　A. 全身败血症　　　　　B. 肺气肿　　　　C. 肺充血出血
　　D. 肺有对称性的虾肉样病变　　　　　E. 肠道出血

74. 鸭瘟病毒除感染鸭外还引起（　　）发病。
　　A. 鹅　　　　　B. 鸡　　　　C. 猪
　　D. 野鸡　　　　　E. 牛

75. 引起兔呼吸系统疾病，肝坏死，实质器官水肿、淤血以及出血变化为特征的是（　　）。
　　A. 兔瘟　　　　　B. 兔黏液瘤病　　　　C. 兔肠炎
　　D. 兔肝炎　　　　　E. 兔胃炎

76. 病兔全身皮肤，尤其是面部和天然孔周围发生黏瘤样肿胀为特征的是（　　）。
　　A. 兔瘟　　　　　B. 兔黏液瘤病　　　　C. 兔肠炎
　　D. 兔肝炎　　　　　E. 兔胃炎

77. 特征为终身性持续性病毒血症、淋巴细胞增生、两种球蛋白异常增加、肾小球肾炎、血管炎和肝炎的疾病是（　　）。
　　A. 貂病毒性肠炎　　　　　B. 水貂阿留申病　　　　C. 水貂肝炎
　　D. 水貂肾炎　　　　　E. 水貂肠炎

78. 病蚕不活动，呆伏于蚕座四周或残桑中，群体发育大小相差悬殊，大蚕消化道空虚，外观胸部半透明，肠壁出现无数乳白色的是（　　）。
　　A. 家蚕核型多角体病　　B. 家蚕质型多角体病　　C. 白僵病
　　D. 欧洲幼虫腐臭病　　　　E. 蜜蜂白垩病

（79～81题共用选项）
　　A. 蜜蜂孢子虫病　　　　　B. 美洲幼虫腐臭病　　　　C. 蜜蜂白垩病

D. 欧洲幼虫腐臭病　　　E. 蜜蜂马氏管变形虫病

79. 病蜂外观无明显症状，解剖见中肠灰白、环纹消失，失去弹性易破裂，最可能的疾病是（　　）。

80. 病蜂腹部膨胀拉长，飞行不便，腹部末端黑色，下痢，最可能的疾病是（　　）。

81. 主要发生于2～4日龄蜜蜂小幼虫的细菌性疾病，巢脾上有花子现象，最可能的疾病是（　　）。

82. 病原体侵入人体后能否引起疾病，主要取决于（　　）。
    A. 机体的保护性免疫　　　B. 病原体的侵入途径与特异性定位
    C. 病原体的毒力与数量　D. 机体的天然屏障作用
    E. 病原体的致病力与机体的免疫机能

83. 病原体侵入人体后，寄生在机体的某些部位，机体免疫功能使病原体局部化，但不能将病原体完全去除，待机体免疫功能下降时，才引起疾病。此种表现是（　　）。
    A. 时机性感染　　　　B. 潜伏性感染　　　　C. 隐性感染
    D. 显性感染　　　　　E. 病原携带状态

84. 流行过程的根本条件是（　　）。
    A. 患者病原携带者、受感染的动物
    B. 周围性、地区性、季节性
    C. 散发、流行、暴发流行
    D. 传染源、传播途径、易感动物
    E. 自然因素、社会因素

85. 关于潜伏期的概念，以下错误的是（　　）。
    A. 潜伏期长短一般与病原体感染量呈成反比
    B. 有些传染病在潜伏期内具有传染性
    C. 潜伏期是确定传染病的检疫期的重要依据
    D. 多数传染病的潜伏期比较恒定
    E. 传染病的隔离期是依据该病的潜伏期来确定。

86. 提高动物免疫力起关键作用的是（　　）。
    A. 改善营养　　　　B. 锻炼体质　　　　C. 预防接种
    D. 防止感染　　　　E. 预防服药

87. 疯牛病的病原是（　　）。
    A. 牛传染性鼻气管炎病毒　　　　　　B. 牛暂时热病毒
    C. 小反刍兽疫病毒　　D. 朊病毒　　　E. 伪狂犬病毒

88. 动物传染病的特征不包括（　　）。
    A. 由特定的病原微生物引起　　　　　B. 具有传染性
    C. 流行性　　　　D. 世代交替　　　E. 具有一定的流行规律

89. 感染犬细小病毒的犬，出现症状后粪便排毒量最高的是第（　　）天。
    A. 17　　　　　　　B. 27　　　　　　　C. 37
    D. 47　　　　　　　E. 57

90. 病犬突然呕吐，继而腹泻，粪便黄色，随后排番茄汁样粪便，有难闻的恶臭味，白细胞减少，转氨酶升高，最可能的疾病是(　　)。

    A. 狂犬病          B. 犬瘟热病毒        C. 犬流感

    D. 犬细小病毒      E. 传染性肝炎

91. 引起犬传染性肝炎的病原是(　　)。

    A. 腺病毒          B. 疱疹病毒        C. 冠状病毒

    D. 流感病毒      E. 黄病毒

92. 病犬病理特征为血液循环障碍，肝小叶中心坏死以及肝实质和内皮细胞核内包涵体的疾病是(　　)。

    A. 狂犬病          B. 犬瘟热病毒        C. 犬流感

    D. 犬细小病毒      E. 犬传染性肝炎

(93～100 题共用备选答案)

    A. 狂犬病          B. 犬瘟热病毒        C. 犬流感

    D. 犬细小病毒      E. 犬传染性肝炎

93. 内皮细胞出现核内包涵体的疾病是(　　)。

94. 胞质内包涵体的疾病是(　　)。

95. 心肌细胞出现胞核包涵体的疾病是(　　)。

96. 患犬出现"马鞍形"热性的疾病是(　　)。

97. 有硬脚垫之称的是(　　)。

98. 鼻镜出现龟裂的是(　　)。

99. 患犬康复期出现角膜白色或蓝白色病灶的是(　　)。

100. 又称病毒性肠炎的是(　　)。

101. 传染性肝炎的治疗，在发病早期就注射(　　)。

    A. 磺胺          B. 青霉素        C. 干扰素

    D. 犬传染性肝炎高免血清

    E. KCl

102. 猫泛白细胞减少症热性是(　　)。

    A. 稽留热          B. 双相热        C. 弛张热

    D. 回归热        E. 波状热

103. 兔病毒性出血病俗称(　　)。

    A. 兔瘟          B. 兔黏液瘤病       C. 兔肠炎

    D. 兔肝炎        E. 兔胃炎

104. 引起兔黏液瘤病的是(　　)。

    A. 细菌          B. 病毒        C. 寄生虫

    D. 营养        E. 中毒

105. 兔黏液瘤病，每年8—10月，在蚊子大量滋生的季节是发病高峰状态，冬季的主要传播媒介是(　　)。

    A. 蚊子          B. 蜱        C. 蠓虫

    D. 蚤类       E. 蝇

106. 兔黏液瘤病的疫区主要依靠(　　)。

A. 预防接种　　　　B. 紧急接种　　　　C. 扑杀

D. 销毁　　　　　　E. 治疗

107. 确诊水貂阿留申病的病料是（　　）。

A. 肾　　　　　　　B. 脾　　　　　　　C. 肝

D. 血液　　　　　　E. 粪便

108. 水貂阿留申病的临床特征不包括（　　）。

A. 淋巴细胞增生　　B. 丙种球蛋白异常增多　C. 肾小球肾炎

D. 血管　　　　　　E. 出血性坏死性肠炎

109. 显微镜对病蚕的血液进行检查，有圆筒形或长卵圆形芽生孢子为（　　）。

A. 家蚕核型多角体病　B. 家蚕质型多角体病　C. 白僵病

D. 欧洲幼虫腐臭病　　E. 蜜蜂白垩病

110. 当发生美洲幼虫腐臭病，为了防止复发，必不可少的是（　　）。

A. 抗生素治疗　　　B. 换箱　　　　　　C. 消毒

D. 清洗　　　　　　E. 预防

## 模拟题参考答案

| 题号 | 1 | 2 | 3 | 4 | 5 | 6 | 7 | 8 | 9 | 10 | 11 | 12 | 13 | 14 | 15 | 16 | 17 | 18 | 19 | 20 |
|---|---|---|---|---|---|---|---|---|---|---|---|---|---|---|---|---|---|---|---|---|
| 答案 | C | D | D | C | B | A | B | C | A | B | D | A | D | A | A | A | A | B | A | A |
| 题号 | 21 | 22 | 23 | 24 | 25 | 26 | 27 | 28 | 29 | 30 | 31 | 32 | 33 | 34 | 35 | 36 | 37 | 38 | 39 | 40 |
| 答案 | A | C | C | A | C | D | A | D | B | A | A | C | B | A | C | C | A | D | D | C |
| 题号 | 41 | 42 | 43 | 44 | 45 | 46 | 47 | 48 | 49 | 50 | 51 | 52 | 53 | 54 | 55 | 56 | 57 | 58 | 59 | 60 |
| 答案 | A | B | D | B | A | C | A | D | A | C | B | B | A | A | D | B | B | B | C | D |
| 题号 | 61 | 62 | 63 | 64 | 65 | 66 | 67 | 68 | 69 | 70 | 71 | 72 | 73 | 74 | 75 | 76 | 77 | 78 | 79 | 80 |
| 答案 | B | B | D | A | A | A | A | C | C | E | A | C | D | A | A | B | B | B | A | E |
| 题号 | 81 | 82 | 83 | 84 | 85 | 86 | 87 | 88 | 89 | 90 | 91 | 92 | 93 | 94 | 95 | 96 | 97 | 98 | 99 | 100 |
| 答案 | B | E | B | D | E | C | D | D | D | D | A | E | E | B | D | E | B | B | E | D |
| 题号 | 101 | 102 | 103 | 104 | 105 | 106 | 107 | 108 | 109 | 110 | | | | | | | | | | |
| 答案 | D | B | A | A | B | D | A | A | E | C | B | | | | | | | | | |

# 第三篇

## 动物寄生虫病

■ **备考指南**

### 学科特点

　　动物寄生虫病是一门重要的专业课，其课程内容量大，知识点散而细，容易混淆。但该门课程知识点易理解，考试分数占比高，理解记忆后，是一门易拿分的科目。

### 学习方法

　　1. 将容易混淆的知识点进行类比，着重记忆各知识点的不同之处。
　　2. 结合考试真题，理解、归纳、完善和总结常考的知识点，养成适合自己的知识记忆体系和应试方法技巧。

### 历年分值分布

| 年份 | 单元 | | | | | | |
|------|------|------|------|--------------|--------------|------|------|
|      | 基础理论 | 吸虫病 | 绦虫病 | 线虫病与<br>棘头虫病 | 蜱螨病与<br>昆虫病 | 原虫病 | 合计 |
| 2018 | 2 | 4 | 3 | 6 | 7 | 14 | 36 |
| 2019 | 2 | 4 | 3 | 4 | 6 | 13 | 32 |
| 2020 | 3 | 5 | 3 | 4 | 6 | 10 | 31 |
| 2021 | 4 | 6 | 3 | 6 | 3 | 7 | 29 |
| 2022 | 1 | 4 | 2 | 3 | 7 | 15 | 32 |
| 合计 | 12 | 23 | 14 | 23 | 29 | 59 | 160 |

# <<<　第一单元　基础理论　>>>

## 一、考试大纲

| 单元 | 细目 | 要点 |
|---|---|---|
| 动物寄生虫学基础理论 | 1. 寄生虫与宿主的类型 | (1) 共生生活<br>(2) 寄生虫<br>(3) 宿主 |
| | 2. 寄生虫病的流行病学与危害性 | (1) 寄生虫病的感染来源与感染途径<br>(2) 寄生虫对宿主的影响<br>(3) 寄生虫病的危害 |
| | 3. 寄生虫病的诊断与防控技术 | (1) 寄生虫病的诊断技术<br>(2) 寄生虫病的防控措施 |

## 二、重要知识点

### （一）寄生虫与宿主的类型

**1. 共生生活**　包括：互利共生，共生两方都有利；偏利共生（共栖），共生双方中的一方有益，另一方不受益也不受害；寄生，共生双方中的一方有益，另一方受害。

**2. 寄生虫**　营寄生生活的动物，包括蠕虫、节肢动物和原虫等。

（1）按寄生部位　分为内寄生虫（寄生在体内的寄生虫，如绦虫）与外寄生虫（寄生在体表，如蜱）。

（2）按发育过程中需要的宿主数量　分为单宿主寄生虫（发育过程仅需一个宿主，如蛔虫）与多宿主寄生虫（需多个宿主，如吸虫）。

（3）按寄生时间　分为永久性寄生虫（终生不能离开宿主，否则无法存活，如旋毛虫）与暂时性寄生虫（采食时与宿主接触，如蚊子）。

（4）按寄生专一性　分为专一宿主寄生虫（只寄生于一种宿主，如鸡球虫）与非专一宿主寄生虫（寄生于多种宿主，如弓形虫）。

（5）按对宿主的依赖性　分为专性寄生虫（完全依赖于寄生生活，如绦虫、吸虫和大多数线虫）与兼性寄生虫（即可寄生也可不寄生，如类圆线虫）。

**3. 宿主**　被寄生虫寄生的动物，可分为以下几类：

（1）终末宿主　寄生虫成虫或有性生殖阶段寄生的宿主。

（2）中间宿主　寄生虫幼虫或无性生殖阶段寄生的宿主。

（3）补充宿主（第二中间宿主）　寄生虫在发育过程中需两个中间宿主，第二个中间宿主就是补充宿主。

（4）贮藏宿主（转运宿主）　虫体不发育繁殖，但可保持生命力和感染力。

（5）带虫宿主　无症状的带虫者，对同种寄生虫再感染有一定免疫力。

（6）传播媒介　多为吸血的节肢动物，如蚊、蜱虫等。

（7）保虫宿主　某些经常寄生于某种宿主的寄生虫，有时也寄生于其他一些宿主，但不普遍且无明显危害，多为野生动物。

## （二）寄生虫病的流行病学与危害性

**1. 寄生虫病的感染来源与感染途径**

（1）感染来源　宿主或者宿主排泄物污染的饮水或饲料等。

（2）感染途径

①经口感染：寄生虫随采食、饮水经口腔进入宿主体内的感染方式，绝大多数内寄生虫采取此种感染方式。

②经皮肤感染：寄生虫经宿主皮肤进入体内，如血吸虫、钩虫。

③接触感染：直接接触（健畜和病畜之间接触）或间接接触（污染的用具与健康动物接触）。外寄生虫常采用此途径，如螨、虱、蚤。

④经媒介物感染：大多数吸血的节肢动物可作为传播媒介，如蜱螨，当这些节肢动物叮咬吸血时，寄生虫会随之进入宿主体内。如硬蜱吸血可传播巴贝斯虫。

⑤经胎盘感染：通过胎盘由母体传给胎儿，如弓形虫。

⑥交配感染：寄生于生殖道的寄生虫（如牛胎儿毛滴虫和马媾疫锥虫）可通过交配造成动物感染。

⑦自身感染：不排出体外即可使原宿主再感染，如猪带绦虫患者呕吐可造成自身感染。

**2. 寄生虫对宿主的影响**（致病机理）

（1）夺取宿主营养　患病动物多表现消瘦、贫血、营养不良，如蛔虫。

（2）机械性损伤　蠕虫附着可造成附着部位损伤（如吸虫），幼虫移行可在宿主的各脏器组织形成"虫道"（如蛔虫）或在宿主脏器内形成包囊，刺激压迫被寄生的脏器（如棘球蚴），也可肠道寄生虫也可阻塞肠道造成肠破裂肠梗阻等。

（3）毒素作用和免疫损伤　寄生虫的分泌物、排泄物和死亡虫体的分解产物可引起宿主中毒和免疫损伤。

（4）继发感染。

**3. 寄生虫病的危害**　造成动物死亡、影响养殖业的经济效益、感染并危害人类健康、传播疾病等。

## （三）寄生虫病的诊断与防控技术

**1. 寄生虫病的诊断技术**　主要包括病原学诊断、免疫学诊断和分子生物学诊断。其中病原体检查是寄生虫病最可靠的诊断方法。

（1）消化道与呼吸道寄生虫病的病原体诊断　寄生于消化道与呼吸道的绝大多数寄生虫，如寄生在消化道的原虫卵囊、蠕虫虫卵、绦虫孕节等均可随粪便排出体外，因此可以通过检测粪便来诊断病原体。粪便检查法包括：

①肉眼观察：适用于观察粪便中的绦虫孕节。

②直接涂片法：适用于蠕虫卵和球虫卵囊。

③漂浮法：适用于比重小的某些线虫、绦虫虫卵或球虫卵囊。常用的漂浮液有饱和食盐水、饱和蔗糖、硫代硫酸钠和硫酸镁等。

④沉淀法：适用于体积较大的吸虫和棘头虫虫卵。包括自然沉淀法和离心沉淀法，离心沉淀法检出率更高。

⑤毛蚴孵化法：适用于日本血吸虫、东毕吸虫。

⑥幼虫培养法：适用于肺线虫，因为肺线虫虫卵相似，不易鉴别。而幼虫形态差异大，故可通过将虫卵培养至幼虫来诊断病原体，如网尾线虫。

**口诀：*线绦球比重小，检测常用漂浮法；吸棘头比重大，此类要用沉淀法；网尾幼虫用贝尔，分体吸虫要孵化。***

（2）血液与组织内寄生虫病的病原体诊断

①血液寄生虫：常制成血涂片后染色镜检，如巴贝斯虫、泰勒虫、犬心丝虫幼虫、伊氏锥虫和住白细胞虫等。

②肌肉组织寄生虫：如旋毛虫、肉孢子虫可用肌肉压片检查法检查，肌肉压片法检测旋毛虫时需将横膈肌切成麦粒大小的 24 粒，再压片镜检。

（3）外寄生虫病的诊断

①疥螨、痒螨：在宿主皮肤患部与健康部交界处，用外科刀反复刮取直到微微出血，取刮下的皮屑镜检。

②蠕形螨：寄生在皮脂腺或毛囊内，可取皮肤结节挤压物涂片染色镜检。

（4）生殖道寄生虫病的检查

①马媾疫：可采取公马尿道或母马阴道黏膜刮取物染色镜检。

②牛胎儿毛滴虫：可采集母牛阴道黏液、公牛包皮冲洗液及流产胎儿的羊水、羊膜或其皱胃内容物进行检查。

**2. 寄生虫病的防控措施**

（1）寄生虫病的常规控制措施

①控制和消灭感染源（驱虫）：虫体成熟前驱虫或秋冬季驱虫，驱虫后排出的粪便要用生物热发酵进行无害化处理，驱虫药的选择应遵循高效、低毒、广谱、价廉、使用方便的原则。

②切断传播途径（环境卫生）：控制好传播媒介和宿主，做好环境卫生。

③增强畜禽机体抗病力：科学化养殖，增强畜禽的免疫抵抗力。

（2）药物的选择与应用

①常用抗吸虫药：吡喹酮、阿苯达唑、硫氯酚、硝氯酚、三氯苯达唑、六氯对二甲苯等。

②常用抗绦虫药：阿苯达唑、吡喹酮、氯硝柳胺、氢溴酸槟榔碱、南瓜子等。

③常用的抗线虫药：阿苯达唑、芬苯达唑（苯硫咪唑）、枸橼酸哌嗪、左旋咪唑（左咪唑）、伊维菌素、阿维菌素等。

④常用的抗体外寄生虫药：有机磷类（二嗪农、倍硫磷、马拉硫磷、辛硫磷、蝇毒磷、敌敌畏）、拟菊酯类（氰戊菊酯、溴氰菊酯）和抗生素类（阿维菌素、伊维菌素）等。

⑤常用抗球虫药：地克珠利、氯苯胍、氨丙啉、磺胺类药物、百球清、莫能菌素、盐霉

素、常山酮、拉沙里菌素、马杜拉霉素、硝苯酰胺等。

⑥其他：三氮脒可用于治疗牛泰勒虫病；磺胺类药物可用于治疗弓形虫；巴贝斯虫病的常用特效药是咪唑苯脲、三氮脒、硫酸喹啉脲、吖啶黄；葡萄糖酸锑钠等锑制剂是治疗利什曼原虫病的首选药物；喹嘧胺可用于治疗伊氏锥虫病。

（3）免疫预防　可用低剂量虫体感染（带虫免疫）或使用疫苗及预混剂进行预防。

## 三、真题及解析

1. 蚊子只在采食时才与宿主接触，其属于（　　）。
    A. 内寄生虫　　　　　　B. 单宿主寄生虫　　　　　C. 多宿主寄生虫
    D. 长久性寄生虫　　　　E. 暂时性寄生虫
【解析】E。只在采食时才与宿主接触的寄生虫称为暂时性寄生虫。

2. 寄生虫成虫寄生的动物称为（　　）。
    A. 终末宿主　　　　　　B. 中间宿主　　　　　　　C. 补充宿主
    D. 贮藏宿主　　　　　　E. 保虫宿主
【解析】A。寄生虫成虫或有性生殖阶段寄生的宿主称为终末宿主。

3. 寄生虫的间接发育型是指寄生虫在发育过程中需要（　　）。
    A. 中间宿主　　　　　　B. 贮藏宿主　　　　　　　C. 转运宿主
    D. 保虫宿主　　　　　　E. 带虫宿主
【解析】A。寄生虫的间接发育指的是寄生虫在发育过程中需要中间宿主参与的生活史类型。

4. 关于寄生虫的危害，表述不正确的是（　　）。
    A. 造成动物死亡　　　　B. 提高动物特异性免疫力　C. 感染人、危害人类健康
    D. 影响养殖业的经济效益 E. 传播疾病，危害人类和动物健康
【解析】B。寄生虫的危害主要包括危害动物和人类健康、严重感染时甚至造成动物死亡，影响养殖业的经济效益。

5. 寄生虫的感染来源不包括（　　）。
    A. 患寄生虫病动物　　　B. 带虫动物　　　　　　　C. 动物粪便
    D. 带虫病人　　　　　　E. 带虫者
【解析】C。未感染寄生虫的动物粪便中不含寄生虫，寄生在消化道、呼吸道以外的寄生虫的动物粪便中也不含寄生虫，故不会成为感染来源。

6. 血吸虫的感染途径是（　　）。
    A. 经皮肤感染　　　　　B. 接触感染　　　　　　　C. 吸血昆虫传播
    D. 自身感染　　　　　　E. 机械传播
【解析】A。血吸虫主要以尾蚴的形式经皮肤侵入动物机体。

7. 不属于寄生虫免疫逃避现象的是（　　）。
    A. 组织学隔离　　　　　B. 表面抗原的改变　　　　C. 抑制宿主的免疫应答
    D. 隐性感染　　　　　　E. 代谢抑制
【解析】D。寄生虫免疫逃避机制主要包括组织学隔离、表面抗原的改变、抑制宿主的

免疫应答、可溶性抗原的产生及代谢抑制五个方面，不包括隐性感染。

8. 确诊寄生虫病最可靠的方法是（    ）。
   A. 病变观察　　　　　B. 病原检查　　　　　C. 血清学检验
   D. 临床症状观察　　　E. 流行病学调查

【解析】B。病原体检查是寄生虫病最可靠的诊断方法。

9. 血液涂片染色法不能检查的寄生虫是（    ）。
   A. 环形泰勒虫　　　　B. 犬巴贝斯虫　　　　C. 伊氏锥虫
   D. 犬恶丝虫幼虫　　　E. 犬恶丝虫成虫

【解析】E。血液涂片用于检测血液寄生虫，环形泰勒虫、犬巴贝斯虫、伊氏锥虫、犬恶丝虫幼虫（微丝蚴）均寄生在血液中，可制作血涂片染色镜检。而犬恶丝虫成虫寄生于右心室和肺动脉，不能使用血涂片染色法检查。

10. 饱和盐水漂浮法可检查（    ）。
    A. 早熟艾美耳球虫卵囊　B. 细粒棘球蚴　　　　C. 棘头虫虫卵
    D. 胎生网尾线虫虫卵　　E. 日本血吸虫虫卵

【解析】A。口诀：线绦球比重小、检测常用漂浮法；吸棘头比重大、此类要用沉淀法；网尾幼虫用贝尔，分体吸虫要孵化。早熟艾美耳球虫比重小，可用饱和盐水漂浮法检测。

11. 驱虫药的选择原则不包括（    ）。
    A. 高效　　　　　　　B. 对成虫和幼虫均有效　C. 广谱
    D. 使用方便　　　　　E. 低毒

【解析】B。寄生虫驱虫药的选择原则：高效、低毒、广谱、价格低廉和使用方便，并不要求对成虫和幼虫均有效。

12. EPG 在寄生虫学的含义是（    ）。
    A. 每克粪便虫卵数　　B. 每段时间内粪便虫卵数　C. 每天粪便虫卵数
    D. 每条虫体虫卵数　　E. 每周粪便中虫卵数

【解析】A。EPG 指的是每克粪便所含虫卵数。

13. 寄生虫病的常规控制措施不包括（    ）。
    A. 保护易感动物　　　B. 切断传播途径　　　C. 消灭传染源
    D. 提高动物免疫力　　E. 定期诊断

【解析】E。寄生虫病的常规控制措施有控制传染源、切断传播途径、保护易感动物，提高动物免疫力属于保护易感动物的范畴，不包括定期诊断。

**&lt;&lt;&lt; 第二单元 吸 虫 病 &gt;&gt;&gt;**

## 一、考试大纲

| 单元 | 细目 | 要点 |
|---|---|---|
| 吸虫病 | 1. 概述 | (1) 一般形态 (2) 一般生活史 |
| | 2. 吸虫病 | (1) 日本分体吸虫病 (2) 华支睾吸虫病 (3) 片形吸虫病 (4) 姜片吸虫病 (5) 前后盘吸虫病 (6) 东毕吸虫病 (7) 阔盘吸虫病 (8) 前殖吸虫病 (9) 并殖吸虫病 (10) 歧腔吸虫病 (11) 后睾吸虫病 |

## 二、重要知识点

### (一) 概述

**1. 一般形态** 多数为雌雄同体,背腹扁平,呈叶状,少数为圆柱状、线状。一般为乳白色、淡红色或棕色。有口吸盘和腹吸盘,少数虫体无腹吸盘。

**2. 一般生活史** 虫卵→毛蚴→胞蚴→雷蚴→尾蚴→囊蚴→童虫→成虫。其中毛蚴至囊蚴阶段在中间宿主体内完成,童虫和成虫阶段在终末宿主体内。个别虫体(如日本分体吸虫和东毕吸虫)无囊蚴阶段,其感染阶段为尾蚴。

### (二) 吸虫病

**1. 日本分体吸虫病**(血吸虫病)

【病原】线状虫体,雌雄异体,雌雄常呈合抱状态。

【虫卵】椭圆形,淡黄色,卵壳较薄,无卵盖,卵壳上方有一小刺,卵内含毛蚴。

【中间宿主】钉螺。

【终末宿主】成虫寄生于人、牛、羊、猪、犬等以及啮齿类动物的门静脉和肠系膜静脉内。

【生活史】虫卵(粪便)→毛蚴(水中)→胞蚴、尾蚴(中间宿主:钉螺)→童虫、成虫(寄生于肠系膜静脉及门静脉,终末宿主是人和各种家畜)。

【感染途径】主要经皮肤感染,少数经口腔黏膜或胎盘感染。

【症状】 肠炎、肝硬化、贫血、消瘦。

【病变】肝和肠壁有虫卵结节。

【诊断】毛蚴孵化法和沉淀法。

【药物】吡喹酮。

*口诀:南方江水河边牛,雌雄异体抱雌沟;钉尾钻皮肝结节,门静肠静吡喹疗。*

**2. 华支睾吸虫病**

【病原】体形狭长，背腹扁平，呈叶状。

【虫卵】黄褐色，内含成熟的毛蚴，顶端有卵盖，后端有一小突起。

【中间宿主】两个中间宿主，第一中间宿主为淡水螺，补充宿主为淡水鱼和虾。

【终末宿主】成虫寄生于人、猪、犬、猫等动物的胆管及胆囊中。

【生活史】虫卵（粪便）→毛蚴、胞蚴、雷蚴、尾蚴（第一中间宿主：淡水螺）→囊蚴（第二中间宿主：淡水鱼和虾）→童虫和成虫（寄生于肝胆管，终末宿主是人、猪、犬、猫）。

【感染途径】经口感染。

【诊断】粪便检查（离心漂浮法）。

【药物】吡喹酮、阿苯达唑、丙酸哌嗪。

口诀：*人猪犬猫华支睾，肝胆相照醉鱼飘。*

**3. 片形吸虫病**

【病原】新鲜虫体棕红色，固定后灰白色，呈扁平叶片状。雌雄同体，有头锥和肩。

【虫卵】长椭圆形，黄色或黄褐色，有卵盖，卵壳薄而光滑，卵内有卵黄细胞和一个胚细胞。

【中间宿主】锥实螺科的淡水螺。

【终末宿主】成虫主要寄生在牛羊等反刍动物的胆管内。

【生活史】虫卵（粪便）→毛蚴（水中）→胞蚴、雷蚴、尾蚴（中间宿主：椎实螺/淡水螺）→囊蚴（水中）→童虫、成虫（寄生于肝胆管，终末宿主为牛、羊等反刍动物）。

【感染途径】经口感染。

【症状】绵羊最易感，多发于夏末秋季，表现为急性肝炎，可视黏膜苍白等。

【病变】肝肿大、胆管壁发炎粗糙、胆管变厚，胆管内可见磷酸盐结石的沉积，胆管和虫道内有童虫。

【诊断】水洗沉淀法检查粪便，死后剖检肝实质或胆管内的虫体。

【药物】吡喹酮、阿苯达唑、三氯苯唑（肝蛭净）、硝氯酚、溴酚磷、氯氰碘柳胺。

**4. 姜片吸虫病**

【病原】虫体大而肥厚，呈长椭圆形，新鲜虫体肉红色，固定后灰白色，外观似姜片。

【虫卵】卵圆形或长椭圆形，淡黄色，有卵盖，卵壳薄，内含卵黄细胞和一个胚细胞。

【中间宿主】扁卷螺。

【终末宿主】成虫寄生在人和猪的小肠内。

【生活史】虫卵（粪便）→毛蚴（水中）→胞蚴、雷蚴、尾蚴（中间宿主：扁卷螺）→囊蚴（附着在水葫芦、茭白、菱角、荸荠等水生植物上）→童虫、成虫（寄生于小肠，终末宿主为人和猪）。

【感染途径】经口感染。

【症状及病变】肠黏膜机械性损伤、肠炎等。多侵害仔猪，表现为生长发育迟缓，消瘦和营养不良等。

【诊断】粪便检查（直接涂片和水洗沉淀法）。

【药物】吡喹酮、硫氯酚、敌百虫、硝硫氰胺、硝硫氰醚。

*口诀：姜片猪肉炖小肠，扁螺菱角凑菜肴。*

### 5. 前后盘吸虫病

【病原】鹿前后盘吸虫虫体肥厚，呈圆锥形，形似"鸭梨"，腹吸盘发达。

【中间宿主】淡水螺。

【终末宿主】成虫寄生在牛、羊等反刍动物的瘤胃内。

【生活史】虫卵（粪便）→毛蚴（水中）→胞蚴、雷蚴、尾蚴（中间宿主：淡水螺）→囊蚴（水草）→成虫（寄生于瘤胃，终末宿主为反刍动物）。

【症状及病变】急性感染常表现为急性顽固性下痢，粪便带血、恶臭。剖解可见瘤胃黏膜肿胀、损伤，有虫道。

【诊断】粪便检查（水洗沉淀法）。

【治疗】氯硝柳胺。

### 6. 东毕吸虫病

【病原】线状，雌雄异体，常为合抱状态。虫卵无卵盖，一端较尖，一端钝圆，似辣椒状。

【中间宿主】锥实科的淡水螺。

【终末宿主】牛、羊、骆驼等反刍动物的门静脉和肠系膜静脉。

【生活史】虫卵（粪便）→毛蚴、胞蚴、尾蚴（中间宿主：淡水螺）→成虫（寄生于肠系膜静脉、门静脉，终末宿主为黄牛、水牛、绵羊等反刍动物）。

【感染途径】经皮肤或胎盘感染。

【症状及病变】腹泻、贫血、消瘦，颌下与腹下水肿，发育不良等。腹腔有大量腹水，肝硬化，肝表面有大小不等的灰白色虫卵结节。

【诊断】粪便检查（毛蚴孵化法）、剖检。

【药物】吡喹酮、六氯对二甲苯。

### 7. 阔盘吸虫病

【病原】胰阔盘吸虫（口吸盘大于腹吸盘）、腔阔盘吸虫（口、腹吸盘一样大）、圆睾阔盘吸虫（口吸盘小于腹吸盘）。新鲜虫体棕红色，固定后灰白色，虫体扁平呈长椭圆形。

【虫卵】椭圆形，深褐色，有卵盖，卵壳厚，卵内有毛蚴。

【中间宿主】两个中间宿主，第一中间宿主为陆地螺，补充宿主为草螽。

【终末宿主】寄生于牛、羊的胰腺管内。

【生活史】虫卵（胰液或粪便）→毛蚴、胞蚴、尾蚴（第一中间宿主：陆地螺）→囊蚴（第二中间宿主：草螽、针蟋）→成虫。

【感染途径】经口感染。

【症状】常冬春季发病，常表现为营养障碍、腹泻、消瘦、贫血和水肿，严重时引起死亡。

【病变】胰肿大，胰管增厚，胰腺表面的胰管高度扩张呈黑色蚯蚓状。

【诊断】粪便检查（水洗沉淀法）、死后剖检。

【药物】吡喹酮、六氯对二甲苯。

### 8. 前殖吸虫病

【病原】卵圆前殖吸虫、透明前殖吸虫。呈梨形，虫卵小，壳薄有卵盖。

【中间宿主】两个中间宿主，第一中间宿主为淡水螺，补充宿主为蜻蜓及其稚虫。

【终末宿主】成虫寄生于鸡、鸭、鹅及其他鸟类的输卵管、法氏囊、泄殖腔等生殖系统。

【生活史】虫卵（粪便、排泄物）→毛蚴、胞蚴、尾蚴（第一中间宿主：淡水螺）→囊蚴（第二中间宿主：蜻蜓及其稚虫）→成虫。

【感染途径】经口感染。

【症状】本病主要危害鸡，特别是产蛋鸡。表现为产畸形蛋或排出石灰样液体。

【病变】输卵管炎，严重时出现腹膜炎，腹腔内含有大量黄色混浊液体，脏器被干酪样物质黏着在一起。

【诊断】粪便检查（水洗沉淀法）、剖检。

【药物】可用吡喹酮、阿苯达唑、硫氯酚、六氯对二甲苯。

**9. 并殖吸虫病**（肺吸虫病）

【病原】卫氏并殖吸虫，新鲜虫体呈深红色，固定后为灰白色，背面隆起，似半粒赤豆。虫卵金黄色，内含细胞。

【生活史】虫卵（粪便、痰液）→毛蚴（水）→胞蚴、雷蚴、尾蚴（第一中间宿主：淡水螺）→囊蚴（第二中间宿主：蝲蛄、蟹）→成虫（寄生于肺中，终末宿主为犬、猫、猪和人）。

【感染途径】经口感染。

【症状】咳嗽，继发细菌感染后，出现铁锈色或棕褐色痰液。

【诊断】痰液或粪便沉淀法检查。

【药物】阿苯达唑、吡喹酮。

*口诀：并殖侵入犬猫肺，咳嗽痰为铁锈色。*

**10. 歧腔吸虫病**（双腔吸虫）

【病原】矛形双腔吸虫（两个睾丸前后排列）和中华双腔吸虫（两个睾丸左右排列）。

【虫卵】不规则的卵圆形或椭圆形，深棕色或咖啡色，一端有卵盖，内含毛蚴。

【中间宿主】两个中间宿主，第一中间宿主为陆地螺，补充宿主为蚂蚁。

【终末宿主】寄生于牛、羊、骆驼和鹿的胆管和胆囊中。

【生活史】虫卵（粪便）→毛蚴、胞蚴、尾蚴（第一中间宿主：陆地螺）→囊蚴（第二中间宿主：蚂蚁）→成虫。

【感染途径】经口感染。

【症状】早春常发，严重感染时表现为精神沉郁、消瘦、可视黏膜黄染等慢性消耗性疾病的临床症状，本病常与肝片吸虫混合感染，引起动物死亡。

【病变】胆管卡他性炎症，胆管壁增厚；肝硬变、肿大，肝表面粗糙。

【诊断】粪便检查（沉淀法）、剖检（胆管发现虫体）。

【药物】吡喹酮、阿苯达唑、三氯苯丙酰嗪。

**11. 后睾吸虫病**

【病原】鸭后睾吸虫、鸭对体吸虫和东方次睾吸虫等。

【寄生部位】寄生于鸭、鹅及其他野禽等终末宿主的肝和胆管内。雏鸭的感染率较高。

【中间宿主】第一中间宿主为螺，第二中间宿主为淡水鱼。

【感染途径】经口感染。

## 三、真题及解析

1. 下列不是日本血吸虫的感染途径的是（ ）。
    A. 饮水或吃草时吞食了血吸虫囊蚴　　　　B. 尾蚴经皮肤侵入
    C. 饮水或吃草时吞食尾蚴经口腔黏膜感染　D. 孕妇经胎盘传给胎儿
    E. 妊娠母畜经胎盘传给胎儿
    【解析】A。日本血吸虫感染主要是尾蚴经皮肤侵入，也可经口腔和胎盘感染，感染阶段为尾蚴，不是囊蚴。

2. 日本血吸虫的中间宿主是（ ）。
    A. 小土窝螺　　B. 湖北钉螺　　C. 赤豆螺　　D. 陆地螺　　E. 扁卷螺
    【解析】B。日本分体吸虫的中间宿主是钉螺。

（3～4题共用此题干）
　我国南方放牧犊牛群发病，表现精神沉郁、食欲废绝、严重贫血、腹泻、粪便带血，最后衰竭死亡，剖检见门静脉和肠系膜静脉内有多量线状虫体。

3. 该病最可能的诊断是（ ）。
    A. 肝片吸虫病　　　B. 歧腔吸虫病　　　C. 阔盘吸虫病
    D. 大片形吸虫病　　E. 日本分体吸虫病
    【解析】E。日本分体吸虫寄生于牛的门静脉和肠系膜静脉的线状虫体。

4. 该病肝的特征性剖检病变是（ ）。
    A. 充血　　　　　B. 出血　　　　　C. 肿胀
    D. 萎缩　　　　　E. 虫卵结节
    【解析】E。日本分体吸虫病感染后会在肝表面形成虫卵结节。

5. 淡水鱼是华支睾吸虫的（ ）。
    A. 中间宿主　　　B. 补充宿主　　　C. 贮藏宿主
    D. 终末宿主　　　E. 保虫宿主
    【解析】B。华支睾吸虫有两个中间宿主，第一中间宿主是淡水螺，补充宿主是淡水鱼。

（6～7题共用此题干）
　某猫因消化不良、下痢、消瘦、贫血来动物医院就诊，畜主诉该猫有食生鱼史，粪便检查见有多量虫卵，形似电灯泡，一端有盖，另一端有一小突起，内含毛蚴。

6. 该病可能是（ ）。
    A. 伊氏锥虫病　　　B. 华支睾吸虫　　　C. 毛尾线虫病
    D. 疥螨病　　　　　E. 蜱病
    【解析】B。根据虫卵内含毛蚴及有食生鱼史，知感染的寄生虫为华支睾吸虫。

7. 治疗该病的药物是（ ）。
    A. 左旋咪唑　　　B. 阿苯达唑　　　C. 伊维菌素
    D. 三氮脒　　　　E. 盐霉素
    【解析】B。临床上常用于治疗吸虫病的药物有阿苯达唑、吡喹酮、硫氯酚、硝氯酚、三氯苯唑、六氯对二甲苯。

8. 夏季，散养蛋鸡产蛋率下降，逐渐产出畸形蛋、软壳蛋或无壳蛋，随着病情发展，食欲减退，消瘦，羽毛脱落，精神不振，停止产蛋，有时从泄殖腔排出蛋壳碎片或流出水样液体，腹部膨大，肛门潮红，肛门周围羽毛脱落。病死鸡剖检可见输卵管炎和泄殖腔炎，黏膜增厚、充血和出血，上面有片状虫体附着。该蛋鸡感染的病原可能是（　　）。

    A. 东方次睾吸虫　　　B. 透明前殖吸虫　　　C. 鸡蛔虫

    D. 火鸡组织滴虫　　　E. 矛形剑带绦虫

【解析】B。结合剖检病变（输卵管炎和泄殖腔炎）及症状（产畸形蛋和水样液体）确定该鸡群感染的是透明前殖吸虫。

（9～10题共用此题干）

华南地区某村的个体养猪场中，养殖的30多头猪中有4头猪表现消瘦、发育不良和肠炎等症状，而且发生一头死亡情况。解剖后，在小肠黏膜上发现肉红色的虫体，并且黏膜有脱落、出血等症状。通过流行病学调查发现，该猪场有喂水葫芦的历史。

9. 该仔猪可能感染的病原是（　　）。

    A. 布氏姜片吸虫　　　B. 食道口线虫　　　C. 猪蛔虫

    D. 猪肾虫　　　E. 蛭形巨吻棘头虫

【解析】A。肉红色虫体且有喂水葫芦的历史得知可能感染的寄生虫是布氏姜片吸虫。

10. 下列哪个可能是该虫的中间宿主（　　）。

    A. 金龟子　　　B. 扁卷螺　　　C. 蛞蝓

    D. 蜻蜓　　　E. 蚂蚱

【解析】B。布氏姜片吸虫的中间宿主是扁卷螺。

## <<< 第三单元　绦　虫　病 >>>

## 一、考试大纲

| 单元 | 细目 | 要点 |
|---|---|---|
| 绦虫病 | 1. 概述 | （1）形态结构　（2）假叶目绦虫的发育　（3）圆叶目绦虫的发育 |
|  | 2. 绦虫病 | （1）猪囊尾蚴病　（2）棘球蚴病　（3）细颈囊尾蚴病　（4）脑多头蚴病　（5）裂头蚴病　（6）犬复孔绦虫病　（7）鸡绦虫病　（8）牛、羊绦虫病　（9）马绦虫病　（10）猪绦虫病　（11）剑带绦虫病　（12）鸭绦虫病 |

## 二、重要知识点

### （一）概述

**1. 形态结构**　常见的大型寄生虫，成虫寄生于脊椎动物的消化道（小肠），幼虫可寄生于中间宿主的多种组织器官中。其中圆叶目与假叶目绦虫对畜禽和人具有感染性。

虫体呈背腹扁平的带状，分为头节、颈节和体节（链体），多为白色、乳白色或淡黄色。虫体大小变化大（数毫米至10m不等）。一般为雌雄同体，生殖器官发达，在每个成熟节片里都有1~2组雌雄生殖器官。

**2. 假叶目绦虫的发育**

（1）中间宿主 第一中间宿主为剑水蚤，补充宿主为鱼或蛙。

（2）生活史 以裂头绦虫为例，虫卵（卵壳厚，具有卵盖，虫卵自子宫孔排出或随孕节脱落而排出）→钩球蚴（又称六钩蚴或钩毛蚴，体内有3对小钩，体外被纤毛）→原尾蚴（第一中间宿主：剑水蚤）→裂头蚴（又称实尾蚴，第二中间宿主：鱼、蛙）→成虫（终末宿主：犬、猫、狼、狐狸等脊椎动物的消化道）。

**3. 圆叶目绦虫的发育**

（1）生活史 虫卵（圆叶目绦虫子宫不向外开口，故虫卵只能随孕卵节片脱落排出体外，虫卵薄、无卵盖）→成熟的六钩蚴（钻入中间宿主肠壁随血流到达组织内）→绦虫蚴（中绦期，分为囊尾蚴和似囊尾蚴）→成虫（寄生于小肠）。

（2）囊尾蚴 如果中间宿主为哺乳动物，六钩蚴可在中间宿主体内发育为囊尾蚴、多头蚴、棘球蚴和链状囊尾蚴。

（3）似囊尾蚴 如果中间宿主为节肢动物，六钩蚴可在中间宿主体内发育为似囊尾蚴。

## （二）绦虫病

**1. 猪囊尾蚴病**（猪囊虫病）

【病原】圆叶目绦虫，中间宿主是猪和人。

（1）中绦期 猪囊尾蚴，椭圆形，黄豆大小的乳白色半透明包囊，囊壁薄，囊内充满无色透明的囊液，囊壁上有一粟粒大的头节，寄生于猪和野猪的肌肉、脑、心肌等，猪是猪囊尾蚴病（猪带绦虫病）的中间宿主。

（2）成虫 猪带绦虫又称为有钩绦虫，寄生于人的小肠。因此，人是猪囊尾蚴病（猪带绦虫病）的唯一终末宿主，由于猪带绦虫患者呕吐使得孕节脱落逆行至胃造成自体感染，因此人也是中间宿主（呕吐造成自体感染）。

【生活史】虫卵（粪便）→六钩蚴（中间宿主猪吞食后）→囊尾蚴（猪的横纹肌）→猪带绦虫（人吞食未煮熟的或生的含有猪囊尾蚴的猪肉而感染，寄生于人的小肠）。

【感染途径】经口感染。

【症状】取决于寄生部位，在肌肉时症状不明显，在脑时引起神经机能障碍。严重感染的猪表现为营养不良、贫血、生长受阻和肌肉水肿等，肌肉水肿呈"哑铃"状、"狮子"状。病猪走路似"醉酒"状。人感染猪带绦虫表现为消瘦、消化不良和腹痛，人患囊尾蚴病时表现为肌肉酸痛无力。

【病变】猪肉苍白而湿润，各部有囊尾蚴寄生，称"米猪肉"。

【诊断】猪宰后剖解、人粪便检查。

【治疗】猪囊尾蚴病治疗用吡喹酮、阿苯达唑，猪带绦虫病治疗用氯硝柳胺。

*口诀：囊尾蚴米猪肉，人似狮子哑铃状。*

**2. 棘球蚴病**（包虫病）

【病原】圆叶目绦虫，中间宿主是牛羊和人等哺乳动物。

(1) 中绦期　细粒棘球蚴，近似球形的包囊，内含液体。寄生于牛、羊、猪、马等家畜和野生动物及人的肝、肺及其他器官内。

(2) 成虫　细粒棘球绦虫，寄生于犬、狼、狐狸等动物小肠。

【生活史】虫卵（随粪便排出）→六钩蚴→棘球蚴（散布到中间宿主牛、羊、猪、马等家畜和人的肝、肺中）→细粒棘球绦虫（犬、狼等终末宿主吞食了含有棘球蚴的脏器而感染，寄生于终末宿主的小肠中）。

【感染途径】经口感染。

【流行情况】绵羊是最适中间宿主。动物多死于冬春季。

【症状】取决于棘球蚴的大小、数量和寄生部位。多寄生于肝，发生机械性压迫、毒素作用和过敏反应。绵羊较敏感，感染严重时表现为消瘦、脱毛、咳嗽等症状。

【诊断】生前诊断较为困难，常用 X 线和死后剖检（肝、肺处有棘球蚴寄生）诊断。

【治疗】吡喹酮和阿苯达唑治疗或外科手术摘除。

**3. 细颈囊尾蚴病**

【病原】圆叶目绦虫，中间宿主是猪、牛、羊等哺乳动物。

(1) 中绦期　细颈囊尾蚴，俗称"水铃铛"，呈乳白色囊泡状，囊内充满透明液体，肉眼可见囊壁上有一个向内生长具细长颈部的乳白色结节。寄生于猪、牛、羊等动物的肝、浆膜、大网膜、肠系膜和腹腔内。

(2) 成虫　泡状带绦虫，寄生于犬、狼、狐狸的小肠。

【生活史】虫卵→六钩蚴（被中间宿主猪、牛、羊吞食）→细颈囊尾蚴（寄生于猪、牛、羊的腹腔内以及网膜、肠系膜）→泡状带绦虫（寄生于终末宿主犬的小肠中）。

【感染途径】经口感染。

【症状】幼虫移行时引起出血性肝炎和腹痛，严重危害仔猪、羔羊、犊牛等幼龄动物。

【病变】六钩蚴移行造成肝出血、虫道及急性腹膜炎。严重感染时可在肺组织和胸腔等处发现细颈囊尾蚴寄生。

【诊断】血清学方法或死后剖检。

【治疗】吡喹酮。

**4. 脑多头蚴病**（脑包虫病、回旋病）

【病原】圆叶目绦虫，中间宿主是牛、羊等哺乳动物。

(1) 中绦期　脑多头蚴，为乳白色半透明的圆形囊泡，囊内充满透明液体。寄生于牛、羊的脑和脊髓。

(2) 成虫　多头带绦虫，寄生于犬及其他野生食肉兽的小肠。

【生活史】虫卵→六钩蚴（中间宿主如牛、羊等反刍动物吞食）→脑多头蚴（寄生于反刍动物的脑、脊髓中）→成虫（寄生于终末宿主犬等肉食动物的小肠中）。

【症状】危害绵羊和犊牛，有典型的神经症状和视力障碍，患畜作转圈、前冲或后退运动，后期典型症状为"转圈运动"。

【诊断】本病常用 X 线、超声波或剖检进行诊断，严重时可触诊。

【治疗】手术摘除或使用阿苯达唑、吡喹酮治疗。

**5. 裂头蚴病**

【病原】假叶目绦虫，常见的曼氏裂头蚴为乳白色带状。头部稍大，具有与成虫相似的头节，体不分节，前端具横纹。成虫为曼氏迭宫绦虫。

【生活史】虫卵（随粪便排出）→钩球蚴（水中）→原尾蚴（第一中间宿主：剑水蚤）→裂头蚴（寄生于补充宿主蛙的肌肉虫）→成虫（寄生于猫、犬等肉食兽及人的小肠中）。

【感染途径】经口感染。

【症状】猪严重感染时常表现出营养不良，食欲不振，精神沉郁等。

【诊断】从寄生部位检出虫体或检查终末宿主粪便。

### 6. 犬复孔绦虫病

【病原】犬复孔绦虫是圆叶目绦虫。成节与孕节均长度大于宽度，形似黄瓜子，故又称瓜子绦虫。

【生活史】虫卵→六钩蚴（中间宿主：蚤、虱）→似囊尾蚴→成虫（寄生于犬、猫的小肠中）。

【感染途径】犬通过经口吞食或舔食含似囊尾蚴的蚤、虱而感染。

【症状】幼犬感染严重时会出现食欲不振、消化不良、腹痛、腹泻或便秘以及肛门瘙痒、烦躁不安等症状。

【诊断】镜检可检查到具有特征性的卵袋，内含约 20 个虫卵，虫卵含六钩蚴。

【治疗】吡喹酮、阿苯达唑、氯硝柳胺。

*口诀：犬猫复孔瓜子绦，卵囊成袋虱和蚤。*

### 7. 鸡绦虫病

【病原】圆叶目绦虫，主要有四角赖利绦虫（颈节细长，吸盘为椭圆形）、棘沟赖利绦虫（鸡体内最大的绦虫，吸盘为圆形，顶突上有小钩）、有轮赖利绦虫（顶突为车轮状）、节片戴文绦虫（舌状，每个卵袋中只含一个虫卵）。

【生活史】虫卵→六钩蚴→似囊尾蚴→成虫（寄生于鸡的小肠中）。

【中间宿主】四角赖利绦虫和棘沟赖利绦虫的中间宿主为蚂蚁；有轮赖利绦虫的中间宿主为甲虫，如金龟子；节片戴文绦虫的中间宿主为软体动物，如蛞蝓、陆地螺。

【终末宿主】寄生于鸡、鸽、鹌鹑、孔雀等的小肠中。

【感染途径】经口感染。

【症状】多发生于中间宿主活跃的 4—9 月。雏鸡易感性高，4 种绦虫常混合感染。病鸡主要表现为食欲减退、饮欲增加、生长发育迟缓、羽毛蓬乱、消瘦、贫血、腹泻等。

【病变】病鸡肠黏膜增厚、出血，黏膜上附有虫体。棘沟赖利绦虫感染时十二指肠肠壁上有结核样结节，结节内有虫体或黄褐色凝乳样物质。

【诊断】剖解病鸡发现虫体即可确诊，或饱和盐水漂浮法检查粪便发现虫卵。

【治疗】吡喹酮、阿苯达唑、硫氯酚、氯硝柳胺（灭绦灵）。

*口诀：四角棘沟大蚂蚁，头顶车轮金龟子。*

### 8. 牛、羊绦虫病

【病原】圆叶目绦虫，包括莫尼茨绦虫、曲子宫绦虫、无卵黄腺绦虫。扩展莫尼茨绦虫卵近似三角形，贝氏莫尼茨绦虫卵为四边形，均含梨形器和六钩蚴。

【生活史】虫卵→六钩蚴（中间宿主：地螨）→似囊尾蚴→成虫（寄生于反刍动物的小肠中）。

【感染途径】经口感染。

【症状】主要危害羔羊和犊牛，感染高峰一般在地螨运动活跃的 4—8 月。后期有明显的神经症状，如做回旋运动、痉挛、抽搐等，最后卧地不起，衰竭死亡。

【诊断】死后剖解查虫体或粪检查虫卵和节片。

**9. 马绦虫病**

【病原】圆叶目绦虫，主要有叶状裸头绦虫（寄生于小肠的后半段和盲肠）、大裸头绦虫（寄生于小肠）和侏儒副裸头绦虫（寄生于十二指肠）。

【生活史】虫卵→六钩蚴（中间宿主：地螨）→似囊尾蚴→成虫（寄生于马属动物的小肠）。

【感染途径】经口感染。

【症状】5—8 月易发，2 岁以下幼驹感染率最高。对幼驹危害严重，主要特征为消化不良、间歇性疝痛和下痢。

【诊断】粪便检查见虫卵或虫体节片即可确诊。

【治疗】硫氯酚、氯硝柳胺（灭绦灵）、槟榔-南瓜子合剂、吡喹酮。

**10. 猪绦虫病**

【病原】圆叶目绦虫，克氏伪裸头绦虫，寄生于猪的小肠。

【生活史】虫卵→六钩蚴（中间宿主：赤拟谷盗等昆虫）→似囊尾蚴→成虫（寄生于猪和人的小肠）。

【症状】重度感染时表现为消瘦、毛焦、生长发育迟缓，甚至可引起肠阻塞。

【诊断】粪便检查发现虫卵或孕节即可诊断。

【治疗】硫氯酚、吡喹酮、硝硫氰醚。

**11. 剑带绦虫病**

【病原】圆叶目绦虫。矛形剑带绦虫为乳白色的大型绦虫，前窄后宽，形似矛头。虫卵无色，椭圆形。中间宿主是剑水蚤，成虫寄生于鹅、鸭等水禽及雁形目鸟类的小肠。

【症状】对雏鹅的危害较严重。雏鹅感染后常表现为消化机能障碍，排白色稀薄粪便，且粪便中常混有白色节片，有时也会出现神经症状。

**12. 鸭绦虫病**

【病原】圆叶目绦虫。片形皱褶绦虫的中间宿主为剑水蚤和镖水蚤。成虫寄生于家鸭、鹅和鸡等禽类的小肠。

【症状】致病力不强，感染症状较轻。

# 三、真题及解析

1. 猪带绦虫的患者呕吐时，可使孕卵节片或虫卵从宿主小肠逆行入胃，而再次使原患者遭受感染属于（　　）。

    A. 经皮肤感染　　　　B. 接触感染　　　　C. 自身感染

    D. 经口感染　　　　E. 经胎盘感染

【解析】C。逆呕属于自身感染。

2. 孟氏迭宫绦虫的中绦期是（　　）。

    A. 囊尾蚴　　　　B. 似囊尾蚴　　　　C. 棘球蚴

D. 多头蚴　　　　　　E. 裂头蚴

【解析】E。孟氏迭宫绦虫是假叶目绦虫，其中绦期是孟氏裂头蚴。

（3～5共用题干）

一放牧羊群，畜主为了降低劳动强度，饲养了4只牧羊犬跟随，进入春天，个别羊逐渐消瘦，被毛逆立，易脱落，咳嗽，严重者在连续咳嗽后卧地不起，不能随群。为了检查病原，剖检绵羊1只，在肺上发现有鸡蛋大小球形囊泡数个，剖开后有液体从囊泡中流出，囊壁上有大量白色结节。

3. 该病的病原最可能是（　　）。

　　A. 细颈囊尾蚴　　　　B. 棘球蚴　　　　　　C. 脑多头蚴

　　D. 细粒棘球绦虫　　　E. 泡状带绦虫

【解析】B。细粒棘球蚴呈圆形包囊状，囊内含液体，主要寄生于牛、羊、猪、马等家畜肝、肺内，常引起咳嗽等呼吸系统症状。

4. 确诊该病最准确方法是（　　）。

　　A. 虫卵漂浮法　　　　B. 直接涂片法　　　　C. 毛蚴孵化法

　　D. 剖检法　　　　　　E. 贝尔曼氏法

【解析】D。因棘球蚴寄生于动物的肺和肝内，只有通过剖检才能检出虫体。因此正确答案为剖检。

5. 牧羊犬体内最应该寄生的寄生虫是（　　）。

　　A. 泡状带绦虫　　　　B. 豆状带绦虫　　　　C. 线中殖绦虫

　　D. 犬复孔绦虫　　　　E. 细粒棘球绦虫

【解析】E。棘球蚴是细粒棘球绦虫的中绦期，粒棘球绦虫寄生于犬、狼的小肠。

（6～7共用题干）

我国东北某地散放猪，生前表现营养不良、贫血、生长迟缓、水肿等症状。剖杀后发现肌肉苍白，多汁。在肌肉中检出椭圆形，约黄豆大，半透明的包囊，囊内充满液体，囊壁是一层薄膜，膜内可见一粟粒大的乳白色结节。

6. 该寄生虫最可能是（　　）。

　　A. 细粒棘球蚴　　　　B. 细颈囊尾蚴　　　　C. 多房棘球蚴

　　D. 猪囊尾蚴　　　　　E. 豆状囊尾蚴

【解析】D。在猪肌肉中发现椭圆形、黄豆大小的半透明包囊，囊壁是一层薄膜，膜内可见一粟粒大的乳白色结节是猪囊尾蚴感染猪的特征性病变。

7. 该寄生虫的终末宿主是（　　）。

　　A. 猪　　　　　　　　B. 牛　　　　　　　　C. 犬

　　D. 猫　　　　　　　　E. 人

【解析】E。猪囊尾蚴是猪带绦虫的中绦期，猪带绦虫寄生于人的小肠。

8. 叶状裸头绦虫的感染性阶段是（　　）。

　　A. 虫卵　　　　　　　B. 感染性虫卵　　　　C. 感染性幼虫

　　D. 囊尾蚴　　　　　　E. 似囊尾蚴

【解析】E。叶状裸头绦虫的中间宿主是地螨，地螨吞食虫卵后，虫卵在地螨体内发育至似囊尾蚴，马误食了含似囊尾蚴的地螨而感染。故叶状裸头绦虫的感染性阶段是似囊尾蚴。

9. 树林中放养的 70 日龄鸡群，精神委顿，食欲减退，腹泻和消瘦。用硫氯酚驱虫，可见白色带状虫体。该鸡群感染的可能是（　　）。

    A. 剑带绦虫　　　　　B. 赖利绦虫　　　　　C. 锐形线虫

    D. 异刺线虫　　　　　E. 四棱线虫

【解析】B。根据白色带状虫体和硫氯酚驱虫有效可推测出鸡群感染的是绦虫，故排除线虫 C；而剑带绦虫主要感染鹅，因此选赖利绦虫。

10. 犬复孔绦虫的中间宿主是（　　）。

    A. 蚯蚓　　　　　　　B. 犬毛虱　　　　　　C. 全沟硬蜱

    D. 地螨　　　　　　　E. 蝇类

【解析】B。犬复孔绦虫的中间宿主是犬毛虱、蚤。

## <<< 第四单元　线虫病与棘头虫病 >>>

## 一、考试大纲

| 单元 | 细目 | 要点 |
| --- | --- | --- |
| 线虫病与棘头虫病 | 1. 概述 | （1）形态　（2）生活史 |
| | 2. 线虫病 | （1）旋毛虫病　（2）猪蛔虫病　（3）食道口线虫病　（4）毛首线虫病　（5）有齿冠尾线虫病　（6）后圆线虫病　（7）类圆线虫病　（8）牛新蛔虫病　（9）网尾线虫病　（10）牛羊丝状线虫病　（11）牛羊消化道线虫病　（12）犬猫蛔虫病　（13）犬猫钩虫病　（14）犬恶丝虫病　（15）鸡蛔虫病　（16）鸡异刺线虫病　（17）禽胃线虫病　（18）比翼线虫病　（19）马副蛔虫病　（20）马尖尾线虫病　（21）马圆线虫病 |
| | 3. 棘头虫病 | 猪棘头虫病 |

## 二、重要知识点

### （一）概述

**1. 形态**　多呈细长的圆柱形或纺锤形，也有线状、毛发状。活体通常为乳白色，吸血虫体常带红色。多为雌雄异体，虫体大小差异大，一般雄虫较小，尾弯曲；雌虫较大，尾直。

**2. 生活史**　线虫的发育要经过 4 次蜕化，形成 5 期幼虫（L1～L5 期幼虫），其中 L3 幼虫常为感染性幼虫。

## （二）线虫病

**1. 旋毛虫病**（人兽共患病）

【病原】幼虫为肌旋毛虫，胎生，寄生于横纹肌内。幼虫似蜷曲状弯曲位于梭形包囊中，包囊长轴与肌纤维平行。成虫是肠旋毛虫，白色细小虫体，寄生于小肠。

【生活史】成虫和幼虫可寄生于同一宿主体内，同一动物（宿主）既是终末宿主又是中间宿主。宿主为哺乳动物和人。雌雄虫交配后雌虫产出幼虫，幼虫经血液循环到达横纹肌，在横纹肌中形成梭形包囊，宿主食入含感染性幼虫包囊，包囊溶解，幼虫进入小肠发育为成虫。

【流行病学】宿主范围广泛，猪、犬、人、鼠类等家养和野生动物均可感染，其中猪常因吞食老鼠而感染，犬可通过食入感染动物而感染，人感染旋毛虫多与饮食习惯有关，如生食猪肉、生熟食共用砧板等。

【症状及病变】动物感染严重时早期表现为腹泻、食欲不振、呕吐等，随后表现出肌肉疼痛、运动障碍、呼吸和咀嚼困难、步伐僵硬等肌炎症状。人感染肠旋毛虫时，可出现明显的肠炎症状；感染肌旋毛虫时可引起急性肌炎。

【诊断】肌肉压片法（膈肌剪成麦粒大小的24粒，压片镜检）或肌肉消化法。

【治疗】阿苯达唑、甲苯达唑、噻苯达唑等。

【预防】加强肉品卫生检验，消灭养殖场附近的鼠类和其他啮齿类动物，养成正确的饮食习惯。

**2. 猪蛔虫病**

【病原】猪蛔虫为圆柱状大型线虫。新鲜虫体淡红或淡黄色，固定后苍白色。虫卵为黄褐色短椭圆形，卵壳厚，有4层卵膜，因此虫卵对外界环境抵抗力较强。直接发育型生活史，无中间宿主。

【生活史】虫卵（粪便）→感染性虫卵L2→幼虫（L3、L4、L5；幼虫在猪体内的移行路线为肠→肝→肺→气管→咽→食管→肠）→成虫（猪，小肠）。

【感染途径】经口或自体感染。

【流行病学】与饲养管理和环境卫生密切相关，一般饲养管理不良和环境卫生条件差的猪场发病率高。3～5月龄仔猪最易感，感染后症状也较严重，常发生死亡。蚯蚓是猪蛔虫的贮藏宿主，在传播上起重要作用。

【症状】仔猪感染时轻度的湿咳，或生长发育长期受阻变成"僵猪"，严重时体温升高、呼吸困难、咳嗽、呕吐和腹泻等。大量蛔虫聚集在肠道会引起肠道堵塞、疝痛或肠破裂死亡，此外，幼虫移行至肺时，常引起肺的出血性炎症（蛔虫性肺炎）。

【病变】幼虫移行时在肝表面形成云雾状灰白色的蛔虫斑（也叫乳斑肝），肺有出血斑点，可继发蛔虫性肺炎、支气管炎等。成虫期可见小肠黏膜炎症，溃疡，肠道堵塞，肠破裂等。

【诊断】生前诊断可用粪便检查（漂浮法）发现特征性虫卵，或剖检检查虫体和病变。

**3. 食道口线虫病**（结节虫病）

【病原】主要有长尾食道口线虫、有齿食道口线虫、短尾食道口线虫。寄生在猪的结肠内，因幼虫可在宿主肠壁上形成结节，又称"结节虫"。直接发育型生活史。

【生活史】虫卵（随粪便排出）→感染性幼虫 L3→L4 幼虫（在肠壁上形成结节）→L5 幼虫（大肠肠腔）→成虫（猪，结肠）。

【感染途径】经口感染。

【流行病学】成年猪多见。潮湿猪舍常发生感染。感染性幼虫耐低温，可以越冬。

【症状及病变】结节性肠炎，表现为腹痛、腹泻、发育不良等。剖解可见结肠壁上有粟粒状结节。肠壁增厚，有卡他性肠炎。

【诊断】粪检（漂浮法）发现虫卵，或幼虫培养法检查幼虫即可确诊。

**4. 毛首线虫病**（鞭虫病）

【病原】猪毛首线虫，前端细长，后部粗短，形似鞭子，又称鞭虫、毛尾线虫。虫卵为腰鼓状，卵壳厚，虫卵两端有栓塞。直接发育型生活史，经口感染。

【生活史】虫卵→感染性虫卵 L1→幼虫→成虫（寄生于猪的大肠，主要是盲肠）。

【症状】严重感染时表现为食欲下降、消瘦、腹泻，排水样血便。本病易继发细菌及结肠小袋虫感染。

【诊断】粪检（漂浮法）发现虫卵或剖检盲肠查虫体。

【治疗】羟嘧啶为治疗鞭虫病的特效药。

**5. 有齿冠尾线虫病**（肾虫病）

【病原】有齿冠尾线虫，虫体粗壮，形似火柴棒。常寄生于猪肾盂、肾周围脂肪和输尿管等处。直接发育型生活史，可经口或皮肤感染。

【生活史】虫卵（随尿液排出）→感染性幼虫 L3→幼虫→成虫（寄生于猪肾盂、肾周围脂肪和输尿管中）。

【流行病学】饲养密集和潮湿的猪场常流行本病。南方的 3—5 月和 9—11 月多发此病。

【症状】幼虫经皮肤感染可引起皮炎和体表淋巴结肿大，尿中常有白色黏稠的絮状物或脓液等。

【诊断】取晨尿（沉淀法）进行虫卵检查。

**6. 后圆线虫病**（肺线虫病）

【病原】包括野猪后圆线虫、复阴后圆线虫、萨氏后圆线虫。又称肺丝虫，常寄生于猪的支气管和细支气管。虫卵呈无色或灰色椭圆形，壳厚，新鲜排出的虫卵内含有 1 期幼虫。间接发育型生活史，中间宿主为蚯蚓。

【生活史】虫卵（含 1 期幼虫）→感染性幼虫 L3→幼虫→成虫（猪，支气管）。

【流行病学】本病多发于蚯蚓活跃的 6～12 月龄。

【症状】严重感染或早晚运动时会引起咳嗽、呼吸困难、流脓性黏稠鼻液、肺部啰音等。

【病变】肺表面有白色隆起呈肌肉样硬变的病灶，切开可在支气管内发现白色丝状虫体和黏液。

【诊断】饱和硫酸镁漂浮法检查粪便中是否有虫卵，或剖检支气管和细支气管查虫体。

**7. 类圆线虫病**（杆虫病）

【病原】类圆属的线虫，宿主体内只有孤雌生殖的雌虫。虫体细小，呈乳白色，寄生于仔猪小肠黏膜内。虫卵卵圆形，内含折刀样幼虫。可经皮肤或经口感染。

【生活史】孤雌生殖的雌虫在猪小肠中产出含 L1 幼虫的虫卵，虫卵随粪便排出，在外界孵化出 L1 幼虫（杆虫型幼虫）。若外界条件不适宜，L1 幼虫发育为感染性幼虫（丝虫型幼虫），感染终末宿主，进行孤雌生殖；若条件适宜时，L1 幼虫营自由生活，发育为雌雄虫，雌雄虫交配后雌虫产出虫卵（含杆虫型幼虫），发育为感染性幼虫，感染终末宿主。

【症状及病变】常感染仔猪，感染后表现为消瘦、呕吐、腹泻、粪便带血等消化道症状，严重时可因极度衰竭而死亡，皮肤上可见湿疹。剖解可见小肠黏膜充血、出血、溃疡，肠道内可见白色水样恶臭的肠内容物。

【诊断】粪检查虫卵或贝尔曼氏幼虫检查法查幼虫，也可小肠黏膜压片镜检查虫体。

**8. 牛新蛔虫病**（犊新蛔虫病）

【病原】牛新蛔虫，虫体粗大呈淡黄色，寄生于犊牛的小肠。主要是经胎盘或经口感染。直接发育型生活史，生活史同猪蛔虫。

【症状及病变】本病多发于 5 月龄以下的犊牛。犊牛死亡率较高，常表现为精神萎靡、食欲不振、吮乳无力或停止、腹泻及粪便带血等症状。剖解可见小肠黏膜破损、出血及肠阻塞破裂等。

【诊断】粪检（饱和盐水漂浮法）查虫卵或剖检小肠查虫体。

**9. 网尾线虫病**（大型肺线虫病）

【病原】主要包括丝状网尾线虫（羊）、胎生网尾线虫（牛）、骆驼网尾线虫（骆驼）。寄生于反刍动物支气管和细支气管中。各种肺线虫的虫卵较相似，均为内含卷曲 1 期幼虫的无色透明或淡黄色的椭圆形虫卵，卵壳薄。直接发育型生活史，可经口感染。

【生活史】虫卵（支气管内，咳嗽时进入口腔，随即进入消化道，随粪便排出体外）→感染性幼虫 L3→幼虫（L4、L5）→成虫（反刍动物，支气管和细支气管）。

【症状】主要表现为咳嗽，夜间或运动时咳嗽加剧，咳出痰液中含黏液团块。

【病变】支气管中有虫体、黏液、脓性物质及混有血丝的分泌物团块。支气管黏膜肿胀、充血、出血。肺表面有虫体寄生时触诊有坚硬感。

【诊断】贝尔曼氏法或剖检支气管、细支气管查虫体。

**10. 牛羊丝状线虫病**（腹腔丝虫病）

【病原】主要包括鹿丝状线虫和指形丝状线虫寄生于牛、羊的腹腔，也可寄生于某些非固有宿主的某些器官（如脑脊髓和眼前房）引起脑脊髓丝虫病（表现为后躯运动障碍）和浑睛虫病。间接发育型生活史，中间宿主是蝇、蚊。

【生活史】雌虫直接产微丝蚴（胎生，微丝蚴进入血液）→中间宿主吸血，微丝蚴进入其体内，发育为感染性幼虫→中间宿主再次吸血时，感染性幼虫进入终末宿主体内→发育为成虫（牛羊腹腔内）或在非固有终末宿主停留在脑脊髓和眼前房中，发育为童虫（马或羊，脑脊髓或眼前房）。

【诊断】取外周血液检查发现微丝蚴即可确诊。马浑睛虫病在马眼发现活泼童虫即可确诊。

【治疗】海群生可杀灭微丝蚴。

**11. 牛羊消化道线虫病**

本病是由十多个科、多个属的线虫寄生于牛、羊等反刍动物消化道引起的各种线虫病的总称。主要特征为常混合感染，危害较大，可造成牛、羊的大批死亡。直接发育型生活史，主要经口感染。

【病原】主要有捻转血矛线虫、食道口线虫、仰口线虫和毛尾线虫，如表 3-1 所示。

表 3-1　牛羊消化道线虫

| 虫种 | 感染性阶段 | 感染途径 | 寄生部位 | 诊断特征 |
|---|---|---|---|---|
| 捻转血矛线虫 | 第 3 期感染性幼虫 | 经口 | 牛、羊皱胃 | 肉眼可见雌虫呈红白相间螺旋状 |
| 食道口线虫 | 第 3 期感染性幼虫 | 经口 | 牛、羊大肠，特别是结肠 | 寄生肠壁上形成结节，又称结节虫病，结节中有多量虫体 |
| 仰口线虫（钩虫） | 第 3 期感染性幼虫 | 经口、经皮肤 | 牛、羊小肠，特别是十二指肠 | 头部向背侧弯曲（仰口） |
| 毛尾线虫（鞭虫） | 含第 1 期幼虫的感染性虫卵 | 经口 | 牛、羊盲肠 | 虫卵两端有栓塞，呈腰鼓状。成虫似鞭子，又称鞭虫 |

【流行病学】存在明显的春季高潮现象。感染性幼虫在清晨、傍晚或阴天时爬上草叶，便于宿主采食。感染性幼虫对外界不良环境的抵抗力强，可抵抗干燥、低温和高温等不利因素。

【症状】因牛、羊常混合感染多种消化道线虫，且多数线虫以吸食血液为生。故感染常造成牛和羊贫血、可视黏膜苍白、食欲下降、生长发育迟缓和腹泻。

【诊断】饱和盐水漂浮法。

**12. 犬、猫蛔虫病**

【病原】主要包括犬弓首蛔虫、猫弓首蛔虫、狮弓首蛔虫。其中犬弓首蛔虫最为重要，寄生于犬小肠。常经口或经胎盘感染。直接发育型生活史，生活史同猪蛔虫。

【流行病学】蚯蚓、蟑螂、鸟类和啮齿类动物是犬蛔虫病的贮藏宿主。犬可通过吞食含感染性幼虫的贮藏宿主而被感染。

【症状】主要侵害 6 个月龄以下幼犬。幼虫移行期会造成蛔虫性肺炎，表现出咳嗽、呼吸困难、泡沫性鼻漏等呼吸道症状。

【诊断】粪便直接涂片法和饱和盐水漂浮法查虫卵。

**13. 犬猫钩虫病**

【病原】钩口科钩口属和弯口属的线虫。主要包括犬钩口线虫、狭首弯口线虫等。寄生于犬、猫等动物的小肠。直接发育型生活史，主要经皮肤感染，也可经口、胎盘、乳汁感染。

【症状】主要危害幼犬，与感染途径和发育阶段有关。经皮肤感染可引起皮炎，幼虫移行至肺可引起肺炎。成虫寄生于小肠可引起高度贫血、生长发育不良、消化功能紊乱、腹泻、粪便带血或呈黑色柏油状，严重感染时可造成死亡。

**14. 犬恶丝虫病**（犬心丝虫病）

【病原】犬恶丝虫是犬恶丝虫病的成虫，寄生于犬的右心室及肺动脉。胎生，雌虫可直接产出微丝蚴幼虫，微丝蚴在血液中作蛇形或环形运动。间接发育型生活史，中间宿主是蚊。

【症状】最常见临床症状是咳嗽，感染季节一般为蚊虫活跃的 6—10 月。

【诊断】犬恶丝虫检验试剂盒、毛细管离心法、直接涂片法。

【治疗】治疗成虫可用硫乙砷铵钠、菲拉辛、海群生、酒石酸锑钾；治疗微丝蚴可用碘化噻唑氰胺、左旋咪唑、伊维菌素。

**15. 鸡蛔虫病**

【病原】鸡蛔虫，黄白色的大型线虫。卵生，虫卵椭圆形，深灰色，壳厚而光滑，对外界不良环境有较强的抵抗力。直接发育型，幼虫在鸡体内不经历移行，蚯蚓是鸡蛔虫的保虫宿主。

【症状】主要侵害 3～4 月龄的雏鸡，寄生于鸡小肠。临床常表现为生长发育不良、羽毛松乱等。

【病变】肠壁上常有颗粒状化脓灶或结节。

**16. 鸡异刺线虫病**

【病原】鸡异刺线虫为淡黄色的细线状，寄生于鸡、火鸡、鸭等禽类的盲肠。鸡异刺线虫还可传播火鸡组织滴虫。

【症状及病变】病鸡食欲减退、营养不良，发育停滞。剖解发现盲肠肿大，肠壁增厚，形成结节。

【诊断】粪检虫卵或剖检确诊。

**17. 禽胃线虫病** 病原体主要有小钩锐形线虫（寄生于鸡肌胃）和美洲四棱线虫（寄生于鸡腺胃），小钩锐形线虫的中间宿主为蚱蜢、拟谷盗虫、象鼻虫等，美洲日棱线虫的中间宿主为蚱蜢、蝗虫等。

**18. 比翼线虫病**

【病原】气管比翼线虫，雄虫常以交合伞附着于雌虫阴门部，外观似 Y 形，故称为比翼线虫。新鲜虫体呈鲜红色，又称"红虫"。中间宿主是蚯蚓、蜗牛、蝇类及其他节肢动物，成虫常寄生于鸡、火鸡、鹅、鹌鹑等终末宿主的气管、支气管和细支气管中。

【症状及病变】本病的特征性症状是张口呼吸，故又称张口病。剖解可见气管黏膜出血发红，黏膜上有虫体附着。

**19. 马副蛔虫病** 马副蛔虫寄生于马属动物的小肠，生活史同猪蛔虫。本病主要危害幼驹，引起肠炎及支气管肺炎等症状。

**20. 马尖尾线虫病**（蛲虫病）

【病原】马尖尾线虫，成虫寄生在马属动物的大肠内，交配后的雌虫在肛门处产虫卵。

【症状】病马表现为肛门痒，常摩擦尾部导致被毛和皮肤受损，同时肛周和会阴部可见黄白色胶样物质。

【诊断】取肛门处黄白色污物镜进行检查。

**21. 马圆线虫病**

【病原】主要有马圆线虫、无齿圆线虫和普通圆线虫，寄生于马属动物的大肠内。

【症状】普通圆线虫幼虫寄生于肠系膜动脉的根部引起动脉瘤和血栓性疝痛，严重时可导致马匹死亡。

## （三）棘头虫病

### 猪棘头虫病

【病原】猪蛭形巨吻棘头虫，属棘头动物门棘头虫纲，为长圆柱状的大型棘头虫，前粗后细，吻突上有 5～6 列倒钩，因此得名为棘头虫。雌虫直接产出含幼虫（棘头蚴）的深褐色长椭圆形虫卵。中间宿主为金龟子等甲虫，成虫寄生于猪小肠。

【流行病学】发病季节与中间宿主金龟子活跃季节密切相关。雌虫繁殖力极强，虫卵对外界不良环境抵抗力很强。

【症状及病变】肠黏膜发炎、坏死和溃疡，严重时肠壁穿孔，肠道充满虫体。临床表现为食欲减退、下痢、腹痛、消瘦、粪便带血。

【诊断】粪检（水洗沉淀法）。

## 三、真题及解析

1. 检疫人员进行生猪宰后检疫时，肉眼发现某屠宰猪肉膈肌中有针尖大小的白色小点，低倍镜检查见梭形包囊，囊内有卷曲的虫体。该虫体最可能是（　　）。

    A. 旋毛虫　　　　　　B. 弓形虫　　　　　　C. 棘球蚴

    D. 猪囊尾蚴　　　　　E. 肉孢子虫

【解析】A。"膈肌有针尖大小的白点"及"镜检可见内含卷曲虫体的包囊"是猪旋毛虫的特征表现，因此得知该猪感染的可能是猪旋毛虫。

2. 某地多头牛出现腹泻、食欲减少、贫血、消瘦等症状，便中带黏液，个别病牛便中带血，在粪便中检出虫卵，虫卵形态特殊，呈腰鼓状，两端有卵塞。该地病牛所患寄生虫病的病原为（　　）。

    A. 绵羊毛尾线虫　　　B. 鹿前后盘吸虫　　　C. 扩展莫尼茨绦虫

    D. 捻转血矛线虫　　　E. 猪毛尾线虫

【解析】A。毛尾线虫（鞭虫）虫卵呈腰鼓状，两端有卵塞；且绵羊毛尾线虫可以感染牛，猪毛尾线虫只感染猪。因此得知病牛感染的是绵羊毛尾线虫。

（3～5 题共用题干）

10 月，广东某地警犬基地的一只军犬，久病不愈，消瘦、咳嗽、呼吸困难，肝区触诊疼痛。体温 38.6℃，听诊心有杂音。抽取静脉血，进行毛细管离心，可以检查到微丝蚴。

3. 该军犬临床诊断最可能的是（　　）。

    A. 复孔绦虫病　　　　B. 犬弓首蛔虫病　　　C. 犬钩虫病

    D. 犬恶丝虫病　　　　E. 巴贝斯虫病

【解析】D。结合症状及血液镜检，检查到微丝蚴，诊断该犬感染的是犬恶丝虫。

4. 该病的传播媒介是（　　）。

    A. 硬蜱　　　　　　　B. 蚊子　　　　　　　C. 白蛉

    D. 蟋蟀　　　　　　　E. 牛虻

【解析】B。犬恶丝虫的中间宿主为蚊等，因此选蚊子。

5. 该病应采取什么药物进行治疗（　　）。

    A. 硫乙砷胺钠　　　　B. 氨丙啉　　　　　　C. 氢溴酸槟榔素

    D. 吡喹酮　　　　　　E. 硫酸喹啉脲

【解析】A。硫乙砷胺钠对犬心丝虫有效果。

6. 寄生于羊的大型肺线虫是（　　）。

    A. 丝状网尾线虫     B. 胎生网尾线虫     C. 安氏网尾线虫

    D. 柯氏原圆线虫     E. 长刺后圆线虫

【解析】A。丝状网尾线虫是寄生于羊的大型线虫。

7. 诊断牛弓首蛔虫病常采用的粪便检查方法是（　　）。

    A. 肉眼观察法     B. 饱和盐水漂浮法  C. 毛蚴孵化法

    D. 幼虫分离法     E. 粪便培养法

【解析】B。牛弓首蛔虫病的病原诊断主要是检查粪便中的虫卵，因虫卵较小，肉眼无法看到，故用饱和盐水漂浮法检查粪便中虫卵。

8. 南方某地饲养母猪，病初腹部皮肤出现炎症、丘疹及红色小结节，之后食欲不振，精神萎靡，逐渐消瘦，贫血，被毛粗乱。尿液内常有白色黏稠的絮状物或脓液，有时后躯麻痹，不能站立，拖地爬行，流产。该母猪可能感染的寄生虫病是（　　）。

    A. 猪肾虫病     B. 棘头虫病     C. 食道口线虫病

    D. 球虫病     E. 姜片吸虫病

【解析】A。结合丘疹及尿液中有白色黏稠的絮状物或脓液，可推断出该母猪感染的是猪肾虫，又称有齿冠尾线虫。

9. 某鸡场 4~6 周龄的雏鸡食欲减退，营养不良，发育停滞，死亡的鸡剖检后发现盲肠机械性损伤，盲肠肿大，肠壁增厚形成结节，同时发现盲肠内腔充满浆液性或出血性渗出物，渗出物常发生干酪化，形成干酪状的盲肠肠芯。肝也肿大，出现呈圆形或不规则形状、中央稍凹陷、边缘稍隆起、淡黄色或淡绿色的坏死病灶。该鸡场的鸡可能感染了（　　）。

    A. 异刺线虫和有轮赖利绦虫        B. 异刺线虫和火鸡组织滴虫

    C. 火鸡组织滴虫和鸡蛔虫        D. 异刺线虫和前殖吸虫

    E. 有轮赖利绦虫和火鸡组织滴虫

【解析】B。病变主要是盲肠形成干酪状的盲肠肠芯及肝呈圆形或不规则形状、中央稍凹陷、边缘稍隆起、淡黄色或淡绿色的坏死病灶，由此可推测该鸡感染的是组织滴虫。异刺线虫是火鸡组织滴虫的保虫宿主，常与组织滴虫混合感染。

10. 马副蛔虫幼虫移行期引起的主要症状是（　　）。

    A. 流泪     B. 血尿     C. 尿频

    D. 咳嗽     E. 便秘

【解析】D。马副蛔虫幼虫移行同猪蛔虫，为肠→肝→肺→胃→肠，移行至肺时会引起蛔虫性肺炎。临床表现为咳嗽。

11. 蛭形巨吻棘头虫的中间宿主是（　　）。

    A. 蜻蜓     B. 金龟子     C. 淡水螺

    D. 蚂蚁     E. 蚂蚱

【解析】B。蛭形巨吻棘头虫寄生于猪小肠，中间宿主是金龟子等甲虫。

12. 蛭形巨吻棘头虫病正确的实验室诊断方法是（　　）。

    A. 幼虫检查法     B. 水洗沉淀法     C. 毛蚴检查法

    D. 饱和盐水漂浮法    E. 血液涂片法

【解析】B。水洗沉淀法适用于比重较大的吸虫卵和棘头虫卵的检查。

## <<< 第五单元　蜱螨病与昆虫病防治　>>>

## 一、考试大纲

| 单元 | 细目 | 要点 |
|---|---|---|
| 蜱螨病与昆虫病 | 1. 概述 | (1) 生活史 |
|  | 2. 蜱螨病与昆虫病 | (1) 蜱螨病　(2) 蝇蛆病　(3) 虱　(4) 蚤 (5) 部分节肢动物传播的疾病 |

## 二、重要知识点

### (一) 概述

**1. 生活史**

(1) 蜱、螨　蛛形纲节肢动物，包括蜱（硬蜱、软蜱）和螨（皮刺螨、疥螨、痒螨、蠕形螨、恙螨）。生活史为不完全变态发育，可分为虫卵→幼虫→若虫→成虫 4 个时期。

(2) 蚤、虱、蝇　昆虫纲节肢动物。生活史分为完全变态发育（卵→幼虫→蛹→成虫）和不完全变态发育（卵→幼虫→若虫→成虫）两种。

### (二) 蜱螨病与昆虫病

**1. 蜱螨病**

(1) 蜱病　蜱分为硬蜱和软蜱，其中最常见且危害最严重的是硬蜱。蜱是吸血的外寄生虫，大多数寄生在哺乳动物体表，可以通过吸食血液来传播许多病原体（硬蜱可以传播巴贝斯虫病和泰勒虫病，软蜱可传播立克次体和螺旋体病），也会造成叮咬部位发炎等。

①硬蜱：呈背腹扁平的红褐色卵圆形，背面有几丁质的盾板。为不完全变态发育型（虫卵→幼虫→若虫→成虫）。根据生活史中需要的宿主数量，将其分为一宿主蜱、二宿主蜱和三宿主蜱。

②软蜱：呈扁平的卵圆形。吸血前灰黄色，吸饱血后为灰黑色。从背面看看不见假头。为不完全变态发育（虫卵→幼虫→若虫→成虫）。大多数属于多宿主蜱。宿主范围广泛，主要寄生于鸡、鸭、鹅。只在需要吸血时才与宿主接触，属于暂时性寄生虫。

(2) 螨病　疥螨、痒螨、蠕形螨的比较如表 3 - 2 所示。禽常见螨病如表 3 - 3 所示。

表 3 - 2　疥螨、痒螨和蠕形螨的比较

| | 疥螨 | 痒螨 | 蠕形螨 |
|---|---|---|---|
| 虫体形态 | 0.2～0.5 mm，浅黄色龟形；咀嚼式口器，口器短而钝，似马蹄铁形；从背面观，仅前两对足伸出体缘外 | 0.5～0.8 mm，长椭圆形；刺吸式口器，长而尖，似圆锥形；从背面观，四对足均伸出体缘外 | 0.1～0.4 mm，细长圆桶状 |

（续）

| | 疥螨 | 痒螨 | 蠕形螨 |
|---|---|---|---|
| 宿主<br>(寄生部位) | 各种家畜（表皮内） | 绵羊、山羊、牛、马等各种家畜（皮肤表面），对绵羊危害最严重 | 犬和猫，其中犬较常见（毛囊和皮脂腺） |
| 生活史 | 不完全变态（接触传播） | | |
| 症状 | 初期皮肤出现小丘疹和水疱，病变部发痒，摩擦脱毛和皮肤结痂、增厚 | 患病部位脱毛严重，奇痒无比，会出现结节，形成水疱或脓疱，渗出物多 | 患部脱毛、蠕形螨性发炎，形成结痂或化脓，但不瘙痒 |
| 诊断 | 镜检：取病变与健康交界处的皮肤、皮肤结节、脓疱内容物进行检查 | | |
| 治疗 | 口服或注射阿维菌素或伊维菌素，用敌百虫、蝇毒磷、双甲脒、溴氰菊酯、二嗪农药浴；用伊维菌素或阿维菌素类药物浇泼剂喷洒或涂抹 | | |
| 防控 | 使用药物对患畜进行治疗，对畜舍、用具及环境进行彻底消毒和灭虫，对污染的垫草或粪便物进行生物热发酵处理 | | |

表 3-3　禽常见螨病

| | 皮刺螨 | 恙螨 | 膝螨 |
|---|---|---|---|
| 虫体形态 | 皮刺螨科，长椭圆形，饱血后虫体为红色，也称"红螨"，寄生于窝巢，吸血接触禽类 | 恙螨科，幼虫长 0.42 mm，不易被发现，饱食后呈橘黄色，仅幼虫寄生于体表吸血 | 疥螨科，虫体近圆球形，体长 0.2~0.4 mm |
| 症状 | 鸡贫血、消瘦、瘙痒不安，皮肤上会出现小的红疹，会传播立克次体和螺旋体病 | 寄生于鸡翅、鸡腿内侧及胸肌两侧，患部奇痒，有痘状病灶 | 寄生于鸡胫部、趾部无毛处的鳞片下，皮肤渗出液干涸后形成石灰样的痂皮，称"石灰脚"；有痒感，鸡自啄造成"脱羽病" |
| 治疗 | 患部喷洒或涂擦溴氰菊酯或杀灭菊酯 | 局部应用 70%乙醇、碘酊或硫黄软膏 | 温水或肥皂水泡脚以去除痂皮，干燥后涂抹杀螨剂（蝇毒磷、伊维菌素等） |

**2. 蝇蛆病**

（1）牛皮蝇蛆病

【病原】主要包括纹皮蝇（一根毛产一列卵）和牛皮蝇（一根毛产一颗卵）。成蝇产卵于体表，幼虫寄生牛的背部皮下组织，引起囊肿和皮肤穿孔。

【生活史】完全变态发育，即经历卵→幼虫→蛹→成虫 4 个时期。牛皮蝇成虫出现于 6—8 月份，蚊皮蝇则出现于 4—6 月份。主要感染牛，偶尔也可感染马、驴、野生动物和人。

【症状】成蝇产卵时，牛表现不安，狂奔。幼虫钻入皮肤引起皮肤瘙痒、不安，移行可造成组织损伤，引起局部结缔组织增生和皮下蜂窝织炎，有时继发细菌感染可化脓形成瘘管。幼虫钻出时留有瘢痕和小孔。

【诊断】幼虫出现在背部皮下时，皮肤隆起，且隆起的皮肤上有小孔与外界相通，用手挤压可挤出幼虫，即可确诊。

【防控】4—11 月对牛体喷洒有机磷类、菊酯类、伊维菌素、阿维菌素等药物，杀死幼虫及卵。

（2）羊鼻蝇蛆病（羊狂蝇蛆病）

【病原】羊狂蝇幼虫寄生于羊的鼻腔或其附近的腔窦内。

【生活史】完全变态发育，经历幼虫、蛹、成虫3个阶段。成虫将幼虫产于羊鼻腔。

【症状】5—9月常发，特别是7—9月。患羊表现出呼吸困难，流浆液性和脓性鼻涕，打喷嚏，摇头，运动失调，做旋转运动，即"假回旋症"。

【诊断】早期可将药物喷入鼻腔，收集鼻腔喷出物检查是否有幼虫。

【防治】伊维菌素和敌百虫主要防治第1期幼虫，氯氰柳胺对各期幼虫均有效。

（3）马胃蝇蛆病

【病原】胃蝇科胃蝇属的各种马胃蝇幼虫寄生于马属动物胃内。

【生活史】完全变态发育，经历卵→幼虫→蛹→成虫4个时期。成蝇产卵于毛上，幼虫从卵中孵出后移行引起发痒，马啃咬时将幼虫吞入口腔，幼虫随吞咽进入胃内发育，最后随粪便排出。夏季多发（5—9月）。

【病变】病马胃黏膜被叮咬部位呈火山口状。

【诊断】检查马体被毛有无马胃蝇卵；检查口腔、咽部及粪便中有无幼虫，必要时进行药物诊断性驱虫。

【防控】预防性驱虫，或使用敌百虫溶液杀灭体表的第1期幼虫。

**3. 虱**

【病原】虫体扁平、无翅、头胸腹分界明显。根据口器结构和吞食方式分为血虱亚目和食毛亚目。血虱亚目又称为兽虱（哺乳动物），包括血虱和颚虱，以血液为食，刺吸式口器。食毛亚目包括羽虱（禽）和毛虱（哺乳动物），主要以羽、毛、皮屑为食，咀嚼式口器。

【生活史】不完全变态发育，经历卵→若虫→成虫3个时期。属永久性寄生虫。接触传播。

【症状】皮肤瘙痒、脱毛、患病动物消瘦等。

【诊断】在动物体表发现虱或虱卵即可确诊。

**4. 蚤**

【病原】犬栉首蚤、猫栉首蚤叮咬犬、猫和人，吸食宿主血液，引起皮炎并传播其他疾病。蚤是犬复孔绦虫的中间宿主，虫体较小，左右扁平，棕褐色，善弹跳。

【生活史】完全变态发育，经历卵→幼虫→蛹→成虫4个时期，属于暂时性寄生虫。

**5. 部分节肢动物传播的疾病** 硬蜱传播巴贝斯虫和泰勒虫病；软蜱传播立克次体和鸡螺旋体病；虱、蚤传播犬复孔绦虫病；白蛉传播利士曼原虫病；螨、蚋传播禽住白细胞虫病；虻、吸血蝇传播伊氏锥虫病；库蚊、按蚊传播犬心丝虫病。

## 三、真题及解析

1. 全沟硬蜱的发育过程没有（　　）阶段。

    A. 卵          B. 幼蜱          C. 若蜱

    D. 蛹          E. 成蜱

【解析】D。蜱的生长发育类型为不完全变态发育，经历虫卵→幼蜱→若蜱→成蜱，没有化蛹这个时期。

2. 伊氏锥虫病的传播媒介是（    ）。

    A. 虻和吸血蝇      B. 库蚊          C. 果蝇

    D. 蜱          E. 蜻蜓

【解析】A。伊氏锥虫病的传播媒介是虻和吸血蝇。

3. 疥螨通过哪种途径感染宿主（    ）。

    A. 经吸血感染      B. 经胎盘感染     C. 接触感染

    D. 经空气感染      E. 经口感染

【解析】C。体表寄生虫均是由接触感染宿主。

（4～6题共用题干）

某猪群病猪出现剧痒，皮肤损伤、脱毛、结痂、增厚乃至龟裂以及消瘦等症状。

4. 该病最可能的诊断（    ）。

    A. 蜱感染          B. 疥螨病         C. 痒螨病

    D. 蠕形螨病     E. 血虱感染

【解析】B。猪感染疥螨后，患部发炎、发痒、脱毛，皮肤损伤、增厚乃至龟裂、结痂，俗称猪癞。因此，正确答案为疥螨。

5. 确诊时，采集病料应该选择（    ）。

    A. 健康皮肤       B. 病灶中央      C. 病灶边缘

    D. 皮肤皲裂处    E. 病健皮肤交界处

【解析】E。疥螨主要活动在病健交界处，因此应该采集病健交界处的病料来检查。

6. 治疗该病可用（    ）。

    A. 吡喹酮         B. 盐霉素        C. 阿苯达唑

    D. 左旋咪唑      E. 阿维菌素

【解析】E。阿维菌素对线虫和螨虫有效。因此，正确答案为阿维菌素。

7. 10月龄北京犬，不断用嘴蹭地或用爪抓挠面部，检查发现该犬口唇部、眼睛周围皮肤发红和脓性疱疹，覆有黄色痂皮。采集病健交界处的病料镜检，发现有多个大小不超过0.5mm，呈圆形，头部突出，有四对足，后两对足不超过体缘的虫体。该病最可能的病原是（    ）。

    A. 蠕形螨         B. 蚤           C. 虱

    D. 痒螨          E. 疥螨

【解析】E。疥螨呈龟形或圆形，口器短而钝，口器似马蹄形，足短，背面观仅前两对足伸出体缘，后两对足不超过体缘。根据镜检形态，可知该犬感染的是疥螨。

8. 某养户家的羊群出现骚动，惊慌不安，拥挤，频频摇头，喷嚏，低头，用鼻孔抵于地面，有些羊出现脓性鼻涕，打喷嚏，鼻孔堵塞，呼吸困难，体质消瘦，运动失调，做圆圈运动，甚至死亡。该羊群可能患的病是（    ）。

    A. 羊鼻蝇蛆病     B. 脑多头蚴病     C. 莫尼茨绦虫病

    D. 丝状网尾线虫病   E. 片形吸虫病

【解析】A。根据"做圆圈运动""脓性鼻涕，打喷嚏"等症状，可知该羊感染的是羊鼻蝇蛆。

9. 春季，某奶牛表现消瘦、泌乳量下降，背部局部皮肤隆起，上有小孔，孔内有 20mm 左右长的幼虫。该病可能是（      ）。

    A. 棘球蚴病        B. 贝诺孢子虫病        C. 肉孢子虫病

    D. 牛皮蝇蛆病     E. 疥螨病

【解析】D。"背部皮肤隆起，上有小孔，孔内有 20 mm 幼虫"是牛皮蝇蛆的第 3 期幼虫寄生于牛背部皮下组织的特征性症状。

10. 病鸡羽毛蓬乱、瘙痒不安、贫血、消瘦、产蛋量下降，出现痘状疹。患病鸡尾部、腹部羽毛可见移动的黑色和红色虫体。取该虫体置于显微镜下观察，虫体呈长椭圆形，长 0.6～0.7mm，体表有短绒毛，口器长，具细长的针状螯肢，有 4 对细长的足。该病鸡最有可能患的寄生虫病是（      ）。

    A. 长羽虱         B. 圆羽虱         C. 疥螨病

    D. 膝螨病        E. 皮刺螨病

【解析】E。皮刺螨吸饱血后虫体转为红色，也称"红螨"，鸡感染皮刺螨后会导致贫血、消瘦、瘙痒不安，皮肤出现红疹。

# <<< 第六单元　原虫病 >>>

## 一、考试大纲

| 单元 | 细目 | 要点 |
|---|---|---|
| 原虫病 | 1. 概述 | (1) 原虫的基本构造　(2) 运动器官　(3) 原虫的生殖 |
| | 2. 原虫病 | (1) 弓形虫病　(2) 球虫病　(3) 巴贝斯虫病　(4) 泰勒虫病　(5) 组织滴虫病　(6) 禽住白细胞虫病　(7) 利什曼原虫病　(8) 伊氏锥虫病　(9) 牛胎儿毛滴虫病　(10) 马媾疫　(11) 猪小袋纤毛虫病　(12) 肉孢子虫病　(13) 隐孢子虫病　(14) 新孢子虫病　(15) 贾第虫病 |

## 二、重要知识点

（一）概述

**1. 原虫的基本构造**　细胞膜、细胞质和细胞核。

**2. 运动器官**　鞭毛、纤毛、伪足和波动膜。

**3. 原虫的生殖**　有性生殖和无性生殖。

（1）无性生殖　二分裂（鞭毛虫常采用此方式）、裂殖生殖（如球虫）、孢子生殖、出芽生殖（如梨形虫）。

（2）有性生殖　接合生殖（多见于纤毛虫）、配子生殖（如隐孢子虫）。

### (二)原虫病

#### 1. 弓形虫病

【病原】刚地弓形虫,其不同的发育阶段有不同的形态,且各阶段皆有感染性。共有 5 个发育阶段,包括在中间宿主体内的速殖子(又称滋养体,月牙形或香蕉形)、包囊(圆形或椭圆形,内含大量慢殖子,宿主免疫力下降时,慢殖子可迅速转变为速殖子)以及在终末宿主小肠上皮细胞内的裂殖体(内含裂殖子)、配子体及卵囊(内含 2 个椭圆形孢子囊,每个孢子囊内有 4 个子孢子)。终末宿主为猫及猫科动物,中间宿主为人、哺乳动物、鸟类、鱼类、爬行类等。

【流行特点】主要经消化道感染,也可经呼吸道、损伤的皮肤及眼、胎盘等途径侵入,人作为中间宿主可通过接触猫粪、食用未煮熟的生肉及通过胎盘传播。呈世界性分布,对人、猪和羊危害最大。卵囊对常用消毒剂、酸和碱均具有很强的抵抗力,但虫体在干燥和冰冻条件下不易生存。

【症状和病变】感染严重时主要引起神经、呼吸及消化系统症状。会造成怀孕母畜流产或死胎。感染后主要病变为肺水肿,淋巴结、肝、肾等器官肿大,并有出血点和坏死灶。

【诊断】病原体检查、血清学诊断或分子生物学诊断。如取脏器或腹水进行涂片镜检。

【防治】磺胺类药物有一定疗效;猫粪无害化处理;防止饮水、饲料被猫粪污染;不用生肉喂猫;危险人群定期检测。

#### 2. 球虫病

【病原】球虫卵囊呈椭圆形、圆形或卵圆形。随粪便排出的卵囊常为未孢子化卵囊。在适宜的环境下孢子化形成具有感染性的孢子化卵囊。

【生活史】直接发育型。在宿主体内进行裂殖生殖和配子生殖,在体外进行孢子生殖。卵囊随粪便排出体外→孢子生殖形成孢子化卵囊(体外)→卵囊经口感染宿主→孢子化卵囊释放子孢子,子孢子发育为滋养体→滋养体侵入肠上皮细胞裂殖生殖,形成裂殖体→裂殖体释放裂殖子→一部分裂殖子侵入新的肠上皮细胞进行裂殖生殖形成新的裂殖体,一部分裂殖子分化成雌、雄配子体进行配子生殖→雌雄配子结合形成合子→卵囊。

【流行特点】对幼龄动物危害更严重,成年动物感染常造成自限性腹泻,幼龄动物感染可引起水样性腹泻,严重时粪便带血,甚至造成动物脱水死亡。

【诊断】饱和盐水漂浮法或直接涂片法。

【防治】地克珠利、氯苯胍、氨丙啉、硝苯酰胺、磺胺类、妥曲珠利、莫能菌素、盐霉素、常山酮、拉沙里菌素、马杜拉霉素、硝苯酰胺等药物治疗。

(1)鸡球虫病

【病原】隶属于艾美耳科艾美耳属,主要有柔嫩艾美耳球虫(寄生于盲肠)、毒害艾美耳球虫(寄生于小肠中段)、堆型艾美耳球虫(寄生于小肠,特别是十二指肠)、布氏艾美耳球虫(寄生于小肠后段)、巨型艾美耳球虫(寄生于小肠中段)和缓艾美耳球虫(寄生于小肠前段)。这几种鸡球虫常混合感染,致病力由强到弱,柔嫩艾美耳球虫致病力最强,缓艾美耳球虫致病力最弱。无中间宿主,为直接发育型,球虫卵囊有 4 个孢子囊,每个孢子囊中有 2 个子孢子,子孢子呈香蕉形。

【症状】出血性肠炎和排血便。其中柔嫩艾美耳球虫对 3~6 周龄的雏鸡致病性最强。毒害艾美耳球虫病多发于8~18周龄的中雏鸡。

【病变】柔嫩艾美耳球虫的病变主要在盲肠，表现出血性肠炎，盲肠和黏膜充血肿大，外观呈棕红色，肠腔内充满血凝块和脱落的黏膜，形成红色肠芯。毒害艾美耳球虫病变主要在小肠中部，表现高度肿胀或气胀。

（2）兔球虫病

【病原】隶属于艾美耳属，除了斯氏艾美耳球虫寄生于胆管上皮外，其余球虫（中型艾美耳、大型艾美耳、黄色艾美耳、无残艾美耳和肠艾美耳球虫）均寄生于兔的小肠黏膜上皮细胞内。其中斯氏艾美耳球虫的致病力最强。生活史同其他艾美耳球虫相似。

【流行特点】各品种和各年龄段的兔均可感染，其中3月龄的幼兔感染最为严重，死亡率高。

【症状与病变】血痢、神经症状。肠型剖解可见卡他性肠炎，慢性病例的肠黏膜上有白色小点。肝型剖解可见肝表面或肝实质有沿胆管分布的粟粒大或豌豆大的白色或淡黄色结节。

（3）其他动物球虫病

①鸭球虫：毁灭泰泽球虫，常寄生于鸭的小肠内，引起出血性肠炎。

②鹅球虫：截形艾美耳球虫，寄生于鹅的肾和小肠内，引起消瘦、腹泻和血便。

**3. 巴贝斯虫病**（又称红尿热、蜱热）

【病原】常见的血液原虫。虫体具多形性，主要有梨籽形、圆形、卵圆形、环形及不规则形，寄生在红细胞内。该病由蜱传播，故称为蜱热，蜱是该病的终末宿主，各种哺乳动物如牛、羊、马、犬、猫等为中间宿主。常见的是牛巴贝斯虫（典型虫体为梨籽型，虫体半径小于红细胞半径，两个虫体以尖端相连呈钝角）和双芽巴贝斯虫（典型虫体为梨籽型，虫体半径长于红细胞，两个虫体以尖端相连呈锐角）。

【生活史】体内带有巴贝斯虫子孢子的蜱虫吸血时，子孢子随唾液进入中间宿主血液→寄生在中间宿主红细胞内→以内出芽或二分裂进行生殖→蜱虫吸血时，子孢子进入蜱肠腔发育为虫样体（配子）→配子生殖形成合子→动合子进入唾腺细胞进行孢子生殖→产生大量子孢子。

【症状】高热和血红蛋白尿，故又称为"红尿热"。

【诊断】血液涂片染色镜检发现虫体即可确诊。

【治疗】常用特效药有咪唑苯脲、三氮脒、硫酸喹啉脲、吖啶黄。

**4. 泰勒虫病**

【病原】血液性寄生原虫，寄生于有核的淋巴细胞和无核红细胞内，在淋巴细胞中的虫体称为石榴体或柯赫氏蓝体。最常见的是寄生于牛体内的环形泰勒虫。该病的传播媒介为硬蜱。

【生活史】以环形泰勒虫为例，蜱吸血时将子孢子注入牛体→子孢子在淋巴细胞中进行多次裂殖生殖形成裂殖体（石榴体或柯赫氏蓝体）→小裂殖体释放出小裂殖子，侵入红细胞成为环形配子体（形似戒指，称为戒指体）→蜱虫吸血，将配子体吞入蜱胃中，发育成大、小配子→形成合子和动合子→动合子进行孢子生殖→子孢子

【症状】高热、贫血、出血、消瘦及体表淋巴结肿大。

【诊断】血液、淋巴结或脾涂片。

【治疗】可选用磷酸伯氨喹（PMQ）、三氮脒（贝尼尔）进行治疗。

### 5. 组织滴虫病（又称盲肠肝炎、黑头病）

【病原】火鸡组织滴虫，寄生于禽盲肠和肝。二分裂法繁殖。鸡异刺线虫是火鸡组织滴虫的保虫宿主，火鸡组织滴虫可在鸡异刺线虫体内繁殖，两者常混合感染。

【症状与病变】鸡冠发绀，呈暗黑色又称黑头病。盲肠肝炎，肝表面出现圆形、黄绿色、凹陷的坏死灶。盲肠肿胀，肠壁增厚或形成溃疡，干酪样物充满盲肠腔。

【治疗】甲硝达唑。

### 6. 禽住白细胞虫病（又称"白冠病"）

【病原】主要有沙氏住白细胞虫、卡氏住白细胞虫；寄生于鸡的血细胞和内脏器官组织细胞。传播媒介为吸血昆虫（如蚋、库蠓）。在鸡体内进行裂殖生殖和配子生殖，在传播媒介中进行孢子生殖。

【症状与病变】死前口流鲜血，贫血，鸡冠和肉髯苍白，又称白冠病，常因呼吸困难而死亡。全身性出血，肌肉和各脏器有大小不等的出血点，其中肾、肺出血最严重。尤其是胸肌、腿肌、心肌有大小不等的出血点及灰白色的针尖至粟粒大小的小结节。

【诊断】血涂片或脏器涂片染色镜检。

【治疗】磺胺间甲氧嘧啶、克球粉等。

口诀：住白细胞有白冠，白色结节鲜血现。

### 7. 利什曼原虫病（黑热病）

【病原】利什曼原虫寄生于人、犬等多种动物的网状内皮细胞，有无鞭毛体（又称利杜体，卵圆形）和前鞭毛体（梭形，有鞭毛）两种形态。传播媒介为白蛉，利什曼原虫在白蛉体内以有鞭毛的前鞭毛体形式存在。

【症状和病变】与寄生部位密切相关，犬皮肤感染时常在唇、眼周围形成浅层溃疡，犬内脏感染常引起眼圈周围脱毛形成特殊的"眼镜"。随后体毛脱落形成湿疹。死后剖解可见脾和淋巴结肿胀。

【诊断】皮肤涂片或骨髓、淋巴结、脾穿刺液涂片染色镜检。

【治疗】葡萄糖酸锑钠等锑制剂为首选药。

口诀：利什曼，白蛉传，特殊眼镜黑热犬

### 8. 伊氏锥虫病（苏拉病）

【病原】伊氏锥虫常寄生于多种动物的血液、淋巴液和造血器官中，特别是马属动物。机械性传播媒介为虻和吸血蝇类。伊氏锥虫在虻等吸血媒介体内不发育。

【症状与病变】伊氏锥虫可通过抗原变异逃避宿主的免疫系统，感染后的临床表现间歇热、进行性消瘦、贫血、水肿和神经症状等。皮下水肿和胶样浸润是本病的主要特征，水肿多发生在胸前、腹下及四肢下部。

【诊断】血液压滴标本或血液涂片染色镜检即可诊断。动物接种试验也可确诊。

【治疗】可用喹嘧胺、三氮脒、苏拉灭、锥净等。

### 9. 牛胎儿毛滴虫病

【病原】胎儿毛滴虫，寄生于牛的生殖器官内，如母牛的阴道、子宫或公牛阴茎、输精管。也可寄生在胎儿的胃和体腔中。通过交配或人工授精感染。

【症状】生殖器官炎症、流产和不孕等。

【诊断】采生殖道分泌物或冲洗液，流产胎儿胃内容物进行染色镜检。

【治疗】使用 0.2% 碘液、0.1% 黄色素或 0.1% 三氮脒冲洗生殖道，或用甲硝唑（灭滴灵）静脉注射。

**10. 马媾疫**

【病原】马媾疫锥虫，形态与伊氏锥虫相似。寄生于马属动物的生殖器官，通过交配感染。

【症状】生殖器官炎症、皮肤轮状丘疹（银元疹）及神经症状。

【诊断】取尿道、阴道分泌物或丘疹部组织液进行染色镜检。

**11. 猪小袋纤毛虫病**

【病原】结肠小袋纤毛虫，寄生于猪大肠，特别是结肠。结肠小袋纤毛虫有滋养体和包囊两种存在形式。经口感染。

【症状】仔猪感染表现为腹泻、肠炎、肠溃疡。

【诊断】粪便涂片检查滋养体或包囊。

【治疗】可用甲硝唑、土霉素、四环素等。

**12. 肉孢子虫病**

【病原】肉孢子虫寄生于犬、狼、人等多种终末宿主的小肠上皮细胞，终末宿主经口或胎盘感染。间接发育型，中间宿主是草食动物、禽类、杂食动物及啮齿类动物等，宿主范围广泛，肉孢子虫寄生于中间宿主的肌肉组织中形成包囊，包囊呈纺锤形或圆柱形，其长轴与肌纤维平行，包囊内含多量香蕉型滋养体。

【诊断】检测血清中的抗体或剖检肌肉检查是否有肉孢子虫包囊。

**13. 隐孢子虫病**

【病原】隐孢子虫，寄生于哺乳动物、禽类、啮齿类等多种动物和人的小肠上皮细胞，引起严重腹泻及禽类呼吸道症状。直接发育型，经口感染，生活史同球虫。

【症状】哺乳动物，特别是幼龄动物，感染引起致死性肠炎及水样腹泻。禽类感染表现为呼吸道、消化道症状。

【诊断】取粪便或呼吸道黏液通过饱和蔗糖漂浮法或抗酸染色镜检卵囊（卵囊为有 4 个裸露的子孢子）。

【治疗】硝唑尼特是目前唯一批准的可用于临床治疗的药物。

**14. 新孢子虫病**

【病原】犬新孢子虫，寄生于犬的小肠，犬是唯一的终末宿主。中间宿主范围广泛，包括牛、绵羊、山羊、马、鹿、猪、兔、犬等在内的多种动物，寄生于中枢神经系统、肌肉、肝、脑及其他内脏组织，感染会引起孕畜流产或产死胎，也可造成新生动物运动障碍和神经系统疾病。可通过胎盘或口感染。

【诊断】病原学检查、血清学诊断、分子生物学诊断。

【治疗】无特效药。复方新诺明、羟基乙磺胺戊烷脒等有一定的疗效。

**15. 贾第虫病**

【病原】蓝氏贾第虫，寄生于牛、羊、猪、犬、猫等多种动物及人的肠道，引起以腹泻和消化不良为主的症状。生活史简单，为直接发育型，可经口感染，有滋养体和包囊两种形态。

【症状】以腹泻和消化不良为主。

【诊断】直接涂片或硫酸锌溶液漂浮法进行粪便检查。

【治疗】孕妇可用巴龙霉素、替硝唑等；动物用芬苯达唑、丙硫苯咪唑、甲硝唑等。

## 三、真题及解析

(1~2题共用题干)

某猪群出现食欲不振，高热稽留，呼吸困难，体表淋巴结肿大，皮肤发绀。孕猪出现流产、死胎。取病死猪肝、肺、淋巴结及腹水，抹片，染色，镜检见香蕉形虫体。

1. 该寄生虫病可能是（    ）。

    A. 球虫病        B. 鞭虫病        C. 蛔虫病

    D. 弓形虫病        E. 旋毛虫病

【解析】D。弓形虫病会出现食欲废绝，高热稽留，呼吸困难，体表淋巴结肿大，皮肤发绀等症状，且孕猪会出现流产或死胎。结合"取淋巴结或肺组织抹片可观察到香蕉型虫体"可知感染的寄生虫是弓形虫。

2. 该病的有效药物是（    ）。

    A. 吡喹酮        B. 阿苯达唑        C. 盐霉素

    D. 氯霉素        E. 磺胺六甲氧嘧啶

【解析】E。弓形虫病目前无特效药，磺胺类药物有一定治疗效果。

3. 从猫粪中排出的弓形虫发育阶段是（    ）。

    A. 包囊        B. 卵囊        C. 裂殖子

    D. 速殖子        E. 配子体

【解析】B。猫是弓形虫的唯一终末宿主，弓形虫寄生于猫的肠道，卵囊可随粪便排出体外。

4. 该病的病原是寄生于动物的血液、淋巴液及造血器官中。可感染马，症状为稽留热、呼吸急促、病马逐渐消瘦和眼结膜由充血变为黄染、苍白甚至可以看到有出血斑在结膜上。该病可能是（    ）。

    A. 伊氏锥虫病        B. 华支睾吸虫病        C. 毛尾线虫病

    D. 疥螨病        E. 蜱病

【解析】A。根据寄生部位，可选出正确答案。伊氏锥虫常寄生于多种动物的血液、淋巴液和造血器官中。

5. 原虫在红细胞内繁殖，破坏红细胞，导致溶血性贫血，并引起黄疸，蜱为传播媒介的是（    ）。

    A. 犬心丝虫病        B. 犬、猫钩虫病        C. 犬、猫蛔虫病

    D. 犬复孔绦虫病        E. 犬巴贝斯虫

【解析】E。犬巴贝斯虫是一种血液原虫，寄生于红细胞内，感染会造成溶血性贫血，且传播媒介为蜱。

(6~7题共用题干)

夏季，5周龄散养鸡群食欲不振，腹泻，粪便带血，剖检见小肠中段肠管高度肿胀，肠

内有大量血凝块，刮取肠黏膜镜检见多量裂殖体。

6. 该病可能是（　　）。
   A. 弓形虫病　　　　B. 隐孢子虫病　　　C. 球虫病
   D. 住白细胞虫病　　E. 组织滴虫病

【解析】C。只有鸡毒害艾美耳球虫寄生于禽小肠中段内，并能引起肠管高度肿胀，肠内有大量血凝块，且刮取肠黏膜镜检见多量裂殖体。

7. 预防该病的药物是（　　）。
   A. 伊维菌素　　　　B. 盐霉素　　　　　C. 泰乐菌素
   D. 左旋咪唑　　　　E. 链霉素

【解析】B。盐霉素用于治疗鸡球虫病和促进畜禽生长。

8. 兔球虫病的病理变化不包括（　　）。
   A. 肠壁血管充血　　B. 肝高度肿大　　　C. 肠黏膜上有白色结节
   D. 肝表面有结节性病灶　　　　　　　　E. 胃壁上有白色结节

【解析】E。兔球虫及寄生部位：斯氏艾美耳，肝胆管；中型艾美耳，空肠和十二指肠；大型艾美耳，大小肠。病变主要在肠、肝，不在胃。

（9～10题共用题干）

某警犬基地一犬精神沉郁，喜卧，四肢无力，身躯摇摆，发热呈不规则间歇热，体温41℃，食欲减退，营养不良，明显消瘦。结膜苍白，黄染，化脓性结膜炎。从口、鼻流出具有异味的液体。尿呈黄色至暗褐色。血涂片检查在红细胞边缘检出椭圆形长度为$1.5\sim2\mu m$的虫体。血凝试验犬细小病毒以及犬瘟热病毒呈阴性，细菌试验阴性。

9. 根据临床症状、剖检以及实验室检验，可以初步诊断该病为（　　）。
   A. 犬弓首蛔虫病　　B. 犬弓形虫病　　　C. 犬巴贝斯虫病
   D. 犬等孢球虫病　　E. 犬钩口线虫病

【解析】C。根据"血涂片检查在红细胞边缘检出椭圆形长度为$1.5\sim2\mu m$的虫体"可知虫体寄生于血液中，结合"椭圆形长度为$1.5\sim2\mu m$的虫体"确定为犬巴贝斯虫病。巴贝斯虫病特征性症状发热、贫血、血红蛋白尿，符合题意。

10. 针对病例的发病情况，应采取的相应的治疗措施是（　　）。
   A. 肌内注射伊维菌素　B. 口服氨丙啉　　　C. 口服阿苯达唑
   D. 口服吡喹酮　　　　E. 肌内注射硫酸喹啉脲

【解析】E。硫酸喹啉脲对梨形虫有效，对巴贝斯虫有特效。

# 考点速记

1. 在发育过程中只需一个宿主的寄生虫被称为**单宿主寄生虫**。
2. 寄生虫无性生殖阶段或幼虫阶段所寄生的宿主被称为**中间宿主**。
3. 寄生虫有性生殖阶段或成虫阶段所寄生的宿主被称为**终末宿主**。
4. 寄生虫的间接发育指的是发育过程中需要**中间宿主**。
5. 猪是**猪带绦虫**的中间宿主，人是**猪带绦虫**的终末宿主。
6. 只在采食时才与宿主接触的寄生虫被称为**暂时性寄生虫**。
7. 夺取宿主营养是**猪蛔虫**最主要的致病作用。

8. **锥虫**可以通过抗原变异来逃避宿主的免疫。

9. **病原检查**是诊断寄生虫病最可靠的方法。

10. 通常采取**病健交界处**的病料来诊断是否感染螨虫。

11. **绦虫虫卵**中含有六钩蚴，**吸虫虫卵**中有毛蚴，**线虫虫卵**中有幼虫（胎生）或胚细胞（卵生）。

12. 日本分体吸虫病的常用诊断方法是**毛蚴孵化法**。

13. 驱虫后排出的粪便要用**生物热发酵**进行无害化处理。

14. 日本分体吸虫和东毕吸虫的感染阶段是**尾蚴**，其余吸虫的感染阶段是**囊蚴**。

15. 日本分体吸虫的中间宿主是**钉螺**。

16. **日本分体吸虫病**特征性病变是肝表面有虫卵结节。

17. **华支睾吸虫**寄生于人、犬、猫的胆管，人吃生鱼片和醉虾最可能感染的寄生虫是华支睾吸虫。

18. **后睾吸虫**寄生于禽类肝胆管与胆囊内。

19. **细粒棘球蚴**是细粒棘球绦虫的中绦期，常寄生于家畜和人的肝、肺中。

20. 细粒棘球绦虫是细粒棘球蚴的成虫，寄生于**犬的小肠**内。

21. **贝氏莫尼茨绦虫**虫卵近似四角形，内含梨形器和六钩蚴。扩展莫尼茨绦虫虫卵近似三角形。

22. 莫尼茨绦虫的中间宿主是**地螨**。

23. **肌肉压片法**检查膈肌中是否含有旋毛虫包囊时，应将膈肌剪成麦粒大小的 24 粒。

24. **毛尾线虫**形似鞭子，又称为鞭毛虫，常寄生于牛羊猪等动物的盲肠内，其虫卵呈腰鼓状。

25. **有齿冠尾线虫**感染猪引起的特征性病变是尿液中出现白色黏稠絮状物或脓液。

26. 寄生于羊的大型肺线虫是**丝状网尾线虫**。

27. 寄生于牛的大型肺线虫是**胎生网尾线虫**。

28. **后圆线虫**寄生于猪的肺内。

29. **猪冠尾线虫**主要经口和皮肤感染。

30. 常用饱和盐水漂浮法诊断牛是否感染**牛弓首蛔虫**。

31. **猪蛔虫**幼虫移行时引起的主要症状是咳嗽。

32. **犬恶丝虫**寄生于犬的心脏，感染引起的最常见的临床症状是咳嗽。

33. **微丝蚴**寄生于血液中，是犬心丝虫病的幼虫，因此可通过血液涂片染色镜检，观察血液涂片中是否含有微丝蚴来诊断犬心丝虫病。

34. **喹嘧胺**可用于治疗伊氏锥虫病。

35. **利什曼原虫**感染可引起脾和淋巴结肿胀。

36. **马媾疫**主要经交配感染。

37. **鸡组织滴虫病**的病变主要发生在盲肠与肝。

38. **伊氏锥虫**的传播媒介是虻和吸血蝇。

39. **泰勒虫**在淋巴细胞中的虫体称为石榴体或柯赫氏蓝体。

40. **马巴贝斯虫病**的传播媒介是硬蜱。

41. **三氮脒**可用于治疗牛泰勒虫病。

42. **猪急性弓形虫病**的病变主要表现在肝、肺和肠系膜淋巴结。

43. **弓形虫**的终末宿主是猫。

44. **鸡住白细胞虫病**的特征性症状是死前口流鲜血，鸡冠与肉垂苍白，又称白冠病。

45. **仔猪结肠小袋虫病**的感染主要引起仔猪腹泻。

46. **狄斯蜂螨**的发育过程中无蛹。

47. 蜜蜂感染**蜜蜂马氏管变形虫**时，腹部末端变黑，剖解可见其马氏管肿胀，且肠道颜色变为红褐色。

48. **甲酸**可用于防治狄斯蜂螨病。

# 高频题练习

1. 下列对寄生虫的描述，不恰当的是（　　）。
   A. 可从宿主体内获得营养　　B. 一生不离开宿主　　C. 可从宿主体表获得营养
   D. 可对宿主造成损害　　　　E. 寄生虫的分泌物对宿主有毒性作用

2. 寄生虫幼虫期或无性生殖阶段所寄生的宿主是（　　）。
   A. 中间宿主　　　　　　B. 终末宿主　　　　　C. 保虫宿主
   D. 带虫宿主　　　　　　E. 贮藏宿主

3. 确诊寄生虫病最可靠的方法是（　　）。
   A. 病变观察　　　　　　B. 临床症状观察　　　C. 血清学检验
   D. 病原体检查　　　　　E. 流行病学调查

4. 寄生虫的感染来源不包括（　　）。
   A. 患寄生虫病动物　　　B. 带虫动物　　　　　C. 动物粪便
   D. 带虫病人　　　　　　E. 带虫者

5. 驱虫药的选择原则不包括（　　）。
   A. 高效　　　　　　　　B. 低毒　　　　　　　C. 使用方便
   D. 对成虫和幼虫均有效　E. 广谱

6. 不属于寄生虫免疫逃避现象的是（　　）。
   A. 组织学隔离　　　　　B. 表面抗原的改变　　C. 抑制宿主的免疫应答
   D. 隐性感染　　　　　　E. 代谢抑制

7. 寄生虫的生长、发育和繁殖的全过程称为寄生虫的（　　）。
   A. 变化史　　　　　　　B. 生殖史　　　　　　C. 生活史
   D. 病史　　　　　　　　E. 生长史

8. 水洗沉淀法可检查（　　）。
   A. 球虫卵囊　　　　　　B. 肝片吸虫虫卵　　　C. 猪带绦虫虫卵
   D. 胎生网尾线虫虫卵　　E. 猪蛔虫虫卵

9. 某猫因消化不良、下痢、消瘦、贫血，来校动物医院就诊，畜主诉该猫有食生鱼史，粪便检查见有多量虫卵，形似电灯泡，一端有盖，另一端有一小突起，内含毛蚴。该病可能是（　　）。
   A. 伊氏锥虫病　　　　　B. 华支睾吸虫病　　　C. 毛尾线虫病
   D. 疥螨病　　　　　　　E. 旋毛虫病

10. 长江流域某放牧牛群，部分牛出现食欲下降、行动迟缓、营养不良、贫血等症状，剖检见肝、脾肿胀，腹水，肝上有结节，在肠系膜静脉内，见雌雄合抱的线状虫体。该病原的感染途径是（　　）。

    A. 经口感染        B. 经蜱叮咬感染        C. 经蚊叮咬感染

    D. 直接接触感染        E. 经皮肤感染

11. 我国东北某地散放猪，生前表现营养不良、贫血、生长迟缓、水肿等症状。剖杀后发现肌肉苍白，多汁。在肌肉中检出椭圆形，约黄豆大，半透明的包囊，囊内充满液体，囊壁是一层薄膜，膜内可见一粟粒大的乳白色结节。该寄生虫最可能是（　　）。

    A. 细粒棘球蚴        B. 细颈囊尾蚴        C. 脑多头蚴

    D. 猪囊尾蚴        E. 豆状囊尾蚴

12. 旋毛虫的幼虫寄生于（　　）。

    A. 横纹肌        B. 小肠黏膜        C. 肝

    D. 眼内        E. 气管

13. 弓形虫传播途径不包括（　　）。

    A. 经呼吸道黏膜感染        B. 经胎盘感染        C. 接触传播

    D. 经口感染        E. 经皮肤伤口感染

14. 蠕形螨在动物体的主要寄生部位是（　　）。

    A. 毛囊、皮脂腺        B. 皮肤表面        C. 表皮内

    D. 真皮内        E. 皮下组织

15. 马胃蝇的发育不经过（　　）。

    A. 虫卵        B. 幼虫        C. 若虫

    D. 蛹        E. 成蝇

## 高频题参考答案

| 题号 | 1 | 2 | 3 | 4 | 5 | 6 | 7 | 8 | 9 | 10 | 11 | 12 | 13 | 14 | 15 |
|---|---|---|---|---|---|---|---|---|---|---|---|---|---|---|---|
| 答案 | B | A | D | C | D | D | C | B | B | E | D | A | C | A | C |

## 模拟题练习

1. 动物寄生虫包括（　　）。

    A. 吸虫、绦虫、线虫    B. 原虫、线虫、节肢动物    C. 扁虫、线虫、原虫

    D. 蠕虫、原虫、节肢动物  E. 线虫、绦虫、吸虫、节肢动物

2. 下列对寄生虫的描述，不恰当的是（　　）。

    A. 可从宿主体内获得营养        B. 一生不离开宿主

    C. 可从宿主体表获得营养        D. 可对宿主造成损害

    E. 寄生虫的分泌物对宿主有毒性作用

3. 不属于寄生虫致病作用的是（　　）。

    A. 免疫损伤        B. 败血症        C. 机械性损伤

D. 掠夺宿主营养　　　　　E. 虫体毒素作用

4. 寄生虫幼虫期或无性生殖阶段所寄生的宿主是（　　）。

A. 中间宿主　　　　　B. 终末宿主　　　　　C. 保虫宿主

D. 带虫宿主　　　　　E. 贮藏宿主

5. 确诊寄生虫病最可靠的方法是（　　）。

A. 病变观察　　　　　B. 临床症状观察　　　　　C. 血清学检验

D. 病原体检查　　　　　E. 流行病学调查

6. 动物驱虫期间，对其粪便最适宜的处理方法是（　　）。

A. 深埋　　　　　B. 直接喂鱼　　　　　C. 生物热发酵

D. 使用消毒剂　　　　　E. 直接用作肥料

7. 寄生虫的感染来源不包括（　　）。

A. 患寄生虫病动物　　　　　B. 带虫动物　　　　　C. 动物粪便

D. 带虫病人　　　　　E. 带虫者

8. 驱虫药的选择原则不包括（　　）。

A. 高效　　　　　B. 低毒　　　　　C. 使用方便

D. 对成虫和幼虫均有效　　　　　E. 广谱

9. 不属于寄生虫免疫逃避现象的是（　　）。

A. 组织学隔离　　　　　B. 表面抗原的改变　　　　　C. 抑制宿主的免疫应答

D. 隐性感染　　　　　E. 代谢抑制

10. 蚊子只在采食时才与宿主接触，其属于（　　）。

A. 内寄生虫　　　　　B. 单宿主寄生虫　　　　　C. 多宿主寄生虫

D. 长久性寄生虫　　　　　E. 暂时性寄生虫

11. 蚯蚓是鸡异刺线虫的（　　）。

A. 传播媒介　　　　　B. 补充宿主　　　　　C. 贮藏宿主

D. 终末宿主　　　　　E. 保虫宿主

12. 寄生虫的生长、发育和繁殖的全过程称为寄生虫的（　　）。

A. 变化史　　　　　B. 生殖史　　　　　C. 生活史

D. 病史　　　　　E. 生长史

13. 属于细胞内寄生虫并能形成免疫逃避的是（　　）。

A. 小鼠脑部弓首蛔虫幼虫　　B. 犬肺虫囊内的卫氏并殖吸虫　　C. 旋毛虫

D. 囊尾蚴　　　　　E. 巴贝斯虫

14. 牙龈内阿米巴原虫吞食食物颗粒，但不侵入人的口腔，这种关系称（　　）。

A. 偏利共生　　　　　B. 互利共生　　　　　C. 营自立寄生

D. 腐食性寄生　　　　　E. 完全连续寄生

15. 寄生虫病的常规控制措施不包括（　　）。

A. 保护易感动物　　　　　B. 定期诊断　　　　　C. 切断传播途径

D. 消灭传染源　　　　　E. 提高动物免疫力

16. EPG 在寄生虫学的含义是（　　）。

A. 每克粪便虫卵数　　　　　B. 每段时间内粪便虫卵数　　　　　C. 每天粪便虫卵数

D. 每条虫体虫卵数　　　　E. 每周粪便中虫卵数

17. 水洗沉淀法可检查哪种寄生虫虫卵（　　）。

　　A. 球虫卵囊　　　　　　B. 肝片吸虫虫卵　　　　　C. 猪带绦虫虫卵

　　D. 胎生网尾线虫虫卵　　E. 猪蛔虫虫卵

（18～20 题共用此题干）

某猫因消化不良、下痢、消瘦、贫血，来校动物医院就诊，畜主诉该猫有食生鱼史，粪便检查见有多量虫卵，形似电灯泡，一端有盖，另一端有一小突起，内含毛蚴。

18. 该病可能是（　　）。

　　A. 伊氏锥虫病　　　　　B. 华支睾吸虫病　　　　　C. 毛尾线虫病

　　D. 疥螨病　　　　　　　E. 旋毛虫病

19. 该病原体主要寄生于（　　）。

　　A. 肝、胆　　　　　　　B. 肺　　　　　　　　　　C. 肠系膜静脉

　　D. 右心室　　　　　　　E. 小肠

20. 治疗该病的药物是（　　）。

　　A. 左旋咪唑　　　　　　B. 阿苯达唑　　　　　　　C. 伊维菌素

　　D. 三氮脒　　　　　　　E. 盐霉素

（21～22 题共用此题干）

长江流域某放牧牛群，部分牛出现食欲下降、行动迟缓、营养不良、贫血等症状，剖检见肝、脾肿胀，腹水，肝上有结节，在肠系膜静脉内，见雌雄合抱的线状虫体。

21. 该病原的感染途径是（　　）。

　　A. 经口感染　　　　　　B. 经蜱叮咬感染　　　　　C. 经蚊叮咬感染

　　D. 直接接触感染　　　　E. 经皮肤感染

22. 该病原体侵入牛、人等终末宿主的发育阶段是（　　）。

　　A. 囊蚴　　　　　　　　B. 毛蚴　　　　　　　　　C. 尾蚴

　　D. 虫卵　　　　　　　　E. 童虫

23. 绵羊土耳其斯坦东毕吸虫病最佳的实验室诊断方法是（　　）。

　　A. 饱和盐水漂浮法　　　B. 血液涂片法　　　　　　C. 贝尔曼氏法

　　D. 毛蚴孵化法　　　　　E. 直接涂片法

24. 南方某散放仔猪，经常自由采食池塘里的水葫芦、菱白等水生植物，两个月后部分猪出现腹胀、腹痛、下痢、消瘦、贫血等症状，采集粪便后水洗沉淀检查，发现大量肝片吸虫卵样的虫卵，有一个卵盖。该猪可能患的寄生虫病是（　　）。

　　A. 猪肾虫病　　　　　　B. 棘头虫病　　　　　　　C. 食道口线虫病

　　D. 球虫病　　　　　　　E. 姜片吸虫病

25. 夏季，散养蛋鸡产蛋率下降，逐渐产出畸形蛋、软壳蛋或无壳蛋，随着病情发展，食欲减退，消瘦，羽毛脱落，精神不振，停止产蛋，有时从泄殖腔排出蛋壳碎片或流出水样液体，腹部膨大，肛门潮红，肛门周围羽毛脱落。病死鸡剖检可见输卵管炎和泄殖腔炎，黏膜增厚、充血和出血，上面有片状虫体附着。该蛋鸡感染的病原可能是（　　）。

　　A. 透明前殖吸虫　　　　B. 东方次睾吸虫　　　　　C. 鸡蛔虫

　　D. 火鸡组织滴虫　　　　E. 矛形剑带绦虫

26. 肝片吸虫的终末宿主和中间宿主是（　　）。

    A. 牛和蚂蚁　　　　　　B. 犬和蚯蚓　　　　　　C. 人和蛤蝓

    D. 牛、羊等反刍动物和椎实螺　　　　　　E. 羊和蜗牛

27. 该寄生虫寄生于胆管和胆囊，病原狭长呈矛形，睾丸呈前后排列。有两个中间宿主，第一是蜗牛，第二是蚂蚁。家畜吃草时吞食了含囊蚴的蚂蚁而感染。该寄生虫是（　　）。

    A. 中华歧腔吸虫　　　　B. 矛形双腔吸虫　　　　C. 肝片形吸虫

    D. 大片形吸虫　　　　　E. 土耳其斯坦东毕吸虫

28. 肝片吸虫在中间宿主体内无性繁殖，各阶段顺序是（　　）。

    A. 毛蚴、胞蚴、雷蚴、囊蚴

    B. 毛蚴、雷蚴、胞蚴、囊尾蚴

    C. 毛蚴、胞蚴、雷蚴、似囊尾蚴

    D. 毛蚴、胞蚴、雷蚴、尾蚴

    E. 毛蚴、雷蚴、胞蚴、尾蚴

29. 胰阔盘吸虫寄生于牛、羊、猪及人的（　　）。

    A. 肝、胆　　　　　　　B. 肺　　　　　　　　　C. 肠系膜静脉

    D. 右心室　　　　　　　E. 胰管

30. 某犬，用前爪挠耳，耳部有渗出液，外耳道有棕黑色耳垢，取耳垢镜检，见有呈长椭圆形虫体，有足4对，均伸出体缘。治疗该病宜选用的药物是（　　）。

    A. 阿苯达唑　　　　　　B. 伊维菌素　　　　　　C. 吡喹酮

    D. 拉沙菌素　　　　　　E. 三氮脒

31. 某500只散养鸭，入秋后部分鸭子食欲减退，逐渐清瘦，在水中游走无力，缩颈闭眼，精神沉郁，随着病情加剧，羽毛松乱，食欲废绝，眼结膜发绀，贫血，消瘦，粪便呈草绿色或灰白色，后因衰竭而死亡几只。剖检时发现胆囊肿大，囊壁增厚，胆汁变质，肝肿大，质地坚实，在肝和胆囊中检出大小4mm左右的片形虫体。体表有棘，有口、腹两个吸盘。该鸭群可能感染的寄生虫是（　　）。

    A. 透明前殖吸虫　　　　B. 东方次睾吸虫　　　　C. 鸡蛔虫

    D. 火鸡组织滴虫　　　　E. 矛形剑带绦虫

32. 某农户家的鸡群精神不安，有痒感，羽毛脱落，食欲减退，生产力下降，在体表发现有长为2mm左右的扁而宽短的虫体，其头端钝圆，咀嚼式口器，胸部三节，中、后胸有不同程度的愈合，腹部有11节组成，但最后数节变成生殖器。这种寄生虫是（　　）。

    A. 血虱　　　　　　　　B. 羽虱　　　　　　　　C. 蜱

    D. 蚤　　　　　　　　　E. 鸡皮刺螨

33. 犬复孔绦虫的传播媒介是（　　）。

    A. 蚤　　　　　　　　　B. 蚊　　　　　　　　　C. 蝇

    D. 蜱　　　　　　　　　E. 蟑螂

34. 细颈囊尾蚴的寄生部位是（　　）。

    A. 大网膜　　　　　　　B. 胃　　　　　　　　　C. 脑

    D. 肺　　　　　　　　　E. 横纹肌

35. 猪带绦虫的患者呕吐时，可使孕卵节片或虫卵从宿主小肠逆行入胃，而再次使原患者遭受感染属于（　　）。

    A. 经口感染　　　　　　B. 接触感染　　　　　　C. 自身感染

    D. 经皮肤感染　　　　　E. 经节肢动物感染

36. 四角赖利绦虫的中间宿主是（　　）。

    A. 蚂蚁　　　　　　　　B. 蜻蜓　　　　　　　　C. 蟊斯

    D. 蚊　　　　　　　　　E. 蜱

37. 目前鸡赖利绦虫病的确诊方法是（　　）。

    A. 血液涂片检查　　　　B. 粪便检查　　　　　　C. 皮屑检查

    D. 抗原检测　　　　　　E. 抗体检测

38. 叶状裸头绦虫的感染性阶段是（　　）。

    A. 虫卵　　　　　　　　B. 感染性虫卵　　　　　C. 感染性幼虫

    D. 囊尾蚴　　　　　　　E. 似囊尾蚴

39. 莫尼茨绦虫的中间宿主是（　　）。

    A. 蚊子　　　　　　　　B. 硬蜱　　　　　　　　C. 地螨

    D. 蝇类　　　　　　　　E. 蟓

40. 曼氏迭宫绦虫的中绦期是（　　）。

    A. 囊尾蚴　　　　　　　B. 似囊尾蚴　　　　　　C. 棘球蚴

    D. 多头蚴　　　　　　　E. 裂头蚴

41. 某群羊出现运动障碍或转圈运动，视觉减弱甚至失明，后肢麻痹。剖检在脑部查见豌豆至鸡蛋大小的囊泡状虫体。该病病原的终末宿主是（　　）。

    A. 牛　　　　　　　　　B. 鼠　　　　　　　　　C. 犬

    D. 人　　　　　　　　　E. 羊

（42～44题共用此题干）

我国北方某群放牧绵羊，7月中旬大部分羔羊出现贫血、消瘦、背毛粗乱、腹泻现象，常可见有米粒大到面条大虫体排出，有的黏附在肛门周围的羊毛上。

42. 根据病羊的临床表现，绵羊可能感染的寄生虫病是（　　）。

    A. 肺线虫病　　　　　　B. 绦虫病　　　　　　　C. 食道口线虫病

    D. 吸虫病　　　　　　　E. 泰勒虫病

43. 这种寄生虫病的传播媒介是（　　）。

    A. 陆地螺　　　　　　　B. 地螨　　　　　　　　C. 淡水螺

    D. 硬蜱　　　　　　　　E. 蚂蚁

44. 这种寄生虫病应采取的治疗药物是（　　）。

    A. 三氮脒　　　　　　　B. 噻嘧啶　　　　　　　C. 吡喹酮

    D. 阿苯达唑　　　　　　E. 伊维菌素

45. 马绦虫虫卵内含有（　　）。

    A. 梨形器和六钩蚴　　　B. 多个卵细胞　　　　　C. 毛蚴

    D. 棘头蚴　　　　　　　E. 孢子囊

46. 生猪宰后检验猪囊虫的方法是（　　）。

A. 粪便检查法　　　　　B. 尿液检查法　　　　　C. 血液检查法

D. 肌肉检查法　　　　　E. 皮屑检查法

47. 某农户养的猪出现精神沉郁、虚弱、消瘦、黄疸和体温升高等症状。剖检病发现肝肿大，有小出点，且肝和肠系膜上有黄豆至鸡蛋大的白色囊泡。经剖检囊泡内含有透明的液体和一个向内凹入具有细长颈部的头节。下列不属于预防该寄生虫病的措施是（　　　）。

　　A. 严禁犬类进入屠宰场　　　　　　　　　B. 对犬定期驱虫

　　C. 防止犬粪污染饲料及水源　　　　　　　D. 捕杀野犬

　　E. 消灭中间宿主淡水螺

（48～50题共用此题干）

一放牧羊群，畜主为了降低劳动强度，饲养了4只牧羊犬跟随，进入春天，个别羊逐渐消瘦，被毛逆立，易脱落，咳嗽，严重者在连续咳嗽后卧地不起，不能随群。为了检查病原，剖检绵羊1只，在肺上发现有鸡蛋大小球形囊泡数个，剖开后有液体从囊泡中流出，囊壁上有大量白色结节。

48. 该病的病原最可能是（　　　）。

　　A. 细颈囊尾蚴　　　　　B. 棘球蚴　　　　　　C. 脑多头蚴

　　D. 细粒棘球绦虫　　　　E. 泡状带绦虫

49. 确诊该病最准确方法是（　　　）。

　　A. 虫卵漂浮法　　　　　B. 直接涂片法　　　　C. 毛蚴孵化法

　　D. 剖检法　　　　　　　E. 贝尔曼氏法

50. 牧羊犬体内最可能寄生的寄生虫是（　　　）。

　　A. 泡状带绦虫　　　　　B. 豆状带绦虫　　　　C. 线中殖绦虫

　　D. 犬复孔绦虫　　　　　E. 细粒棘球绦虫

（51～53题共用此题干）

我国东北某地散放猪，生前表现营养不良、贫血、生长迟缓、水肿等症状。剖杀后发现肌肉苍白、多汁，在肌肉中检出椭圆形，约黄豆大，半透明的包囊，囊内充满液体，囊壁是一层薄膜，膜内可见一粟粒大的乳白色结节。

51. 该寄生虫最可能是（　　　）。

　　A. 细粒棘球蚴　　　　　B. 细颈囊尾蚴　　　　C. 脑多头蚴

　　D. 猪囊尾蚴　　　　　　E. 豆状囊尾蚴

52. 该寄生虫的终末宿主是（　　　）。

　　A. 猪　　　　　　　　　B. 牛　　　　　　　　C. 犬

　　D. 猫　　　　　　　　　E. 人

53. 防止猪感染该病的最有效措施是（　　　）。

　　A. 进行肉品检验　　　　B. 猪圈养，不让猪采食到人的粪便

　　C. 猪圈养，不采食到犬或猫的粪便

　　D. 不以动物未煮熟的动物内脏等喂猪

　　E. 改变饮食习惯，人不食有该种寄生虫的猪肉

54. 猪蛔虫最主要的致病作用是（　　　）。

　　A. 免疫损伤　　　　　　B. 继发感染　　　　　C. 毒素作用

D. 机械性损伤　　　　　　E. 夺取宿主营养

55. 某仔猪群精神不振、消瘦、腹部膨大、腹泻。粪检见大量壳薄透明的卵圆形虫卵，内含折刀样幼虫。该病例最可能的病原是（　　　）。

A. 蛔虫　　　　　　B. 隐孢子虫　　　　　　C. 类圆线虫

D. 毛尾线虫　　　　E. 食道口线虫

56. 某羔羊群食欲减退、消瘦、贫血，腹泻死前数日排水样粪便，并有脱落的黏膜。粪检见大量腰鼓形棕黄色虫卵，两端有卵塞。该病例最可能的病原是（　　　）。

A. 蛔虫　　　　　　B. 隐孢子虫　　　　　　C. 类圆线虫

D. 毛尾线虫　　　　E. 食道口线虫

57. 某犊牛群发热、昏睡、食欲不振，伴有严重腹泻、脱水，剖检见肠管肿胀，充满黏液和气体，采用饱和蔗糖液漂浮法检查患牛粪便，油镜观察发现大量内含 4 个裸露子孢子的卵囊。该病例最可能的病原是（　　　）。

A. 蛔虫　　　　　　B. 隐孢子虫　　　　　　C. 类圆线虫

D. 毛尾线虫　　　　E. 食道口线虫

58. 引起病猪尿液中出现白色黏稠絮状物或脓液的寄生虫是（　　　）。

A. 猪蛔虫　　　　　B. 猪毛尾线虫　　　　　C. 有齿冠尾线虫

D. 野猪后圆线虫　　E. 有齿食道口线虫

(59～60 题共用此题干)

某猪群，部分 3～4 月龄育肥猪出现消瘦、顽固性腹泻症状，用抗生素治疗效果不佳，剖检死亡猪在结肠壁上见大量结节，肠腔内检出长为 8～11mm 的线状虫体。

59. 可能发生的寄生虫病是（　　　）。

A. 蛔虫病　　　　　B. 肾虫病　　　　　　　C. 旋毛虫病

D. 后圆线虫病　　　E. 食道口线虫病

60. 治疗该病可选用的药物是（　　　）。

A. 三氮脒　　　　　B. 吡喹酮　　　　　　　C. 左旋咪唑

D. 地克珠利　　　　E. 拉沙里菌素

61. 利什曼原虫病的传播媒介是（　　　）。

A. 蚊子　　　　　　B. 硬蜱　　　　　　　　C. 虱

D. 蚤　　　　　　　E. 白蛉

(62～64 题共用此选项)

A. 牛弓首蛔虫病　　B. 羊鼻蝇蛆病　　　　　C. 胎生网尾线虫病

D. 莫尼茨绦虫病　　E. 脑多头蚴病

62. 春季某养户的牛出现咳嗽，尤其夜间和清晨出圈时明显，可咳出痰液，后来病牛呼吸困难，体温升高，迅速消瘦，部分因呼吸困难而死。剖检时可见肠黏膜，淋巴结，肺毛细血管的损伤和小出血点。还有的牛发生了肺气肿，肺萎缩。肺部可见白色粉丝状的虫体。该牛群患的寄生虫病是（　　　）。

63. 某农户家的绵羊体温升高，脉搏、呼吸加快，强烈兴奋，做回旋、前冲或者后退动作，有时沉郁，长期躺卧，脱离畜群。可见患羊皮肤隆起有压痛，头骨薄变软。该羊患的寄生虫病是（　　　）。

64. 某养户家的羊群出现骚动、惊慌不安，拥挤，频频摇头，喷嚏，低头，用鼻孔抵于地面，有些羊出现脓性鼻涕，打喷嚏，鼻孔堵塞，呼吸困难，体质消瘦，运动失调，做圆圈运动，甚至死亡。该羊群可能患的病是（　　　）。

65. 牧牛群入秋后相继出现食欲不振、贫血、消瘦症状并有顽固性下痢，粪便发黑，有时带有血液，犊牛生长缓慢。利用左旋咪唑驱虫后，在粪便中检出大量头部向背侧弯曲，口囊呈漏斗状，15～25mm 长的虫体。该犊牛可能感染的病原是（　　　）。

    A. 犊牛新蛔虫　　　　　B. 牛仰口线虫　　　　　C. 食道口线虫

    D. 捻转血矛线虫　　　　E. 蛇形毛圆线虫

66. 马副蛔虫幼虫移行期引起的主要症状是（　　　）。

    A. 流泪　　　　　　　　B. 血尿　　　　　　　　C. 尿频

    D. 咳嗽　　　　　　　　E. 便秘

67. 某散养育肥猪经常拱地采食蔬菜根茎及各种昆虫，11 月龄时出现食欲减退、经常刨地、匍匐爬行、发出哼叫和腹痛症状，下痢，粪便带血。经 1 月后，日益消瘦和贫血，生长发育迟缓。采集粪便进行水洗沉淀检出长椭圆形、深褐色、两端稍尖的虫卵，卵内含有一幼虫。该猪可能感染的寄生虫病是（　　　）。

    A. 猪肾虫病　　　　　　B. 棘头虫病　　　　　　C. 食道口线虫病

    D. 球虫病　　　　　　　E. 姜片吸虫病

68. 犬恶丝虫的幼虫是（　　　）。

    A. 毛蚴　　　　　　　　B. 裂头蚴　　　　　　　C. 六钩蚴

    D. 微丝蚴　　　　　　　E. 棘球蚴

69. 犬恶丝虫感染后，最常见的临床症状是（　　　）。

    A. 呕吐　　　　　　　　B. 腹泻　　　　　　　　C. 咳嗽

    D. 血红蛋白尿　　　　　E. 眼分泌物增多

70. 寄生于小肠，一般主要危害 1 岁以内的幼犬和幼猫，临诊症状主要是贫血，排黑色柏油状粪便，肠炎和低蛋白血症的是（　　　）。

    A. 犬心丝虫病　　　　　B. 犬、猫钩虫病　　　　C. 犬、猫蛔虫病

    D. 犬复孔绦虫病　　　　E. 犬巴贝斯虫

71. 寄生于动物体内的类圆线虫生殖方式为（　　　）。

    A. 有性繁殖　　　　　　B. 无性繁殖　　　　　　C. 孤雌生殖

    D. 孢子生殖　　　　　　E. 分裂生殖

72. 蛭形巨吻棘头虫在猪体内的寄生部位是（　　　）。

    A. 胃　　　　　　　　　B. 食管　　　　　　　　C. 小肠

    D. 大肠　　　　　　　　E. 肾

（73～75 题共用此选项）

某鸡场 4～6 周龄的雏鸡食欲减退、营养不良、发育停滞，死亡的鸡剖检后发现盲肠机械性损伤，盲肠肿大，肠壁增厚形成结节，同时发现盲肠内腔充满浆液性或出血性渗出物，渗出物常发生干酪化，形成干酪状的盲肠肠芯。肝也肿大，出现呈圆形或不规则形状、中央稍凹陷、边缘稍隆起、淡黄色或淡绿色的坏死病灶。

73. 该鸡场的鸡可能感染了（　　　）。

A. 异刺线虫和有轮赖利绦虫　　　B. 异刺线虫和火鸡组织滴虫

C. 火鸡组织滴虫和鸡蛔虫　　　D. 异刺线虫和前殖吸虫

E. 有轮赖利绦虫和火鸡组织滴虫

74. 该病最有效的实验室诊断方法是 (　　　)。

A. 粪便水洗沉淀法　　　B. 粪便饱和盐水漂浮法　　　C. 血液涂片法

D. 贝尔曼氏法　　　E. 检出虫体

75. 治疗该病可以采用 (　　　)。

A. 阿苯达唑＋吡喹酮　　　B. 阿苯达唑＋二甲硝咪唑　　　C. 二甲硝咪唑＋吡喹酮

D. 二甲硝咪唑＋磺胺喹啉　E. 氯羟吡啶＋左旋咪唑

76. 一群 8 月龄山羊，在梅雨季节，相继精神不振，食欲减退，渴欲增加，被毛粗乱，可视黏膜苍白，腹泻，粪便中常带有血液、黏膜和脱落的上皮，粪恶臭。采用阿苯达唑治疗无效，后采用氨丙啉混入饮水投喂后，病情得到控制。该山羊可能感染的病原是 (　　　)。

A. 曲子宫绦虫　　　B. 羊仰口线虫　　　C. 前后盘吸虫

D. 捻转血矛线虫　　　E. 球虫

77. 某病牛死后剖检见全身皮下、肌间、黏膜和浆膜有大量的出血点和出血斑，淋巴结肿大、切面多汁、有结节，皱胃黏膜肿胀、出血、脱落、有溃疡病灶，淋巴液涂片镜检发现"石榴体"。该病牛最可能死于 (　　　)。

A. 弓形虫病　　　B. 泰勒虫病　　　C. 巴贝斯虫病

D. 伊氏锥虫病　　　E. 莫尼茨绦虫病

78. 牛皮蝇的第三期幼虫主要寄生在 (　　　)。

A. 头部皮下　　　B. 小腿皮下　　　C. 背部皮下

D. 腹部皮下　　　E. 胸部皮下

(79～81 题共用题干)

黑龙江省某地，春季黄牛放牧后出现高烧，体温升高到 40～42℃，呈稽留热型，迅速消瘦、贫血、黏膜苍白和黄染。最明显的症状是出现血红蛋白尿，尿的颜色由淡红色变为棕红色乃至黑红色。采血液涂片，染色镜检，发现红细胞内有以尖端相连成锐角成双的梨子形虫体，长度大于红细胞半径。

79. 对本病进行诊断时，重点应该掌握 (　　　)。

A. 营养情况　　　B. 品种特点　　　C. 发病年龄

D. 有无被硬蜱叮咬史　　　E. 是否患过传染性疾病

80. 根据病牛的临床表现和血液检查，黄牛可能感染的寄生虫病是 (　　　)。

A. 血吸虫病　　　B. 球虫病　　　C. 巴贝斯虫病

D. 弓形虫病　　　E. 泰勒虫病

81. 预防这种寄生虫病采取的措施无效的是 (　　　)。

A. 外地引入牛时进行检疫　B. 消灭牛体上的蜱　　　C. 成年与犊牛分开放牧

D. 发病季节，采用有效药物进行预防

E. 不到有蜱的环境中放牧

(82～84 题共用此选项)

春季，北京某鸭场 100 只 3 周龄雏鸭由网上转为地面平养后发病，表现精神委顿，食欲减少或废绝，缩头垂翅，多伏卧不愿走动，腹泻，排血红色或暗红色粪便，2～3d 后死亡。对死亡鸭子剖检发现小肠出血性肠炎，肠壁肿胀出血，黏膜上密布针尖大小的出血点，有的见有红白相间的小点，肠道黏膜粗糙，覆有一层糠麸样或奶酪状黏液。

82. 该鸭群可能患的寄生虫病是（　　）。

    A. 胃线虫病　　　　　　　B. 后睾吸虫病　　　　　　C. 前殖吸虫病

    D. 鸭球虫病　　　　　　　E. 鸭绦虫病

83. 该病原最可能是（　　）。

    A. 毁灭泰泽球虫　　　　　B. 柔嫩艾美耳球虫　　　　C. 斯氏艾美耳球虫

    D. 截形艾美耳球虫　　　　E. 蒂氏艾美耳球虫

84. 该病的有效治疗药物是（　　）。

    A. 伊维菌素　　　　　　　B. 吡喹酮　　　　　　　　C. 地克珠利

    D. 阿苯达唑　　　　　　　E. 乙胺嘧啶

（85～86 题共用此选项）

夏季，我国南方某养鸡场雏鸡体温升高，呼吸困难，下痢，粪呈绿色，病鸡临死前口流鲜血，鸡冠和肉垂苍白。剖检见有全身性出血，肝、脾肿大，胸肌、腿肌和心包等处有针尖至粟粒大小的白色结节。

85. 该病可能是（　　）。

    A. 鸡异刺线虫病　　　　　B. 球虫病　　　　　　　　C. 盲肠肝炎

    D. 鸡赖利绦虫病　　　　　E. 住白细胞虫病

86. 该病最有效的实验室诊断方法是（　　）。

    A. 粪便水洗沉淀法　　　　B. 粪便饱和盐水漂浮法　　C. 血液涂片法

    D. 贝尔曼氏法　　　　　　E. 毛蚴孵化法

87. 马胃蝇的发育不经过（　　）。

    A. 虫卵　　　　　　　　　B. 幼虫　　　　　　　　　C. 若虫

    D. 蛹　　　　　　　　　　E. 成蝇

88. 弓形虫传播途径不包括（　　）。

    A. 经黏膜感染　　　　　　B. 经胎盘感染　　　　　　C. 接触传播

    D. 经口感染　　　　　　　E. 经皮肤感染

89. 治疗弓形虫首选的药物是（　　）。

    A. 磺胺类　　　　　　　　B. 噻嘧啶　　　　　　　　C. 吡喹酮

    D. 阿苯达唑　　　　　　　E. 伊维菌素

90. 旋毛虫的幼虫寄生于（　　）。

    A. 横纹肌　　　　　　　　B. 小肠黏膜　　　　　　　C. 肝

    D. 眼内　　　　　　　　　E. 气管

91. 下列寄生虫属于土源性寄生虫的是（　　）。

    A. 日本分体吸虫　　　　　B. 华支睾吸虫　　　　　　C. 弓形虫

    D. 细粒棘球绦虫　　　　　E. 猫弓首蛔虫

92. 球虫的生活史可分为 3 个阶段，在外界环境中进行的阶段是（　　）。

    A. 孢子生殖　　　　　　　B. 裂殖生殖　　　　　　　C. 配子生殖

D. 二分裂 　　　　　E. 出芽生殖

93. 鸡球虫对鸡的危害最大的繁殖阶段是（　　　）。

A. 孢子生殖 　　　　B. 裂殖生殖 　　　　C. 配子生殖

D. 二分裂 　　　　　E. 出芽生殖

94. 鹅的截形艾美耳球虫致病力最强，它寄生在鹅的（　　　）。

A. 肾小管上皮细胞 　B. 肠道上皮细胞 　　C. 肝细胞

D. 肌胃 　　　　　　E. 肺

95. 斯氏艾美耳球虫是兔球虫中致病力最强，主要危害（　　）的兔。

A. 1 周龄 　　　　　B. 2 周龄 　　　　　C. 3 月龄

D. 9 月龄 　　　　　E. 一岁以上

96. 蠕形螨在动物体的主要寄生部位是（　　　）。

A. 毛囊、皮脂腺 　　B. 皮肤表面 　　　　C. 表皮内

D. 真皮内 　　　　　E. 皮下组织

97. 寄生于鸡的肌胃是（　　　）。

A. 组织滴虫 　　　　B. 鸡蛔虫 　　　　　C. 鸡异刺线虫

D. 分棘四棱线虫 　　E. 小钩锐形线虫

98. 10 月龄北京犬，不断用嘴蹭地或用爪抓挠面部，检查发现该犬口唇部、眼睛周围皮肤发红和脓性疱疹，覆有黄色痂皮。采集病健交界处的病料镜检，发现有多个大小不超过 0.5mm，呈圆形，头部突出，有四对足，后两对足不超过体缘的虫体。该病最可能的病原是（　　　）。

A. 蠕形螨 　　　　　B. 蚤 　　　　　　　C. 虱

D. 痒螨 　　　　　　E. 疥螨

99. 病鸡羽毛蓬乱、瘙痒不安、贫血、消瘦、产蛋量下降，出现痘状疹。患病鸡尾部、腹部羽毛可见移动的黑色和红色虫体。取该虫体置于显微镜下观察，虫体呈长椭圆形，长 0.6～0.7mm，体表有短绒毛，口器长，具细长的针状螯肢，有 4 对细长的足。该病鸡最可能患的寄生虫病是（　　　）。

A. 长羽虱 　　　　　B. 圆羽虱 　　　　　C. 疥螨病

D. 膝螨病 　　　　　E. 皮刺螨病

100. 蚤对犬、猫的最主要危害是（　　　）。

A. 破坏体毛 　　　　B. 吸血和传播疾病 　C. 扰乱营养代谢

D. 扰乱免疫功能 　　E. 破坏血细胞

101. 不寄生于血液中的虫体是（　　　）。

A. 伊氏锥虫 　　　　B. 犬巴贝斯虫 　　　C. 环形泰勒虫

D. 柔嫩艾美耳球虫 　E. 住白细胞虫

102. 用压片法检查旋毛虫病肌肉内包囊幼虫时，应从肉上剪取麦粒大小的肉样（　　　）。

A. 4 块 　　　　　　B. 8 块 　　　　　　C. 12 块

D. 16 块 　　　　　　E. 24 块

103. 某猪群出现食欲不振，高热稽留，呼吸困难，体表淋巴结肿大，皮肤发绀。孕猪出现流产、死胎。取病死猪肝、肺、淋巴结及腹水抹片、染色、镜检，见香蕉形虫体。该寄

生虫病可能是（　　）。

    A. 球虫病　　　　　　　B. 鞭虫病　　　　　　　C. 蛔虫病

    D. 弓形虫病　　　　　　E. 旋毛虫病

104. 不是人兽共患寄生虫病的是（　　）。

    A. 巴贝斯虫病　　　　　B. 日本血吸虫　　　　　C. 弓形虫

    D. 猪囊尾蚴病　　　　　E. 旋毛虫病

105. 压片法检查旋毛虫时，最常检查的部位是（　　）。

    A. 肝　　　　　　　　　B. 肺　　　　　　　　　C. 膈肌

    D. 肠管　　　　　　　　E. 心肌

106. 可用幼虫培养法鉴定种类的寄生虫是（　　）。

    A. 蜱　　　　　　　　　B. 昆虫　　　　　　　　C. 线虫

    D. 棘头虫　　　　　　　E. 绦虫

107. 猫及猫科动物是弓形虫的（　　）。

    A. 补充宿主　　　　　　B. 保虫宿主　　　　　　C. 贮藏宿主

    D. 传播媒介　　　　　　E. 终末宿主

108. 利什曼原虫的传播媒介是（　　）。

    A. 蚊子　　　　　　　　B. 白蛉　　　　　　　　C. 蚤

    D. 毛虱　　　　　　　　E. 硬蜱

109. 某流浪犬精神沉郁、嗜睡、多饮、呕吐、体重减轻、耐力下降，皮肤出现渐进性和大面积脱毛，干性脱屑，肌肉萎缩甚至出现运动紊乱，经爱心人士送往医院后检查，嗜酸性粒细胞增多，单核吞噬细胞内有卵圆形，大小为（2.9～5.7）$\mu m$×（1.8～4.0）$\mu m$的虫体。瑞氏染色后，细胞质呈深蓝色，内有较大而明显的圆形核，呈淡紫色。该犬患的寄生虫病病原是（　　）。

    A. 弓形虫　　　　　　　B. 巴贝斯虫　　　　　　C. 旋毛虫

    D. 利什曼原虫　　　　　E. 日本分体吸虫

110. 治疗伊氏锥虫病的药物是（　　）。

    A. 甲硝唑　　　　　　　B. 喹嘧胺　　　　　　　C. 三氯苯唑

    D. 氯硝柳胺　　　　　　E. 伊维菌素

## 模拟题参考答案

| 题号 | 1 | 2 | 3 | 4 | 5 | 6 | 7 | 8 | 9 | 10 | 11 | 12 | 13 | 14 | 15 | 16 | 17 | 18 | 19 | 20 |
|---|---|---|---|---|---|---|---|---|---|---|---|---|---|---|---|---|---|---|---|---|
| 答案 | D | B | B | A | D | C | C | D | D | E | C | C | E | A | B | A | B | B | A | B |
| 题号 | 21 | 22 | 23 | 24 | 25 | 26 | 27 | 28 | 29 | 30 | 31 | 32 | 33 | 34 | 35 | 36 | 37 | 38 | 39 | 40 |
| 答案 | E | C | D | E | A | D | B | D | E | B | B | B | A | A | C | A | B | E | C | E |
| 题号 | 41 | 42 | 43 | 44 | 45 | 46 | 47 | 48 | 49 | 50 | 51 | 52 | 53 | 54 | 55 | 56 | 57 | 58 | 59 | 60 |
| 答案 | C | B | B | C | A | D | E | B | D | E | D | E | E | C | D | B | C | E | C | C |
| 题号 | 61 | 62 | 63 | 64 | 65 | 66 | 67 | 68 | 69 | 70 | 71 | 72 | 73 | 74 | 75 | 76 | 77 | 78 | 79 | 80 |
| 答案 | E | C | E | B | B | B | D | B | C | C | B | C | C | B | E | B | E | C | D | C |

（续）

| 题号 | 81 | 82 | 83 | 84 | 85 | 86 | 87 | 88 | 89 | 90 | 91 | 92 | 93 | 94 | 95 | 96 | 97 | 98 | 99 | 100 |
|---|---|---|---|---|---|---|---|---|---|---|---|---|---|---|---|---|---|---|---|---|
| 答案 | C | D | A | C | E | C | C | C | A | A | E | A | B | A | C | A | E | E | E | B |
| 题号 | 101 | 102 | 103 | 104 | 105 | 106 | 107 | 108 | 109 | 110 |
| 答案 | D | E | D | A | C | C | E | B | D | B |

# 第四篇

## 兽医公共卫生学

## ■ 备考指南

### ≣ | 学科特点

1. 一门重要的专业课程，是执业兽医考试预防兽医科目专业课程之一。
2. 理论性很强，应用性同样也很强。
3. 知识面广，涉及兽医临床诊疗技术、药理、毒理、病理、微生物与免疫、传染病、寄生虫病等知识。
4. 本门课程与传染病学和寄生虫病学知识紧密相连，要注意掌握疫病的更新动态，及时更新相关知识。

### ≣ | 学习方法

最核心的方法：理解式记忆。通过理解式记忆，掌握各知识点的概念、分类，中毒病及疫病的临床主要症状（尤其是特征性症状，具有诊断意义的）、鉴别要点，各种相关政策及法律法规。

### ≣ | 历年分值分布

| 年份 | 单元 | | | | | | | 合计 |
|------|--------|--------|--------|--------|--------|--------|--------|------|
| | 环境与健康 | 动物性食品污染及控制 | 人畜共患病概论 | 动物检疫 | 乳品卫生 | 场地消毒及生物安全处理 | 动物诊疗机构及其人员公共卫生要求 | |
| 2018 | 4 | 2 | 1 | 0 | 1 | 1 | 1 | 10 |

（续）

| 年份 | 单元 | | | | | | | 合计 |
|---|---|---|---|---|---|---|---|---|
| | 环境与健康 | 动物性食品污染及控制 | 人畜共患病概论 | 动物检疫 | 乳品卫生 | 场地消毒及生物安全处理 | 动物诊疗机构及其人员公共卫生要求 | |
| 2019 | 1 | 3 | 0 | 2 | 1 | 0 | 1 | 8 |
| 2020 | 1 | 2 | 1 | 3 | 0 | 2 | 0 | 9 |
| 2021 | 1 | 5 | 1 | 0 | 1 | 1 | 1 | 10 |
| 2022 | 1 | 1 | 1 | 3 | 4 | 0 | 0 | 10 |
| 总计 | 8 | 13 | 4 | 8 | 7 | 4 | 3 | 47 |

# <<< 第一单元　环境与健康 >>>

## 一、考试大纲

| 单元 | 细目 | 要点 |
|---|---|---|
| 环境与健康 | 1. 生态环境与人类健康 | (1) 食物链<br>(2) 环境有害因素对机体作用的一般特性 |
| | 2. 环境污染及对人类健康的影响 | (1) 环境污染的概念<br>(2) 环境污染的分类<br>(3) 环境污染对人类健康影响的特点<br>(4) 环境污染对健康的病理损害作用（临床作用、亚临床作用、三致作用、免疫损伤作用、激素样作用）<br>(5) 环境污染引起的疾病（传染病、寄生虫病、职业病、地方病）<br>(6) 兽药对生态环境的污染与影响<br>(7) 环境污染的控制 |

## 二、重要知识点

### （一）生态环境与人类健康

**1. 食物链**　指生态系统中以食物营养为中心的生物之间食与被食的锁链关系。在生态系统中，各种生物取食关系错综复杂，使生态系统中各种食物链相互交叉、相互连接，形成网络，称为食物网。把食物链和食物网组成的结构图称为生态金字塔。生态金字塔有三种类别，即能量金字塔、数量金字塔和生物量金字塔。

**2. 环境有害因素对机体作用的一般特性**

（1）有害物质作用于靶器官，如表 4-1 所示。

**表 4-1　有害物质作用的靶器官、效应器官及蓄积器官**

| 有害物质 | 靶器官 | 效应器官 | 蓄积器官 |
|---|---|---|---|
| 甲基汞/汞 | 大脑 | — | — |
| 碘化物、钴 | 甲状腺 | — | — |
| DDT（有机氯农药） | 中枢神经系统和肝 | — | 脂肪 |
| 有机磷农药 | 神经系统 | 瞳孔、唾液腺 | — |

（2）有害物质在机体内的浓缩、积累与放大作用，如表 4-2 所示。

**表 4-2　有害物质在机体内的浓缩、积累与放大作用**

| 类别 | 概念 |
|---|---|
| 生物浓缩 | 生物学富集是指生物机体或处于同一营养级的许多生物种群，从周围环境中蓄积某种元素或难分解的化合物，使生物体内该物质的浓度超过周围环境中的浓度的现象；生物浓缩系数是指生物体内某种元素或难分解化合物的浓度与它所生存的环境中该物质的浓度比值，又称浓缩系数、富集系数、生物积累率等 |

(续)

| 类　别 | 概　念 |
|---|---|
| 生物积累 | 指生物从周围环境和食物链蓄积某种元素或难降解的化合物，以致随着生物生长发育，浓缩系数不断增大的现象。单细胞的浮游植物能从水中很快地积累重金属和有机卤代类化合物等污染物 |
| 生物放大 | 指有毒化学物质在食物链各个环节中的毒性渐进现象，即在生态系统中同一条食物链上，高营养级生物通过摄食低营养级生物，某种元素或难分解化合物在生物机体内的浓度随着营养级的提高而逐步增高的现象 |

（3）有害物质对机体的联合作用，如表4-3所示。

表4-3　有害物质对机体的联合作用

| 类　别 | 概　念 |
|---|---|
| 协同作用 | 其中某一化学物质能促使机体对其他化学物质的吸收加强、降解受阻、排泄延缓、蓄积增多和产生高毒的代谢产物等 |
| 相加作用 | 多种化学污染物混合所产生的生物学作用强度等于其中各化学污染物分别产生的生物学作用强度的总和 |
| 独立作用 | 多种化学污染物各自对机体产生毒性作用的机理不同，互不影响 |
| 拮抗作用 | 混合物的生物学作用或毒性作用的强度低于两种化学污染物任何一种单独的强度 |

## （二）环境污染及对人类健康的影响

**1. 环境污染的概念**

（1）环境污染　指有害物质或因子进入环境，并在环境中扩散、迁移、转化，使环境系统结构与功能发生变化，导致环境质量下降，对人类及其他生物的生存和发展产生不利影响的现象。

（2）公害　凡污染和破坏环境对公众的健康、安全、生命及公共财产等造成的危害，称公害。

**2. 环境污染的分类**

（1）生物性污染　微生物（空气中、水中和土壤中）；寄生虫及其虫卵；害虫和鼠类。

（2）化学性污染　大气中的化学污染物。水体中的化学污染物：无机污染物（废水和生活污水，岩石的风化分解和土壤的沥滤，主要有重金属、氰化物和氟化物等）；有机污染物。土壤中的化学污染物。

（3）物理性污染　放射性物质、非电离辐射、热污染。

**3. 环境污染对人体健康影响的特点**

（1）广泛性　范围大，受影响的人多，对象广泛。

（2）多样性　污染物种类多，造成人类健康损害表现出多样性。

（3）复杂性　多种污染物同时存在，相互之间可以影响。

（4）长期性　污染物长期存在于环境中，长时间作用于人群。有些污染物造成的损害短时间内不易被发现。

**4. 环境污染对健康的病理损害作用**

（1）临床作用　一些环境污染物对人体的毒性作用较强，一次性大量暴露或多次少量暴露后，就会引起严重的病理损害，出现与有害物质毒性作用一致的临床症状。

(2) 亚临床作用 绝大多数的环境污染物对人群健康的影响常常是低毒性和缓慢作用的，亚临床作用是指不出现临床症状，用一般的临床医学检查方法难以发现阳性体征的病理损害作用。

(3) 三致作用 如表 4-4 所示。

表 4-4 环境污染的三致作用

| 三致作用 | 致畸物 |
|---|---|
| 致癌作用 | 煤焦油可以诱发皮肤癌；化学性致癌物（如亚硝酸盐，石棉和生产蚊香用的双氯甲醚）；物理性致癌物（如镭的核聚变物）；生物性致癌物（如黄曲霉毒素） |
| 致突变作用 | 基因突变、染色体结构变异或染色体数目变异；常见的致突变物有亚硝胺类、甲醛、苯和敌敌畏 |
| 致畸作用 | 致畸物有甲基汞和某些病毒等 |

(4) 免疫损伤作用 包括免疫抑制、变态反应（或称超敏反应）和自身免疫。

①化学性因素：如多氯联苯（PCB）、苯并芘引起的免疫抑制，某些染料、油漆、药物等引起的接触性皮炎，氯化汞引起的自身免疫性肾炎。

②物理性因素：如辐射能对免疫系统产生持久的影响，受辐射后机体巨噬细胞、$CD3^+$/$CD8^+$ T 细胞和自然杀伤（NK）细胞显著下降，且与照射剂量呈正相关，直接导致免疫调节功能的低下和紊乱，严重时可引起机体感染，甚至造成死亡。

(5) 激素样作用

①天然雌激素和合成雌激素：天然雌激素有 $17\beta$-雌二醇、黄体酮、睾酮。合成雌激素有二甲基己烯雌酚、己烷雌酚、乙炔基雌二醇、炔雌醇。

②植物雌激素：异酮类、木质素和拟雌内酯。

③具有雌激素活性的环境化学物质：杀虫剂，如 DDT、氯丹、硫丹、毒杀酚、狄氏剂、开蓬等；多氯联苯（PCB）和多环芳烃（PAH）；非离子表面活性剂——烷基苯酚化合物，大量用于洗涤剂、油漆、杀虫剂和化妆品；塑料添加剂，如邻苯二甲酸酯；食品添加剂（抗氧化剂），如丁苯等；工业废水和生活污水，如漂白纸浆废水等。

**5. 环境污染引起的疾病**

(1) 传染病 研究表明，许多传染病都是由环境问题引起的。

(2) 寄生虫病 寄生虫病是与环境关系最为密切的流行病。

(3) 职业病 我国政府规定的职业病包括职业中毒、尘肺、物理因素职业病、职业性传染病（炭疽、森林脑炎、布鲁菌病、艾滋病、莱姆病）、职业性皮肤病、职业性眼病、职业性耳鼻喉疾病、职业性肿瘤、其他职业病 10 大类共 132 余种。共同特点：病因明确，病因大多数可以定量检测；接触同一种职业性有害因素人群中有一定数量的职业病病例发生，很少出现个别病例；如能早期发现、并及时合理地处理，预后一般良好。

(4) 地方病 指局限于某些特定地区发生或流行的疾病，或在某些特定地区经常发生并长期相对稳定的疾病。如碘元素缺乏引起的地方性甲状腺肿或地方性克汀病（呆小症，幼年缺碘），硒元素缺乏引起的克山病和某些地区的大骨节病，氟元素过多引起的地方性氟中毒。

**6. 兽药对生态环境的污染与影响**

(1) 对水环境的影响 研究表明，大多数兽药不能被动物体充分吸收利用，而是随着排泄物进入污水或者直接排入环境，并且现有的水处理技术对污水中含有的大部分抗生素类药物没有明显的去除效果,导致水环境中药物残留量超标。抗生素污染排放过程所引起的对环境微生物耐药性。而环境中的微生物耐药性,最终还是会影响到人类本身。

(2)对土壤环境的影响 随着兽药在养殖业中的大量使用,排放到环境中的兽药对土壤污染的问题日益严重。绝大多数兽药以原药或代谢产物的形式经动物的粪尿排出,通过一定的途径进入农田,使作物的生存环境发生变化,对植物的生长发育造成不同的影响。在用动物排泄物施肥的土壤表层检测到了土霉素和金霉素的残留,其最大浓度达 32.2mg/kg 和 26.4mg/kg。

**7. 环境污染的控制** 环境污染的控制的主要包括绿色设计、清洁生产、产业生态学、循环经济。

## 三、例题及解析

1. 破坏生态平衡的人为因素是 ( )。

A. 砍伐森林　　　B. 退耕还林　　　C. 轮牧　　　D. 海啸　　　E. 干旱

【解析】A。砍伐森林属于造成生态平衡失调的人为原因。B、C 两项,退耕还林和轮牧属于合理利用自然资源。D、E 两项,海啸和干旱是属于造成生态平衡失调的自然原因。

2. 对人和动物有致突变作用的环境污染物是 ( )。

A. 甲酸　　　B. 甲醛　　　C. 乙酸　　　D. 山梨酸　　　E. 苯甲酸

【解析】B。考点为致突变作用,致突变作用是指污染物导致人或哺乳动物发生基因突变、染色体结构变异或染色体数目变异的作用,常见的致突变物有亚硝酸胺类、甲醛、苯和敌敌畏等。

(3~5 题共用备选答案)

A. 生物放大作用　　　B. 生物浓缩作用　　　C. 生物积累作用

D. 协同作用　　　E. 相加作用

3. 随着生物的生长发育,生物从周围环境和食物链摄入的某种难降解化合物的浓度不断增加,这种作用称为 ( )。

【解析】C。生物积累是生物从周围环境(水、土壤、大气)和食物链蓄积某种元素或难降解物质,使其在机体中的浓度超过周围环境中浓度的现象。

4. 环境有害物质通过食物链在生物体内随着营养级的提高,其浓度不断增高,这种作用称为 ( )。

【解析】A。生物放大作用是指有毒化学物质在食物链各个环节中的毒性渐进现象,即在生态系统中同一条食物链上,高营养级生物通过摄食低营养级生物,某种元素或难分解化合物在生物机体内的浓度随着营养级的提高而逐步增高的现象。

5. 处于同一营养剂上的许多生物群体,从周围环境中蓄积某种化合物,使生物体内该物质的浓度超过周围环境中的浓度现象,这种作用称为 ( )。

【解析】B。生物浓缩又称生物学浓缩、生物学富集,是指生物机体或处于同一营养级的许多生物种群,从周围环境中蓄积某种元素或难分解的化合物,使生物体内该物质的浓度超过周围环境中的浓度的现象。

6. 属于环境要素分类的污染类型是 ( )。

A. 生活污染　　　B. 土壤污染　　　C. 物理污染　　　D. 化学污染　　　E. 生物污染

【解析】B。考点为环境污染的分类，环境污染有不同的类型，因目的、角度的不同而有不同的划分方法，按环境要素分为大气污染、水体污染和土壤污染。

7. 某湖中鱼类体内有机氯浓度为 0.1mg/kg，食鱼鸟为 10mg/kg，这种现象为（ ）。

    A. 生物协同      B. 生物积累      C. 生物浓缩    D. 生物放大    E. 生物相加

【解析】D。考点为有害物质在机体内的浓缩、积累与放大作用，生物放大是指有毒化学物质在食物链各个环节中的毒性渐进现象，即在生态系统中同一条食物链上，高营养级生物通过摄食低营养级生物，某种元素或难分解化合物在生物机体内的浓度随着营养级的提高而逐步增高的现象。

8. 属于地方病的是（ ）。

    A. 莱姆病      B. 狂犬病      C. 克汀病     D. 肺结核     E. 艾滋病

【解析】C。自然地方性疾病：主要受某些地区自然环境的影响，使一些疾病只在这些地区存在。包括克汀病（缺碘）、克山病（缺硒）等。

## <<< 第二单元 动物性食品污染及控制 >>>

## 一、考试大纲

| 单 元 | 细 目 | 要 点 |
| --- | --- | --- |
| 动物性食品污染及控制 | 1. 动物性食品污染概述 | (1) 概念（食品动物、动物性食品、动物性食品污染、食品安全、食品防护、兽医食品卫生）<br>(2) 动物性食品污染的分类<br>(3) 动物性食品污染的来源与途径<br>(4) 动物性食品污染的危害 |
| | 2. 化学性污染 | (1) 农药残留<br>(2) 兽药残留<br>(3) 重金属和非金属污染（汞、铅、镉、砷、多环芳烃、N-亚硝基化合物、多氯联苯）<br>(4) 有意加人的化学物质污染 |
| | 3. 放射性污染 | (1) 食品放射性污染物的来源<br>(2) 食品放射性污染的途径<br>(3) 食品放射性污染的危害 |
| | 4. 细菌性食物中毒 | (1) 沙门菌食物中毒<br>(2) 致泻性大肠埃希菌食物中毒<br>(3) 葡萄球菌食物中毒<br>(4) 产单核细胞李氏杆菌食物中毒<br>(5) 肉毒梭菌食物中毒<br>(6) 志贺菌食物中毒<br>(7) 小肠结肠炎耶尔森氏菌食物中毒<br>(8) 空肠弯曲菌食物中毒<br>(9) 链球菌食物中毒<br>(10) 产气荚膜梭菌（魏氏梭菌）食物中毒 |

(续)

| 单 元 | 细 目 | 要 点 |
|---|---|---|
| 动物性食品污染及控制 | 5. 动物源性食品的安全性评价 | (1) 食品卫生标准和食品安全标准<br>(2) 生物性污染评价指标（菌落总数、大肠菌群）<br>(3) 化学性污染评价指标（每日允许摄入量、限量、最高残留限量、再残留限量） |
| | 6. 动物性食品污染的控制 | (1) 生物性污染控制措施<br>(2) 化学性污染控制措施<br>(3) 放射性污染控制措施<br>(4) 畜禽标识及可追溯管理 |
| | 7. 无公害食品的生产与管理 | (1) 概述<br>(2) 无公害食品的生产与质量的控制<br>(3) 无公害食品的管理 |
| | 8. 食品安全监督管理与控制 | (1) 食品安全<br>(2) 食品安全监管<br>(3) 食品安全标准<br>(4) 食品安全检测的内容<br>(5) 食品安全监管认证认可体系 |

## 二、重要知识点

### (一) 动物性食品污染概述

**1. 概念**

(1) 食品动物　各种人工养殖供人食用的动物。包括家畜、家禽、水生动物以及蜜蜂等。

(2) 动物性食品　动物体及其产物的可食部分，或以其为原料的加工制品。包括畜产品、水产品、蜂产品。

(3) 动物性食品污染　食品污染是指食物中原来含有或者加工时人为添加的生物性或化学性物质，其共同特点是对人体健康有急性或慢性的危害。动物性食品污染是指在食品动物养殖，动物性食品加工、贮存、运输等过程中，有害物质进入动物体内或动物性食品之内，可能对人体健康产生危害的现象。

(4) 食品安全　指食品在按照预期用途进行制备或食用时，不会对消费者造成伤害。

(5) 食品防护　指确保食品生产和供应过程的安全，防止食品因不当逐利、恶性竞争、社会矛盾、恐怖主义等原因影响而受到生物、化学、物理等方面的故意污染或蓄意破坏。

(6) 兽医食品卫生　指为确保动物性食品安全和卫生，在生产、加工、贮存、运输和销售动物产品时必须要求的条件和措施。

**2. 动物性食品污染的分类**

按污染物性质分为生物性污染、化学性污染和物理性污染。

(1) 生物性污染　指由有害微生物及其毒素（细菌、霉菌及其毒素、病毒）、寄生虫及其虫卵、有毒生物组织、食品害虫及其排泄物引起的动物性食品污染，如表4－5所示。

表 4 - 5　微生物污染类别及区别

| 类　别 | | 区　别 |
|---|---|---|
| 微生物污染 | 细菌　致病菌 | 食物中毒病原菌，常见有沙门菌、志贺氏菌、致泻性大肠杆菌、副溶血性弧菌、小肠结肠炎耶尔森菌、空肠弯曲菌、金黄色葡萄球菌、溶血性链球菌、肉毒梭菌、产气荚膜梭菌、蜡样芽孢杆菌等<br>人畜共患病病原菌，如牛分枝杆菌、布鲁菌、炭疽杆菌等 |
| | 细菌　腐败菌 | 能引起动物性食品腐败变质的细菌：微球菌属、葡萄球菌属、芽孢杆菌属、乳杆菌属、假单胞菌属、肠杆菌属、弧菌属和黄杆菌属、嗜盐杆菌属和嗜盐球菌属 |
| | 霉菌及其毒素污染 | 目前已知霉菌毒素 200 余种，主要有黄曲霉毒素、赭曲霉毒素、黄绿青霉素、岛青霉毒素、橘青霉毒素、镰刀菌毒素 |
| 寄生虫污染 | | 原虫、吸虫、绦虫、线虫 |
| 有毒生物组织污染 | | 主要是指本身具有毒性，食用后对人体会产生不良影响的生物组织，如动物甲状腺和肾上腺、河豚等 |
| 食品害虫 | | 指能引起食源性疾病、毁坏食品和造成食品腐败变质的各种害虫，如有害昆虫和螨等 |

（2）化学性污染　指由各种有害化学物质对食品造成的污染（表 4 - 6）。

表 4 - 6　化学性污染类别及来源

| 类　别 | 来　源 |
|---|---|
| 重金属和非金属污染 | 主要有汞、铅、镉、砷、多环芳烃、N-亚硝基化合物、多氯联苯等 |
| 农药残留 | 主要有有机氯农药、有机磷农药、氨基甲酸酯类和拟除虫菊酯类农药等 |
| 兽药残留 | 主要有抗微生物药物、抗寄生虫药物、氨基甲酸酯类以及其他促生长剂残留 |
| 食品添加剂污染 | 食品添加剂的滥用；添加非食品添加剂 |
| 食品包装材料污染 | 塑料制品、橡胶、涂料等高分子材料，主要是游离单体、添加剂和裂解物残留；金属或含金属包装制品，主要是重金属溶出，尤其是酸性食品；回收塑料、金属、包装纸等材料，主要是微生物和重金属污染 |
| 其他有害物质污染 | N-亚硝基化合物、多环芳烃、杂环胺等 |

（3）物理性污染　指由物理因素引起的环境污染，如放射性辐射、电磁辐射、噪声、光污染等。

**3. 动物性食品污染的来源与途径**　根据污染来源与途径不同，动物性食品污染可分为内源性污染和外源性污染两类。内源性污染是指食品动物在生前受到的污染，也称为一次污染。外源性污染是指动物性食品在加工、运输、贮存、销售、烹饪等过程中受到的污染，也称二次污染（表 4 - 7）。

表 4 - 7　动物性食品污染的来源与途径

| 来　源 | 途　径 |
|---|---|
| 内源性污染 | ①动物生前感染了人畜共患病<br>②动物生前感染了固有的疫病，导致抵抗力降低，引起大肠杆菌和沙门菌等继发性感染<br>③动物饲养期间感染了某些内源性微生物污染物<br>④工业生产排放的"三废"含有重金属、有机物等有害物质污染环境及农作物，通过空气、饮水、 |

（续）

| 来 源 | | 途 径 |
|---|---|---|
| 内源性污染 | | 饲料进入动物体内，并发生生物富集，造成动物性食品污染<br>⑤农业生产农药和化肥等滥用、不遵守安全内源性化学性污染间隔期或使用违禁农药等，导致农药通过饮水、饲料残留于动物的组织内<br>⑥动物养殖不合理使用兽药和饲料添加剂，或在养殖中使用违禁物质，是造成动物性食品化学性污染的主要原因。 |
| 外源性污染 | 外源性生物性污染 | 空气、水、土壤造成的污染以及动物性食品加工、保存和运输过程的污染 |
| | 外源性化学性污染 | 食品添加剂、包装材料、食品加工、食品储藏、食品腐败变质产生的有害物质、食品掺假等 |

**4. 动物性食品污染的危害** 食用污染食品导致机体损害，常表现为急性中毒、慢性中毒以及致畸、致癌、致突变的"三致"病变，还会引起机体的慢性危害。

（1）**食源性疾病** 凡是通过摄取食物而使病原体及其毒素或其他有害物质进入人体，引起的感染性疾病或中毒性疾病，统称为食源性疾病。食源性感染的类型有食源性人畜共患传染病、食源性寄生虫病。食源性疾病有 3 个基本要素：食物起了传播病原物质的媒介作用；病因物质是食物中的各种致病因子；临诊特征为中毒或感染。

（2）**食物中毒** 指摄入了有毒、有害物质的食品而引起的非传染性的急性、亚急性疾病。食物中毒主要特点：有病因食物；发病急剧；有类似症状；无传染性。食物中毒分为细菌性食物中毒、真菌性食物中毒、动物性食物中毒、植物性食物中毒、化学性食物中毒。

## （二）化学性污染

**1. 农药残留**

（1）**概念** 农药残留是指农药使用后其母体、衍生物、代谢物、降解物等在环境、动植物或食品中的残余存留现象。

（2）**农药残留的来源** 用药后直接污染；从环境中吸收；通过食物链富集；意外污染。

（3）**对人体健康的影响（慢性潜在性危害）** 影响各种酶的活性；损害身体系统；引起皮肤病、不育、贫血；降低免疫力；"三致"作用。

（4）**有机氯农药残留** 包括滴滴涕（DDT）和六六六（BHC）、艾氏剂、异艾氏剂，狄氏剂、异狄氏剂、毒杀芬（氯化烯）、氯丹、七氯、林丹等农药在食品中残留。对人健康的影响：主要蓄积于脂肪组织，其次为肝、肾、脾和脑组织，少部分可随乳汁排出。有机氯农药残留的危害：DDT——损伤肝、肾和神经系统；甲体六六六（a-666）——动物致癌；氯丹和林丹——癌症的诱发剂。

**2. 兽药残留**

（1）**相关概念**

①兽药残留：指食品动物用药后，动物产品中的任何食用部分中的原型药物或和其他代谢产物，包括与兽药有关的杂质的残留。

②残留总量：指对食品动物用药后，动物产品的任何食用部分中某种药物残留的总和，由其原形药物或（和）其全部代谢产物组成。

③饲料药物添加剂：包括抗球虫药类、驱虫剂类、抑菌促生长类等。

（2）兽药残留对人体的危害

①变态反应（过敏反应）。

②毒性作用：急性毒性——氨基糖苷类药（前庭功能障碍、听神经损伤），慢性毒性——氯霉素（再生障碍性贫血），特殊毒性——磺胺药（肾损）、喹诺酮（大剂量，肝损）。

③"三致"作用。如雌激素类（己烯雌酚）、同化激素（苯丙酸诺龙）、喹噁啉类（卡巴氧）、硝基呋喃类（呋喃西林、呋喃唑酮）、硝基咪唑类、砷制剂等药物具有"三致"作用。许多国家已明令禁止在食品动物使用这些药物，规定在动物性食品中不得检出这些药物。

④对胃肠道微生物的影响：破坏或抑制胃肠菌群；条件致病菌；改变肠道菌群代谢活性；细菌耐药性。

⑤激素样作用

（3）常见的兽药残留

①抗微生物药物残留：包括抗生素、化学药品、中药材及其制剂。对人体健康的影响有变态反应（过敏反应）、毒性作用、菌群失调以及导致耐药菌株出现。

②抗寄生虫药物残留。

③激素残留。

④β受体激动剂残留（对心、胃、肝、肺损害）：目前在畜禽养殖中非法使用最广泛的β受体激动剂是克仑特罗，其次是使用沙丁胺醇（又称舒喘宁），此外还有莱克多巴胺、塞曼特罗等。

**3. 重金属和非金属污染** 如表4-8所示。

表4-8 重金属和非金属污染类别、来源及影响

| 类　别 | 来源以及影响 |
| --- | --- |
| 汞的污染 | 无机汞主要损害肝和肾；甲基汞毒性很强，可以通过血脑屏障、血睾屏障以及胎盘屏障，损害中枢神经系统；"水俣病" |
| 铅的污染 | 多来源于工业生产、农业生产、交通运输、食品加工；急性中毒导致胃肠炎症状，慢性中毒导致神经系统功能紊乱 |
| 镉的污染 | 镉主要分布于肝，其次是肾；急性中毒导致消化道症状，慢性中毒导致骨质疏松症、高钙尿 |
| 砷的污染 | 可通过胎盘进入胎儿体内；"黑脚病"；公认的致癌物质 |
| 氟的污染 | 氟是亲骨元素，进入体内后主要分布于骨骼和牙齿；急性中毒主要表现消化道症状和神经症状，慢性中毒导致氟斑牙、氟骨症 |
| 多环芳烃 | 来自环境各种燃料不完全燃烧或垃圾焚烧；食品熏烤加工 |
| N-亚硝基化合物 | 广泛存在于自然界、食品（如海产品、肉制品、腌菜类）和药物中的致癌物质，分为N-亚硝胺和N-亚硝酰胺两类，硝酸盐和亚硝酸盐广泛存在于自然界，如土壤中硝酸盐，腐败变质蔬菜中还有亚硝酸盐 |
| 多氯联苯的污染 | 工业生产废水排放是主要原因；食品加工和包装"米糠油事件" |

#### 4. 有意加入的化学物质污染

（1）食品添加剂　有意添加到食品中的物质一般指食品添加剂，这类物质在改善食品感官性状、延长食品保存期等方面发挥着重要作用，但由于超范围、超剂量使用食品添加剂，或使用已淘汰的食品添加剂，则会使食品中有害物质增加。有些食品添加剂尚存在安全性问题，如硝酸盐在人的胃肠中还原为亚硝酸盐，可造成机体血液失去携氧功能，出现中毒症状，它还可与胺类物质合成具有极强致癌作用的亚硝胺，诱发胃癌和食管癌。

（2）掺杂使假　有些不法生产者和经营者为了降低生产成本、牟取暴利，常常以劣充优、以假充真，有意在动物饲料或食品中加入危害人体健康的物质。例如，在鸡、鸭饲料中添加苏丹红致使鸡蛋和鸭蛋中残留苏丹红，使用甲醛处理变质肉和水产品，牛奶中添加防腐剂、中和剂、三聚氰胺等。

### （三）放射性污染

#### 1. 食品放射性污染物的来源

（1）食品中天然放射性物质的来源　天然放射性核素分成两大类，一是宇宙射线的粒子与大气中的物质相互作用产生，如 14C（碳）、3H（氢）等；二是地球在形成过程中存在的核素及其衰变产物，如 238U（铀）、235U（铀）等。

（2）食品中人工放射性物质的来源　核试验（核试验是放射性污染的主要来源）；核工业生产；核动力工业（成为水产品放射性物质污染的来源之一）；放射性矿石的开采和冶炼；其他方面。

**2. 食品放射性物质污染的途径**　放射性尘埃随气流和雨水扩散，大部分会沉降到江河湖海和大地表面，污染水域和植被，然后通过作物、饲料、牧草等进入畜禽体内，通过水体进入水产动物体内，最终以食品途径进入人体。水是核试验放射性物质的主要受纳体，也是核动力工业放射性物质的受纳体。

**3. 食品放射性污染的危害**　大剂量照射发生放射病。一般剂量和小剂量照射，均能引起慢性放射病和长期效应，如血液学变化、性欲减退、生育能力障碍以及诱发肿瘤等。食物链蓄积在人体内的放射性核素所产生的潜在危害，主要是小剂量的内照射。

### （四）细菌性食物中毒

细菌性食物中毒特点：发病的季节性强，以夏秋季节多见；原因食品较明确，主要是畜禽肉与肉制品等动物性食品；引起食物中毒的原因明显。常见细菌性食物中毒：沙门菌、志贺氏菌、致泻性大肠杆菌、葡萄球菌、链球菌、李氏杆菌、肉毒梭菌、产气荚膜梭菌、小肠结肠炎耶尔森氏菌以及空肠弯曲菌食物中毒。如表 4-9 所示。

表 4-9　常见的细菌性食物中毒

| 病名 | 病原 | 流行病学 | 症状 | 诊断 |
| --- | --- | --- | --- | --- |
| 沙门菌食物中毒 | 肠炎、鼠伤寒、猪霍乱沙门菌 | ①季节性：7—9月最多见 ②中毒食品：肉与肉制品 | 黄色或黄绿色水样便，恶臭 | 呕吐物或排泄物检出血清学型别相同的沙门菌 |

（续）

| 病名 | 病原 | 流行病学 | 症状 | 诊断 |
|---|---|---|---|---|
| 致泻性大肠埃希菌食物中毒 | 产肠毒素大肠埃希菌、肠致病性大肠埃希菌、肠侵袭性大肠埃希菌、肠出血性大肠埃希菌 | 季节性：夏秋季节 | ①急性肠胃炎型：水样腹泻，上腹痛②急性腹泻型：水样腹泻，腹痛③急性菌痢型：出血性腹泻，里急后重④出血性肠炎型：痉挛性腹痛，初为水样便，后为血便 | 病原菌和毒素鉴定 |
| 葡萄球菌食物中毒 | 金黄色葡萄球菌 | 儿童发病率高①季节性：多发于夏秋季节②中毒食品：主要为乳与乳制品、剩饭 | 呕吐是特征性症状，常呈喷射状，有时混有胆汁和血液 | 细菌分离培养 |
| 产单核细胞李氏杆菌食物中毒 | 李斯特菌 | 中毒原因：以乳品最为多见，特别是在冰箱中保藏时间过长的乳品和肉品 | ①腹泻型：腹泻、腹痛和发热②侵袭型：败血症、脑膜炎、心内膜炎 | 血清型检测 |
| 肉毒梭菌食物中毒 | 肉毒梭状芽孢杆菌 | ①季节性：3—5月②中毒原因：家庭自制豆、谷类的发酵制品（如臭豆腐等） | 肌肉麻痹，病死率较高 | 血清型检测 |
| 志贺菌食物中毒 | 宋内志贺菌 | ①季节性：春夏秋②中毒食品：熟制的肉类和乳类食品及其制品 | 泡沫黏液便或血液便，里急后重 | 血清型检测 |
| 小肠结肠炎耶尔森氏菌食物中毒 | 革兰氏阴性小杆菌 | ①季节性：嗜冷菌，多发于秋末、冬季②中毒食品：肉、禽及乳制品 | 幼儿多发，脐部和右下腹部腹痛，胆汁绿色水样腹泻 | 血清型检测 |
| 空肠弯曲菌食物中毒 | 革兰氏阴性菌细长弯杆菌 | 全年发生，多见于夏秋季节，耐低温，是冷藏肉品发生食物中毒的主因 | 先有发热，伴全身乏力、头痛，肌肉酸痛；排便前疼痛加剧，便后暂时缓解；脐周和上腹部腹痛 | 血清型检测 |
| 链球菌食物中毒 | α型溶血性链球菌对热和高渗抵抗力强 | 多发于5—11月；动物性食品 | 急性胃肠炎症状，发病快，病情轻，呕吐比腹泻重 | 血清型检测 |
| 产气荚膜梭菌（魏氏梭菌）食物中毒 | 厌氧型梭菌，主要A、C型 | 炎热的夏秋季节 | ①急性胃肠炎②坏死性肠炎：下腹部疼痛，重度腹泻，便中带有血液、黏液，甚至黏膜屑片；严重时发生毒血症，病死率高达35%～40% | 血清型检测 |

### （五）动物性食品的安全性评价

**1. 食品卫生标准和食品安全标准**

（1）食品卫生标准　指国家对各种食品、食品添加剂、食品容器、包装材料、食品用工具与设备，用于清洗食品和食品用工具、设备的洗涤剂规定必须达到的卫生质量和卫生条件的客观指标和要求。

（2）食品安全标准　指食品相关产品中的致病性微生物、农药残留、兽药残留、重金属、污染物质以及其他危害人体健康物质的限量规定。在我国，从食品卫生标准的制定和管理上看，分国家标准、行业标准、地方标准、企业标准。

**2. 生物性污染评价指标**

（1）菌落总数　指 1mL（g）检样中所含菌落的总数。食品卫生学意义：主要作为判定食品被细菌污染程度的标志。

（2）大肠菌群　指一群能发酵乳糖、产酸产气、需氧和兼性厌氧的革兰氏阴性无芽孢杆菌。大肠菌群测定规定食品中大肠菌群数系以 100mL（g）检样中大肠菌群最可能数表示。食品卫生学意义：作为粪便污染指标来评价食品的卫生质量；大肠菌群是评价食品质量安全的重要指标之一。

**3. 致病菌**

（1）概念　指能引起人类疾病的细菌。我国食品卫生标准明确规定，任何食品中均不得检出致病菌。

（2）种类　主要有沙门菌、志贺氏菌、致泻大肠埃希菌、小肠结肠炎耶尔森菌、空肠弯曲菌、金黄色葡萄球菌、溶血性链球菌、肉毒梭菌及其肉毒毒素、产气荚膜梭菌、单核细胞增生李氏杆菌、副溶血性弧菌、蜡样芽孢杆菌等致病菌（12 种）。

**4. 寄生虫**　我国规定屠宰检疫对象和进行生物安全处理的寄生虫病害动物产品，包括：猪，丝虫病、囊尾蚴病、弓形虫病；牛，日本分体吸虫病；羊，肝片吸虫病、棘球蚴；鸡，球虫病。

**5. 化学性污染评价标准**　我国规定了 10 种有机氯农药的再残留限量（表 4 - 10）。

表 4 - 10　化学性污染评价标准

| 评价标准 | 概　念 |
| --- | --- |
| 每日允许摄入量（ADI） | 人类终生每日摄入某物质，而不产生可检测到的危害健康的估计量，以每千克体重可摄入的量表示（mg/kg），ADI 值越高，说明该化学物质的毒性越低 |
| 限量 | 污染物和真菌毒素在食品中允许的最大含量水平 |
| 最高残留限量（MRL） | 食品或农产品法定允许的兽药或农药最大浓度，以每千克食品或农产品中农药残留的毫克数表示（mg/kg） |
| 再残留限量 | 一些持久性农药虽已禁用，但还长期存在环境中，从而再次在食品中形成残留，为控制这类农药残留物对食品的污染而制定其在食品中的残留限量，以每千克食品或农产品中农药残留的毫克数表示（mg/kg） |

### （六）动物性食品污染的控制

**1. 生物性污染控制措施**　防止一次污染：无病畜禽群、饲养管理、检疫检验（无规定动物疫病区)、可追溯管理。防止二次污染：GMP、HACCP 控制体系。

**2. 化学性污染控制措施** 农药残留控制措施和兽药残留控制措施。

(1) 加强兽药监督管理。

(2) 规范使用兽药。

(3) 合理使用饲料药物添加剂使用注意事项 ①按照《饲料药物添加剂使用规范》使用药物添加剂；②禁止将原料药直接添加到饲料及饮用水中或者直接饲喂动物；③在饲料加工中，应将加药饲料和不加药饲料分开加工；④禁止同一种饲料中使用两种以上作用相同的药物添加剂；⑤要按畜禽种类、生长阶段的不同，正确使用饲料添加剂，养殖用户应正确使用饲料，不得超标添加药物添加剂。

(4) 严格遵守休药期(停药期) 规定休药期是为减少或避免在动物性食品中兽药超出最高残留限量标准。

(5) 禁止使用违禁药物 ①严禁使用国家规定的禁用药品；②禁止使用假冒伪劣兽药、过期药品，以及未经农业农村部批准或已淘汰的药品；③禁止添加激素类药品；④禁止将人用药物用于动物。

**3. 放射性污染控制措施** 加强对放射性污染源的控制；适时或定期进行食品放射性监测。

**4. 畜禽标识及可追溯管理** 可追溯体系(系统/管理)是指在产品供应的整个过程中对产品的各种相关信息进行记录存储的质量保障体系。包括动物标识申购与发放管理系统、动物生命周期全程监管系统、动物产品质量安全追溯系统。

## (七) 无公害食品的生产与管理

**1. 概述** 无公害食品是指产地环境、生产过程和产品质量符合国家标准和规范的要求，经认证合格获得证书并使用无公害农产品标志的未经加工或初加工的食用农产品。无公害食品的质量指标主要包括食品中重金属、农药和兽药残留量符合规定的标准。

**2. 无公害食品的生产与质量的控制** 无公害食品产地环境质量标准；无公害食品生产技术标准；无公害食品产品标准。

**3. 无公害食品的管理**

①无公害农产品的生产管理条件：生产过程符合农产品生产技术的标准要求，严格按规定使用农业投入品。禁止使用国家禁用、淘汰的农业投入品。有相应的专业技术和管理人员。有完善的质量控制措施，并有完整的生产和销售记录档案。

②产地认定管理：申请无公害农产品产地认定单位或个人，应当向县级农业行政主管部门提交书面申请。然后逐级上报和审批。省级农业行政主管部门对材料审核、现场检查和产地环境检测结果符合要求，应当各自申请现场检查报告和产地环境检测报告之日起，30 个工作日内颁发无公害农产品产地认定证书。不符合要求的，应当书面通知申请人。

③无公害农产品认证管理：无公害农产品认证证书有效期为 3 年。期满需要继续使用，应当在有效期满 90d 前按照该办法规定的认定程序，重新办理。在有效期内生产无公害农产品认定证书以外的产品品种的，应向原无公害农产品认证机构办理证书变更手续。

④无公害农产品标志管理：如表 4-11 所示。

**表 4-11  无公害食品、绿色食品和有机食品的区别**

| 安全食品 | 认证机构 | 认证标准和级别 | | 生产与质量控制 | 认证方法 | 证书有效期 |
|---|---|---|---|---|---|---|
| 无公害食品 | 省级农业行政主管部门（申请人逐级上报） | 允许限量、限品种、限时间使用人工合成化学农药、兽药、鱼药、肥料、饲料添加剂等 | | 产地环境质量标准、产品生产技术标准、产品标准 | 检查认证和检测认证并重 | 3 年（期满前 90d 重申请） |
| 绿色食品 | 中国绿色食品发展中心 | A 级 | 同无公害食品 | 绿色食品生产体系、绿色食品质量标准体系 | 同无公害食品 | 3 年（期满前 90d 重申请） |
| | | AA 级 | 同有机食品 | | 同有机食品 | |
| 有机食品 | 独立认证机构（中绿华夏、南京国环、国外机构） | 不得使用任何人工合成的化学物质 | | 有机食品生产技术规范 | 实行检察员制度，以实地检查认证为主，检测认证为辅 | 转换期 2～3 年；有效期 1 年（期满前 30d 重申请） |

## （八）食品安全监督管理与控制

**1. 食品安全**  指的是食品无毒、无害，符合应当有的营养要求，对人体健康不造成任何急性、亚急性或者慢性危害。

**2. 食品安全监管**  指为了使食品卫生质量达到应有的安全水平，政府监管部门综合运用法律、行政和技术等手段，对食品的生产、加工、包装、储藏、运输、销售、消费等环节进行监督管理的活动。

**3. 食品安全标准**  以国家标准为核心，行业标准、地方标准和企业标准为补充的食品安全体系。

**4. 食品安全检测的内容**

（1）食品、食品相关产品中的致病性微生物、农药残留、兽药残留、重金属、污染物及其他危害人体健康物质的含量。

（2）食品添加剂的品种、使用范围、用量。

（3）与食品安全、营养有关的标签、标识、说明书的要求。

（4）食品生产经营过程的卫生要求。

（5）与食品安全有关的其他质量要求。

**5. 食品安全监管认证认可体系**

（1）HACCP（危害分析与关键控制点）体系  鉴别、评价和控制对食品安全至关重要的危害的一种体系。特点：预防性、针对性、经济性、实用性、动态性。

（2）GMP 体系  是良好操作规范的简称，是一种专业特性的品质保证或制造管理体系，特别注重制造过程中对产品质量与卫生安全的自主性管理。

（3）GAP 体系  是指"良好农业规范"。从广义上讲，良好农业规范（GAP）作为一种适用方法和体系，通过经济的、环境的和社会的可持续发展措施，来保障食品安全和食品质量。它是以危害预防（HACCP）、良好卫生规范、可持续发展农业和持续改良农场体系为基础，避免在农产品生产过程中受到外来物质的严重污染和危害。该标准主要涉及大田作物种植、水果和蔬菜种植、畜禽养殖、牛羊养殖、奶牛养殖、生猪养殖、家禽养殖、畜禽公路运输等农业产业等。

（4）ISO22000食品安全管理体系　采用ISO90001标准体系结构。关于食品危害风险的识别、确认和系统管理，参考食品法典委员会发布的《食品卫生一般原则》中的HACCP体系和应用指南。ISO22000的适用范围涵盖食品链的全过程，即种植、养殖、初级加工、制造、运输和消费者使用原辅材料，包括餐饮。

## 三、例题及解析

1. 评价食品被粪便污染的指标是（　　）。
    A. 大肠菌群　　　　　　　　B. 沙门菌　　　　　　　　C. 志贺氏菌
    D. 空肠弯曲菌　　　　　　　E. 菌落总数

【解析】A。大肠菌群主要来源于人畜粪便，其测定具有两方面意义：①主要作为粪便污染指标来评价食品的卫生质量；②推断食品中有否污染肠道致病菌的可能。大肠菌群是评价食品质量安全的重要指标之一。

2. 为增加蛋黄的橙黄或橙红色泽，一些养殖户在禽饲料中非法添加的掺假物最可能是（　　）。
    A. 甲醛　　　　　　　　　　B. 尿素　　　　　　　　　C. 三聚氰胺
    D. 多环芳烃　　　　　　　　E. 苏丹红

【解析】E。苏丹红本是一种化工原料染色剂，一些养殖户添加提高蛋黄色泽，如果食品中苏丹红的含量较高，其有些代谢产物有可能是致癌物质。

3. 某小饭店发生7人食物中毒，经临床诊断和病原分离鉴定，确诊为小肠结肠炎耶尔森氏菌食物中毒，该菌食物中毒的腹痛特征是（　　）。
    A. 左上腹部疼痛　　　　　　B. 左下腹部疼痛　　　　　C. 右上腹部疼痛
    D. 右下腹部疼痛　　　　　　E. 左、右上腹部疼痛

【解析】D。小肠结肠炎耶尔森氏菌食物中毒主要症状为发热，右下腹疼痛，腹泻；若从中毒原因食品和病人腹泻物中分离出同一血清型的小肠结肠炎耶尔森氏菌，即可做出诊断。

4. 食品按照预期用途进行制备、食用时，不会对消费者造成伤害称为（　　）。
    A. 食品污染　　　　　　　　B. 食品安全　　　　　　　C. 食品防护
    D. 食品营养　　　　　　　　E. 食品卫生

【解析】B。食品安全是指食品在按照预期用途进行制备和/或食用时，不会对消费者造成伤害。食品应无毒、无害，符合应有的营养要求，对人体健康不造成任何急性、亚急性或者慢性危害。

5. 动物性食品农药残留的主要来源不包括（　　）。
    A. 未遵守停药期规定　　　　B. 用药后直接污染　　　　C. 通过食物链富集
    D. 从环境中吸收　　　　　　E. 意外污染

【解析】A。农药残留主要来源：①用药后直接污染；②通过食物链富集；③从环境中吸收；④意外污染。A项，未遵守停药期规定属于兽药残留（而非食品农药残留）产生的原因。

（6~8题共用备选答案）
    A. 青霉素　　　　　　　　　B. 雌激素　　　　　　　　C. 克伦特罗

D. 有机氯农药　　　　　　E. 有机磷农药

6. 某男，32岁，四肢无力，头痛头晕，食欲不振，抽搐，肌肉震颤，后期肌肉麻痹。医院诊断为食物中毒，中毒物质在动物脂肪组织含量最高，最可能的致病物质是（　　）。

【解析】D。有机氯农药主要蓄积于脂肪，中毒后表现四肢无力、头痛、头晕、抽搐、肌肉震颤和麻痹等神经症状。

7. 某男，38岁，食用猪肝后出现头痛头晕，心悸，心律失常，呼吸困难，肌肉震颤和疼痛，医院诊断为食物中毒，最可能的致病物质是（　　）。

【解析】C。克伦特罗又名"瘦肉精"，食用含瘦肉精的猪肉对人体有害。急性中毒时会出现心悸、面颈、四肢肌肉颤动，有手抖甚至不能站立，头晕，乏力，原有心律失常的患者更容易发生反应，出现心动过速，室性早搏。

8. 某女童，5岁，长期食用一奶牛养殖户的牛奶，近期出现乳房发育等早熟症状，医院诊断为食物中毒，最可能的致病物质是（　　）。

【解析】B。雌激素属于具有"三致"作用的药物，长期食用严重影响生殖系统，并可能引起癌变。

9. 食品中原有的或加工时人为添加的物质，可对人体健康产生危害的现象为（　　）。

A. 公共卫生　　　　　B. 食品防护　　　　　C. 食品卫生
D. 食品安全　　　　　E. 食品污染

【解析】E。考点为食品污染，食品污染是指食品中原来含有或者加工时人为添加的生物性或化学性物质，其共同特点是对人体健康有急性或慢性的危害。

10. 动物性食品中法定允许的兽药最大浓度是（　　）。

A. 限量　　　　　B. 再残留限量　　　　　C. 最高残留限量
D. 每日允许摄入量　　　　　E. 暂定每周摄入量

【解析】C。考点为食品安全指标，食品安全指标主要包括菌落总数、大肠菌数、大肠菌群数、致病菌、休药期、最高残留限量，其中最高残留限量是指在允许在各种食品残留的农药或兽药的最高量/浓度。

(11～13题共用备选答案)

A. 空肠弯曲菌食物中毒　B. 链球菌食物中毒　　C. 产气荚膜梭菌食物中毒
D. 大肠杆菌毒素食物中毒　E. 沙门菌食物中毒

11. 食用冷藏熟肉后，数人出现体温升高，40℃，全身肌肉酸痛，脐部和上腹部绞痛，腹泻，初为水样，继而黏液血便。从所食用的熟肉和病人的腹泻物中分离得到一株革兰氏阴性细菌，菌体呈两端渐细的弧形，具有多形性。该病最可能的诊断是（　　）。

【解析】A。考点为空肠弯曲菌食物中毒，中毒食品为受污染的禽肉、畜肉、牛乳等，中毒的症状为发热、全身乏力、头痛、肌肉酸痛、脐周或上腹部绞痛，排便前腹痛加剧，便后暂时缓解。初为水样便，后有（血）黏液便，与题干相符。

12. 夏末，一家3人食用猪头肉后，出现呕吐、腹泻症状，呕吐比腹泻严重，1人头晕、低热、乏力。从所食用的猪肉和病人的腹泻物中分离到一株革兰氏阳性菌，菌体呈球形或卵圆形，无芽孢。该病最可能的诊断是（　　）。

【解析】B。考点为链球菌食物中毒，中毒食物为人和动物的带菌排泄物直接或间接污染的各种食品，尤其是畜禽的内脏、熟肉类、哺乳类、冷冻食品和水产品，中毒的表现，上腹部不适，呕吐比腹泻重，腹泻为水样便。少数病人头痛、低热、乏力等全身症状，与题干叙述中毒的症状相符。

13. 夏季，5人食用熟肉2h后，出现下腹部剧烈疼痛，腹泻，便中带有血液和黏液；3人便中有黏膜碎片，伴有呕吐；1人抽搐、昏迷。从所食用的熟肉和病人的腹泻物中分离到一株革兰氏阳性的大杆菌，有芽孢。该病最可能的诊断是（ ）。

【解析】C。考点为产气荚膜梭菌食物中毒，中毒的食物为被污染食品无明显腐败现象，因而使人丧失警惕，易于造成食物中毒，中毒的症状为，急性胃肠炎型，A型菌引起。腹泻多为稀便或水样便，偶尔混有黏液或血液，恶心、呕吐者较少，体温正常或微热，坏死性肠炎型，C型菌引起，严重的下腹部疼痛，重度腹泻，便中带有血液、黏液，甚至黏膜碎片，伴有呕吐。高热、发冷、恶寒、虚脱、神志不清甚至昏迷，与题干叙述中毒的症状相符。

14. 具有"三致"作用的药物是（ ）。
    A. 呋喃唑酮　　　B. 头孢氨苄　　　C. 林可霉素
    D. 黏菌素　　　E. 吉他霉素

【解析】A。考点为兽药残留对人体的危害，雌激素类（己烯雌酚）、同化激素（苯丙酸诺龙）、喹噁啉类（卡巴氧）、硝基呋喃类（呋喃西林、呋喃唑酮）、硝基咪唑类、砷制剂等药物具有"三致"作用。故本题的答案为A选项。

15. 3人聚餐后数小时相继出现急性胃肠炎症状。病初恶心、头痛、头晕，继而出现呕吐、寒战、面色苍白、全身无力、腹痛、腹泻，体温升高（38～40℃）。腹泻以黄色或黄绿色水样便为主，恶臭。从病人腹泻物及食用过的熟肉中检出了同一血清型病原菌。该病最可能的病原是（ ）。
    A. 肉毒梭菌　　　B. 沙门菌　　　C. 葡萄球菌
    D. 李氏杆菌　　　E. 副溶血性弧菌

【解析】B。考点为沙门菌食物中毒，中毒食品为受污染的禽肉、畜肉、牛乳等，中毒的症状为急性胃肠炎症状，病初恶心、头痛、头晕，继而出现呕吐、寒战、面色苍白、全身无力、腹痛、腹泻，体温升高。腹泻以黄色或黄绿色水样便为主，恶臭。

16. 引起"水俣病"的污染物是（ ）。
    A. 汞　　　B. 镉　　　C. 砷
    D. 铅　　　E. 铬

【解析】A。水俣病是因食入被有机汞污染河水中的鱼、贝类所引起的甲基汞为主的有机汞中毒或是孕妇吃了被有机汞污染的海产品后引起婴儿患先天性水俣病，是有机汞侵入脑神经细胞而引起的一种综合性疾病。

# <<< 第三单元　人畜共患病概论 >>>

## 一、考试大纲

| 单　元 | 细　目 | 要　点 |
|---|---|---|
| 人畜共患病概论 | 1. 人畜共患病的概念与分类 | (1) 概念<br>(2) 分类（按病原体的种类分类、病原体储存宿主的性质分类、病原体的生活史分类） |
|  | 2. 人畜共患病的特征及危害 | (1) 人畜共患病的特征<br>(2) 人畜共患病的危害 |
|  | 3. 人畜共患病疫源地和自然疫源地 | (1) 人畜共患病疫源地<br>(2) 自然疫源地 |

## 二、重要知识点

### （一）人畜共患病的概念与分类

**1. 概念**　人畜共患病是指在人类和脊椎动物之间自然传播和感染的疾病。

**2. 分类**

（1）按病原体的种类分类　分为病毒病、细菌病、衣原体病、立克次氏体病、真菌病、寄生虫病等。

（2）按病原体储存宿主的性质分类　如表 4-12 所示。

表 4-12　按病原体储存宿主的性质分类

| 按储存宿主分类 | 概　念 | 举　例 |
|---|---|---|
| 以动物为主的人畜共患病（动物源性） | 病原体的储存宿主主要是动物 | 如棘球蚴病、旋毛虫病、马脑炎等 |
| 以人为主的人畜共患病（人源性） | 病原体的储存宿主主要是人 | 如戊型肝炎等 |
| 人兽并重的人畜共患病（互源性） | 人和动物都是其储存宿主，自然条件下，可在人、动物以及人与动物间相互传染，任何动物互为传染源 | 如结核病、炭疽、日本血吸虫病、钩端螺旋体病等 |
| 真性人畜共患病（周生性） | 以动物和人分别作为病原体的中间宿主或终末宿主，缺一不可 | 如猪带绦虫病及猪囊尾蚴病、牛带绦虫病及牛囊尾蚴病等 |

（3）按病原体的生活史分类　如表 4-13 所示。

表 4 - 13　按病原体的生活史分类

| 按病原体生活史分类 | 概　念 | 举　例 |
|---|---|---|
| 直接人畜共患病 | 直接或间接接触（通过媒介物或媒介昆虫机械传递）病原体在传播中没有增殖和发育，感染途径有皮肤、黏膜、消化道和呼吸道等 | 全部细菌病、大部分病毒病、部分原虫病、少部分线虫病等，如狂犬病、炭疽、结核病、布鲁菌病、钩端螺旋体病、弓形虫病、旋毛虫病等 |
| 媒介性（中介性）人畜共患病 | 病原体的生活史必须有脊椎动物和无脊椎动物共同参与才能完成，病原体在传播媒介（无脊椎动物）体内完成必要的发育阶段或增殖到一定数量，传播给脊椎动物，在其体内完成整个发育过程 | 如流行性乙型脑炎、森林脑炎、登革热、并殖吸虫病、华支睾吸虫病、利什曼原虫病等 |
| 周生性（循环性）人畜共患病 | 需要有两种或多种脊椎动物宿主，但不需要无脊椎动物参与 | 真性：必须有人类参与，如猪、牛带绦虫病（人）及其囊尾蚴病（猪、牛、人）。非真性：不一定有人类参与，人类参与有一定偶然性，如棘球绦虫病（犬、狼）及其棘球蚴病（羊、牛、骆驼等为主，人偶尔感染） |
| 腐生性（腐物性）人畜共患病 | 需要至少有一种脊椎动物宿主和一种非动物性滋生物或基质（有机腐物、土壤、植物等）才能完成感染 | 如肝片吸虫病、钩虫病等 |

## （二）人畜共患病的特征及危害

**1. 人畜共患病的特征**　动物是主要传染源，具有突发性、隐蔽性、区域性、职业性的特征，如畜牧养殖和皮毛加工者易患布鲁菌病，养猪场或屠宰场人员易患猪链球菌病。

**2. 人畜共患病的危害**　危害严重的人兽共患寄生虫病有弓形虫病、钩虫病、丝虫病。

## （三）人畜共患病疫源地和自然疫源地

**1. 人畜共患病疫源地**　凡存在传染源，并在一定条件下病原体由传染源向周围传播时可能波及的地区。

**2. 自然疫源地**

（1）自然疫源性　病原体、传播媒介（主要是媒介昆虫）和宿主动物在世代交替中无限期地存在于自然界，组成各种独特的生态系统，不论在以前或现阶段的进化过程中均不依赖于人，这种现象称为自然疫源性。

（2）自然疫源性疾病　一种疾病和病原体不依靠人而能在自然界生存繁殖，并只在一定条件下才传染给人和家畜，称为自然疫源性疾病。自然疫源性疾病又称动物地方病森林脑炎、流行性出血热等病毒性疾病等。

（3）自然疫源地　是存在自然疫源现象的地方。

（4）自然疫源性疾病的特点　区域性；季节性；受人类活动的影响。

# 三、例题及解析

1. 按病原体储存宿舍的性质分类，属于动物源性人畜共患病的是（　　）。
　　A. 旋毛虫病　　　B. 戊型肝炎　　　C. 结核病　　　D. 炭疽　　　E. 猪囊尾蚴病
【解析】A。
2. 按病原体的种类分类，鹅口疮应为（　　）。

A. 病毒病　　　　B. 细菌病　　　　C. 衣原体病　　D. 立克次氏体病

E. 真菌病

【解析】E。鹅口疮是由白色念珠菌（是一种真菌）感染所引起的疾病。感染白色念珠菌后会在口腔黏膜表面形成白色斑膜。

3. 按病原体的生活史分类，属于媒介性人畜共患病的是（　　）。

A. 炭疽　　　　　B. 结核病　　　　C. 狂犬病　　　D. 登革热　　E. 布鲁菌病

【解析】D。媒介性人畜共患病：指病原体的生活史必须有脊椎动物和无脊椎动物共同参与才能完成的人畜共患病，如乙型脑炎、森林脑炎、登革热、并殖吸虫病、华支睾吸虫病、利什曼原虫病。直接接触人畜共患病：狂犬病、炭疽、结核病、布鲁菌病、钩端螺旋体病、弓形虫病、旋毛虫病。

4. 属于媒介传播性人畜共患病的是（　　）。

A. 旋毛虫病　　　B. 弓形虫病　　　C. 猪囊尾蚴　　D. 棘球蚴病　E. 利什曼原虫病

【解析】E。

5. 不能通过直接接触染病的人畜共患病是（　　）。

A. 森林脑炎　　　B. 炭疽　　　　　C. 狂犬病　　　D. 结核病　　E. 禽流感

【解析】A。此题考查人畜共患病的分类。人畜共患病按照病原体的生活史分类中森林脑炎属于媒介性（中介性）人畜共患病。

<<< 第四单元　动物检疫 >>>

## 一、考试大纲

| 单 元 | 细　目 | 要　点 |
|---|---|---|
| 动物检疫 | 1. 动物检疫方式 | (1) 现场检疫<br>(2) 隔离检疫 |
| | 2. 产地检疫 | (1) 产地检疫对象<br>(2) 产地检疫方法 |
| | 3. 屠宰检疫 | (1) 屠宰检疫对象<br>(2) 宰前检疫方法<br>(3) 宰后检疫方法 |
| | 4. 屠宰畜禽重要疫病的检疫与处理 | (1) 屠宰畜禽重要疫病的检疫<br>(2) 屠宰畜禽重要疫病的处理 |

## 二、重要知识点

### （一）动物检疫方式

包括现场检疫和隔离检疫。

**1. 现场检疫**　是在动物集中现场进行的检疫。如产地检疫、进境动物在口岸的检疫等。

· 258 ·

内容：验证查物和"三观一查"。

（1）验证查物

①验证：有无检疫证明；检疫证明出证机关的合法性；检疫证明是否在有效期内。产地检疫时，还要查验免疫注射证明或有无免疫标识。

②查物：核对被检动物的种类、品种、数量，必须做到证物相符。

（2）三观一查

①三观：静态观察；动态观察；饮食状态观察。通过"三观"发现病态或可疑病态动物，对可疑病态动物进行个体检疫，以确定动物是否健康。

②一查：个体检查。

**2. 隔离检疫** 指动物在隔离场进行的检疫。主要用于进出境动物、种畜禽调用前后、有可疑检疫对象发生时或建立健康畜群时的检疫。

（1）时间 如调用种畜禽一般在起运前15～30d在原种畜禽场或隔离场进行检疫。到场后可根据需要隔离15～30d。

（2）内容

①临诊检查：在指定的隔离场内，在正常饲养条件下，对动物进行经常性的临诊检查（群检和个检），发现异常情况，及时采集病料送检。

②实验室检查：进出境检疫须按照贸易合同要求或两国政府签订的条款进行。

（3）检疫方法。流行病学调查法；病理学检查法；病原学检查法；免疫学检查法；临床诊断检查法；生物技术检查法。

（4）检疫对象（174种）。一类动物疫病（11种）；二类动物疫病（37种）；三类动物疫病（126种）。

## （二）产地检疫

指动物、动物产品在离开饲养地或生产地之前进行的检疫。产地检疫能够及时发现患病动物、染疫动物产品，控制在原产地，禁止进入流通环节，防止疫病传播，保护人体健康。分为产地常规检疫、产地售前检疫、产地隔离检疫。

**1. 产地检疫对象** 如表4-14所示。

表4-14 动物产地检疫对象

| 畜 别 | 产地检疫对象 |
|---|---|
| 生猪 | 口蹄疫、非洲猪瘟、猪瘟、猪繁殖与呼吸综合征、炭疽、猪丹毒 |
| 家禽 | 鸡、鸽、鹌鹑、火鸡、珍珠鸡、雉鸡、鹧鸪、鸵鸟、鸸鹋：高致病性禽流感、新城疫、马立克病、禽痘、鸡球虫病<br>鸭、鹅、番鸭、绿头鸭：高致病性禽流感、新城疫、鸭瘟、小鹅瘟、禽痘 |
| 反刍动物 | 牛：口蹄疫、布鲁菌病、炭疽、牛结核病、牛结节性皮肤病 |
| | 羊：口蹄疫、小反刍兽疫、布鲁菌病、绵羊痘和山羊痘、炭疽、蓝舌病、山羊传染性胸膜肺炎 |
| | 鹿、骆驼、羊驼：口蹄疫、布鲁菌病、炭疽、结核病 |

**2. 产地检疫方法**

（1）方法 一般的产地检疫多以临床检查为主。某些检疫对象按规定必须进行特异性检疫时，才进行实验室检疫（确定检疫）。

（2）动物产地检疫的实施程序　①报检；②疫情调查；③查验免疫证明；④临床健康检查；⑤出具产地检疫证明；⑥有运载工具的进行运载工具消毒。

（3）动物产地疫情调查　是否来自疫区、疫病发生、饲养管理。

（4）查验资料及畜禽标识　动物防疫条件合格证、养殖档案、畜禽标识。

（5）动物临床健康检查

①群体检查：静态检查、动态检查和饮食状态检查。

②个体检查：视诊、听诊、触诊和测量体温。

（6）动物产地检疫结果判定　符合下列条件的，其检疫结果为合格，出具《动物检疫合格证明》（表4-15）；有一个或一个以上条件不合格的，则动物产地检疫结果为不合格，不合格填写《检疫处理通知单》，进行生物安全处理。

①来自非封锁区及未发生相关动物疫情的饲养场（户）。

②实行风险分级管理的，来自符合风险分级管理有关规定的饲养场（户）。

③申报材料符合本规程规定。

④按照规定进行了强制免疫，并在有效保护期内。

⑤畜禽标识符合规定。

⑥临床检查健康。

⑦需要进行实验室疫病检测的，检测结果合格。

表4-15　《动物检疫合格证明》种类及适用范围和有效期

| 证明种类 | 适用范围 | 有效期 |
| --- | --- | --- |
| 动物检疫合格证明（动物A） | 出省境 | 5d |
| 动物检疫合格证明（动物B） | 省境内 | 当天 |
| 动物检疫合格证明（产品A） | 出省境 | 7d |
| 动物检疫合格证明（产品B） | 省境内 | 当天 |

（7）动物产品的检疫

①出售、运输的种用动物精液、卵、胚胎、种蛋中经检疫符合下列条件并由动物卫生监督机构根据动物产品流向情况，出具《动物检疫合格证明》：来自非封锁区或未发生相关动物疫情的种用动物饲养场；供体动物按照国家规定进行了强制免疫，并在有效保护期内；供体动物符合动物健康标准；农业农村部规定需要进行实验室疫病检测的，检测结果合格；供体动物的养殖档案相关记录和畜禽标志符合农业农村部规定。

②经检疫不合格的动物产品。由动物卫生监督机构出具检疫处理通知单，并监督货主按照农业农村部规定的技术规范处理。

③出售、运输的骨、角、生皮、原毛、绒等产品经检疫符合下列条件并由动物卫生监督机构根据动物产品流向情况，出具《动物检疫合格证明》（动物产品A）或《动物检疫合格证明》（动物产品B）：来自非封锁区，或者未发生相关动物疫情的饲养场（户）；按有关规定消毒合格；农业农村部规定需要进行实验室疫病检测的，检测结果符合要求的其他动物产品。

④跨省调运种畜禽：货主提前申请办理审批手续，符合条件的，10个工作日签发审批表。

⑤种畜禽调运检疫处理：种畜禽到达目的地进行隔离检疫。隔离时间：大中动物 45d，小型动物 30d。

## （三）屠宰检疫

**1. 屠宰检疫对象**　如表 4 - 16 所示。

表 4 - 16　各种动物屠宰检疫对象

| 畜别 | 屠宰检疫对象 |
| --- | --- |
| 猪 | 口蹄疫、非洲猪瘟、猪瘟、猪繁殖与呼吸综合征、炭疽、猪丹毒、猪囊尾蚴病、旋毛虫病 |
| 禽 | 高致病性禽流感、新城疫、鸭瘟、禽痘、马立克病、鸡球虫病 |
| 牛 | 口蹄疫、布鲁菌病、牛结核病、炭疽、牛传染性鼻气管炎、牛结节性皮肤病、日本血吸虫病 |
| 羊 | 口蹄疫、小反刍兽疫、绵羊痘和山羊痘、炭疽、布鲁菌病、片形吸虫病、棘球蚴病、蓝舌病、山羊传染性胸膜肺炎 |

动物屠宰前应提前申报，屠宰场（厂、点）应在屠宰前 6h 申报检疫，填写检疫申报单。官方兽医接到检疫申报后，根据相关情况决定是否予以受理。受理的，应当及时实施宰前检查；不予受理的，应说明理由。屠宰前 2h 内，官方兽医应按照产地检疫规程中"临床检查"部分实施检查。

**2. 宰前检疫方法**

（1）群体检查　将来自同一地区或同批的屠畜作为一组，或以圈、笼等为单位进行的检查，包括静、动、食的观察三大环节。

①静态观察：是使畜禽在自然安静状态下进行的观察。主要观察其精神状态、立卧姿势、呼吸和反刍情况，注意有无咳嗽、气喘、战栗、呻吟、流涎、嗜睡和孤立一隅等反常现象。

②动态观察：静态观察后，可将畜禽轰起，观察其活动情况。注意有无跛行、后躯摇摆、屈背弓腰、步态蹒跚和离群掉队等异常现象。

③饮食观察：观察畜禽的采食和饮水状态。注意观察有无少食、不食、少饮、不饮、口渴多饮或想食又吞咽困难等现象。同时注意观察屠畜的排便姿势，粪尿的色泽、形态、气味等有无异常。

（2）个体检查　是对在群体检查时被隔离的病畜和可疑病畜集中进行较详细的个体临床检查。经群体检查没有发现异常的屠畜群，必要时可抽取 5%～20% 进行个体检查。如果发现有传染病时，可继续抽查 10%，必要时全部进行个体检查。个体检查包括看、听、摸、检四大要领。

体温的升高是动物传染病的重要标志。必要时进行实验室检查（表 4 - 17）。

表 4 - 17　常见动物体温、呼吸频率、脉率

| 动物种类 | 体温（℃） | 呼吸频率（次/min） | 脉率（次/min） |
| --- | --- | --- | --- |
| 猪 | 38.0～40.0 | 12～30 | 60～80 |
| 牛 | 37.5～39.5 | 10～30 | 40～80 |
| 羊 | 38.0～40.0 | 12～20 | 70～80 |

（续）

| 动物种类 | 体温（℃） | 呼吸频率（次/min） | 脉率（次/min） |
|---|---|---|---|
| 马 | 37.5~38.5 | 8~16 | 26~44 |
| 驴 | 37.5~38.5 | 8~16 | 40~50 |
| 骡 | 38.0~39.0 | 8~16 | 42~54 |
| 鸡 | 40.0~42.0 | 15~30 | 120~140 |
| 鸭 | 41.0~43.0 | 16~28 | 140~200 |
| 鹅 | 40.0~41.0 | 12~20 | 120~160 |
| 兔 | 38.5~39.5 | 50~60 | 120~140 |

**3. 宰后检疫方法**

（1）感官检验　运用感觉器官对胴体和脏器进行病理学诊断。

①视检：直接观察胴体皮肤、肌肉、脂肪、胸腹膜、骨骼、关节、天然孔及各脏器浅表暴露部位的色泽、形状、大小、组织状态等，判断有无病理变化或异常。

②剖检：用检疫刀切开肉尸或脏器的深部或隐蔽部位，观察有无病变，尤其对淋巴结、肌肉、脂肪的检查非常必要。

③触检：通过触摸受检组织和器官，感觉其弹性、硬度及深部有无隐蔽性或潜在性变化。

④嗅检：用鼻嗅闻被检胴体和组织器官有无异常气味，以判定肉品质量和食用价值，为实验室检验提供指导，确定实验室检验的必要性。

（2）实验室检验　当感官检验无法立即作出判定时，必须进行实验室检验。包括病原学诊断、血清学诊断、组织病理学诊断和理化检验。

（3）宰后检验的程序和要点　头部检验→皮肤检验→内脏检验→胴体检验→寄生虫检验。

①胴体（包括头部）剖检的淋巴结：必检淋巴结有颌下淋巴结、肩前淋巴结、腹股沟浅淋巴结和髂内淋巴结。增检淋巴结有颈深后淋巴结、腹股沟深淋巴结、腘淋巴结、髂下淋巴结。需剖检的内脏淋巴结有左右支气管淋巴结、肠系膜淋巴结、肝门淋巴结。

②旋毛虫检验：从左右两侧膈肌脚各采取样品（两侧各重约30g），先感官检查，再压片镜检。

③摘除"三腺"：甲状腺、肾上腺、病变淋巴结。

④检验囊尾蚴的部位：咬肌、心肌、腰肌。

（四）屠宰畜禽重要疫病的检疫与处理

**1. 屠宰畜禽重要疫病的检疫**　人兽共患传染病的检疫；猪常见传染病的检疫；牛、羊常见传染病的检疫；家禽常见传染病的检疫；人兽共患寄生虫病的检疫；畜禽其他寄生虫病的检疫。

**2. 屠宰畜禽重要疫病的处理**　参考《病死及病害动物无害化处理技术规范》（农医发〔2017〕25号）。

## 三、例题及解析

1. 我国《生猪产地检疫规程》中规定的检疫对象不包括（    ）。
    A. 猪瘟　　　　　　　B. 非洲猪瘟　　　　　C. 猪丹毒
    D. 口蹄疫　　　　　　E. 猪流行性腹泻
【解析】E。产地检疫是在动物生产地区所进行的检疫，我国《生猪产地检疫规程》中规定的检疫对象包括口蹄疫、猪瘟、非洲猪瘟、猪繁殖与呼吸综合征、炭疽、猪丹毒。

2. 我国《生猪屠宰检疫规程》中规定的检疫对象是（    ）。
    A. 猪丹毒　　　　　　B. 伪狂犬病　　　　　C. 布鲁菌病
    D. 猪细小病毒病　　　E. 猪圆环病毒病
【解析】A。我国《生猪屠宰检疫规程》中规定的检疫对象包括口蹄疫、猪瘟、非洲猪瘟、猪繁殖与呼吸综合征、炭疽、猪丹毒、囊尾蚴病、旋毛虫病。

3. 猪屠宰检疫发现，肺有不同程度肝变区，切面间质增宽，有形状不一的坏死灶，呈大理石样外观；肺胸膜有浆液性纤维素性炎症，胸腔有纤维素性积液；局部淋巴结肿大、切面多汁，有出血点。该病最可能的诊断是（    ）。
    A. 炭疽　　　　　　　B. 猪丹毒　　　　　　C. 猪肺疫
    D. 猪支原体肺炎　　　E. 高致病性猪蓝耳病
【解析】C。

4. 猪屠宰检疫发现，肺的尖叶、心叶、膈叶前半部呈肉样红色，无弹性，病变与周围组织界限明显，左右肺病变对称；支气管淋巴结肿大、多汁，呈黄白色。该病最可能的诊断是（    ）。
    A. 炭疽　　　　　　　B. 猪丹毒　　　　　　C. 猪肺疫
    D. 猪支原体肺炎　　　E. 高致病性猪蓝耳病
【解析】D。

5. 猪屠宰检疫发现，肺肿大、间质增宽；肺叶有肉样实变，切面呈鲜红色；肾呈土黄色，表面有少量大小不等的出血点；淋巴结水肿；肠道有出血点和出血斑。该病最可能的诊断是（    ）。
    A. 炭疽　　　　　　　B. 猪丹毒　　　　　　C. 猪肺疫
    D. 猪支原体肺炎　　　E. 高致病性猪蓝耳病
【解析】E。

6. 宰前见牛的口腔黏膜、蹄部皮肤有水疱和溃疡，宰后见心脏呈"虎斑心"样病变，按照规定对病牛进行销毁。该病最可能的诊断是（    ）。
    A. 结核病　　　　　　B. 布鲁菌病　　　　　C. 牛肺疫
    D. 炭疽　　　　　　　E. 口蹄疫
【解析】E。口蹄疫的病理变化主要是在患病动物的口腔、蹄部、乳房、咽喉、气管、支气管和胃黏膜可见到水疱、烂斑和溃疡，上面覆盖有黑棕色的痂块。

7. 不属于法定牛屠宰检疫对象的是（    ）。
    A. 牛结核病　　　　　B. 牛结节性皮肤病　　C. 狂犬病

　　D. 布鲁菌病　　　　　E. 牛传染性鼻气管炎

【解析】C。牛的屠宰检疫对象：口蹄疫、布鲁菌病、炭疽、牛结核病、牛传染性鼻气管炎、牛结节性皮肤病、日本血吸虫病、蓝舌病、小反刍兽疫。

<<< 第五单元　乳品卫生 >>>

# 一、考试大纲

| 单　元 | 细　目 | 要　点 |
|---|---|---|
| 乳品卫生 | 1. 影响乳品质量安全的因素 | (1) 饲养管理<br>(2) 乳畜健康状况<br>(3) 化学性污染<br>(4) 微生物污染 |
| | 2. 乳的生产卫生 | (1) 饲养场卫生<br>(2) 饲料卫生<br>(3) 防疫检疫<br>(4) 工作人员卫生<br>(5) 容器设备卫生<br>(6) 挤乳卫生<br>(7) 贮藏和运输 |
| | 3. 乳品掺假及不合格乳的卫生评定 | (1) 乳品掺假<br>(2) 不合格乳的卫生评定 |

# 二、重要知识点

## (一) 影响乳品质量安全的因素 (表 4-18)

表 4-18　影响乳品质量安全的因素及内容

| 影响因素 | 内　容 |
|---|---|
| 饲养管理 | 饲料不仅能够影响乳的色泽、风味和化学组成，而且营养丰富的饲料能够提高产乳量和乳固体含量。如果长期饲料供应不足，可使乳的风味改变和干物质含量降低。当乳畜食入艾叶、洋葱或蚕蛹等带有强烈刺激气味的饲料时，乳的风味和品质都可能变得异常，影响其经济价值 |
| 乳畜健康状况 | 乳畜患有乳腺炎，会引起产乳率下降，乳中的脂肪、蛋白质和乳糖等干物质含量急剧下降，而矿物质和氯离子含量则有所增加，同时乳的感官性状改变，体细胞数增加；当乳畜患有结核病、布鲁菌病或炭疽等人畜共患病时，会引起乳的病原微生物污染；当乳畜患有酮病、生产瘫痪、低血钾症或创伤性心包炎等普通病时，乳的理化性质也会发生改变 |
| 化学性污染 | 乳与乳制品中可能残留有多种有毒有害化学物质，如农药、有害元素、霉菌毒素、硝酸盐和亚硝酸盐等，主要通过食物链进入乳汁；兽药则因预防和治疗疾病时残留进入乳汁；生产者将掺假物有意加入鲜乳中 |

（续）

| 影响因素 | 内　容 |
|---|---|
| 微生物污染 | 内源性污染（乳房内污染）即在乳被挤出前已经被微生物污染。致病菌有大肠杆菌、金黄色葡萄球菌、李氏杆菌、沙门菌、志贺菌、耶尔森菌、绿脓杆菌、蜡样芽孢杆菌、结核杆菌等；影响乳品质的微生物有假单胞菌、耐热芽孢菌、乳酸菌、霉菌、酵母等。外源性污染（乳房外污染）即乳挤出后被微生物污染。引起外源性污染微生物的种类和数量比内源性污染的多而复杂，在乳品微生物污染方面占有重要地位：①体表的污染；②环境的污染；③容器和设备的污染；④工作人员的污染；⑤其他方面的污染 |

## （二）乳的生产卫生（表4-19）

**表4-19　乳的生产卫生分类及内容**

| 类　别 | 内　容 |
|---|---|
| 饲养场卫生 | 生活区和生产区相隔50 m以上，良好的消毒制度 |
| 饲料卫生 | 干净、无霉变的饲料 |
| 防疫检疫 | 定期检疫布鲁菌病、结核病，淘汰阳性牛 |
| 工作人员卫生 | 取得健康证才能上岗 |
| 容器设备卫生 | 装乳的器皿应清洗消毒并有防蝇防尘设施 |
| 挤乳卫生 | 挤乳前乳房清洗消毒，挤乳操作规范，挤乳间清洁卫生 |
| 贮藏和运输 | 生鲜乳应贮存于密闭、洁净、消毒的容器中；储藏温度为2～6℃；运输产品时必须使用密闭的、洁净的经消毒的保温奶槽车或奶桶 |

## （三）乳品掺假及不合格乳的卫生评定

**1. 乳品掺假**　乳品掺假类别如表4-20所示。

**表4-20　乳品掺假类别**

| 类　别 | 内　容 |
|---|---|
| 相似品 | 复原乳代替生鲜牛乳，甚至向乳品中掺入淀粉类物质 |
| 特殊作用 | 提高乳的密度：食盐、蔗糖、尿素；提高蛋白含量：三聚氰胺、蛋白精；降低酸度：中和剂；防止腐败：甲醛、过氧化氢；阻止酒精阳性乳试验结果：洗衣粉 |

**2. 不合格乳的卫生评定**　不合格乳的卫生评定相关指标如表4-21所示。

**表4-21　不合格乳的卫生评定相关指标**

| 评定指标 | 内　容 |
|---|---|
| 感官指标异常 | 色泽异常，有沉淀或凝块，有杂质，黏稠，有不良气味 |
| 理化指标异常 | 酸度、杂质、汞、六六六、滴滴涕、黄曲霉毒素含量等超标 |

（续）

| 评定指标 | 内　容 |
|---|---|
| 微生物指标 | 菌落总数或大肠菌群数超标，或检出致病菌；病畜患有炭疽、口蹄疫、结核病、布鲁菌病等 |
| 掺假乳 | 掺水或其他物质 |

## 三、例题及解析

1. 有防腐作用的牛乳掺假物是（　　）。

A. 尿素　　　B. 食盐　　　C. 蔗糖　　　D. 豆浆　　　E. 过氧化氢

【解析】E。常见的防腐作用的牛乳掺假物有甲醛、苯甲醛、水杨酸、硼酸及其盐类、过氧化氢等。

2. 为提高乳品蛋白质检测含量，一些不法分子在牛乳中加入的掺假物最有可能的是（　　）。

A. 甲醛　　　B. 尿素　　　C. 三聚氰胺　　D. 多环芳烃　　E. 苏丹红

【解析】C。

3. 为了防止牛乳的腐败变酸，有的奶牛养殖户在乳中掺入的最可能的是（　　）。

A. 甲醛　　　B. 尿素　　　C. 三聚氰胺　　D. 多环芳烃　　E. 苏丹红

【解析】A。

4. 数头奶牛短促干咳，清晨症状明显，后湿咳，呼吸困难，食欲下降，进行性消瘦，乳房有无热无痛的硬结，该病牛乳汁中可能存在的病原微生物是（　　）。

A. 布鲁菌　　B. 李氏杆菌　　C. 炭疽杆菌　　D. 沙门菌　　E. 牛分枝杆菌

【解析】E。根据病牛临床表现，考虑诊断为牛结核病。牛结核病是由结核分枝杆菌引起的一种牛慢性消耗性传染病，是一种严重的人畜共患病，其病理特征是在多种组织器官形成结核性肉芽肿（结核结节）。牛结核病通常呈慢性经过，以肺结核、淋巴结核、乳房结核和肠结核最为常见。

5. 某奶牛场刚挤出的鲜乳，过滤后装入容器，2h内冷却到适宜温度后冷藏。该适宜温度为（　　）。

A.1～4℃　　　B.5～6℃　　　C.7～8℃　　　D.9～10℃　　　E.11～12℃

【解析】A。牛奶过滤除菌后，4℃保存可一定程度上抑制细菌的增殖，防止牛奶腐败。

6. 牛乳中不属于化学污染物的是（　　）。

A. 组胺　　　B. 六六六　　　C. 多氯联苯　　D. 多环芳烃　　E. 三聚氰胺

【解析】A。考点为乳品的化学性污染，乳与乳制品中可能残留有多种有毒有害化学污染物，包括有害元素（来自原料设备的铅、镉）、农药残留（来自饲料、饮水的六六六）、兽药残留（青霉素）、黄曲霉毒素以及掺假物（防腐剂、淀粉、豆浆、多氯联苯多环芳烃、三聚氰胺等），所以本题的A选项不属于牛乳中化学污染物。

7. 取乳样2mL于试管中，加入3mL醇醚混合液，充分混匀，再加入氢氧化钠溶液（250g/L）5mL，混匀，5～10min内见试管中液体呈微黄色，正常对照乳呈白色。该乳是（　　）。

A. 掺水乳　　B. 掺碱乳　　　C. 掺豆浆乳　　D. 掺淀粉乳　　E. 掺食盐乳

【解析】C。豆浆中含有皂素，皂素可溶于热水或热酒精，并可与氢氧化钾反应生成黄色物质。

8. 取乳样 5mL 于试管中，沿管壁小心加入 5 滴溴麝香草酚蓝-乙醇溶液，切勿使液体相互混合，然后将试管垂直放置，2min 后见试管内环层指示剂呈深绿色，正常对照乳呈黄色。该乳是（　　）。

A. 掺水乳　　B. 掺碱乳　　　C. 掺豆浆乳　　D. 掺淀粉乳　　E. 掺食盐乳

【解析】B。正常牛乳呈微酸，加入碱会使溴麝香草酚蓝指示剂变色。由颜色深浅来判断加碱的多少。

9. 取乳样 2mL 于试管中，加入 2 滴重铬酸钾溶液（100g/L），再加入 4mL 硝酸银溶液（5g/L），摇匀，见试管内液体呈砖红色，正常对照乳呈柠檬黄色。该乳是（　　）。

A. 掺水乳　　B. 掺碱乳　　　C. 掺豆浆乳　　D. 掺淀粉乳　　E. 掺食盐乳

【解析】E。正常乳氯化物很低，不超过 0.14%。如果加入盐水，则氯化物含量升高。定量的硝酸银与试样的氯化物反应可生成白色氯化银沉淀。

10. 用于鲜牛乳的灭菌方法是（　　）。

A. 巴氏消毒　　　　　B. 流通蒸汽消毒（高温蒸汽）

C. 辐射灭菌　　　　　D. 滤过除菌　　　　　E. 超声波杀菌

【解析】A。此题考查巴氏消毒法用以消毒乳品。

## <<< 第六单元　场地消毒及生物安全处理 >>>

## 一、考试大纲

| 单元 | 细目 | 要点 |
|---|---|---|
| 场地消毒及生物安全处理 | 1. 场地消毒技术 | (1) 养殖场的消毒<br>(2) 屠宰加工车间的消毒<br>(3) 冷库的消毒<br>(4) 运输工具的消毒 |
| | 2. 污水的处理 | (1) 污水处理的原理与基本方法<br>(2) 污水的测定指标<br>(3) 处理后的消毒 |
| | 3. 病害动物及动物产品生物安全处理 | (1) 销毁<br>(2) 无害化处理 |
| | 4. 粪便、垫料及其他污物的无害化处理 | (1) 粪便的处理<br>(2) 垫料及其他污物的处理 |

## 二、重要知识点

### (一) 场地消毒技术

**1. 养殖场的消毒**

(1) 进出人员消毒　喷雾和消毒池消毒。

(2) 环境消毒　2%氢氧化钠(火碱)消毒或撒生石灰、漂白粉。

(3) 畜禽舍消毒　出栏后间隔5~7d。

(4) 用具消毒　0.1%新洁尔灭(苯扎溴铵)、0.2%~0.3%过氧乙酸。

(5) 带畜禽消毒　0.1%新洁尔灭、0.3%过氧乙酸、0.1%次氯酸钠。

(6) 贮粪场消毒　2%氢氧化钠(火碱)消毒或撒生石灰。

(7) 病尸消毒　焚烧、深埋等无害化处理。

**2. 屠宰加工车间的消毒**

(1) 经常性消毒　①84消毒水，每日一次，每周一次大消毒(2%氢氧化钠、4%次氯酸钠)；②2%氢氧化钠加上5%~10%食盐(病毒)；③洗手消毒：0.002 5%碘液。

(2) 临时性消毒　病毒用3%氢氧化钠；芽孢菌用10%氢氧化钠、10%~20%漂白粉、2%戊二醛。

**3. 冷库的消毒**　福尔马林(15~25mL/$m^3$)；漂白粉(有效氯0.3%~0.4%)；乳酸(3~5mL/$m^3$)；氯化苯甲烟(杀菌除霉：30%石灰、10%氯化苯甲烷铵、5%食盐)；5-羟基联苯酸钠(2%)；过氧乙酸(5%~10%/$m^3$)。

**4. 运输工具的消毒**

(1) 污染工具　清扫(85~90℃热水)。

(2) 不形成芽孢的病原菌污染的工具　清扫→消毒(4%NaOH或0.1%碘液)→清除的粪便生物热消毒。

(3) 形成芽孢的病原菌污染的工具　4%福尔马林喷洒消毒→清扫→4%福尔马林喷洒消毒(用量0.5L/$m^2$保持30min)→冲洗→4%福尔马林喷洒消毒(用量1L/$m^2$保持30min)→清除的粪便焚烧销毁。

### (二) 污水的处理

屠宰加工后所排出的废水具有流量大、污物多、温度高和气味不良的特点。

**1. 污水处理的原理与基本方法**　屠宰污水处理通常包括预处理、生物处理、消毒处理三个阶段(表4-22)。

表4-22　屠宰污水处理三个阶段及内容

| 阶　段 | 内　容 |
|---|---|
| 预处理 | 主要利用物理学性质除去污水中的悬浮固体、胶体、油脂与泥沙。常用的方法是设置格栅、格网、除脂槽、沉淀池、沉沙池等，故又称物理学处理或机械处理 |
| | ①格栅、格网：防止碎肉、碎骨及木屑等进入污水处理系统 |
| | ②除脂槽：用于收集污水中的油脂 |
| | ③沉淀池：污水处理中利用静置沉淀的原理沉淀污水中固体物质的澄清池 |

（续）

| 阶　段 | 内　容 |
|---|---|
| 生物处理 | 利用自然界的大量微生物氧化有机物的能力，除去污水中的胶体有机污染物质。分为好氧处理法、厌氧处理法（厌氧消化法） |
| 消毒处理 | 常用的方法是氯化消毒，将液态氯转变为气体，通入消毒池，可杀死 99% 以上的有害细菌 |

**2. 污水的测定指标**（表 4 - 23）

**表 4 - 23　污水的测定指标**

| 指　标 | 概　念 |
|---|---|
| 生化需氧量 | 指在一定的时间和温度下有机物受生物氧化时消耗的溶解氧量。国内外现都以 5d 的水温保持 20℃时的 BOD 值作为衡量有机物污染的指标，用 $BOD_5$ 来表示，单位为 mg/L |
| 化学耗氧量（COD） | 指用化学氧化剂氧化废水中的有机污染物质和一些还原物质所消耗的氧量。它表示水中生物可降解的和不可降解的有机物及还原性无机盐的总量，单位为 mg/L |
| 溶解氧（DO） | 溶解于水中的氧称为溶解氧 |
| pH | pH 是重要的污染指标之一，生活污水的 pH 一般接近中性 |
| 悬浮物（SS） | 悬浮固体物质是水中含有的不溶性物质，包括淤泥、黏土、有机物、微生物等细菌的悬浮物质，直径一般大于 $100\mu m$，最大允许排放浓度为 400mg/L |

**3. 处理后的消毒**　经过好氧处理后的污水在排放前常采取的处理方法是氯化消毒。现已研究出紫外线灯消毒法。排出的污水在紫外线灯周围经过 0.3s，即可达到消毒的目的。

### （二）病害动物及动物产品生物安全处理

**1. 销毁**

（1）适用对象

①确认为口蹄疫、猪水疱病、猪瘟、非洲猪瘟、非洲马瘟、牛瘟、牛传染性胸膜肺炎、牛海绵状脑病、痒病、绵羊梅迪/维斯纳病、蓝舌病、小反刍兽疫、绵羊痘和山羊痘、山羊关节炎脑炎、高致病性禽流感、鸡新城疫、炭疽、鼻疽、狂犬病、羊快疫、羊肠毒血症、肉毒梭菌中毒症、羊猝狙、马传染性贫血病、猪痢疾（病原为猪痢疾短螺旋体）、猪囊尾蚴、急性猪丹毒、钩端螺旋体病（已黄染肉尸）、布鲁菌病、结核病、鸭瘟、兔病毒性出血症、野兔热的染疫动物以及其他严重危害人畜健康的病害动物及其产品。

②病死、毒死或不明死因动物的尸体。

③经检验对人畜有毒有害的、需销毁的病害动物和病害动物产品。

④从动物体割除下来的病变部分。

⑤人工接种病原生物或进行药物试验的病害动物和病害动物产品。

⑥国家规定的其他应该销毁的动物和动物产品。

（2）操作方法

①焚毁：焚化炉或其他方式烧毁碳化（简单有效，适用于病畜饲料残渣、垫草、污染的垃圾、其他价值不大的物品）。

②掩埋：本法不适用于患有炭疽等芽孢杆菌类疾病，及牛海绵状脑病、痒病。上层应距地表 1.5m 以上。

**2. 无害化处理**

（1）化制对象　染疫动物及病变严重、肌肉发生退行性变化的整个尸体或胴体、内脏。操作方法：用干化和湿化机，将原料分类，分别投入化制。

（2）消毒操作方法　①高温处理法（蹄、骨、角）；②盐酸食盐溶液消毒法（病原微生物污染或可疑被污染和一般染疫动物的皮毛）；③过氧乙酸消毒法（任何染疫动物的皮毛）；④盐碱液浸泡消毒（5% NaOH 消毒病原微生物污染的皮毛）；⑤煮沸消毒法鬃毛煮沸 2～2.5h）。

### （四）粪便、垫料及其他污物的无害化处理

**1. 粪便的处理**　粪便的消毒有焚烧法、掩埋法、化学消毒法及生物热消毒法。生物热消毒法是对粪便、垫料经济有效的消毒方法，用于口蹄疫病毒、猪瘟病毒、布鲁菌、猪丹毒杆菌（不形成芽孢的病原微生物）等，但对于炭疽、气肿疽病畜的粪便只能焚烧或经有效消毒后深埋。生物热消毒法应注意：堆料内还应堆放垫草，作为微生物活动的物质基础；堆料应疏松；堆料含水量应在 50%～70%；堆料时间要足够。

**2. 垫料及其他污物的处理**　一般采用机械性清除、焚烧或者化学消毒的方法处理。垫料现在多是各种方法综合实施处理。为保证处理效果，先采用机械方法把垫料或其他污物收集在一起，然后再喷上化学消毒液或者焚烧，最后是深埋处理。化学消毒法比较适合处理污物，用氧化法（每立方米用量福尔马林 42mL、高锰酸钾 21g，混合，保证一定的温湿度，效果更佳，时间维持在 24h 以上）处理效果极佳。

## 三、例题及解析

1. 掩埋处理病害动物尸体时，坑底必须铺上一定厚度的生石灰，病害动物尸体上层距离地表应有安全高度，按国家相关规定对生石灰厚度和距地表高度要求分别是（　　）。

　　A.1cm，0.5m　　　　B.1cm，1m　　　　C.1cm，1.5m
　　D.1.5cm，1.5m　　　E.2cm，1.5m 以上

【解析】E。掩埋处理：①掩埋地应远离学校、公共场所、居民住宅区、村庄、动物饲养和屠宰场所、饮用水源地、河流等地区。②掩埋前应对需掩埋的病害动物尸体和病害动物产品实施焚烧处理。③掩埋坑底铺 2cm 厚生石灰。④掩埋后需将掩埋土夯实。病害动物尸体和病害动物产品上层应距地表 1.5m 以上。⑤焚烧后的病害动物尸体和病害动物产品表面，以及掩埋后的地表环境应使用有效消毒药喷洒消毒。

2. 屠宰污水检测，分别在两个溶解氧瓶中注满水样，立即测定其中一瓶的溶解氧（$C_1$），将另一瓶水样置于20℃温箱中培养 5d 后，测定其溶解氧（$C_2$），$C_1$ 减 $C_2$ 的差值为（　　）。

　　A. 溶解氧　　　　B. 氧消耗量　　　　C. 五日溶解氧
　　D. 生化需氧量　　E. 化学耗氧量

【解析】C。

3. 生猪宰后检疫中，见 1 头猪颌下淋巴结肿大、出血，切面呈砖红色，淋巴结周围组织有胶冻样浸润，该屠宰场对场地进行消毒应选用的药液是（　　）。

A.1％漂白粉　　　　B.1％过氧化氢　　C.10％氢氧化钠

D.2％羟基联苯酸钠　　　　　　　　　E.10％氯化苯甲羟胺

【解析】C。氢氧化钠常用作墙壁、地面、畜栏的消毒。

4.患病动物的粪便与新鲜生石灰混合后掩埋的深度至少为（　　）。

A.1m　　　　　　B.0.5m　　　　　C.4m

D.2m　　　　　　E.3m

【解析】D。

5.圈舍地面和用具消毒时，氢氧化钠的常用浓度是（　　）。

A.0.1％～0.2％　　B.15％～20％　　C.5％～10％

D.1％～2％　　　　E.25％～30％

【解析】D。

6.发生炭疽疫病时对病畜采取的措施是（　　）。

A.出售　　　　　B.转移隔离　　　C.深地掩埋

D.疫苗接种　　　E.解剖煮食

【解析】C。此题考查炭疽死畜严禁剥皮、解剖或煮食，应焚毁或加大量生石灰深埋在地面2m以下。

# 第七单元　动物诊疗机构及其人员公共卫生要求

## 一、考试大纲

| 单　元 | 细　目 | 要　点 |
|---|---|---|
| 动物诊疗机构及其人员公共卫生要求 | 1.动物诊疗机构的卫生要求 | (1)动物诊疗机构的卫生要求<br>(2)污水和废弃物处理要求<br>(3)放射线防护要求 |
| | 2.动物诊疗机构医护人员的防护要求 | (1)疫病预防措施<br>(2)卫生安全防护要求 |

## 二、重要知识点

### （一）动物诊疗机构的卫生要求

**1.动物诊疗场所的卫生要求**

（1）动物诊疗机构的基本条件要求　选址距离畜禽养殖场、屠宰加工厂、动物交易场所不少于200m。

（2）动物诊疗机构公共卫生要求　环境卫生至少每天清扫两次；动物诊疗机构至少要分成动物普通病区和动物疫病区。

**2. 污水和废弃物处理要求**

（1）及时收集产生的医疗废弃物，并按照类别分置于防渗漏的专用包装物或者密闭的容器内。

（2）应当使用防渗漏、防遗撒的专用运送工具，运送工具使用后应当在指定地点及时消毒和清洁。

（3）动物诊疗机构应当根据就近集中处置的原则，及时将医疗废弃物交由医疗废弃物集中处置单位处置。

（4）动物诊疗机构产生的污水、传染病病畜或者疑似传染病病畜的排泄物应进行严格消毒，达到排放标准后，方可排入污水处理。

**3. 放射线防护要求**

（1）对房屋建造和设施安放的要求 合理选择放射投照室的位置；建造有足够屏蔽效果的防护隔墙；球管投射方向不能朝暗室或其他房间，应朝向窗外。

（2）对放射工作人员和受检动物的防护要求 放射工作人员在透视前必须做好充分的暗适应；"高电压、低电流、厚过滤"和小照射野进行工作。

## （二）动物诊疗机构医护人员的防护要求

**1. 疫病预防措施** 接触传染病病畜的血液、体液、分泌物、排泄物及其污染物品时，不论其是否戴手套，都必须洗手。具有下述情况必须立即洗手：摘除手套后；接触传染病病畜前后可能污染环境或传染他人时。

**2. 卫生安全防护要求**

（1）基本防护 工作服、工作帽、医用口罩、工作鞋。

（2）加强防护 ①防护镜有体液或其他污染物喷溅的操作时；②医用外科口罩或医用防护口罩接触高危险性人畜共患传染病的病畜禽时；③手套操作人员皮肤破损或接触体液或破损皮肤黏膜的操作时；④鞋套进入高危险性人畜共患病病区时。

# 三、例题及解析

1. 动物诊疗机构医护人员接触传染病畜分泌物后，必须立即洗手的情形是（　　）。

    A. 脱去工作服后　　　B. 脱去工作帽后　　　C. 摘去口罩后

    D. 摘取眼镜后　　　E. 摘除手套后

【解析】E。

2. 动物诊疗机构兽医人员在接触病畜污染部位后，再接触清洁部位前至少应更换的是（　　）。

    A. 工作服　　　　　B. 工作帽　　　　　C. 工作鞋

    D. 口罩　　　　　　E. 手套

【解析】E。接触传染病病畜的血液、体液、分泌物、排泄物及其污染物品时，接触病畜黏膜和非完整皮肤前均应戴手套。对既接触清洁部位，又接触污染部位时应更换手套。故兽医人员在接触病畜污染部位后，再接触清洁部位前至少应更换手套。

3. 动物诊疗机构医疗废弃物处置的基本原则是（　　）。

A. 化制处理      B. 深埋处理      C. 各自处理

D. 就近集中处理      E. 大范围集中处理

【解析】D。

4. 动物诊疗机构的医疗废弃物处理过程不包括（    ）。

A. 收集      B. 运送      C. 贮存

D. 处置      E. 利用

【解析】E。考点为医疗废弃物的处理，动物诊疗机构的医疗废弃物最好严格收集起来，纳入地方人民政府负责组织建设的医疗废弃物集中处置单位统一管理和处置的计划中，按有关规定进行收集、运送、贮存和处置，而选项 E 是动物诊疗机构的医疗废弃物处理过程中不包括的内容。

# 考 点 速 记

1. **甲基汞**是目前已经确认的致畸动物的致畸物。

2. **煤焦油**可诱发人或哺乳动物皮肤癌。

3. 甲基汞进入机体后的靶器官是**脑**。

4. 碘缺乏是**地方性克汀病**发病的主要原因。

5. **神经系统**是有机磷农药中毒的靶器官。

6. 绝大多数的环境污染物对人群健康的影响是**低毒性**的。

7. 有机氯农药进入动物机体后，主要蓄积于**脂肪**。

8. **滴滴涕（DDT）**在畜禽体内蓄积的主要部位是**脂肪**。

9. 环境中的**天然雌激素**是从动物和人尿中排出的一些性激素，主要有 **17-β 雌二醇、黄体酮、睾酮**等。

10. 对人和动物有致突变作用的环境污染物是**亚硝胺类、甲醛、苯和敌敌畏**等。

11. 随着生物的生长发育，生物从周围环境和食物链摄入的某种难降解化合物的浓度不断增加，这种作用称为**生物积累作用**。

12. 环境有害物质通过食物链在生物体内随着营养级的提高，其浓度不断增高，这种作用称为**生物放大作用**。

13. 处于同一营养级上的许多生物群体，从周围环境中蓄积某种化合物，使生物体内该物质的浓度超过周围环境中的浓度现象，这种作用称为**生物浓缩作用**。

14. **动物肉品中不得检出**沙门菌、志贺氏菌、致泻大肠杆菌、副溶血性弧菌、小肠结肠炎耶尔森菌、空肠弯曲菌、金黄色葡萄球菌、溶血性链球菌、肉毒梭菌及其肉毒毒素、产气荚膜梭菌、蜡样芽孢杆菌、单核细胞增生李氏杆菌等致病菌。

15. 所有食品动物禁用的药物是**呋喃唑酮**。

16. 肉制品中的**亚硝酸盐**主要来源于食品加工中**添加剂**使用。

17. 肉制品中的**多氯联苯**主要来源于**工业三废**污染。

18. 猪肉中的**盐酸克伦特罗**主要来源于畜禽养殖中**兽药残留**。

19. 水俣病是指**汞中毒**。

20. **肉毒梭菌毒素**食物中毒的特征为**肌肉麻痹**。

21. 肉品发生腐败变质时，由于**蛋白质分解**，会产生**不良气味**且对人体健康有不良影响的物质，这种有害的物质最可能是**胺类化合物**。

22. 为了使肉制品成色良好，加工中添加一种护色剂。但添加过量或混合不均匀时，食入较多的该种物质可引起食用者出现全身皮肤、黏膜紫绀等缺氧症状。肉品中这种有害物质最可能是**亚硝酸盐**。

23. 熏肉、羊肉串等肉类在熏、烤过程中，因与明火和烟接触，温度高，会产生对人具有致癌作用的物质，这种有害物质最有可能是**多环芳烃**。

24. 通过**食用猪肉**传播的人畜共患寄生虫病主要是**旋毛虫病**。

25. 肉与肉制品是引起**沙门菌食物中毒**最常见的食品。

26. 评定食品被细菌污染程度的指标是**菌落总数**。

27. 人类**食物中毒的主要特点**有病因为食物、发病急剧、有类似症状、**无传染性**。

28. 评价食品被粪便污染的指标是**大肠菌群数**。

29. 小肠结肠炎耶尔森食物中毒的腹痛特征是**右下腹部疼痛**。

30. 食品按照预期用途进行制备、食用时，不会对消费者造成伤害称为**食品安全**。

31. **农药残留的主要来源**：用药后直接污染；从环境中吸收；通过食物链富集；意外污染。

32. 食品中原有的或加工时人为添加的物质，可对人体健康产生危害的现象为**食品污染**。

33. **最高残留限量**是指动物性食品中法定允许的兽药最大浓度。

34. 以动物为主的人畜共患病是**棘球蚴病、旋毛虫病、马脑炎**。

35. 属于**自然疫源性疾病**的是流行性出血热、森林脑炎等。

36. 属于**互源性人畜共患病**的是结核病、炭疽、日本血吸虫病、钩端螺旋体病。

37. 属于**人源性人畜共患病**的是戊型肝炎。

38. 按病原体的种类分类，**鹅口疮应为真菌病**。

39. 按病原体的生活史分类，属于**媒介性人畜共患病**的是流行性乙型脑炎、森林脑炎、登革热、并殖吸虫病、华支睾吸虫病、利什曼原虫病。

40. **金黄色葡萄球菌**是生鲜牛乳中来源于病畜的主要致病菌。

41. 有防腐作用的**牛乳掺假物是过氧化氢**。

42. 为提高乳品蛋白质检测含量，一些不法分子在**牛乳中加入的掺假物**最可能是**三聚氰胺**。

43. 为增加蛋黄的橙黄或橙红色泽，一些养殖户在蛋禽饲料中**非法添加的掺假物**最可能是**苏丹红**。

44. 某奶牛场刚挤出的鲜乳，过滤后装入容器，**2h 内冷却**到适宜温度后冷藏。该适宜温度为 **1~4℃**。

45. 为防止牛乳腐败变酸，有的奶牛养殖户在乳中**加入的掺假物**最可能是**甲醛**。

46. 猪场带猪消毒最常用的消毒药是 **0.3%过氧乙酸溶液**。

47. 对**患结核病的奶牛**应作销毁处理。

48. 对畜禽粪便无害化处理，最常用且经济实用的方法是**生物热消毒法**。

49. 常用于**染疫皮张的无害化处理**方法是**化学消毒**。

50. 根据现行国家标准，对**高致病性禽流感病鸡**应作销毁处理。

51. 现行国家标准规定，患有**猪水疱病的病猪应进行销毁**处理。

52. **炭疽**病病畜**粪便不能用生物热消毒法**处理。

53. **生化需氧量**是指一定时间和温度下，水体中有机污染物受微生物分解所耗去水体溶解氧的总量。

54. **化学耗氧量**是指一定条件下，用强氧化剂氧化水中有机污染物和一些还原物质所需的耗氧量。

55. **悬浮物**为水中含有的不溶性物质。

56. 掩埋处理病害动物尸体时，坑底必须铺上一定厚度的生石灰，病害动物尸体上层距地表应有安全高度。按国家相关规定对生石灰厚度和距地表高度的要求分别是 **2.0cm 和 1.5m 以上**。

57. 动物诊疗结构至少应有两个分区，其中之一必须是**动物疫病区**。

58. **动物诊疗场所选址**，距离畜禽养殖场、屠宰加工厂、动物交易场所应不少于 200m。

## 高频题练习

1. 以动物为主的人畜共患病是（    ）。
    A. 炭疽　　　　　B. 结核病　　　　　C. 旋毛虫病
    D. 钩端螺旋体病　　E. 日本血吸虫病

2. 一男青年食用牛肉罐头后，出现头晕，无力，视力模糊，眼睑下垂，咀嚼无力，张口困难，吞咽和呼吸困难，脖子无力而垂头等肌肉麻痹为特征的症状。根据食物中毒症状，受污染食物中最可能的病原菌是（    ）。
    A. 沙门菌　　　　B. 葡萄球菌　　　　C. 李氏杆菌
    D. 肉毒梭菌　　　E. 大肠埃希菌

3. 对畜禽粪便无害化处理，最常用且经济的方法是（    ）。
    A. 焚烧　　　　　B. 掩埋　　　　　　C. 化学消毒
    D. 生物热消毒　　E. 机械性清除

4. 所有食品动物禁用的药物是（    ）。
    A. 赛拉唑　　　　B. 巴胺磷　　　　　C. 氯羟吡啶
    D. 呋喃唑酮　　　E. 氯硝柳胺

（5～7 题共用备选答案）
    A. 溶解氧　　　　B. 生化需氧量　　　C. 化学耗氧量
    D. 悬浮物　　　　E. 浑浊度

5. 一定时间和温度下，水体中有机污染物受微生物分解所耗去水体溶解氧的总量是（    ）。

6. 一定条件下，用强氧化剂氧化水中有机污染物和一些还原物质所耗氧量是（    ）。

7. 水中含有的不溶性物质为（    ）。

8. 某男，32 岁，四肢无力，头痛头晕，食欲不振，抽搐，肌肉震颤，后期肌肉麻痹。医院诊断为食物中毒，中毒物质在动物脂肪组织含量最高，最可能的致病物质是（    ）。
    A. 青霉素　　　　B. 雌激素　　　　　C. 克伦特罗
    D. 有机氯农药　　E. 有机磷农药

9. 属于互源性人畜共患病的是（　　　）。

    A. 棘球蚴病　　　　　　　B. 日本血吸虫病　　　　　C. 肉孢子虫病

    D. 旋毛虫病　　　　　　　E. 肝片吸虫病

10. 养殖场带畜禽消毒最适用的消毒药是（　　　）

    A. 0.1%碘溶液　　　　　　B. 0.2%氢氧化钠溶液　　　C. 0.4%福尔马林溶液

    D. 0.3%过氧乙酸溶液　　E. 0.1%乙酰胺溶液

（14～15题共用题干）

    检疫人员在检查屠宰厂送宰的猪膈肌样品，在显微镜下观察到白色、半透明、针尖大小包囊。

11. 该猪肉样品被检为阳性的寄生虫是（　　　）。

    A. 猪囊虫　　　　　　　　B. 猪旋毛虫　　　　　　　C. 猪蛔虫

    D. 猪球虫　　　　　　　　E. 猪隐孢子虫

12. 该寄生虫的成虫寄生于（　　　）。

    A. 肌肉　　　　　　　　　B. 肠道　　　　　　　　　C. 肝

    D. 血液　　　　　　　　　E. 肺

13. 对高致病性禽流感病鸡扑杀后应做的处理措施是（　　　）。

    A. 高温处理　　　　　　　B. 化制处理　　　　　　　C. 销毁处理

    D. 煮沸处理　　　　　　　E. 化学消毒

14. 动物诊疗场所选址，距离动物交易场所应不少于（　　　）

    A. 100m　　　　　　　　　B. 200m　　　　　　　　　C. 500m

    D. 1 000m　　　　　　　　E. 3 000m

15. 动物诊疗机构医护人员接触传染病畜分泌物后，必须立即洗手的情形是（　　　）。

    A. 脱去工作服后　　　　　B. 脱去工作帽后　　　　　C. 摘去口罩后

    D. 摘取眼镜后　　　　　　E. 摘除手套后

（16～18题共用备选答案）

    A. 生物放大作用　　　　　B. 生物浓缩作用　　　　　C. 生物积累作用

    D. 协同作用　　　　　　　E. 相加作用

16. 随着生物的生长发育，生物从周围环境和食物链摄入的某种难降解化合物的浓度不断增加，这种作用称为（　　　）。

17. 环境有害物质通过食物链在生物体内随着营养级的提高，其浓度不断增高，这种作用称为（　　　）。

18. 处于同一营养剂上的许多生物群体，从周围环境中蓄积某种化合物，使生物体内该物质的浓度超过周围环境中的浓度现象，这种作用称为（　　　）。

19. 某湖中鱼类体内有机氯浓度为0.1mg/kg，食鱼鸟为10mg/kg，这种现象为（　　　）。

    A. 生物协同　　　　　　　B. 生物积累　　　　　　　C. 生物浓缩

    D. 生物放大　　　　　　　E. 生物相加

# 兽医公共卫生学高频题练习参考答案

| 题号 | 1 | 2 | 3 | 4 | 5 | 6 | 7 | 8 | 9 | 10 | 11 | 12 | 13 | 14 | 15 | 16 | 17 | 18 | 19 |
|------|---|---|---|---|---|---|---|---|---|----|----|----|----|----|----|----|----|----|----|
| 答案 | C | D | D | D | B | C | D | D | B | D | B | B | C | B | E | C | A | B | D |

## 模拟题练习

1. 动物肉品中不得检出（　　）。
   A. 志贺菌　　　　　　　B. 微球菌　　　　　　　C. 乳酸杆菌
   D. 嗜盐杆菌　　　　　　E. 黄色杆菌

2. 所有食品动物禁用的药物是（　　）。
   A. 赛拉唑　　　　　　　B. 巴胺磷　　　　　　　C. 氯羟吡啶
   D. 呋喃唑酮　　　　　　E. 氯硝柳胺

3. 以动物为主的人畜共患病是（　　）。
   A. 炭疽　　　　　　　　B. 结核病　　　　　　　C. 旋毛虫病
   D. 钩端螺旋体病　　　　E. 日本血吸虫病

4. 猪场带猪消毒最常用的消毒药是（　　）。
   A. 0.1%高锰酸钾溶液　　B. 0.1%氢氧化钠溶液　　C. 0.3%食盐溶液
   D. 0.3%过氧乙酸溶液　　E. 0.3%福尔马林溶液

5. 对患结核病的奶牛应作（　　）。
   A. 高温处理　　　　　　B. 化制处理　　　　　　C. 销毁处理
   D. 生物热处理　　　　　E. 化学消毒处理

（6~8 题共用备选答案）
   A. 工业三废污染　　　　B. 饲草种植中农药残留　　C. 畜禽养殖中兽药残留
   D. 食品流通中掺杂掺假　　E. 食品加工中添加剂使用

6. 肉制品中的亚硝酸盐主要来源于（　　）。

7. 肉制品中的多氯联苯主要来源于（　　）。

8. 猪肉中的盐酸克伦特罗主要来源于（　　）。

9. 生产中对动物皮毛进行炭疽检疫应用的方法是（　　）。
   A. 细菌分离　　　　　　B. 血凝试验　　　　　　C. Ascoli 反应
   D. 免疫荧光试验　　　　E. 琼脂扩散试验

10. 动物驱虫期间，对其粪便最适宜的处理方法是（　　）。
   A. 深埋　　　　　　　　B. 直接喂鱼　　　　　　C. 生物热发酵
   D. 使用　　　　　　　　E. 直接用作肥料

11. 甲基汞进入机体后的靶器官是（　　）。
   A. 脑　　　　　　　　　B. 心脏　　　　　　　　C. 肺
   D. 脾　　　　　　　　　E. 肾

12. 不具有雌激素活性的环境污染物是（　　）。

A. 氯丹　　　　　　B. 滴滴涕　　　　　　C. 毒杀酚
D. 狄氏剂　　　　　　E. 亚硝酸盐

13. 水俣病是指（　　　）。
A. 铅中毒　　　　　　B. 砷中毒　　　　　　C. 维生素 A 中毒
D. 汞中毒　　　　　　E. 氟中毒

14. 属于自然疫源性疾病的是（　　　）。
A. 沙门菌病　　　　　B. 猪链球菌病　　　　C. 流行性出血热
D. 牛海绵状脑病　　　E. 高致病性禽流感

15. 对畜禽粪便无害化处理，最常用且经济的方法是（　　　）。
A. 焚烧　　　　　　B. 掩埋　　　　　　C. 化学消毒
D. 生物热消毒　　　E. 机械性清除

16. 动物诊疗机构兽医人员进入高危险性人畜共患病病区时需使用的加强防护用品是（　　　）。
A. 工作服　　　　　B. 工作帽　　　　　C. 工作鞋
D. 防护镜　　　　　E. 医用口罩

（17～19 题共用备选答案）
A. 沙门菌　　　　　B. 葡萄球菌　　　　C. 李氏杆菌
D. 肉毒梭菌　　　　E. 大肠杆菌

17. 一中年妇女食用熟猪头肉后，发生腹痛和腹泻，随后出现发热、败血症和脑膜炎症状。根据食物中毒症状，受污染食物中最可能的病原菌是（　　　）。

18. 一男童夏天饮用牛乳后，突然发生恶心，反复剧烈呕吐，唾液很多，上腹部疼痛，并有腹泻，呕吐物中混有胆汁和血液，腹泻为水样便。根据食物中毒症状，受污染食物中最可能的病原菌是（　　　）。

19. 一男青年食用牛肉罐头后，出现头晕，无力，视力模糊，眼睑下垂，咀嚼无力，张口困难，吞咽和呼吸困难，脖子无力而垂头等肌肉麻痹为特征的症状。根据食物中毒症状，受污染食物中最可能的病原菌是（　　　）。

20. 检疫人员进行生猪宰后检疫时，肉眼发现某屠宰猪肉膈肌中有针尖大小的白色小点，低倍镜检查见梭形包囊，囊内有卷曲的虫体。该虫体最可能是（　　　）。
A. 旋毛虫　　　　　B. 弓形虫　　　　　C. 棘球蚴
D. 猪囊尾蚴　　　　E. 肉孢子虫

21. 某牛场遭受洪灾后，有一头牛出现体温升高至42℃，全身抽搐，可视黏膜发给，5h后死亡，口腔、鼻孔等流血且凝固不全。对该病死牛正确的生物安全处理方法是（　　　）。
A. 盐腌　　　　　　B. 化制　　　　　　C. 焚毁
D. 高温　　　　　　E. 药物消毒

22. 在一定时间内，生态系统的结构和功能的状态一般是（　　　）。
A. 不稳定　　　　　B. 非常稳定　　　　C. 相对静止
D. 相对稳定　　　　E. 非常不稳定

23. 地方性克汀病的发病原因主要是缺乏（　　　）。
A. 硒　　　　　　B. 碘　　　　　　C. 锌

D. 钴      E. 钼

24. 抗微生物药物残留对人体健康的主要影响不包括（　　）。

    A. 具有毒性作用      B. 导致肠道菌群失调      C. 细菌耐药性增加

    D. 引起心血管疾病      E. 引起变态（过敏）反应

25. 肉毒梭菌毒素食物中毒的特征为（　　）。

    A. 腹痛      B. 腹泻      C. 呕吐

    D. 发热      E. 肌肉麻痹

26. 常用于染疫皮张的无害化处理方法是（　　）。

    A. 化制      B. 高温高压      C. 化学消毒

    D. 煮沸消毒      E. 紫外线照射

27. 根据现行国家标准，对高致病性禽流感病鸡应做（　　）。

    A. 产酸处理      B. 冷冻处理      C. 高温处理

    D. 盐腌处理      E. 销毁处理

28. 动物诊疗机构至少应有两个分区，其中之一必须是（　　）。

    A. 动物手术区      B. 动物诊疗区      C. 动物处理区

    D. 动物疫病区      E. 动物消毒区

（29～31 题共用备选答案）

    A. 醛和酮      B. 多环芳烃      C. 多氯联苯

    D. 亚硝酸盐      E. 胺类化合物

29. 肉品发生腐败变质时，由于蛋白质分解，会产生不良气味且对人体健康有不良影响的物质。这种有害的物质最可能是（　　）。

30. 熏肉、羊肉串等肉类在熏烤过程中，因与明火和烟接触，温度高，会产生对人具有致癌作用的物质。这种有害物质最可能是（　　）。

31. 为了使肉制品成色良好，加工中添加一种护色剂。但添加过量或混合不均匀时，食入较多的该种物质可引起食用者出现全身皮肤、黏膜紫绀等缺氧症状。肉品中这种有害物质最可能是（　　）。

32. 超高温巴氏消毒法采用的温度是（　　）。

    A. 160℃      B. 132℃      C. 121℃

    D. 100℃      E. 72℃

33. 动物驱虫期间，最适宜的粪便处理方法是（　　）。

    A. 深埋      B. 生物热发酵      C. 使用消毒剂

    D. 直接用作肥料      E. 直接喂鱼

34. 细粒棘球绦虫的终末宿主是（　　）。

    A. 犬      B. 山羊      C. 人

    D. 猪      E. 绵羊

35. 人吃生鱼片和醉虾最可能感染的寄生虫是（　　）。

    A. 华支睾吸虫      B. 前后盘吸虫      C. 肝片吸虫

    D. 胰阔盘吸虫      E. 布氏姜片吸虫

36. 绝大多数的环境污染物对人群健康的影响是（　　）。

A. 高毒性的    B. 中等毒性的    C. 低毒性的

D. 微毒性的    E. 无毒性的

37. 大肠菌群的特性不包括（  ）。

A. 发酵乳糖    B. 产酸产气    C. 无芽孢

D. 革兰氏阳性    E. 需氧和兼性厌氧

38. 属于互源性人畜共患病的是（  ）。

A. 棘球蚴病    B. 日本血吸虫    C. 肉孢子虫病

D. 旋毛虫病    E. 肝片吸虫病

39. 现行国家标准规定，水疱病病猪应进行（  ）。

A. 高温处理    B. 冷冻处理    C. 盐腌处理

D. 销毁处理    E. 产酸处理

40. 不能用生物热消毒法处理病畜粪便的疫病是（  ）。

A. 口蹄疫    B. 猪瘟    C. 炭疽

D. 猪丹毒    E. 布鲁菌病

41. 发生炭疽疫病时对病畜采取的措施是（  ）。

A. 出售    B. 转移隔离    C. 深地掩埋

D. 疫苗接种    E. 解剖煮食

（42～44题共用备选答案）

A. 孔雀石绿    B. 己烯雌酚    C. 氯霉素

D. 克仑特罗    E. 呋喃唑酮

42. 一养牛户，为治疗奶牛乳腺炎，将某种禁用药物注入奶牛乳房中治疗数日，使乳中大量残留该药物，可引起食用者骨髓造血机能受到抑制，发生再生障碍性贫血。牛奶中最可能残留的禁用药物是（  ）。

43. 一养牛户为了促进肉牛生长，长期给肉牛使用某种禁用药物，使肉牛中大量残留该药物，长期食用对食用者的生殖系统和生殖功能造成严重影响，并有可能引起癌变。牛肉中最可能残留的禁用药物是（  ）。

44. 一养猪户，为增加瘦肉率，减少脂肪沉积，在饲料中非法添加某种禁用药物，造成猪肉中大量残留该药物，可引起食用者出现头痛、头晕、心悸、心律失常、呼吸困难、肌肉震颤和疼痛等中毒症状。猪肉中最可能残留的药物是（  ）。

45. 某工地工人误食未煮熟的猪肉后，部分工人出现发热、肌肉疼痛、眼睑水肿等症状，个别患者死亡。对冰箱中剩余的猪头进行检查，镜检发现肌肉内有梭形包囊，囊内有蜷曲的虫体。对此类感染猪的屠宰检疫方法是（  ）。

A. 淋巴结检查    B. 血液检查    C. 肌肉压片镜检

D. 内脏检查    E. 皮肤检查

46. 通过食用猪肉传播的人畜共患寄生虫病是（  ）。

A. 绦虫病    B. 棘球蚴病    C. 旋毛虫病

D. 肝片吸虫病    E. 日本血吸虫病

47. 引起沙门菌食物中毒最常见的食品是（  ）。

A. 粮油制品    B. 调味品    C. 肉与肉制品

D. 水果及其制品　　　　　E. 蔬菜及其制品

48. 评定食品被细菌污染程度的指标是（　　）。
    A. 大肠杆菌　　　　　B. 大肠菌群　　　　　C. 沙门菌
    D. 菌落总数　　　　　E. 布鲁菌

49. 属于人畜共患病的是（　　）。
    A. 炭疽　　　　　B. 马脑炎　　　　　C. 旋毛虫病
    D. 棘球蚴病　　　　　E. 囊尾蚴病

50. 经过好氧处理后，屠宰污水上层清液在排放前常采取的处理方法是（　　）。
    A. 氯化消毒　　　　　B. 碱消毒　　　　　C. 酸消毒
    D. 过氧化消毒　　　　　E. 表面活性剂消毒

51. 动物诊疗场所选址，距离畜禽养殖场、屠宰加工厂、动物交易场所应不少于（　　）。
    A. 40m　　　　　B. 60m　　　　　C. 80m
    D. 100m　　　　　E. 200m

（52~54 题共用备选答案）
    A. 溶解氧　　　　　B. 生化需氧量　　　　　C. 化学耗氧量
    D. 悬浮物　　　　　E. 浑浊度

52. 一定时间和温度下，水体中有机污染物受微生物分解所耗去水体溶解氧的总量是（　　）。

53. 一定条件下，用强氧化剂氧化水中有机污染物和一些还原物质所耗氧量是（　　）。

54. 水中含有的不溶性物质为（　　）。

55. 适用巴氏消毒法进行消毒的是（　　）。
    A. 培养基　　　　　B. 生理盐水　　　　　C. 玻璃器皿
    D. 手术器械　　　　　E. 牛奶

56. 有机氯农药进入动物机体后，主要蓄积于（　　）。
    A. 皮肤　　　　　B. 脂肪　　　　　C. 肌肉
    D. 脾　　　　　E. 淋巴结

57. 按病原体储存宿主的性质分类，属于互源性人畜共患病的是（　　）。
    A. 棘球蚴病　　　　　B. 旋毛虫病　　　　　C. 马脑炎
    D. 戊型肝炎　　　　　E. 钩端螺旋体病

58. 养殖场带畜禽消毒最适用的消毒药是（　　）。
    A. 0.1%碘溶液　　　　　B. 0.2%氢氧化钠溶液　　　　　C. 0.4%福尔马林溶液
    D. 0.3%过氧乙酸溶液　　　　　E. 0.1%乙酰胺溶液

（59~60 题共用题干）
检疫人员在检查屠宰厂送宰的猪膈肌样品，在显微镜下观察到白色、半透明、针尖大小包囊。

59. 该猪肉样品被检为阳性的寄生虫是（　　）。
    A. 猪囊虫　　　　　B. 猪旋毛虫　　　　　C. 猪蛔虫
    D. 猪球虫　　　　　E. 猪隐孢子虫

60. 该寄生虫的成虫寄生于（    ）。
    A. 肌肉　　　　　　　B. 肠道　　　　　　　C. 肝
    D. 血液　　　　　　　E. 肺

61. 当前，我国列为一类动物疫病的是（    ）。
    A. 山羊痘和绵羊痘　　B. 布鲁菌病　　　　　C. 牛流行热
    D. 牛病毒性腹泻/黏膜病　E. 牛传染性鼻炎

62. 应用鼻疽菌素变态反应检疫马鼻疽，常用的方法是（    ）。
    A. 耳部皮下注射法　　　　　　　　　B. 眼睑皮内注射法
    C. 点眼法　　　　　　　　　　　　　D. 颈部皮内注射法
    E. 尾根注射法

63. 目前防止非洲猪瘟传入我国的最关键措施是（    ）。
    A. 开展流行病学调查　　　　　　　　B. 控制边境虫媒传播
    C. 严格入境检疫　　　　　　　　　　D. 易感猪接种疫苗
    E. 易感猪接种高效血清

64. 滴滴涕在畜禽体内蓄积的主要部位是（    ）。
    A. 皮肤　　　　　　　B. 脂肪　　　　　　　C. 肌肉
    D. 肝　　　　　　　　E. 肾

65. 人类食物中毒的主要特点不包括（    ）。
    A. 有病因食物　　　　B. 呈爆发性　　　　　C. 有传染性
    D. 潜伏期短　　　　　E. 有类似症状

66. 属于人源性人畜共患病的是（    ）。
    A. 狂犬病　　　　　　B. 戊型肝炎　　　　　C. 结核病
    D. 炭疽　　　　　　　E. 森林脑炎

67. 对高致病性禽流感病鸡扑杀后应做的处理措施是（    ）。
    A. 高温处理　　　　　B. 化制处理　　　　　C. 销毁处理
    D. 煮沸处理　　　　　E. 化学消毒

68. 动物诊疗场所选址，距离动物交易场所应不少于（    ）。
    A. 100m　　　　　　　B. 200m　　　　　　　C. 500m
    D. 1 000m　　　　　　E. 3 000m

69. 生鲜牛乳中来源于病畜的致病菌主要是（    ）。
    A. 气肿疽梭菌　　　　B. 牛嗜血杆菌　　　　C. 金黄色葡萄球菌
    D. 枯草杆菌　　　　　E. 腐败梭菌

（70～72题共用备选答案）
    A. 氟中毒　　　　　　B. 镉中毒　　　　　　C. 汞中毒
    D. 铅中毒　　　　　　E. 砷中毒

70. 某冶炼厂周边部分居民长期食用当地出产的畜产品后，出现骨质疏松、骨质软化、骨骼疼痛、容易骨折等症状，有些患者肾绞痛、高血压、贫血。该病最可能的诊断是（    ）。

71. 居民长期饮用井水，出现食欲不振、多发神经炎、脱发、皮肤色素沉着和高度角化等症状，经医院检查患者血和尿中某种元素含量很高。该病最可能的诊断是（　　）。

72. 某矿区许多居民牙齿的釉质失去正常光泽，出现黄褐色条纹，形成凹痕，硬度减弱，质脆易碎裂或断裂，常早期脱落。患者骨骼变形，容易骨折，行走困难，跛行。该病最可能的诊断是（　　）。

73. 某生猪定点屠宰场，宰后检验时，横纹肌内发现椭圆形、黄豆大小、半透明的包囊，囊内充满液体，囊膜内有一粟粒大的乳白色结节。该病病原最可能是（　　）。
    A. 住肉孢子虫　　　　　　B. 旋毛虫　　　　　　C. 猪囊尾蚴
    D. 棘球蚴　　　　　　　　E. 细颈囊尾蚴

74. 下列没有列入人畜共患病目录的是（　　）。
    A. 猪囊尾蚴病　　　　　　B. 布鲁菌病　　　　　　C. 口蹄疫
    D. 弓形虫病

75. 细菌性食物中毒，最常见的是（　　）食物中毒。
    A. 沙门菌　　　　　　　　B. 葡萄球　　　　　　　C. 变形杆菌
    D. 肉毒梭菌

76. 牛结核病检疫的方法结核菌素试验属于（　　）。
    A. 沉淀反应　　　　　　　B. 凝集反应　　　　　　C. PCR 试验
    D. 变态反应

77. 检验猪咬肌的目的是检验（　　）。
    A. 住肉孢子虫　　　　　　B. 猪囊虫　　　　　　　C. 猪旋毛虫
    D. 棘球蚴

78. 猪旋毛虫镜检形态特点为（　　）。
    A. 球形　　　　　　　　　B. 圆柱状　　　　　　　C. 盘状
    D. 螺旋形

79. 继续饲养、屠宰的动物，应提前（　　）进行检疫申报。
    A. 6h　　　　　　　　　　B. 3d　　　　　　　　　C. 7d
    D. 15d

80. 我国规定的动物检疫对象有三大类共（　　）种。
    A. 17　　　　　　　　　　B. 77　　　　　　　　　C. 63
    D. 174

81. 不放血方式扑杀适用于（　　）。
    A. 准宰　　　　　　　　　B. 急宰　　　　　　　　C. 禁宰
    D. 死畜尸体

82. 《动物检疫合格证明》（动物A）的有效期为（　　）d。
    A. 1　　　　　　　　　　B. 3　　　　　　　　　　C. 5
    D. 7

83. 人类食物中毒的特点不包括（　　）。
    A. 呈暴发性　　　　　　　B. 有传染性　　　　　　C. 潜伏期短
    D. 有类似症状

84. 对动物尸体剖检的要求不正确的是（　　）。

A. 剖检前仔细检查尸体体表特征及天然孔有无异常

B. 患有炭疽病不严重的动物，可以剖检

C. 若怀疑动物死于炭疽，先采取耳尖血液涂片镜检排除炭疽后方可剖检

D. 剖检的时间越早越好

85. 猪头部应剖检的淋巴结有（　　）。

A. 颌下淋巴结、咽后内侧淋巴结

B. 颌下淋巴结、腮淋巴结、环椎淋巴结、咽上淋巴结

C. 颌下淋巴结、腮淋巴结

D. 咽后外侧淋巴结、咽后内侧淋巴结

86. 摘除三腺是指（　　）、病变淋巴结。

A. 甲状腺、肾上腺　　　　　　　　　　B. 甲状腺、胰腺

C. 胰腺、肾上腺　　　　　　　　　　　D. 胸腺、胰腺

87. 发生一类动物疫病时，（　　）应当立即组织有关部门和单位采取强制扑灭措施，迅速扑灭疫情。

A. 当地畜牧兽医工作站

B. 国务院畜牧兽医行政管理部门

C. 县级以上地方政府

D. 检疫员

88. "152011200265397"是（　　）的标识。

A. 马　　　　　　　　B. 牛　　　　　　　　C. 羊

D. 猪

89. 下列不属于化学性污染的是（　　）。

A. "三废"污染　　　　B. 兽药、农药污染　　　C. 食品添加剂污染

D. 核事故污染

90. 下列关于休药期的说法，不正确的是（　　）。

A. 所有的兽药都有休药期

B. 不同的兽药，休药期不同

C. 休药期内的动物不得出售

D. 有的兽药没有休药期

91. 下列物质，没有致癌性的是（　　）。

A. 亚硝胺　　　　　　B. 三聚氰胺　　　　　　C. 苯并（α）芘

D. 黄曲霉毒素

92. 下列不属于一类动物疫病的是（　　）。

A. 非洲猪瘟　　　　　B. 小反刍兽疫　　　　　C. 炭疽

D. 新城疫

93. 检验猪膈肌的目的是检验（　　）。

A. 住肉孢子虫　　　　B. 猪囊虫　　　　　　　C. 猪旋毛虫

D. 棘球蚴

94. 下列不属于"瘦肉精"的物质是（　　）。

　　A. 盐酸克伦特罗　　　　　　B. 莱克多巴胺　　　　　　C. 沙丁胺醇

　　D. 苏丹红

95. 种用、乳用动物检疫，应提前（　　）进行检疫申报。

　　A. 6h　　　　　　　　　　B. 3d　　　　　　　　　　C. 7d

　　D. 15d

96. 沿海喜食海产品的地区发生的细菌性食物中毒较为多见的是（　　）。

　　A. 沙门菌食物中毒　　　　　B. 肉毒杆菌　　　　　　　C. 河豚中毒

　　D. 副溶血性弧菌

97. 食品中不得检出（　　）。

　　A. 细菌　　　　　　　　　　B. 大肠菌群　　　　　　　C. 食品添加剂

　　D. 致病菌

98. 以下对病死动物尸体处理不正确的是（　　）。

　　A. 剖检前要对尸体表面喷洒消毒液

　　B. 尸体掩埋深度在 1m 左右

　　C. 对炭疽等用浸透消毒液的纱团塞紧天然孔

　　D. 对于传染病的尸体焚烧或深埋

99. 猪淋巴结出血，呈砖红色变化，主要见于（　　）。

　　A. 猪丹毒　　　　　　　　　B. 猪炭疽　　　　　　　　C. 猪瘟

　　D. 猪肺疫

100. 屠宰检疫中发现病猪四肢末端，腹部皮肤发生紫绀的出血块，则可能是（　　）。

　　A. 猪传染胃肠炎　　　　　　B. 猪乙型脑炎　　　　　　C. 非洲猪瘟

　　D. 猪水疱病

## 兽医公共卫生学模拟题练习参考答案

| 题号 | 1 | 2 | 3 | 4 | 5 | 6 | 7 | 8 | 9 | 10 | 11 | 12 | 13 | 14 | 15 | 16 | 17 | 18 | 19 | 20 |
|---|---|---|---|---|---|---|---|---|---|---|---|---|---|---|---|---|---|---|---|---|
| 答案 | A | D | C | D | C | E | A | C | C | C | A | E | D | C | D | C | C | B | D | A |
| 题号 | 21 | 22 | 23 | 24 | 25 | 26 | 27 | 28 | 29 | 30 | 31 | 32 | 33 | 34 | 35 | 36 | 37 | 38 | 39 | 40 |
| 答案 | C | D | B | D | E | C | E | D | E | B | D | B | B | A | A | C | D | B | C | C |
| 题号 | 41 | 42 | 43 | 44 | 45 | 46 | 47 | 48 | 49 | 50 | 51 | 52 | 53 | 54 | 55 | 56 | 57 | 58 | 59 | 60 |
| 答案 | C | C | B | D | C | C | C | D | A | A | E | B | C | D | E | B | E | D | B | B |
| 题号 | 61 | 62 | 63 | 64 | 65 | 66 | 67 | 68 | 69 | 70 | 71 | 72 | 73 | 74 | 75 | 76 | 77 | 78 | 79 | 80 |
| 答案 | A | C | C | B | C | B | C | B | C | B | E | A | C | D | A | D | B | D | B | D |
| 题号 | 81 | 82 | 83 | 84 | 85 | 86 | 87 | 88 | 89 | 90 | 91 | 92 | 93 | 94 | 95 | 96 | 97 | 98 | 99 | 100 |
| 答案 | C | C | B | B | B | A | C | D | D | D | B | C | C | D | D | D | D | B | B | C |

# 参 考 文 献

崔治中，崔保安，2010. 兽医免疫学 [M]. 北京：中国农业出版社.

胡新岗，2020. 动物防疫与检疫技术 [M]. 2 版. 北京：中国农业出版社.

李舫，2019. 动物微生物与免疫技术 [M]. 2 版. 北京：中国农业出版社.

李祥瑞，2011. 动物寄生虫病彩色图谱 [M]. 中国农业出版社.

梁学勇，等，2007. 动物传染病 [M]. 重庆：重庆大学出版社.

刘明生，吴祥集，等，2020. 动物传染病 [M]. 北京：中国农业出版社.

刘云，李金岭，等，2014. 动物传染病 [M]. 北京：中国轻工业出版社.

柳增善，刘明远，任洪林，2016. 兽医公共卫生学 [M]. 北京：科学出版社.

柳增善，任洪林，张守印，2012. 动物检疫检验学 [M]. 北京：科学出版社.

陆承平，2007. 兽医微生物学 [M]. 北京：中国农业出版社.

史秋梅，韩小虎，等，2018. 动物传染病防控技术 [M]. 北京：科学出版社.

王春仁，2020. 2020 年执业兽医资格考试（兽医全科类）单元重要考点与解题训练——预防兽医 [M]. 北京：中国农业出版社.

魏东霞，匡存林，2012. 动物寄生虫病 [M]. 中国农业出版社.

邢钊，祁画丽，朱钱龙，2014. 兽医微生物及免疫技术 [M]. 郑州：河南科学技术出版社.

张宏伟，杨廷桂，2012. 动物寄生虫病 [M]. 中国农业出版社.

张西臣，李建华，2010. 动物寄生虫病学 [M]. 2 版. 北京：科学出版社.

**图书在版编目（CIP）数据**

执业兽医资格考试（兽医全科类）预防科目高效复习考点与精练 / 陈颖主编 . -- 北京：中国农业出版社，2024. 8. --（执业兽医资格考试指导用书）. -- ISBN 978-7-109-32359-9

Ⅰ. S851.63

中国国家版本馆 CIP 数据核字第 2024UQ8508 号

**执业兽医资格考试（兽医全科类）**

ZHIYE SHOUYI ZIGE KAOSHI（SHOUYI QUANKELEI）

中国农业出版社出版

地址：北京市朝阳区麦子店街 18 号楼

邮编：100125

责任编辑：王宏宇

版式设计：杨　婧　　责任校对：张雯婷

印刷：中农印务有限公司

版次：2024 年 9 月第 1 版

印次：2024 年 9 月北京第 1 次印刷

发行：新华书店北京发行所

开本：787mm×1092mm　1/16

印张：18.5

字数：461 千字

定价：60.00 元